新工科建设·智能化物联网工程与应用系列教材

无线传感器网络与物联网通信技术

李　强　马　强　胡荣春　毕可骏　编著

电子工业出版社

Publishing House of Electronics Industry

北京·BEIJING

内 容 简 介

本书在跟踪无线传感器网络和物联网通信技术发展与应用的基础上，根据学科、专业一体化建设和教学需要，结合在相关领域方向的研究与应用实践经验，深入分析无线传感器网络和物联网通信技术的基本原理及应用技术。本书共7章，主要介绍无线传感器网络的基本概念与体系结构、无线传感器网络支撑技术、无线传感器网络安全技术、物联网无线通信技术、物联网接入与互联技术，进而以车联网通信技术为典型对象，分析并讨论物联网与车辆交通领域的网络化、智能化融合技术。

本书可作为高等院校物联网工程、电子信息工程、通信工程、计算机科学与技术等专业本科生、研究生的教材或教学参考用书，也可供从事物联网、电子、通信、网络、计算机等相关行业的研究人员和工程技术人员参考。

未经许可，不得以任何方式复制或抄袭本书之部分或全部内容。

版权所有，侵权必究。

图书在版编目（CIP）数据

无线传感器网络与物联网通信技术/李强等编著. —北京：电子工业出版社，2024.4
ISBN 978-7-121-47426-2

Ⅰ.①无… Ⅱ.①李… Ⅲ.①无线电通信－传感器 ②物联网－通信技术 Ⅳ.①TP212②TP393.4③TP18

中国国家版本馆CIP数据核字（2024）第052247号

责任编辑：凌　毅
印　　刷：天津嘉恒印务有限公司
装　　订：天津嘉恒印务有限公司
出版发行：电子工业出版社
　　　　　北京市海淀区万寿路173信箱　邮编　100036
开　　本：787×1 092　1/16　印张：16.5　字数：444千字
版　　次：2024年4月第1版
印　　次：2024年12月第2次印刷
定　　价：59.80元

凡所购买电子工业出版社图书有缺损问题，请向购买书店调换。若书店售缺，请与本社发行部联系，联系及邮购电话：（010）88254888，88258888。

质量投诉请发邮件至zlts@phei.com.cn，盗版侵权举报请发邮件至dbqq@phei.com.cn。

本书咨询联系方式：（010）88254528，lingyi@phei.com.cn。

前　　言

在新一代信息技术发展趋势下，数字化、网络化、智能化等数字经济特性愈加明显，伴随万物互联的信息感知、传输与处理的需求也就愈加旺盛。作为物联网技术中的一项重要基础支撑，无线传感器网络具备协作感知的能力，是众多分布式系统处理信息的重要手段，可为用户拓展获取信息的空间和维度。随着云计算、边缘计算、大数据及人工智能等技术的快速进步，人们对信息获取及其高质量传输的需求愈加广泛，网络形式也更加复杂多样。因此，本书以无线传感器网络为牵引，在分析无线传感器网络基本原理和关键技术的基础上，进一步阐述物联网无线通信技术、接入与互联技术等，以系统性地面向物联网应用介绍相关的组网通信理论及其核心技术。

以无线传感器网络为代表的物联网通信技术发展迅速，在工业、农业、交通、环境、医疗、城市建设、国防军事等领域有着巨大的应用前景。但由于应用环境的差异性、复杂性，可能存在资源受限、成本控制、异构组网、动态变化、实时响应等问题和高性能需求，使得无线传感器网络及物联网通信技术在可扩展性、可靠性、自组织性等方面面临诸多挑战。众多学者在网络节点设计、能效优化、组网协议、传输质量提升、计算与分布式协同等多个方向上开展了深入的研究和应用工作，提供了丰富的知识资源和学习案例。结合技术发展，本书分析和整合相应的基础知识点，共分 7 章展开阐述。

第 1 章概述，主要介绍无线传感器网络的发展情况、基本概念、关键技术，以及无线传感器网络与物联网之间的区别和联系，进而介绍物联网体系结构及相关典型应用。

第 2 章无线传感器网络体系结构，主要介绍传感器节点结构、无线传感器网络拓扑结构及其网络协议结构。其中，物理层涉及物理层设计技术和通信信道分配问题；数据链路层通过能耗控制分析和 MAC 协议分类情况，介绍分配型、竞争型、混合型、跨层型 MAC 协议，并介绍相应的差错控制技术；网络层涉及能量感知路由、平面路由、层次路由、基于查询的路由和基于地理位置的路由等协议；传输层涉及基于拥塞控制、基于可靠性、基于跨层的传输层协议；应用层涉及应用层协议与相关技术。

第 3 章无线传感器网络支撑技术，主要介绍网络覆盖与拓扑控制、能量管理、时间同步、定位、容错和数据融合 6 个方面的基础支撑技术。其中，网络覆盖控制技术涉及覆盖评价方法、节点感知模型、节点部署方法、覆盖方式分类与控制方法等，拓扑控制技术涉及拓扑控制的任务与目标、方法等；能量管理技术涉及能耗分析、节点级能量管理、动态能量管理和网络级能量管理；时间同步技术涉及时钟模型、时间同步机制与方法；定位技术涉及定位基本概念、基于测距的定位算法和无须测距的定位算法；容错技术涉及容错基本模型、容错技术机制、故障检测与修复方法等；数据融合技术涉及数据融合技术分类和融合方法。

第 4 章无线传感器网络安全技术，主要介绍无线传感器网络安全体系与框架、安全认证、密钥管理、安全路由协议及隐私保护技术。其中，安全体系与框架涉及无线传感器网络安全目标、安全体系结构、网络攻击类型与安全框架机制等；安全认证涉及身份认证和消息认证方法；密钥管理涉及预分配密钥和就地密钥预分配方案等；安全路由协议涉及其特点分析和常见的协议方法；隐私保护技术涉及隐私保护的基本安全需求、面向数据的隐私保护和面向上下文的隐私保护。

第 5 章物联网无线通信技术，主要介绍短距离和长距离无线通信技术，其中，短距离无线通信技术涉及蓝牙、Wi-Fi 和 ZigBee 技术，长距离无线通信技术涉及 LoRa 和 NB-IoT 技术；并介绍新一代移动通信 5G 技术。

第 6 章物联网接入与互联技术，主要介绍物联网的接入技术及网络互联中涉及的路由技术和交换技术。其中，接入技术涉及面向无线传感器网络的接入技术和面向互联网的接入技术；网络互联技术涉及互联网路由技术、交换原理、虚拟局域网和典型的生成树协议等。

第 7 章车联网通信技术，主要介绍车联网内容分发技术、车联网协助下载技术、车联网信任计算与模型，以及车联网隐私保护技术等。

本书由西南科技大学的李强编写第 1 章、第 2 章、第 3 章和第 5 章，胡荣春编写第 6 章，马强编写第 7 章，四川长虹电子控股集团有限公司的毕可骏、李强共同编写第 4 章，全书由西南科技大学的李强、马强统稿并定稿。

本书的出版得到四川省产教融合示范项目、西南科技大学课程建设项目的支持和资助。四川长虹电子控股集团有限公司的毕可骏、杨芳在编写过程中提供了技术指导，研究生邓惠云、黄诗雅、邓淑桃、李祥、戚伟、孙佳、雷俊杰、肖霞、王一霖等在本书的前期准备过程中做出了贡献。同时，本书参考了大量的文献资料，恕不一一列举，在此对原作者致以衷心的谢意。

由于作者水平有限，书中内容难免有错误和不足之处，望广大读者批评指正。

目　录

第1章 概 述

随着传感器技术、通信技术及计算机技术等的快速发展，具有感知能力、计算处理能力、通信能力的智能传感器在多个行业领域得到广泛关注与应用。利用无线通信技术，多个智能传感器可通过组网方式构造成无线传感器网络，从而实现关于监测对象或区域的实时信息获取，并以自组织多跳的组网通信方式将信息传送到用户终端。相对于传统的传感器技术，无线传感器网络提高了获取信息的准确性和灵活性，扩展了用户获取信息的能力，能够更加充分地描述客观世界的物理信息。

物联网被认为是继计算机、互联网之后的第三次信息产业发展浪潮，是新一代信息技术发展的重要组成部分，可实现物理世界与信息世界之间的无缝连接。相对来说，无线传感器网络可理解为一种狭义的物联网技术，侧重于对环境与目标信息的感知、收集与分析。广义的物联网类似于"泛在网"概念，利用各类可能的网络接入，在任何时间和任何地点实现人与人、人与物、物与物之间的泛在连接与信息交换，形成无所不在、互联互通的信息网络，进而实现无所不在的感知计算和决策控制。

本章介绍无线传感器网络和物联网的基本概念，首先描述无线传感器网络的发展概况、基本概念、关键技术，以及无线传感器网络与物联网之间的区别和联系，进而介绍物联网的体系结构和相关的典型应用。

1.1 无线传感器网络发展概况

传感器技术作为最基本的信息获取技术，已经逐渐从传统的单一化向集成化、微型化和网络化方向发展。伴随信息技术的发展，无线传感器网络的形成与成熟经历了3个阶段。

1. 智能传感器阶段

这个阶段所形成的智能传感器除数据采集的基本能力外，还具有一定的计算处理能力。其应用最早可追溯到美军针对越南战争时期"胡志明小道"使用的传统传感器系统。著名的"胡志明小道"是越南军方进行物资输送的秘密通道。为了获取越南军方在该小道上的活动信息，美军通过飞机投放了大量体积小巧的"热带树"侦察传感器，其主要由声响和振动传感器构成。该侦察传感器空投后，主体会像钉子一样插入地面，其伪装的天线远看就像热带树林中的树枝，因此得名"热带树"。侦察传感器探知车辆经过时的声响和振动信息，并自动发送到美军的指挥控制中心，从而起到为军事决策提供信息支撑的作用。

2. 无线智能传感器阶段

无线智能传感器在智能传感器基础上增加了无线通信功能，形成分布式传感器网络。这个阶段集中在 20 世纪 70 年代末至 90 年代末，是无线传感器网络雏形的形成阶段，美国军方和研究机构主导并加快了相关研究工作。从 1978 年开始，美国国防部高级研究计划局（Defense Advanced Research Projects Agency，DARPA）资助了分布式传感器网络的研究工作，重点研究传感器网络中的网络通信技术、信息处理技术与分布式算法等，对无线传感器网络的基本思路进行了探讨。1996 年，美国加州大学洛杉矶分校发布了低功耗无线集成微型传感器的研发成果，推动并加快了无线传感器网络的研究进程。

3．无线传感器网络阶段

这个阶段从 21 世纪开始至今，是无线传感器网络快速发展和完善的阶段。在无线智能传感器的基础上引入网络技术，使传感器不再是单独的检测单元，而是将多个传感器构造成能够交换信息和协调控制的有机结合体。通过自组织组网、节能控制、数据管理与服务等关键技术，扩展了网络系统的信息获取和数据处理等多方面能力，从而为国防军事、环境监测、智能家居、医疗监护、智慧城市、智能工厂等众多领域提供有力支撑。因此，美国《商业周刊》将无线传感器网络列为 21 世纪最有影响力的技术之一，麻省理工学院的《技术评论》也将无线传感器网络列为改变世界并对未来人类生活产生深远影响的十大新兴技术之一。

从形成过程上看，无线传感器网络是传感器技术、通信技术、计算机技术的综合交叉影响结果，并迅速在学术研究和产业应用上得到广泛关注。与无线传感器网络相关的学术会议和组织也相继出现。2001 年，美国计算机学会（ACM）和 IEEE 成立了第一个专门针对传感器网络技术的学术会议 International Conference on Information Processing in Sensor Network（IPSN），ACM 在 2005 年开办了 ACM on Transaction on Sensor Networks，促进了无线传感器网络的学术交流。2002 年，美国 Intel（英特尔）公司展示了基于微型传感器网络的新型计算发展规划，确定了微型传感器网络在医学、环境监测等多个领域的研究与应用计划。国内方面，中国计算机学会（CCF）在 2006 年成立了传感器网络专业委员会，为中国的无线传感器网络研究掀开了新的篇章；传感器网络作为物联网的关键基础，其理念自然可延伸到物联网，该专业委员会通过 10 年的发展并在 2016 年更名为物联网专业委员会，将无线传感器网络的研究与应用推到了一个新的高度。

信息技术的发展规模能够在一定程度上反映出一个国家的科技经济实力，而传感器的应用程度则是表明信息技术发展规模的一个重要指标。相关调查报告显示，少数经济发达国家控制了绝大部分的传感器市场，几乎占据了 70% 以上的份额，而发展中国家所占份额相对较少。随着中国、印度等发展中国家经济的持续增长，对传感器的研究与应用需求势必将大幅增加。特别是在智能化电子产品不断涌现以及物联网市场需求的带动下，国内传感器市场规模将不断增大。

1.2　无线传感器网络基本概念

1.2.1　无线网络与无线传感器网络

顾名思义，无线传感器网络是依托无线方式进行通信的，属于无线网络中的一大类型。所谓的无线网络，是利用无线介质（如无线电波、微波、红外等）作为传输介质的通信网络，区别于有线网络（如电话线、网线等）。在应用过程中，可根据具体需求构造无线网络与有线网络相互融合的通信网络，完成通信业务。

针对基础设施需求的不同，可将无线网络分为两大类，即有基础设施的无线网络和无基础设施的无线网络。

有基础设施的无线网络依靠固定基站或固定设备进行通信，典型的有移动通信网络、无线局域网、无线城域网。其中，移动通信网络需要大功率的天线和射频基站支持，无线局域网（Wireless Local Area Network，WLAN）和无线城域网（Wireless Metropolitan Area Network，WMAN）需要接入点（Access Point，AP）设备支持。

在无基础设施的无线网络中，网络节点呈分布式结构，节点之间不需要通过基站或 AP 设备就可以实现点对点的无线通信。当因某个节点失效而导致通信链路无法直接连接时，网络中的其他节点可自组织地实现中继链路连接，从而完成网络节点间的相互通信。该类型无线网络包括移动无线自组织网络（Mobile Ad-hoc Network，MANET）和无线传感器网络（Wireless Sensor Network，WSN）。

移动无线自组织网络是在无线分组网的基础上发展起来的，能够快速地为民用和军事应用建立通信平台，其设计目标是提供高质量的服务并充分利用带宽，实现数据的可靠、高效传输。

无线传感器网络与移动无线自组织网络虽然在网络结构上相似，都具有分布式与自组织的结构特征，但是两者仍存在明显区别。一般来说，无线传感器网络强调节点的低功耗，节点通常处于静止或缓慢移动状态且节点间的数据传输速率低，网络通信带宽小，这些因素使得无线传感器网络和无线移动自组织网络在设计与实现上存在很大的差异。因此，无线传感器网络的设计目标是在考虑网络自身限制条件（特别是节点能耗限制和计算、通信能力限制）下来获取监测数据信息的。

1.2.2 基本概念与组成

无线传感器网络是由部署在监测区域内的大量微型传感器通过无线通信方式构成的一个自组织、多跳网络系统，以协作感知、采集、传输、处理网络覆盖区域内被感知对象信息，并把这些信息传送给观测用户。

无线传感器网络的基本组成如图 1-1 所示，包含监测区域中的传感器节点、汇聚（Sink）节点、网关、外部网络（互联网、卫星通信网或移动通信网等）和管理节点（观测用户）。其中，传感器节点在监测区域中一般呈随机分布，通过协作感知实现区域中节点之间的自组织通信。传感器节点的能耗有限，使得各个节点的通信能力和范围受到影响，因此节点需要采用多跳传输方式，经由汇聚节点将感知信息传送至外部网络。从组成结构上看，感知对象、传感器和观测用户构成了无线传感器网络的 3 个基本要素。

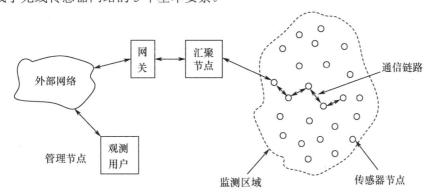

图 1-1　无线传感器网络的基本组成

从工作节点类型上看，无线传感器网络包含三大节点。

1. 传感器节点

传感器节点又称为感知节点（Sensor Node），负责物理信息探测、数据转换、传输与转发等工作。各个传感器节点具备信息感知与路由转发的双重功能，即除了信息采集与数据处理，还要对其他节点转发过来的信息进行存储、管理与融合等处理，并与其他节点进行协同作业。

根据功能情况，传感器节点可划分为全功能设备（Full Function Device，FFD）和精简功能设备（Reduced Function Device，RFD）。其中，全功能设备能够进行数据收发和路由转发，而精简功能设备只能充当采集数据的终端节点，不具备路由与协调能力。

由于传感器节点需要满足低功耗要求，其处理能力、存储能力和通信能力相对较弱，因此，在研究设计过程中需要着重考虑传感器节点的能耗管理问题。

2．汇聚节点

汇聚节点收集和处理来自无线传感器网络的信息，并可通过网关与外部网络进行通信交互，一方面向外部网络传送感知信息，另一方面向无线传感器网络发布来自观测用户的监测任务。相对于传感器节点，汇聚节点的处理能力、存储能力和通信能力较强。因此，汇聚节点既可以作为具有增强功能的传感器节点来使用，也可以直接和网关功能综合在一起向外部网络提供通信传输服务。

3．管理节点

管理节点是针对观测用户来说的，以实现无线传感器网络及其资源的动态访问和管理。管理节点一般是运行网络管理软件的计算机终端、服务器或移动终端设备等。

1.2.3 基本特征

无线传感器网络是一种特殊的无线网络，已经在多个行业领域取得了非常不错的研究与应用效果，其具有的基本特征描述如下。

1．网络规模大

在应用过程中，为了保证无线传感器网络的可靠、高效运行，在监测区域内布置大量传感器节点[①]来感知信息，数量可达到成千上万个，甚至更多。大规模的传感器节点能够实现大地理区域覆盖下的信息监测任务，比如在原始森林进行森林防火与环境监测等；能够获得针对监测对象的多方位、多视角的丰富监测信息；传感器节点的密集分布能够减少洞穴等监测盲区；处于分布状态的传感器节点能够提高信息监测的精确度，多个传感器节点对同一对象进行监测，所获得的感知信息更加准确，从而降低了对单个传感器节点的精度要求；网络规模大会形成大量的冗余节点，使得无线传感器网络具有很强的容错性能。

2．节点分布式

一般来说，大量的传感器节点在监测区域中是随机分布的（需要说明的是，在一些有具体要求的场合或小型无线传感器网络的应用中，可以灵活设置节点分布情况），各个传感器节点不存在优先级差别，其地位是相互平等的，每个传感器节点在无线传感器网络中均以自身为中心，只负责自己通信范围内节点间的信息交换。传感器节点通过协作方式共同实现对监测对象的感知。

3．网络自组织

由于无线传感器网络规模大、分布广，难以实现网络的维护，甚至在一些环境恶劣或人员不能达到的应用区域不能进行维护，且每个传感器节点位置是未知的，因此，节点必须具备自组网能力，通过路由控制、网络协议等机制，自动进行网络配置和管理，自行搜寻相邻节点进行多跳通信。当某个节点失效退出或新节点加入网络时，网络拓扑结构将随之发生动态变化，从而造成无线传感器网络具有较强的动态性。为此，无线传感器网络需要具备能够重新自组网的能力，使网络运行不受影响。无线传感器网络的抗毁能力和生存能力很强。

4．以数据为中心

无线传感器网络是任务型网络，传感器节点是与无线网络紧密结合在一起的，单独的传感器节点没有任何意义。由于网络规模大，网络中的传感器节点可通过节点编号方式进

---

① 无特殊说明外，本节中的节点一般指传感器节点。

行标识。但又由于传感器节点是随机部署的，节点位置与编号没有必然联系，所构成的节点通信链路是动态变化的，因此，对观测用户而言，无线传感器网络的核心是信息探测，而不是获取某个确定编号的传感器节点，即无线传感器网络的设计以感知数据信息的管理和处理为中心。

5. 电源能耗有限

无线传感器网络的传感器节点成本低廉、体积小巧、集成化程度高、功耗低，使得节点电池容量受到限制。而且，由于节点规模大、分布广，难以有效更换电池，特别是在环境恶劣或人员不能达到区域的应用中更是无法替换电池，所以，传感器节点并不能一直持续运行下去，而是存在一定的生命周期。如何最大限度地节省节点的能量，延长节点的运行寿命是无线传感器网络设计时需要考虑的重要因素。

6. 通信能力有限

无线传感器网络的通信带宽窄、数据传输速率低、通信覆盖范围小，障碍物的遮挡和环境电磁干扰都会影响无线传感器网络的通信质量。

7. 计算与存储能力有限

受到成本因素限制，传感器节点的处理器能力和速度相对较低，节点存储空间较小，仅能够处理较为简单的数据信息，不适合复杂的计算和存储。因此，传统的 TCP/IP 协议不能满足无线传感器网络低复杂度计算和小地址空间的需求，无法直接应用，需要研制相应的低要求协议，如 ZigBee 协议等。

1.3 无线传感器网络关键技术

无线传感器网络已经引起多个行业的广泛重视，在研究与应用过程中存在功耗、成本、实时性、安全性与抗干扰等多方面的问题。无线传感器网络主要涉及以下几个方面的关键技术。

1. 网络覆盖与拓扑控制技术

网络覆盖与拓扑控制是保障无线传感器网络高效低耗运行的关键措施。如果没有这方面的控制技术，无线传感器网络会以固定或最大无线传输功率模式运行，这会缩短网络的生命周期，降低网络的运行效率。

在网络拓扑中，节点之间进行通信会形成相应的拓扑结构，通过网络拓扑控制可以动态地调整无线传感器网络的拓扑结构，从而实现节点功耗的调节，提高路由协议、MAC 协议等的效率，有利于节点节能并延长网络的生命周期。

网络覆盖与网络拓扑的动态变化紧密相关，并要求合理设置各个传感器节点的工作状态。在保证网络覆盖性能的条件下，减少传感器节点激活的数量，可控制网络能耗、优化网络通信性能。因此，网络覆盖控制的目标一般是最小化节点数量和最大化生命周期。

2. 路由协议技术

无线传感器网络的路由协议的功能是将各个独立的传感器节点构造成一个多跳的传输网络。受到硬件资源的限制，各个节点所能获得的网络拓扑信息有限（仅能获取局部拓扑信息），使得路由协议不能过于复杂。受到网络拓扑结构动态变化的影响，网络资源也在随之动态变化，使得路由协议需要满足高效运行的要求。

针对路由协议，目前的研究重点是网络层协议和数据链路层协议。其中，网络层协议决定数据信息的传输路径，数据链路层协议通过介质访问控制来构建底层的基础结构，控制传感器节点的通信过程和工作模式。

3．时间同步技术

时间同步是保障无线传感器网络协同工作的重要机制，即要求传感器节点的本地时钟同步或者按照要求达到某种精度上的网络时间同步。无线传感器网络的许多应用都需要与网络中的节点时钟保持同步，如目标追踪、定位、协同数据采集、数据融合等。

互联网所使用的网络时间协议（Network Time Protocol，NTP）只适用于网络和链路结构相对稳定的传统网络系统。全球定位系统（Global Positioning System，GPS）虽然能够与世界标准时间 UTC 保持同步（纳秒级精度），但是需要配置相应的接收机设备，成本较高，且在室内、水下等遮挡环境中是不能使用的。因此，无线传感器网络由于自身成本、功耗、体积等方面的限制，需要专门研究满足同步精度的时间同步机制。

4．定位技术

无线传感器网络感知的目的是获取监测对象或区域的状态信息，而这些信息的有效性离不开所对应的位置坐标。当监测到某个事件发生时，一个重要问题就是确定该事件的发生位置，比如森林火灾险情、天然气管道泄漏事故等。所谓的定位技术，是指利用网络中少数已知节点位置信息或参考位置信息，通过一定的定位手段确定感知信息的节点位置或监测事件的发生位置的技术。

GPS 是目前最常见、最成熟的定位系统之一，通过卫星授时和测距来实现目标定位，具有较高的定位精度，抗干扰能力强且实时性较好。但 GPS 定位只适合于室外无遮挡的应用环境，其目标定位依赖于能耗高、体积大且成本也较高的 GPS 接收器，因此，这种方法不太适合低成本的无线传感器网络。由于资源、能量受限，无线传感器网络对定位算法和实现技术都提出了较高的要求。

5．信息融合技术

信息融合技术用于对无线传感器网络中多个传感器节点的感知信息进行融合处理，在网络系统中起着十分重要的作用。

在部署无线传感器网络时，为了增强网络系统运行的鲁棒性和信息监测的准确性，传感器节点的分布需要达到一定的密度，多个传感器节点的监测范围可能会出现互相交叠的情况，进而导致邻近传感器节点所获取的信息存在一定程度的冗余。信息融合技术可在网络内部针对冗余信息进行处理和去除，能够在满足应用需求的前提下减少传输数据量，减轻网络传输拥塞，达到有效节省系统能量和提高无线信道利用率的目的。

由于无线传感器网络的分布式特征，单个传感器节点获得的信息存在一定的不可靠性，仅仅依靠少数几个分散的传感器节点进行感知，所获得的信息较难确保正确性和全面性，因而需要对监测区域中多个传感器节点的感知信息进行融合分析，以有效地提高监测的准确度和可信度。

6．信息安全技术

由于应用部署环境和网络传输的开放性，无线传感器网络受到的安全威胁非常突出。如果某个节点被攻击者俘获并有漏洞被找出，那么，攻击者就可以通过漏洞获取节点中的机密信息、修改节点中的软件代码，并可通过获取存储在节点中的密钥、代码等信息并伪造或伪装成合法节点加入无线传感器网络中。攻击者进而可监听整个网络的传输信息，发布虚假路由信息或感知信息，进行拒绝服务等多种攻击。

信息安全技术用于确保无线传感器网络的信息机密性、信息完整性和网络安全性。其中，信息机密性是指信息在传输、存储等过程中不得向非授权用户泄露；信息完整性是指在发送和接收过程中信息是正确和一致的，不被截获、篡改或干扰；网络安全性是指无线传感器网络能够安全稳定运行，防止攻击者入侵或破坏。但由于无线传感器网络资源的限制，其存储、功耗、计算、通信等开销都受到约束，传统复杂的网络安全机制并不能直接进行应用，需要结合自身的特点和需求，充分其信息与通信安全。

1.4　无线传感器网络与物联网

物联网是物体联网需求和信息技术扩展下形成的一种新型网络，被认为是继计算机、互联网之后的第三次信息产业浪潮。物联网的理念最早可以追溯到 1995 年，当时比尔·盖茨在《未来之路》一书中提出了"物物互联"的想法，只是受限于技术条件而未具体实施。1999 年，美国 Auto-ID 中心在物品编码、射频识别（RFID）和互联网技术的基础上首先提出物联网概念，推动了现代物流行业的快速发展。但这时的物联网定义较为简单，只是把物品通过 RFID 等传感设备与互联网连接起来，实现智能化的识别和管理。2005 年，国际电信联盟（ITU）在发布的《ITU 互联网报告 2005：物联网》中正式提出了物联网概念，指出无所不在的物联网通信世界即将来临，所有物体都可以利用网络主动进行信息交换。2009 年，IBM 在美国总统奥巴马与美国工商业领袖举行的"圆桌会议"上，首次提出"智慧地球"这一概念。同年，国务院总理温家宝在无锡视察时提出了"感知中国"的战略发展思路。2010 年，政府工作报告中将"加快物联网的研发应用"明确列入要大力培育的战略性新兴产业。2011 年，工业和信息化部正式发布了《物联网"十二五"发展规划》，提出中国要在物联网核心技术研发与产业化、关键标准研究与制定、产业链条建立与完善、重大应用示范与推广等方面取得显著成效，初步形成创新驱动、应用牵引、协同发展、安全可控的物联网发展格局。从发展过程来看，物联网是推动信息技术、社会经济发展的强大驱动器。

无线传感器网络与物联网是相互关联的，但也存在区别，在网络架构、通信协议和应用领域上都存在不同。从物联网的定义上看，虽然物联网的理论体系还有待继续完善和优化，不同领域对物联网的认识也还没有达成共识，但基本思想已经逐步形成。清华大学刘云浩教授给出了这样的定义：物联网是一个基于互联网、传统电信网等信息承载体，让所有能够被独立寻址的普通物理对象实现互联互通的网络，具有普通对象设备化、自治终端互联化和普适服务智能化 3 个重要特征。一般来说，物联网的体系结构可分为 4 层，即感知层、网络层、管理服务层和应用层；也可将管理服务层嵌入应用层中，构成感知层、网络层和应用层的 3 层结构。各层结构之间既相对独立又紧密联系，不同层次提供各种技术进行配置和组合，根据应用需求构建完整的解决方案。其中，感知层由各种信息生成设备或信息采集设备构成，包括 RFID 标签、各种传感器等，实现信息的感知；网络层将感知层的设备与通信网络进行连接，建立上、下层间的信息连接通路；管理服务层针对大规模的数据信息进行存储与分析，构建（大）数据处理中心，为上层行业应用提供智慧支撑平台；应用层利用处理后的数据信息为终端用户提供应用支持。

无线传感器网络则是由大规模、分布式的传感器节点构成的自组织、多跳的网络系统，以实现监测区域信息的感知与处理。无线传感器网络强调的是低能耗的节点、自组织的无线网络、受约束的计算与通信能力等，更加侧重于信息感知。因此，相对于网络架构，无线传感器网络可认为是物联网体系结构中的感知层，为物联网提供有效的信息获取手段。

从通信协议上看，物联网仍然以互联网为基础和核心，通过各种有线、无线网络与互联网进行融合，实时准确地传送物体信息。无线传感器网络是一种灵活的自组织网络，具有较高的不确定性和动态变化特性，其网络拓扑容易受到外部环境的影响。

从应用领域上看，物联网具有强大的感知和处理能力，并能够实现对物体的智能控制，因而可以应用到社会经济发展的各个领域。农业应用中，物联网可用于农业生产、管理、加工、销售等方面，实现农业产业链的信息化、智能化。工业应用中，可持续提升工业控制与管理能力，实现柔性制造、智能制造，推动工业升级。民生应用中，物联网在物流、电网、交通、气象、环保、教育、医疗、旅游、家居等多个行业有极大的需求，推动涉及人们生活的基础设置、服务环境等的智慧化升级。国防应用中，物联网能够快速适应国防或军事上的侦察、监视、通信、计算、指挥与决策需求，推动国防军事能力的持续提升。相对来说，无线传感器网络的处理能力弱、传输效率低，传感器节点只能负责收集信息或路由转发。因此，在应用过程中无线传感器网络也主要体现在监测信息感知与传输方面，比如环境信息探测、农业状态信息监测等。由于可认为无线传感器网络属于物联网体系结构中的感知层，因此无线传感器网络的应用往往与物联网的应用交织在一起。

相对来说，无线传感器网络作为物联网发展的核心基础技术，正逐步走向成熟。成本低廉、智能高效的传感器节点将得到更为快速的发展，大规模、自组织、动态性、安全可靠的无线传感器网络组网也将更为高效、便利。

1.5 物联网体系结构

从技术角度来看，物联网涉及嵌入式开发技术、通信与组网技术、分布式处理与存储技术、数据挖掘与智能分析算法等。从网络角度来看，物联网涉及无线传感器网络、互联网、移动通信网、卫星通信网等多种网络形式，并可由不同的网络形式融合构建异构网络。从建设和应用的参与组成角度来看，物联网涉及智能设备提供方、网络基础设施和运行提供方、应用服务提供方、数据服务提供方、终端用户等。因此，物联网是一个面向全面感知、可靠传输、智能处理与决策控制的综合信息系统。

为清晰梳理物联网系统中各种技术间的关系以及不断更新的应用发展需求，有必要了解物联网的体系结构。目前，被广泛认可的物联网体系结构划分为 3 层，分别为感知层、网络层和应用层，如图 1-2 所示。

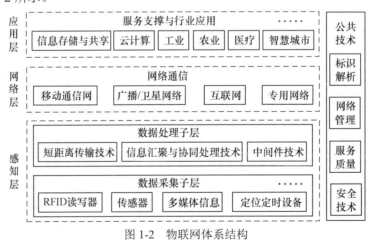

图 1-2 物联网体系结构

感知层位于物联网体系结构的底层，解决在现实物理世界中的信息获取问题。数据采集子层利用感知设备将目标对象或环境状态转换为数据信息，数据处理子层利用短距离传输技术将局部范围内的感知信息进行汇聚和协同，通过适当的处理，减少冗余信息，降低通信负荷，进而通过网关或接口设备将数据传输出去。感知层所采用的短距离传输技术包括短距离有线传输技术、短距离无线传输技术和无线传感器网络。短距离有线传输主要通过各种串行数据通信系统实现，典型的有 RS-232/RS-485、CAN 工业总线等。短距离无线传输主要通过各种低功耗、中高频无线数据通信系统实现，典型的有蓝牙、Wi-Fi 等。无线传感器网络作为一种分布式部署的多跳自组织网络，能够方便地感知监测区域或目标对象的信息。近年来，随着智能终端技术的快速进步，发展出各种互联网电子设备，传统的笔记本电脑、智能手机，以及智能音箱、可穿戴设备、车联网设备等新型智能终端设备迅速普及，可帮助用户随时随地接入互联网，访问和交互信息，这也是物联网技术快速发展的重要表现特征。

网络层位于物联网体系结构的中间，将来自感知层的信息通过承载网络传输至应用层。这些承载网络主要包括以 2G/3G/4G/5G 为代表的移动通信网、广播/卫星网络、互联网、以 NB-IoT/LoRa 为代表的专用网络。不同的承载网络所适用的环境也有所不同，需要根据不同的应用场景设计不同的网络通信技术，甚至将多种网络通信技术进行融合，形成异构网络。网络的灵活性、可靠性及网络服务质量是物联网运行的关键所在。

应用层位于物联网体系结构的顶层，也是物联网应用最终实现的目的层，通过对信息的存储与共享、分析与数据挖掘处理，为工业、农业、环境、医疗、智慧城市等终端用户提供丰富的应用服务。另外，由于物联网的分布式部署特征，可通过分布式网络将采集信息汇聚于云计算平台，实现信息的高效利用。

1.6 典型应用

作为一种新型、高效的信息感知和处理技术，无线传感器网络及其物联网技术在众多行业领域中得到了越来越广泛的应用，并不断发展壮大，这里列举几个典型的应用方向。

1. 军事应用

无线传感器网络具有密集型、随机分布的特点，非常适合应用于恶劣的战场环境，能够协助感知战场态势、定位目标、监测生化攻击、评估损失等。无线传感器网络也是最先应用到军事领域的，直接推动了以网络技术为核心的新军事变革。美国较早地提出了针对军事应用的指挥控制通信系统 C4ISR，并第一次在科索沃战争中进行了大规模实战运用，对世界军事技术的变革与发展产生了深远影响，其中，C4 分别代表指挥（Command）、控制（Control）、通信（Communication）、计算机（Computer），ISR 分别代表情报（Intelligence）、监听（Surveillance）、侦察（Reconnaissance）。在美国进行的其他后续军事行动中，C4ISR 系统及其信息基础设施得到进一步的完善，使美军具备近实时地发现、跟踪、定位和攻击地球表面任何目标的能力，从而能够在正确的时间、地点准确地使用武装力量，提高了执行国防管理、军事任务的效益和效率。

中国也在积极开展 C4ISR 系统的相关研究与应用工作，并构建了完善的数据链通信系统。据媒体报道，自 1995 年以来，我国就启动了空军"四网一体"（空军情报、指挥、控制与通信网络一体化）工程的研制工作，并于 2013 年开始了一期工程的列装，长期困扰中国空军的信息共享、武器协同、远程作战指挥、抗毁接替等重大难题得到了根本性解决，有效地提升了我国的国防军事实力。

2. 工业应用

电子信息与新一代通信技术的迅速发展加速推动工业过程的发展升级，智能制造已成为工业发展的关键环节和重要基础。随着智能制造时代的到来，企业生产管理和竞争格局将发生巨大改变，智慧工厂模式将成为未来制造业变革的新趋势。当前，世界各国都在积极推动智能制造及智慧工厂的发展。2012 年，美国国家科学技术委员会公布了"先进制造业国家战略计划"，明确提出加速发展先进制造能力。2013 年，德国提出"工业 4.0"并被德国政府确定为高科技领域的国家战略发展方向，在 2016 年德国发布的"数字化战略 2025"中，规划了包括强化"工业 4.0"在内的重点步骤和实施策略。自 2015 年开始，我国着重提出了"中国制造 2025"战略规划、信息化与工业化深度融合、工业互联网平台建设与加速发展等多项政策措施。这些战略发展方向和政策措施，基本的思路可理解为是在数字化工厂的基础上利用物联网、互联网等相关技术加强信息管理和服务，掌握生产流程、提高生产过程的可控性、减少生产线上人工因素的干预、实时正确地采集生产过程数据，利用智能数据分析技术进行分析和优化管理，从而构建高效节能的企业生产制造新模式。

工业物联网（Industrial Internet of Things，IIoT）是面向智能制造应用实施的一种先进技术形态，通过工业物联网技术能够使各种智能设备快速适应工业环境，从而实现物料的灵活配置、生产过程的按需执行、工艺过程的合理优化及工业生产的智能安全管理等。工业物联网与工业互联网这两个概念之间既有相似之处，又各有侧重。工业互联网可以认为是在通过工业物联网构建工业环境下互联互通基础上的软件化、数字化、智慧化技术平台，两者相辅相成，协同发展。同时，5G 技术所具有的低时延、高可靠、海量网络连接特性，为实现工业机器人之间、工业机器人与各类生产设备之间的信息共享和精确协调控制提供了强有力的信息传输与处理能力支撑。边缘计算、人工智能、数字孪生等先进技术的推广应用，也将进一步加快工业智能化、数字化、智慧化的产业升级，最终大幅提升制造效率，提高产品质量，降低生产成本与资源消耗，进而推动社会、经济建设的快速发展。

3．农业应用

我国是农业大国，农产品的优质、高产对经济发展意义重大，农业信息感知是开展智慧农业、精准农业建设的源头环节。根据农业生产需求，可在监测地区部署不同功能的传感器节点，监测气候变化，包括大气、光照、温度、湿度、风力、降雨量等，收集有关土壤的温/湿度、pH值、氮浓缩量等信息，进行科学分析与预测，对农作物的生长周期进行跟踪，并实现农业灾害预警，从而获得较高的农作物产量和质量。在大棚种植室内环境下，通过物联网技术更能对农业生长环境进行智能化控制，如调节光照强度与时间、控制环境温度与湿度等。

我国针对不同区域的农业特色，加快实施了农业智能化建设，比如，在天津设置了"设施农业与水产养殖物联网试验区"，开展设施农业与水产养殖环境信息采集技术产品集成应用、设施农业生命信息感知技术引进与创新、蔬菜病虫害和水产病害特征信息提取与预警防控等方面的实践试验工作；在安徽设置了"大田生产物联网试验区"，开展大田作物农情监测系统、基于感知数据的大田生产智能决策系统、基于物联网的农机作业质量监控与调度指挥系统等方面的实践试验工作。可以看出，物联网在智慧农业建设中起到了前端信息感知的重要作用。

4．交通应用

物联网在智能交通系统中的应用研究是近几年的一大热点。利用物联网技术，能够实现路况、车辆信息的实时监测，缓解困扰现代交通的安全、通畅、节能和环保等问题，提高交通运输各项工作的运行效率，进而在融合其他信息技术的基础上实现智能交通系统（Intelligent Transportation System，ITS）。因此，在传统交通体系的基础上，作为未来交通系统的发展方向，智能交通系统将信息、通信、控制、计算机等现代信息技术进行综合应用，以实现"人、车、路、环境"的有机结合。

目前，全自动电子收费系统（Electronic Toll Collection，ETC）作为一个典型的物联网应用案例已经在国内推广使用。

5．医疗应用

物联网在医疗、健康行业有着巨大的需求，并且已经在医疗系统和健康护理方面存在很多应用。智能穿戴设备能够获取人体心率、脉搏等基本生理参数和运动参数，在一定程度上为人体调节自身身体状态和改善健康体质起到积极的辅助指导作用。在医院应用中，通过在住院患者身上安装带有心率、血压监测等功能的传感器，医生就可以随时随地了解被监护患者的病情状态，在检测到异常信息时可实时报警，进而能够迅速组织救治。物联网能够帮助医院实现对患者的智能化辅助医疗和对药品、设备等的智能化管理工作，能够满足医疗健康信息、医疗设备与用品、公共卫生安全的智能化管理与监控等方面的需求，从而为提升医疗平台实力、提高医疗服务水平、避免医疗安全隐患等提供技术支持。

6．家居应用

随着生活水平的提高，智能家居越来越受到人们的广泛关注，物联网在智能家居中有着广阔的应用空间，主要体现在家庭设备自动化、家电网络化、智能安防等方面。家庭设备自动化方面，通过传感器对家居环境或电子设备进行监测，当达到预设要求时可自动进行设备响应。比如，智能窗帘可根据室外光照强度与室内光照需求自动进行窗帘的打开或关闭。家电网络化将网络家电设备通过网络通信技术实现互联，以构成家庭内部网络，并实现与外部网络的互联互通。比如，智能手机、平板电脑与家庭影院可通过家用网络进行联网，从而提供更为便利的网络信息服务。智能安防方面，通过多类型传感器实现家居环境的有效监控，保障家居安全。比如，利用燃气传感器可探测煤气是否泄漏，利用烟雾传感器可探测火灾是否发生，在窗户外面安装红外传感器可探测是否存在入侵行为，利用摄像头可实时查看家居状况等。

习 题 1

1．无线网络可以分为有基础设施的无线网络和_____。

2．无线传感器网络结构具有_____与自组织的结构特征。

3．无线传感器网络的 3 个基本要素包括_____、_____和观测用户。

4．无线传感器网络的节点类型分为传感器节点、_____和_____。

5．无线传感器网络中传感器节点分为全功能设备和_____。

6．无线传感器网络中定位技术是指利用网络中少数已知节点的_____信息，通过一定的定位手段确定感知信息的_____发生位置。

7．_____技术是保障无线传感器网络协同工作的重要机制。

8．无线传感器网络中信息融合技术是指对网络内部_____信息进行处理和去除，在满足应用需求的前提下减少_____，减轻_____，达到_____和_____目的。

9．无线传感器网络中信息安全技术主要用于确保信息_____、_____和网络安全性。

10．物联网三层体系结构包括_____、_____和应用层。

11．物联网感知层采用的短距离传输技术包括短距离有线传输技术、_____和无线传感器网络。

12．物联网的网络层包括以 2G/3G/4G/5G 为代表的_____、广播/卫星网络、互联网、以_____为代表的专用网络。

13．简述无线传感器网络发展阶段的特征。

14．简述无线传感器网络的系统组成。

15．简述无线传感器网络的基本特征。

16．简述无线传感器网络的应用。

17. 简述无线传感器网络和物联网的区别与联系。

18. 简述物联网的应用。

19. 简述工业物联网的特征。

20. 简述智能交通系统的特征。

第 2 章　无线传感器网络体系结构

无线传感器网络可以看作传统通信网络的一种延伸，但在组网时存在着能耗受限、硬件资源受限等诸多限制，为保障网络的长期、高效、可靠运行，网络协议的设计不可避免地需要考虑能耗与效率问题。一般情况下，无线传感器网络在应用中需要适应的环境比较恶劣，无线通信链路容易受到干扰，链路的通信质量往往会随着时间的推移而发生变化。为保障网络的通信质量，网络拓扑结构的设计需要考虑由于节点失效或新节点加入等因素引起的拓扑结构变化问题。无线传感器网络中的节点通常是无人看守的，甚至分布在敏感区域，网络安全受到严重考验。为保障网络通信与数据安全，设计过程中需要根据不同的应用需求构建网络的安全保障体系，需要充分考虑无线传感器网络的安全组网问题，实现完全、可靠传输。

总体上，无线传感器网络体系结构的设计需要在保障网络运行能耗的基础上，能够动态、自组织地实现组网任务，并能够有效应对外界干扰，保障网络通信质量，具备适应应用环境的能力。

2.1　体系结构概述

在体系结构上，国际标准化组织（International Standard Organization，ISO）定义了计算机网络的开放式系统互连参考模型（Open System Interconnection Reference Model，OSI 参考模型），该模型定义了网络互联的七层架构（物理层、数据链路层、网络层、传输层、会话层、表示层和应用层）。在这一框架下进一步详细规定了每一层的功能，以实现开放系统环境中的互联性、互操作性和应用的可移植性。无线传感器网络的体系结构是在 OSI 参考模型的基础上发展起来的，并且涉及无线传感器网络的管理功能结构。虽然可以借鉴传统计算机网络技术中一些成熟的解决方案，但是基于不同的应用环境和组网特点，无线传感器网络需要设计适合自身的体系结构和通信协议等。本节主要从无线传感器网络中的传感器节点结构、网络拓扑结构、网络协议结构方面来介绍无线传感器网络体系结构的基本概念。

2.1.1　传感器节点结构

传感器节点是无线传感器网络中的最小单元，是组成无线传感器网络的基础硬件平台。传感器节点的设计需要满足具体的应用需求，如低功耗、低成本、小（微）型化等，并为监测目标配备合适的传感器，提供必要的计算、处理、存储资源及适当的通信模块。在不同的应用环境中，传感器节点的具体组成会有所差异，比如，工业过程现场和战场侦测环境中侧重于信息数据的实时传输与处理；环境监测应用中侧重于节能控制，以延长节点监测工作的生命周期。

传感器节点虽然在具体应用中存在一定的差异，但其基本结构形式是类似的。典型的传感器节点结构如图 2-1 所示，主要由传感器模块、处理器模块、无线通信模块和电源模块 4 部分组成。

1. 传感器模块

传感器模块包含传感器、调理电路、模数（A/D）转换器。传感器用于感知、获取监测目标信息；如果传感器获取的信息因其微弱性、受干扰性等问题而难以被后续处理器模块处理，

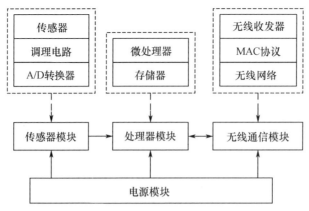

图 2-1 典型的传感器节点结构

则需要设置调理电路，调理电路对传感器获取的信息进行调理，如放大、滤波等；A/D 转换器将检测到的模拟信号转换成数字信号，以便于后续处理和传输。

2．处理器模块

处理器模块由嵌入式系统构成，包含微处理器和存储器等部件。微处理器主要用于协调、控制传感器节点的内部工作，存储器对传感器采集的数据和接收到的数据进行存储，并和微处理器一起实现对数据的本地化处理。处理器模块一般选用低功耗的嵌入式微处理器，如单片机；在某些特殊需求下，也可根据应用需求和节点能力要求选用高性能处理器件，如 ARM、现场可编程门阵列（Field Programmable Gate Array，FPGA）等，提升节点的硬件计算能力（也可描述为节点的边缘计算能力）。

3．无线通信模块

无线通信模块主要由无线收发器、MAC 协议及无线网络组成，主要负责与其他节点之间的通信，完成数据收发和信息交换的功能。

4．电源模块

电源模块为传感器节点提供所需要的能量，一般采用微型电池。通常，传感器节点的电源是不方便替换的，因此，无线传感器网络中的电源节能控制就显得尤为重要。在一些应用中，可采用再生能源方式在一定程度上解决传感器节点的电能供给问题，如太阳能电池板等。

这种传感器节点的典型结构简单，资源受限，且传感器模块、处理器模块和无线通信模块都需要消耗电源能量，其中，无线收发器在工作时将消耗无线通信模块的绝大部分能量。由于传感器节点通常采用微型电池供电，那么在电能耗光时将面临两种选择：一是无线传感器网络终止运行，不再工作；二是投入人力物力开展电池的更换，并进行无线传感器网络的维护和保养工作。因此，电源能耗问题被视为约束无线传感器网络应用的关键障碍。

由于无线通信模块在传感器节点中的能耗最为明显，因此，在设计时需要充分考虑电源方面的限制。无线通信模块存在 4 种状态，即发送、接收、空闲和睡眠状态。空闲状态下，无线通信模块将一直监听无线信道的使用情况，监测是否有发向自己的数据；睡眠状态下，则关闭通信功能。在这 4 种状态中，发送状态下的无线通信模块能耗最大；接收状态和空闲状态下的能耗比较相近，略小于发送状态下的能耗；睡眠状态下因通信功能关闭，故其能耗最小。相对来说，传感器节点在传输时的能耗要比执行计算时的能耗高，通常，两个相距 100m 的传感器节点之间传输 1bit 数据所消耗的电能大约相当于执行 3000 条计算指令所消耗的电能。因此，在设计无线传感器网络协议时，需要着重考虑无线通信的机制问题，即如何减少不必要的转发和接收，在不通信时让无线通信模块能够快速进入睡眠状态，同时提高无线通信的效率。

传感器节点中其他硬件模块的能耗与整个节点的技术指标有关。提高传感器节点的某些技术指标，如分辨率、线性度、稳定性和驱动能力等，通常是以提高硬件电路的功耗为代价的。要控制传感器节点的能耗，除了要协调无线通信模块的能耗规则，还需要合理配置传感器节点的技术指标：需要根据应用需要和传感器自身的特点，选择合适的技术指标，甚至可以通过降低某些非关键性技术指标来达到降低节点能耗的目的。在技术指标确定的情况下，则需要从降低信号获取功能单元能耗及降低信号处理功能单元能耗的角度来考虑传感器节点的能耗问题。

无线传感器网络中传感器节点往往部署在监测区域现场内或附近位置，起到目标探测、事件检测、辨识分类、追踪及汇报等作用。一般情况下，传感器节点的功能大体上有：

① 动态配置功能，传感器节点可以动态配置成普通节点或网关节点，以支持多种网络通信功能等；

② 远程可编程，支持增加新的处理功能，或调整完善现有处理功能；

③ 支持低功耗的网络传输；

④ 支持长距离的多跳通信；

⑤ 支持定位功能，用于确定监测目标或传感器节点自身的地理位置信息；

⑥ 支持移动功能，传感器节点具备适应位置改变的能力和移动侦测能力。

针对一些性能要求较高的功能，需要在传感器节点中添加相应的单元模块，比如，针对定位、移动功能，需要添加节点定位模块、移动管理模块，而这些功能一般通过嵌入式操作系统来实现。嵌入式操作系统是无线传感器网络节点软件中最重要的组成部分，嵌入式软件的设计和应用需要考虑到无线传感器网络中的节点能耗、节点计算能力、网络规模、网络分布与动态性等特征。目前，无线传感器网络的操作系统主要有 TinyOS、MantisOS、Contiki、SOS、MagnetOS 等。

① TinyOS，由美国加州大学伯克利分校研发，是一种基于组件开发方式的开放源代码操作系统，专为嵌入式无线传感器网络设计，采用 nesC 编程语言且基于组件方式，能够快速实现各种应用。

② MantisOS，由美国科罗拉多大学研发，是以易用性和灵活性为主要特性的无线传感器网络操作系统，具备动态重新编程功能。该系统基于线程管理模型开发，支持 C 语言编程且提供线程控制应用编程接口。

③ Contiki，由瑞典计算机科学研究所研发，是一个开源的多任务操作系统，适用于联网嵌入式系统和无线传感器网络，采用 C 语言开发，具有高度的可移植性、小代码量且支持 IPv6 协议栈等优点。一个典型的 Contiki 系统基本配置只需要 2KB 的 RAM 和 40KB 的 ROM。

④ SOS，由美国加州大学洛杉矶分校研发，是一个基于多线程机制的开源操作系统。SOS 采用 C 语言编程，提供通用内核和动态装载模块来实现消息传递、动态内存管理、模块装载和卸载等服务功能。

⑤ MagnetOS，由美国康奈尔大学研发，作为一款无线分布式操作系统，可构成自组织网络，提供一个 Java 虚拟机系统映像，能够自动将应用程序分割成各种组件，并且以利于节能、延长网络寿命的方式将这些组件自动放置和迁移到最合适的节点上。

2.1.2 无线传感器网络拓扑结构

在无线传感器网络应用中，需要将传感器节点集合配置形成一个互联的网络，并能覆盖监测区域。传感器节点的网络部署问题是无线传感器网络运行的基础，一般来说，一个传感器节点的通信范围是有限的，多个传感器节点之间进行协同工作才能获取整个监测区域的信息，因此，传感器节点的部署效果直接影响无线传感器网络的感知范围，决定是否能够有效覆盖整个监测区域。

所谓无线传感器网络的节点部署，就是采用某种方式将传感器节点放置在待监测区域内的适当位置。节点部署需要满足两个基本要求：一是感知范围需要覆盖整个监测区域；二是无线传感器网络需要满足具体应用所提出的关于组网代价、能耗及可靠性等方面的性能需求。

应用领域的不同自然而然地就决定了传感器节点的不同部署方式。传感器节点的部署方式主要分为确定部署和随机部署两种方式。确定部署是指通过人工安装或机械安装等方式将节点放置在预先确定的位置上；随机部署则是通过不确定的抛撒方式（如飞机抛撒、随机投掷等）将节点随机地散布在监测区域内。如果传感器节点能准确按照预先设定的方案放置，可以采用确定部署方法，这种方法可以减少网络生成拓扑结构的复杂度，使无线传感器网络对监测区域的覆盖率更高，但由于传感器节点的位置固定，因此不具备节点移动能力。如果节点不能按照确定的位置进行放置，则需要采用随机部署方式来布置节点，这种方法通过执行相关算法使节点之间能够自主适应周围环境并自组织地完成对无线传感器网络的部署与互联，适用于在人员不便直接参与的监测区域或特殊、危险监测环境内部署传感器节点。

传统的无线网络主要致力于优化网络带宽，实现大量信息的传输与交互，以便向用户提供高质量的多媒体等信息服务，比如 Wi-Fi 无线网络。与传统无线网络不同，无线传感器网络中节点能量、资源有限且一般不可移动，传感器节点受损的概率远大于传统无线网络节点，因此，需要合理利用节点能量和资源构建无线传感器网络拓扑结构，确保不会因部分传感器节点的损坏而影响无线传感器网络全局任务的执行，从而形成实用且高效的传感器节点组网方式。

按照组网形态和组网方式来划分，无线传感器网络的拓扑结构可分为集中式、分布式和混合式 3 种形式。集中式结构是指将网络中的传感器节点进行集中管理，类似于移动通信的蜂窝结构。分布式结构是指网络中的传感器节点可以自组织地接入网络，并且被分散管理，类似于 Ad Hoc 网络结构。混合式结构具有分布式结构和集中式结构的融合特征。

按照节点功能及结构层次来划分，无线传感器网络的拓扑结构可分为平面网络结构、层次网络结构、混合网络结构和 Mesh 网络结构。网络拓扑结构设计合理能够有效提高无线传感器网络工作的服务质量（Quality of Service，QoS），如果网络拓扑结构不能很好地组织节点协同工作，那么就会导致整个网络的组网传输受到阻碍。这种划分方式也是较为常用的网络拓扑描述方式，分别介绍如下。

1. 平面网络结构

平面网络结构如图 2-2 所示，该结构是无线传感器网络中最简单的一种拓扑结构，每个节点的功能特性保持一致，均包含相同的 MAC、路由、管理和安全等协议。这种网络拓扑结构没有中心管理节点，结构简单，维护方便，具有较好的健壮性。

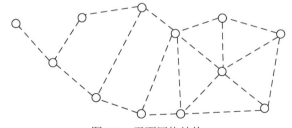

图 2-2　平面网络结构

2．层次网络结构

层次网络结构如图 2-3 所示，又称为分级网络结构，该结构是平面网络结构的一种扩展形式。层次网络结构分为网络上层和网络下层两部分，网络上层包含的是骨干节点，这些骨干节点具有汇聚功能，通常也将骨干节点称为簇头节点（简称簇头），网络中可以有一个或多个骨干节点；网络下层包含的是一般传感器节点（一般节点），通常也将一般节点称为簇内节点或普通节点。骨干节点与一般节点之间呈现的是一种分层的关联关系，骨干节点之间或一般节点之间则呈现的是平面网络结构关系。骨干节点和一般节点的功能特性有所不同，相对来说，各个骨干节点均包含相同的 MAC、路由、管理和安全等协议，而一般节点可能没有路由、管理和汇聚处理等功能。

层次网络结构的可扩展性好，可以方便地开展集中管理，由于对网络上下层的职能进行区分，也就便于有针对性地进行组网，以提高组网的连通可靠性和网络覆盖性能。但是集中管理带来的问题是开销相对较大，骨干节点的复杂性将导致网络及硬件建设成本较高，而由于功能或性能的限制可能会引起一般节点之间的通信阻碍。处于网络下层中的一般节点将信息传递给处于网络上层的骨干节点，再由骨干节点之间进行数据传输。

3．混合网络结构

混合网络结构如图 2-4 所示，该结构是一种将平面网络结构和层次网络结构混合的拓扑结构，也分为网络上层和网络下层两部分。与层次网络结构不同的是，在混合网络结构中网络下层的一般节点之间可以进行相互直接通信而不必通过骨干节点。因此，混合网络结构所支持的功能更强大，但所需要的网络及硬件成本也就更高。

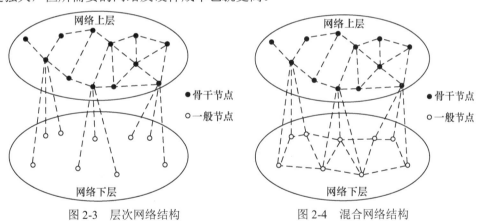

图 2-3　层次网络结构　　　　　图 2-4　混合网络结构

4．Mesh 网络结构

Mesh 网络结构如图 2-5 所示，该结构具有规则分布的特性。不同于完全连接的网络结构，Mesh 网络通常只允许与节点最近的邻居节点通信，且由于网络中节点的功能相同，也因此称为对等网络。从图 2-5 可以看出，由于节点之间存在多条路由路径，网络对于单点或单个链路故障具有较强的容错能力和鲁棒性。Mesh 网络结构最大的优点就是尽管所有节点具有对等特性且具有相同的计算和通信传输功能，但可指定某个节点为簇头节点，一旦簇头节点出现失效问题，其他节点可以立刻进行补充并接管原簇头节点，并执行相应功能，所以不会对整个网络造成太大的影响。Mesh 网络结构的另一个优点是尽

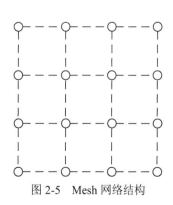

图 2-5　Mesh 网络结构

管通信网络拓扑呈现出的是规则结构,但节点实际的地理分布不是规则的 Mesh 结构形态,网络也能很好地运行。

需要说明的是,无线传感器网络拓扑结构的种类不同,各自具体的组网特点和适合的场所也有所不同,所以在实际应用中需要根据具体的应用环境需求,合理选择或融合使用无线传感器网络拓扑结构。

2.1.3 无线传感器网络协议结构

无线传感器网络的协议结构是在参考计算机通信网络的 OSI 模型和 TCP/IP 协议架构的基础上发展起来的。基本的无线传感器网络协议由 5 层结构组成,包括物理层、数据链路层、网络层、传输层和应用层,并通过 3 个功能管理平台进行协调工作管理,包括能量管理平台、移动管理平台和任务管理平台,其结构如图 2-6 所示。

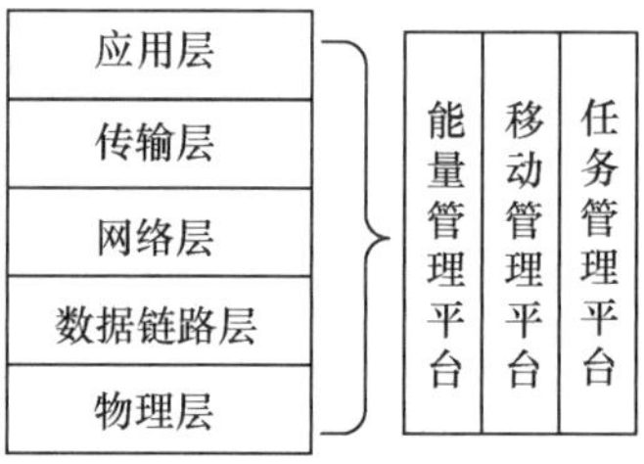

在此基本协议结构中,各层协议和功能管理平台的作用分述如下。

图 2-6 无线传感器网络基本协议结构

- 物理层主要负责数据传输介质的规范,提供简单但健壮的信号调制与无线收发技术。
- 数据链路层主要完成数据成帧、帧检测、介质访问控制(Media Access Control,MAC)协议和差错控制(也称为差错校验)设计。
- 网络层主要完成路由生成和路由选择,用于监控网络拓扑结构变化,保障节点之间进行有效的相互通信。
- 传输层主要完成无线传感器网络的数据流传输控制,以及通过有线或无线方式与外部网络进行协调通信。
- 应用层主要涉及实现监测任务的一系列应用层软件,根据应用需求完成对无线传感器网络监测信息的分析与处理。
- 能量管理平台负责管理节点能量的使用,各个协议层都需要考虑能耗问题。
- 移动管理平台检测并跟踪传感器节点的移动,维护或者重建节点之间的正常路由,使传感器节点能够动态地跟踪其邻居节点的位置,保障网络的稳定正常运行和数据的可靠传输。
- 任务管理平台负责在一个给定的监测区域内平衡和调度监测任务,保障顺利完成相关任务。

随着无线传感器网络研究与应用的深入,无线传感器网络协议结构得以改进和发展,在基本结构的基础上进一步考虑了定位、时间同步等需求,改进的网络协议结构如图 2-7 所示。从图中可以看出,该改进结构将无线传感器网络协议结构分成 3 部分,即网络通信协议、网络管理平台和应用支撑平台,实现对基本协议结构的优化与管理,并通过网络通信协议外部的各种收集和配置接口对相应机制进行配置与监控。

1. 网络通信协议

网络通信协议部分与基本协议结构类似,仍然由物理层、数据链路层、网络层、传输层和应用层组成,其功能和作用也基本类似。

物理层和数据链路层采用的是国际电气和电子工程师协会(Institute of Electrical and Electronics Engineers,IEEE)制定的 802.15.4 协议,该协议是针对低速无线个人区域网络(Low-Rate Wireless Personal Area Network,LR-WPAN)的应用需求而制定的标准。该标准把低

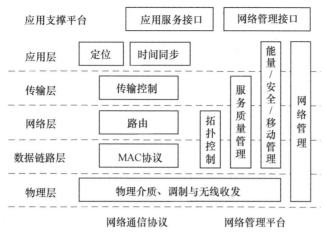

图 2-7 改进的无线传感器网络协议结构

能耗、低速率传输、低成本作为设计目标,对个人或小区域范围内不同设备之间低速互联方式进行统一,是物联网体系中最受欢迎、应用最广泛的核心技术。由于该标准所提供的网络特征与无线传感器网络存在很多相似之处,故将其作为无线传感器网络的无线通信平台。

在应用层中,定位和时间同步协议为网络通信协议建立复用支撑,一方面其自身需要利用传输层提供的信息数据进行协同定位和时间同步协商,另一方面又要为网络通信协议各层提供相应的定位和时间同步信息支持,如基于时分复用的 MAC 协议、基于地理位置信息的路由协议等。

2. 网络管理平台

网络管理平台实现对无线传感器网络节点的管理及用户对网络的管理,主要包括拓扑控制、服务质量管理、能量/安全/移动管理、网络管理等。

(1)拓扑控制

拓扑控制是无线传感器网络中的一项重要技术,通过数据链路层、网络层实现节点发射功率配置和邻居节点选取等,在保证网络连通性和覆盖性的前提下生成优化的无线传感器网络拓扑结构,同时又反过来为数据链路层和网络层提供更新信息。

在组网过程中,如果没有拓扑控制,传感器节点会以最大无线传输功率工作,从而导致节点能量因被快速消耗而缩短网络的生命周期;也会导致节点之间因无线信号产生冲突而影响节点的无线通信质量。此外,还会导致形成大量的冗余网络拓扑信息,使得路由计算复杂,浪费节点资源。因此,拓扑控制可延长无线传感器网络的生命周期,提高网络吞吐量,降低网络干扰和节约网络资源。

(2)服务质量管理

服务质量(QoS)的描述可以从应用角度和网络角度来分析。从应用角度看,服务质量表示用户对网络所提供服务的满意程度;从网络角度看,服务质量表示网络向用户所提供的业务参数指标。一般地,在传统网络概念中,服务质量的典型指标通常包含时延、吞吐量和丢包率等,这些指标直接体现了网络传输数据的相关性能。但是由于自身的特点,无线传感器网络与传统网络的服务质量支持机制存在一定的差异,比如资源受限、网络动态变化、存在大量冗余节点等。对于无线传感器网络来说,其并不仅仅需要实现数据的传输,还承担着监测物理环境和目标的任务,故无线传感器网络的服务质量往往针对具体应用来描述,比如网络的覆盖与能耗问题、事件的检测能力等。对用户而言,无线传感器网络也需要向用户提供足够的资源,按照用户可接受的性能指标工作,以满足用户需求。

（3）能量/安全/移动管理

能量管理方面，为了延长无线传感器网络的生命周期，需要在网络通信协议中增加能量控制代码，合理地协调控制网络节点对于能量的消耗。

安全管理方面，由于存在节点部署的开放性、网络拓扑的动态变化性、无线信道的不稳定性等问题，无线传感器网络的安全问题受到诸多挑战。比如，网络节点能量有限，使得网络容易受到资源消耗型攻击；网络节点部署区域一般是开放的，使得节点本身容易被捕获而导致节点被破解或破坏；无线信道中，节点通过载波监听方式来确定自身是否可适用信道，容易受到拒绝服务攻击等。因此，需要设计适用于无线传感器网络的安全机制，高效的加密算法、安全的网络通信协议与安全组播方式、密钥管理等都是值得深入研究的方向。

移动管理方面，针对网络节点移动应用需求，通过移动管理来实现网络中节点移动的监测与协调控制，维护和跟踪节点之间的路由及其变化。

（4）网络管理

在无线传感器网络中，网络管理提供一系列相应的技术和方法，完成对无线传感器网络各个组成要素和任务目标的配置、控制、诊断与测试、管理与维护等工作，以提升无线传感器网络的运行效率。

3．应用支撑平台

应用支撑平台以网络通信协议和网络管理平台为基础，利用应用服务接口和网络管理接口为用户提供针对不同具体应用的支持，形成无线传感器网络的各种应用软件。

2.2 物 理 层

2.2.1 物理层简介

OSI 参考模型给出了物理层的描述：在物理传输介质之间，物理层面向二进制比特流传输所需的物理连接，为建立、维护和释放数据链路实体之间数据传输提供机械的、电气的、功能的和规程的特性支撑。无线传感器网络参照 OSI 模型，物理层位于网络通信协议体系的最低层，与物理传输介质直接连接，为设备之间的数据通信提供传输介质和互联设备，为数据传输提供可靠的物理环境，其协议是网络通信设备必须遵循的底层协议。概括来说，物理层主要负责信息的调制、发送与接收，是决定无线传感器网络的节点体积、成本与能耗的关键环节。

物理层的传输介质包括平衡电缆、光纤、无线信道等；互联设备是指数据终端设备（Data Terminal Equipment，DTE）和数据电路终端设备（Data Circuit Terminal Equipment，DCE）间的连接设备，如插座、连接器等；数据终端设备又称为物理设备，如计算机、I/O 设备终端等；数据电路终端设备介于数据终端设备与传输介质之间，提供信号变换和编码功能，并负责物理连接的建立、维护和释放，如调制解调器等。

物理层具有的功能主要体现在以下 3 个方面。

① 为数据终端设备提供数据传输通道。数据传输通道可以由一个或者多个传输介质构成，一次完整的数据传输包括物理连接的激活、数据的传送、物理连接的终止 3 个环节。

② 传输数据。物理层承担数据传输功能，需要为减少信道拥塞提供足够的通信带宽，保证数据的正确传输。

③ 具有一定的管理能力。物理层涉及信号状态的评估、能耗的检测、通信收发的管理及相关属性的管理等工作。

2.2.2 物理层设计技术

针对无线传感器网络物理层设计，目前的研究与应用主要集中在传输介质、频率选择和调制解调机制上。

1. 传输介质

无线通信的传输介质主要包括无线电波、红外线、光波、声波等。无线电波便于产生，传播距离远，受建筑物等物体遮挡的影响小，通信机制灵活，是无线传感器网络采用的主流传输方式。红外线在传输过程中不受无线电波的影响，抗干扰能力强，但在存在非透明遮挡物的情况下难以进行有效通信，可用于一些通信距离短、无遮挡的无线传感器网络中，另外红外线的应用不受国家无线电管委会的限制。光波与红外线类似，通信时不能被遮挡物阻挡，相对于无线电波，光波传输不需要复杂的调制解调机制，接收器电路相对简单，单位数据传输的功耗较小。声波传输一般用于水下的无线通信，声波是一种机械波，在水下传输的信号衰减小（其衰减率为电磁波的千分之一）且传输距离相对较远。

2. 频率选择

由于单一频率不能承载足够的信息容量，因此在无线通信系统中通信信号的电磁频谱需要占据一定的频带范围。无线电频谱是一种不可再生资源，其频段的使用及特定环境下的发射功率等都受到严格的规定。

无线电频谱频段的分配见表 2-1，无线电频谱划分为甚低频、低频、中频、高频、甚高频、超高频、特高频和极高频 8 个频段。甚低频频段主要用于海岸潜艇通信、远距离通信、超远距离导航；低频频段主要用于越洋通信、中距离通信、地下岩层通信、远距离导航；中频频段主要用于船用通信、业余无线电通信、移动通信、中距离导航；高频频段主要用于远距离短波通信、国际定点通信；甚高频频段主要用于电离层散射流星余迹通信、人造电离层通信、与空间飞行体通信、移动通信；超高频频段主要用于小容量微波中继通信、对流层散射通信、中容量微波通信；特高频频段主要用于大容量微波中继通信、数字通信、卫星通信、国际海事卫星通信；极高频频段主要用于进入大气层时的通信、波导通信。

表 2-1 无线电频谱频段的分配

序号	名称	符号	频率	波段	波长	传播特性
1	甚低频	VLF	3～30kHz	超长波	1000km～100km	空间波为主
2	低频	LF	30～300kHz	长波	10km～1km	地波为主
3	中频	MF	0.3～3MHz	中波	1km～100m	地波与天波
4	高频	HF	3～30MHz	短波	100m～10m	天波与地波
5	甚高频	VHF	30～300MHz	米波	10m～1m	空间波
6	超高频	UHF	0.3～3GHz	分米波	1m～0.1m	空间波
7	特高频	SHF	3～30GHz	厘米波	10cm～1cm	空间波
8	极高频	EHF	30～300GHz	毫米波	10mm～1mm	空间波

无线传感器网络的频段使用也要按照相关的规范执行。目前，单信道无线传感器网络基本上采用 ISM（Industrial Scientific Medical）频段，该频段是特别为工业、科学、医学应用保留下来的频带范围。ISM 频段要求面向所有无线电系统开放，原则上无须任何许可证便可使用，只需要遵守一定的发射功率（一般小于 1W），并且不对其他频段造成干扰即可，其分布情况见表 2-2。各国对 ISM 频段的使用规定并不统一，其中，欧洲主要使用 868MHz 和 433MHz 频段，美国主要使用 915MHz 频段，2.4GHz 可在全球范围内使用。

表 2-2 ISM 频段的分布情况

序号	频率范围	中心频率	序号	频率范围	中心频率
1	6.765～6.795MHz	6.780MHz	8	2.4～2.5GHz	2.450GHz
2	13.553～13.567MHz	13.560MHz	9	5.725～5.875GHz	5.800GHz
3	26.957～27.283MHz	27.120MHz	10	24～24.25GHz	24.125GHz
4	40.66～40.70MHz	40.68MHz	11	61～61.5GHz	61.25GHz
5	433.05～434.79MHz	433.92MHz	12	122～123GHz	122.5GHz
6	868～870MHz	869MHz	13	244～246GHz	245GHz
7	902～928MHz	915MHz			

使用 ISM 频段的主要优点是该频段是自由频段，给无线传感器网络的设计与应用带来了很大的灵活性。在无线传感器网络应用过程中，具体频段的选择由很多因素决定，需要结合实际的应用场景来做判断，因为频率是影响无线传感器网络性能、尺寸、功耗、成本等的一个重要参数。

3. 调制解调机制

调制与解调是通信系统的关键技术之一。一般来说，基带信号不能直接作为信号进行传输，需要将基带信号转换为频率相对较高的调制信号以适合信道传输。所谓调制，就是指将数字基带信号转换成适于信道传输的数字调制信号，即已调信号或频带信号；所谓解调，即调制的逆过程，是指在接收端将收到的数字频带信号还原成数字基带信号。

根据基带信号类型不同，可将调制分为模拟调制和数字调制。模拟调制是用模拟基带信号对高频载波的某一参量进行控制，使高频载波随着模拟基带信号的变化而变化。模拟调制可用正弦波进行表示，根据正弦载波的幅度、频率和相位 3 个要素，模拟调制可分为幅度调制（Amplitude Modulation，AM）、频率调制（Frequency Modulation，FM）和相位调制（Phase Modulation，PM）。数字调制是指用数字基带信号对高频载波的某一参量进行控制，使高频载波随着数字基带信号的变化而变化。比较而言，模拟调制所需要的功耗较大且抗干扰能力与灵活性较差，数字调制则是通信调制技术的发展方向。数字调制信号用二进制矩形脉冲序列表征，通过数字电路实现，成为键控信号。根据键控方式的不同，数字调制可分为幅移键控（Amplitude Shift Keying，ASK）、频移键控（Frequency Shift Keying，FSK）和相移键控（Phase Shift Keying，PSK）。

在无线传感器网络中，由于受到节点电源能量有限、资源与性能受限等问题的限制，需要设计以节能和成本控制为主要指标的调制解调机制。

（1）调制技术

为了满足无线传感器网络最大化数据传输速率和最小化符号率的指标要求，多进制（M-ary）调制机制应用于无线传感器网络。与二进制数字调制不同的是，M-ary 调制利用多进制数字基带信号调制载波信号的幅度、频率或相位，可形成相应的多进制幅度调制、多进制频率调制和多进制相位调制。其中，多进制幅度调制可看成开关键控（On-Off Keying，OOK）方式的推广，可获得较高的传输速率，但抗噪声能力和抗衰减能力较差，一般适合恒参或接近恒参的信道；多进制频率调制可看成二进制频率键控方式的推广，其需要占据较宽的频带，信道频率利用率不高，一般适合调制速率较低的应用场所；多进制相位调制利用载波的多种不同相位或相位差来表示数字信息。

在相同的码元传输速率条件下，M-ary 调制的信息传输速率是二进制调制的 $\log_2 M$ 倍；但由于需要增加关于二进制与多进制间的转换器件，因此 M-ary 调制的电路要更加复杂，同时需要更高的发射功率来发送多元信号；M-ary 调制的误码率通常要比二进制调制的误码率高。

除了 M-ary 调制，还存在多种物理层调制方式，如差分脉冲位置调制、自适应编码调制等。差分脉冲位置调制采用两个 32-Chip PN 码（I/Q 通道各一个），利用 OQPSK 调制，且每个 32-Chip 采用半正弦脉冲波形，形成的调制波形具有恒定包络，适合低成本的非线性功率放大器。自适应编码调制根据信道特性变化而自适应地调整无线链路传输的调制方式与编码速率等参数，确保在一定的误码率水平下使得频带利用率达到最优。当信道条件较好时，较高性能的参数设置可获得较大的传输吞吐率；当信道条件较差时，可通过降低传输速率来提高系统资源的利用效果。

（2）扩频技术

所谓扩频技术，是指在传输数据之前，在发送端采用高速编码技术对待发送数据进行频谱扩展，在接收端采用相同的扩频码序列对接收到的数据进行解扩及相关处理，把展开的扩频信号还原成原来的信号。通过扩频处理后，数据传输的带宽将远大于待传输数据本身所占的带宽。直接序列扩频（Direct Sequence Spread Spectrum，DSSS）是一种典型的扩频方式，其原理示意如图 2-8 所示。

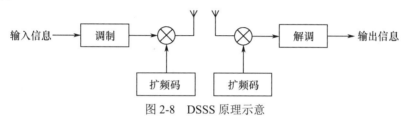

图 2-8　DSSS 原理示意

与常规的窄带通信方式相比，DSSS 具有较好的通信性能优势，主要体现在以下 3 个方面。

① 抗干扰能力强。输入信息在频谱扩展后形成宽带信号传输，再在接收端通过解扩恢复成窄带信号，由于干扰信号与扩频码不相关，在进行扩频处理后，通过窄带滤波器使得干扰信号进入有用频带内的干扰功率得以降低，从而具有更好的抗干扰、抗噪声、抗多径干扰能力。

② 保密性好，截获率低。通信信号被扩频之后，因单位频带内的功率很小而使有用信号淹没于噪声之中，在无先验知识的情况下很难检测出信号的参数，一般不易被发现，难以被截获，从而达到安全保密通信的目的。

③ 可以实现多址通信。由于扩频通信具有较宽的频带，多个用户可以公用这一宽频带，利用扩频码之间良好的相关性来区分不同的用户，在接收端利用相关检测进行解扩，提取有用信号，使多个用户在这一宽频带上可以同时通信而互不干扰。

（3）超宽带无线通信调制技术

超宽带（Ultra-Wide Band，UWB）是一种新型的无线通信技术，通过对持续时间非常短的冲激脉冲波进行直接调制，使信号具有 GHz 量级的带宽，适用于高速、近距离的无线个人局域网组网通信。美国联邦通信委员会（FCC）将超宽带信号定义为任何相对带宽大于 20%或者绝对带宽不小于 500MHz 并满足一定功率谱限制的信号。超宽带的主要信号形式可分为传统的基带窄脉冲形式和调制载波形式。

基带窄脉冲形式利用宽度在纳秒、亚纳秒级的基带窄脉冲序列进行通信。一般通过脉冲位置调制（Pulse Position Modulation，PPM）、脉冲幅度调制（Pulse Amplitude Modulation，PAM）等调制方式携带信息。窄脉冲可以采用多种波形，如高斯波形、升余弦波形等。因为脉冲宽度很窄，占空比较小，所以具有很好的多径信道分辨能力。因为不需要调制载波，所以收发系统结构简单，成本较低且功耗也很低。基于以上特点，目前采用基带窄脉冲的 UWB 技术已广泛应用于雷达探测、透视、成像等领域。

调制载波形式将超宽带信号搬移到合适的频段进行传输，可以灵活、高效地利用频谱资源，从而达到提高系统性能的目的。调制载波的处理方法与一般通信系统的类似，技术成熟度高，相对基带窄脉冲形式来说，调制载波形式更容易实现高速系统。目前，载波调制超宽带的实现方案主要有两种，即基于直接序列码分多址（Direct Sequence-Code Division Multiple Access，DS-CDMA）的超宽带技术和基于多频带正交频分复用（MultiBand-Orthogonal Frequency Division Multiplexing，MB-OFDM）的超宽带技术。

超宽带无线通信技术为无线局域网和个人局域网提供了优良的解决方案，具有多径分辨率良好、系统容量大、传输速率高、发射功耗低、截获概率低、系统复杂度低、定位精度高等优点。

（4）解调技术

解调是从携带消息的已调信号中恢复消息的过程。发送端用需要传送的消息对载波进行调制，形成携带消息的调制信号，接收端需要恢复所传送的消息才能加以利用，故解调是调制的逆过程，调制方式不同，解调方式也将随之不同。

由于噪声、衰减及干扰的影响，所接收到的信号波形存在一定的失真，因此接收端不能全部接收到传输的所有信息。为分析信息的发送与接收效果，一般通过误码率（Symbol Error Rate，SER）来描述数据接收出错的程度；而对于用比特表示的数据，一般采用误比特率（Bit Error Rate，BER）来描述。

2.2.3　通信信道分配

1. 无线信道

通信信道是指数据传输所需要的通道。计算机网络技术将通信信道分为物理信道和逻辑信道。其中，物理信道定义为用于传输数据信息的物理通道，由传输介质和相关通信设备组成。根据传输数据类型的不同，物理信道可分为模拟信道和数字信道；根据传输介质的不同，物理信道可分为有线信道和无线信道。有线信道使用有形的介质作为传输介质信道，如电缆、双绞线、光纤等；无线信道主要使用电磁波在空间中的传播信道，如无线电、微波、红外线等。逻辑信道定义为在物理信道的基础上发送和接收数据信息的双方通过中间节点传输数据信息所形成的逻辑通道，逻辑信道可以是有连接的，也可以是无连接的。

无线传感器网络通过无线信道传输数据信息。无线信道的传播环境是无线通信系统的基本要素，发射机与接收机之间的无线传播路径的复杂性将影响无线通信的效果。相对地，在视距开阔等无电磁干扰环境下，无线传播质量能得到稳定保障；在存在各种遮挡物（如建筑物、山体或树林等）时可能会引起无线电波的反射、绕射或散射等复杂传播情况；在存在强电磁干扰时，会造成无线传播质量的下降，甚至无法传播。在实际应用过程中，无线信道具有一定的随机性，包括通信节点之间的天线方向或极性都可能对传输性能造成影响，因此，可以认为无线传播路径是一种随时间、环境和其他外部因素而变化的传播环境。常见的无线信道可总结为自由空间信道、多径信道和加性噪声信道。

（1）自由空间信道

自由空间信道是一种理想化的无线传播信道，具有无阻挡、无衰减、非时变的特点。理想的无线传播条件是不存在的，一般将大气层环境当作各向同性的均匀介质，传播路径上没有障碍物阻挡，且到达接收天线时的地面反射信号场强忽略不计，在满足这些条件的情况下，即可认为无线电波是在自由空间传播的。通常将卫星通信、微波通信当作在理想信道中的通信方式。

在实际的无线通信系统中,发射天线和接收天线都具有方向特性,可用天线增益参数来表征天线在某个方向上的增益。根据电磁场理论,接收天线的增益代表了天线接收无线电波功率的能力,其与天线有效面积、电磁波波长有关。考虑到无线电波在传输过程中,空间环境并不理想化,气候等环境因素会引起无线电波传输的损耗。如图 2-9 所示,发射机产生无线电波,发射机天线的辐射功率为 P_t,则在相对距离为 d 处的接收机的接收功率可表示为

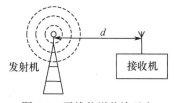

图 2-9 无线信道传输示意

$$P_r(d) = \frac{P_t G_t G_r \lambda^2}{(4\pi d)^2 L}$$

其中,G_t 表示发射天线增益,G_r 表示接收天线增益,λ 为电磁波波长,L 表示与传播无关的系统损耗因子。从表达式中可以看出,接收天线的接收功率是关于发射机到接收机之间距离的函数,且随距离的平方衰减。

（2）多径信道

当超短波、微波及无线电波在传播过程中遇到障碍物时,电磁波会产生反射、绕射或散射等问题,那么,到达接收天线的信号就可能存在多种反射波,这种现象称为多径传播。对于无线传感器网络来说,其组网通信主要是节点之间的短距离、低功耗传输,且通常距地面较近,因此,在一般应用场景下,可认为无线传感器网络的无线传播路径主要包括直射、地面反射和障碍物反射 3 种。图 2-10 示出了无线电波经地面反射后的多径传播情况,图中 h_t 表示发射机高度,h_r 表示接收机高度,d 表示发射机与接收机间的水平距离,r_1 表示发射机与接收机的直射波直接距离,r_2 表示经过地面反射波达到接收机天线的总距离。从图中可以看出,发射机与接收机之间有直射和反射两条路径,数据信息的传输将受到多径信道的影响。

（3）加性噪声信道

对于通信信道受到噪声干扰的情况,最简单的数学模型是加性噪声信道模型,如图 2-11 所示。从图中可以看出,源信号 $S(t)$ 通过通信信道传输时,通过附加随机噪声 $n(t)$ 来模拟通信信道被噪声污染,结合信号衰减参数 A,可方便地描述接收信号,即

$$R(t) = AS(t) + n(t)$$

加性噪声一般来自电子元器件和接收机系统放大器等,或传输信道中引入的干扰噪声,统计学上通常表征为高斯白噪声。该模型因此称为加性高斯白噪声信道模型,且该模型表征简单,方便在数学上进行分析处理,可应用于多种通信系统的信道仿真分析。

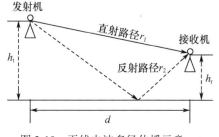

图 2-10 无线电波多径传播示意

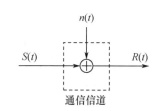

图 2-11 加性噪声信道模型

2. 多信道通信

在传统的无线传感器网络中,节点之间采用单一通信信道进行数据传输,在无线电波的有效覆盖范围内,节点之间容易产生信道干扰。无线传感器网络的信道间干扰可分为同信道间干

扰和重叠信道间干扰。同信道间干扰是指在同一个信道内，来自不同节点的数据信息对接收节点的干扰。无线传感器网络能够提供的通信信道数量是有限的，当采用相邻信道进行通信时会引起重叠信道间干扰，重叠信道间干扰主要受到链路间的物理距离和所使用信道的隔离度两个因素的影响。当链路间的物理距离不变时，干扰大小与信道隔离度成反比；当信道的隔离度不变时，干扰大小与链路间的物理距离也成反比。

常用的 IEEE 802.11b/g 工作在 2.4～2.4835GHz 的频段范围内。不同国家和地区对 2.4GHz 频段的使用和信道划分有所不同，北美洲和南美洲国家支持划分为 11 个信道，多数欧洲国家支持划分为 13 个信道，日本支持划分为 14 个信道。如图 2-12 所示，相邻信道的中心频点间隔 5MHz，每个信道的带宽为 22MHz，支持 3 个不重叠的传输信道，一般地，即信道 1、6、11 相互之间不冲突；当然，如果设备支持，也可将信道 2、7、12 设置为互不干扰，以此类推。

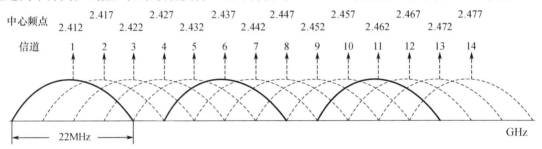

图 2-12　IEEE 802.11 的信道划分情况

单信道通信模型如图 2-13(a)所示,同一区域范围内 4 个节点使用相同的信道同时进行通信，当节点 B 和节点 C 的物理距离小于两者的干扰距离时，两个节点之间就会产生干扰。多信道通信模型如图 2-13(b)所示，处于同一区域范围内的节点之间采用不同的信道同时进行通信，由于采用的是不同信道，节点之间就不易产生相互干扰。

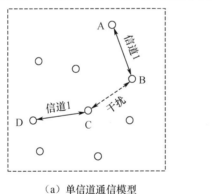
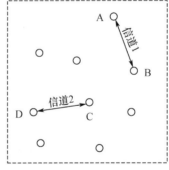

（a）单信道通信模型　　　　　　　　　（b）多信道通信模型

图 2-13　单信道与多信道通信模型

相对于单信道通信，多信道通信具有明显的优点。首先，利用多个信道进行通信，可以提高整个无线传感器网络的信息吞吐量。其次，网络中节点通信功率一般均较低，节点间进行通信时的无线信号容易受到周围环境的干扰，对节点的正常数据传输造成影响。另外，当无线传感器网络所使用的信道与其他强干扰网络的信道发生重叠时，必然会造成节点间的通信失效；多信道通信中，由于具备可以在多个信道上通信的能力，当某些信道受到干扰时，总会存在空闲信道可以进行代替使用，节点仍然可以继续在替换后的信道上进行数据通信，从而提高了无线传感器网络的抗干扰能力，达到了保障网络连通的目的。

多信道通信比单信道通信具有优势的同时，也增加了网络通信协议的复杂度，需要网络通信协议中各个协议层的相互支撑和配合。多信道通信产生了不同于单信道通信的如下附加问题。

（1）多信道资源分配与协商问题

无线传感器网络在使用多信道通信时，要获得最大化的系统网络吞吐量，就需要对众多节点的多个信道进行合理配置。需要注意的是，虽然节点之间可以采用多个信道通信，但只有发送节点和接收节点双方处于同一个信道才能进行数据传输。那么，在进行通信传输之前，发送节点和接收节点之间需要协商，以解决相同信道使用的问题。

（2）多信道广播问题

在多信道环境中，由于节点存在多个信道，各个节点当前所处信道可能不尽相同。当一个节点在某个信道上广播发送数据包时，处于其他不同信道上的节点无法收到广播数据包，从而引起不能有效组网通信的问题。

（3）多信道频谱感知问题

当某个无线信道处于占用状态时，多信道通信可以实现通过搜寻空闲信道的方式来满足抗干扰通信的需求。利用信道频谱感知技术，可以智能地判断无线网络的信道使用状态，进而合理分配信道资源，达到提高网络通信稳定性能的目的。但是无线传感器网络的资源与计算能力有限，因此，如何设计适配的频谱感知方法是多信道通信在无线传感器网络应用时面临的难题。

（4）安全与同步问题

目前，基于单信道通信的无线传感器网络时间同步技术已有相应的解决方案，但传统的时间同步技术对于安全问题考虑较少，使得无线传感器网络的时间同步协议存在一定的安全漏洞。在多信道通信中，更是增加了时间同步及其安全机制实现上的复杂度。

2.3 数据链路层

2.3.1 数据链路层简介

数据链路层位于无线传感器网络基本协议结构中的第二层。位于底层的物理层提供的是关于数据传输的物理连接，数据链路层则在物理层提供数据传输功能的基础上，进一步形成关于数据传输与控制的逻辑连接，以形成相应的没有差错的数据传输链路并确保该链路的可靠性；同时，数据链路层也为位于上层的网络层提供透明的数据传输服务。概括来说，数据链路层的目的是在无线传感器网络中建立起可靠的点到点或点到多点的通信链路，主要负责数据成帧、帧检测、介质访问控制和差错控制，其中，介质访问控制和差错控制是数据链路层主要的研究与设计内容。

2.3.2 数据链路层能耗控制

由于无线传感器网络自身条件的限制，特别是电源能量、资源与计算处理能力的约束，数据链路层协议需要在受限的资源与计算能力条件下尽可能地降低网络的能耗，减少无效的能量使用，即在能耗与传输时延、网络吞吐量等性能之间进行必要的折中处理。因此，数据链路层协议设计是否合理，将直接影响无线传感器网络的组网效果。

在数据链路层中，网络节点的多余无效能耗主要来自以下 4 个方面。

1. 空闲侦听

所谓空闲侦听，是指网络中节点不能判断何时才能接收其他节点所传输的数据时，或者节点需要获取网络中各个节点间的数据传输拥塞情况时，节点必须保持在持续侦听状态。无线射频收发电路处于持续工作条件，将造成大量电源能量的无效消耗。空闲侦听是引起网络节点无效能耗的主要因素。因此，协调收发节点双方的同步工作，减少侦听时间是降低能耗的关键途径。

2. 碰撞重发

所谓碰撞，是指在无线信道上两个或多个节点同时进行数据传输时，这些节点都因产生冲突而无法收发数据。碰撞发生时，发送和接收数据所消耗的能量也就被浪费了。发送和接收节点双方还需要重建数据传输链路，造成为完成一次数据传输任务而重复消耗能量的问题。碰撞重发也是引起节点无效能耗的重要因素。

3. 控制开销

为了保障无线传感器网络的正常运行，数据链路层协议需要设计一些关于控制报文信息的相互交互功能，这些控制报文并不包含有用的数据信息，但这些控制报文又是无线传感器网络可靠运行所必需的。控制开销所形成的能耗是不能避免的，那么，在设计数据链路层协议时需要将控制报文信息尽量减少，以降低能耗。

4. 串音

无线传感器网络的信道并非节点所独占，当使用一个共享无线信道进行数据传输时，接收节点获取的数据信息可能不是由目标发送节点所发出的，而是其他非相关节点的数据信息，这种情况下的数据收发也是无效的，从而形成串音（或串扰）问题。因串音导致的能耗是一种无效能耗，为减少这种能耗，需要通过节点间的时间同步与协调机制来解决，以使节点在无数据收发时能够及时睡眠或关闭。

由于存在这些多余的无效能耗问题，无线传感器网络 MAC 协议设计首先需要考虑的就是如何降低节点能耗，延长网络的生命周期。无线通信模块的发送、接收、空闲和睡眠 4 种状态中，发送状态的能耗最高，其他状态的能耗依次降低，睡眠状态的能耗最低。要使无线传感器网络实现能量的最优化使用，并使节点能够及时高效地收发数据，就要求 MAC 协议能够优化无线通信模块的使用状态。MAC 协议可实现侦听与睡眠状态的交替使用策略，当侦听到有数据传输任务时，节点就开启无线通信模块进行数据收发；当无数据传输任务时，节点就控制无线通信模块进入睡眠状态。需要注意的是，如果侦听时间太长，会浪费电源能量，但侦听时间太短又难以保证数据收发的实时性。因此，节点通信状态的调度、MAC 协议的轻量化协调设计是数据链路层控制节点能耗的关键。

2.3.3　数据链路层 MAC 协议分类

数据链路层 MAC 协议在物理层的基础上构建了无线传感器网络的底层基础协议结构，主要实现节点无线通信时有限资源的分配并决定无线信道的使用方式。MAC 协议的设计需要从节约能量、可扩展性和网络效率等方面着重考虑。节约能量方面，2.3.2 节已经说明为尽可能地延长节点的生命周期，MAC 协议需要在满足应用环境需求的前提下尽量节约节点能量。可扩展性方面，组网中的节点可能会因能量耗尽或损坏而退出网络，新节点的加入、节点移动等引起的网络环境变化也会造成节点间传输路径及其拓扑分布结构的动态变化，MAC 协议需要具备适应网络拓扑结构动态变化的能力，以满足网络扩展需求。网络效率方面，MAC 协议需要具备支撑无线传感器网络高效运行的能力，以保障网络运行的公平性、实时性、吞吐率及带宽利用率等。

数据链路层 MAC 协议设计需要解决网络性能优化问题。无线传感器网络的关键性能指标之间相互影响，并不是孤立的。在提高某一指标性能的同时，其他性能指标可能被降低。比如，要提高网络的动态适应等可扩展能力，就需要增加协议复杂程度和计算存储资源；要提高网络的实时响应能力，要求节点保持在侦听状态，就需要增加节点能耗。

按照协议部署方式，MAC 协议可分为集中式 MAC 协议和分布式 MAC 协议。集中式 MAC 协议的网络管理效率高，但需要系统具备严格的时钟同步机制；分布式 MAC 协议下的网络具有良好的扩展性，但系统的开销比较大。这种分类方式与无线传感器网络规模相关，一般情况下大规模网络采用分布式 MAC 协议。

按照信道共享方式，MAC 协议可分为单信道 MAC 协议和多信道 MAC 协议。单信道 MAC 协议下的网络节点体积小、成本低，但通信效率受到影响且通信链路容易受到干扰；多信道 MAC 协议下信道利用率和通信效率高、抗干扰能力强，但存在硬件成本和协议复杂度相对较高的问题。目前，无线传感器网络主要采用单信道 MAC 协议。

按照信道分配策略，MAC 协议可分为分配型 MAC 协议、竞争型 MAC 协议、混合型 MAC 协议及跨层型 MAC 协议。分配型 MAC 协议将无线信道分成若干个子信道，用户根据策略分配一定数量的子信道，实现无冲突的信道分配。竞争型 MAC 协议利用无线信道的随机竞争方式，根据业务需求抢占信道资源。混合型 MAC 协议将分配型和竞争型 MAC 协议相融合，通过结合两种方式的优势实现性能的提升。跨层型 MAC 协议针对无线传感器网络的层次网络结构，实现相邻协议层之间的协调和性能优化。

现有工作大多采用信道分配策略对 MAC 协议进行分类分析，并围绕节能控制、动态扩展、网络效率与性能优化等问题开展持续深入的研究，以下按此类别对各种典型的 MAC 协议进行介绍，并着重针对分配型和竞争型 MAC 协议进行说明。

2.3.4　分配型 MAC 协议

分配型 MAC 协议利用无线信道的时分多址（Time Division Multiple Access，TDMA）、码分多址（Code Division Multiple Access，CDMA）、频分多址（Frequency Division Multiple Access，FDMA）等方式将信道分成若干个子信道，然后根据分配策略将这些子信道划分给收发节点。由于已经将无线传输信道进行了预先分配，也就直接避免了通信冲突发生的可能性。其中，TDMA 方式是在时域上将时间划分为不同时隙，CDMA 方式是生成多个彼此正交的伪随机码，FDMA 方式是在频域上将无线信道划分为多个子信道。

在无线传感器网络的信道分配机制中，TDMA 方式是一种相对比较简单且成熟的无线信道分配实现方案，它为每个节点分配独立的用于数据传输的时隙，而节点在其他空闲时隙内转入睡眠状态。该方式下的数据传输不需要过多的控制信息，也没有竞争机制中的碰撞重传问题，当节点处于空闲时能够及时睡眠，适合无线传感器网络的能耗控制要求。但该方式对节点间的时间同步指标要求严格，且在网络的可扩展性方面存在一定不足，比如，时间帧的长度和时隙的分配难以调整，对网络动态拓扑结构变化的适应性较差，对节点发送数据量的变化不敏感等。目前一些研究针对无线传感器网络中基于 TDMA 方式的 MAC 协议进行了改进和优化。

1. 基于分簇网络的 MAC 协议

具有分簇结构的无线传感器网络（分簇网络）的所有传感器节点通过分配设置或自动形成多个簇，每个簇内拥有一个簇头节点。基于 TDMA 方式，簇头节点负责簇内节点的时隙分配，收集和处理簇内节点数据信息，并负责与汇聚节点间的数据传输，其 MAC 协议结构如图 2-14 所示。

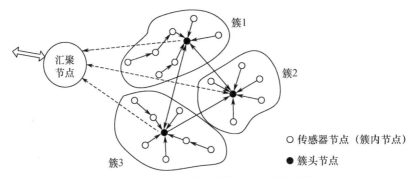

图 2-14　基于分簇网络的 MAC 协议结构

该类 MAC 协议将节点状态定义为 4 种，即感应状态、转发状态、感应与转发状态、非活动状态。感应状态下，簇内节点采集数据并发送至其相邻节点。转发状态下，簇内节点接收其他簇内节点所发送过来的数据并发送至下一个簇内节点。感应与转发状态下，簇内节点需要完成上述两项任务。非活动状态下，簇内节点由于没有数据收发任务则自动进入非活动状态。

该类 MAC 协议将时间帧划分为周期性的 4 个阶段，即：数据传输阶段，簇内节点在各自所分配的时隙内，将采集数据发送至簇头节点；刷新阶段，簇内节点向簇头节点报告其当前状态信息；刷新引起的重组阶段，簇头节点根据簇内节点的当前状态信息，重新给簇内节点分配时隙；事件触发的重组阶段，当网络拓扑结构发生变化、簇内节点能量不足或损坏等事件发生时，簇头节点也要重新分配时隙。

从时间帧的阶段划分来看，基于分簇网络的 MAC 协议在因刷新状态变化、事件发生而触发时，需要重新分配时隙，这样才能适应无线传感器网络的节点状态、网络拓扑结构等的动态变化。需要注意的是，该类 MAC 协议下，对簇头节点的要求较高，需要具备较强的通信与处理能力，这也对簇头节点的能耗控制提出了较高要求。

2. TRAMA 协议

TRAMA（Traffic Adaptive Medium Access）协议，即流量自适应介质访问协议，该协议将时间帧划分为连续的时隙，这些时隙又被分成了传输槽（Transmission Slots）和信号槽（Signaling Slots），且它们之间存在短暂的切换期（Switching Period）；根据局部两跳内的邻居节点信息，采用分布式选举机制确定每个时隙的无冲突发送；将无数据收发任务的节点设置处于睡眠状态，避免将时隙分配给无流量的节点，以节省节点能量。

当无线传感器网络中节点失效或引入新节点时，网络拓扑结构随之发生变化，为适应这种变化，TRAMA 协议在时隙划分的基础上定义交替的随机访问和调度访问两个周期，这两个周期的时隙个数需要根据具体应用情况设定。随机访问周期主要用于网络维护，如失效节点的退出、新节点的加入等是在随机访问周期内完成的。TRAMA 协议的时隙分配如图 2-15 所示，传输槽内的时隙是预先分配好的，通过调度接入访问，主要用于信息的交换及信号槽的分配控制；而信号槽内的时隙则是随机访问的。

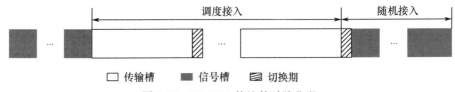

图 2-15　TRAMA 协议的时隙分配

TRAMA 协议所采用的无线信道分配机制既可获得较好的能耗控制效率，又可在无线传感器网络的带宽利用率、吞吐率等方面起到很好的支撑作用。但该协议相对较复杂，要求节点具有较大的存储空间，计算和通信的开销较大。

TRAMA 协议包含 3 部分，即邻居协议（Neighbor Protocol，NP）、调度交换协议（Schedule Exchange Protocol，SEP）、自适应选举算法（Adaptive Election Algorithm，AEA）。

（1）邻居协议

NP 协议是在随机访问周期内执行的，其目的是使无线信道时隙的分配能够适应网络的动态变化。在随机访问周期内，节点采用随机竞争方式占用通告时隙来访问无线信道。NP 协议要求节点周期性地通告相关信息，包括自身的 ID 编号，是否有数据需要发送，以及能够直接通信的邻居节点信息，并实现节点间的时间同步。在 NP 协议支持下，节点之间可获得一致的两跳内的拓扑结构信息和节点流量信息，但要求所有节点在随机访问周期内均处于活动状态，同时要求多次广播通告信息。

（2）调度交换协议

SEP 协议的目的是以节点的业务流量信息为依据，建立并维护节点的调度任务。在调度访问周期内，节点周期性地向邻居节点广播其调度信息，如收发数据的节点信息，放弃所占用的时隙等。在调度信息的产生过程中，节点根据上层应用产生数据的分组速率，形成业务流量信息，计算所需的调度间隔（一次调度对应的时隙个数），进而获取在这个调度间隔中具有最高优先级的时隙，最后，节点在占用的时隙内发送数据，并通过调度消息告诉相应的接收节点。如果节点没有足够多的数据需要发送，则应及时通告放弃所占用的时隙，以便其他节点可以使用。为防止调度信息的不一致性和发送调度分组时产生冲突，节点需要在当前调度时隙内的最后一个占用时隙广播下一个调度间隔的调度信息。

由于邻居节点不止一个，且节点之间保持的是一致的两跳邻居拓扑结构，为确定具体的接收节点，可以将邻居节点按照 ID 编号顺序（升序或降序）排列，采用位图（Bitmap）方法指定接收节点。位图中的每一位代表一个邻居节点，如果某节点需要接收信息，就将该节点对应的位置设置为 1，这样可以方便地实现单播、组播或广播；如果某节点需要放弃所占用时隙，则将其对应的位图信息全部设置为 0。

（3）自适应选举算法

发现邻居节点后，TRAMA 协议采用自适应选举算法建立各个节点在当前时隙内的活动策略。该算法定义了节点的发送、接收、睡眠 3 种状态，在调度访问周期的给定时隙内，当且仅当节点有数据需要发送且在竞争中具有最高优先级时，节点处于发送状态；当且仅当节点是当前发送节点指定的接收者时，节点处于接收状态；其他情况下，节点处于睡眠状态。AEA 算法根据当前两跳邻居节点内的节点优先级和一跳邻居的调度信息，决定节点在当前时隙的活动策略，即决定节点处于发送、接收还是睡眠状态。

2.3.5 竞争型 MAC 协议

与分配型 MAC 协议不同的是，竞争型 MAC 协议采用的是按照当前需求使用信道的方式，即在有发送数据需求之前，需要先通过竞争方式获取无线信道，如果数据发送时发生碰撞问题，则按照某种策略进行数据重发，直到数据发送成功或放弃发送为止。该类协议能够较好地适应无线传感器网络节点数量及网络拓扑结构的动态变化，不需要复杂的集中控制调度算法且对时间同步算法的性能要求不高。

典型的竞争型 MAC 协议是 IEEE802.11 MAC 协议，该协议具有分布式协调功能（Distributed

Coordination Function，DCF）和点协调功能（Point Coordination Function，PCF）两种访问控制模式。PCF 模式实现基于优先级的无竞争访问，仅属于一种可选的访问控制方式。DCF 模式是 IEEE802.11 MAC 协议的基本访问控制方式，该模式采用的是具有冲突避免能力的载波侦听多路访问（Carrier Sense Multiple Access with Collision Avoidance，CSMA/CA）协议。其载波侦听机制利用物理载波侦听和虚拟载波侦听来确定无线信号的状态信息，物理载波侦听通过物理层来实现，虚拟载波侦听通过 MAC 层来实现。当网络节点要发送信息时，该节点先侦听无线信道使用状态，如果信道空闲且空闲时间超过一个帧间间隔时间（DCF Inter-Frame Spacing，DIFS），则节点开始发送信息；如果信道被占用，那么节点就处于持续侦听状态，一直到信道的空闲时间超过 DIFS；当信道空闲时，节点采用二进制退避算法进入退避状态，以避免节点之间产生冲突碰撞。接收节点收到数据帧，经过一段时间间隔后向发送节点发送 ACK 应答信息，发送节点收到该应答信息，就确认数据帧完成正确传输。

DIFS 的具体长度取决于所采用的物理层特性及所要发送的数据帧类型，高优先级的数据帧需要等待的时间较短，可获得优先发送权，而低优先级的数据帧就需要等待较长的时间。需要注意的是，如果低优先级的数据帧还没来得及发送出去，但其他节点的高优先级数据帧已发送至无线信道，则信道就变为忙状态，那么低优先级的数据帧只能推迟发送。如此协调，就在一定程度上降低了无线信道发生碰撞冲突的概率。

CSMA/CA 协议相对比较简单，运行较为稳定，其实质是在发送数据帧之前先预约无线信道，但是该协议下节点的空闲侦听时间会比较长，使得节点将产生大量的能耗，因此不能直接应用于无线传感器网络。

目前，在 IEEE802.11 MAC 协议的基础上，发展了多种能够适应无线传感器网络应用环境的竞争型 MAC 协议，如 S-MAC 协议、T-MAC 协议、Sift 协议等，该类协议还在不断地改进完善，以下进行基本介绍。

1. S-MAC 协议

S-MAC（Sensor MAC）协议是针对 IEEE802.11 MAC 协议存在的能耗控制问题并以此为基础而改进的无线传感器网络 MAC 协议。该协议是一种分布式的 MAC 协议，根据无线传感器网络的通信负载量、节点公平性及通信时延等特征来设计。一般假设无线传感器网络的数据传输量小；节点的功能作用平等，无须基站或中心主节点就可通过相互协作完成共同任务；节点之间大多进行多跳短距离通信，能够容忍一定程度的通信时延；网络内部具备数据处理与融合能力，以减少数据通信负载量。该协议的主要设计目标是有效降低节点能耗，并提供分布式无线传感器网络所需的良好扩展性，以适应网络规模、节点密度与网络拓扑结构等的变化。

S-MAC 协议围绕无线传感器网络中的主要能耗因素，涉及空闲侦听、碰撞重传、串音、控制开销等，构建协议工作机制，减少这些因素对能量的消耗，延长节点的生命周期。S-MAC 协议的工作机制主要包括周期性侦听与睡眠、虚拟簇、自适应侦听、串音与冲突避免、消息传递等。

（1）周期性侦听与睡眠机制

S-MAC 协议对能耗的控制基本是通过让网络节点尽可能地处于睡眠状态来实现的。网络节点调度其工作状态，周期性地控制节点进入睡眠状态，减少空闲侦听的时间，从而达到节能的目的。

S-MAC 协议的周期性侦听与睡眠机制将时间划分为多个时隙，每个时隙包括侦听、睡眠两种状态，侦听和睡眠的一个完整时间周期为一帧，如图 2-16 所示。在此机制的侦听状态下，节点在得到数据收发任务要求后可以与其通信范围内的其他节点进行信息传输，并将侦听的活动状态分成两部分来确保节点既能接收到同步包，又能接收到数据包，其中，前一部分用于同步包的发送和接收，后一部分用于数据包的发送和接收，且两部分都设有相应的载波侦听时间。睡眠状态下，节点关闭其无线收发模块，不参与任何通信传输，通过设置一个定时器使节点具备自动唤醒功能，能够在睡眠一段时间后自动苏醒，并查看节点自身是否存在消息传递。侦听与睡眠在一个时隙中的占空比分配决定了能耗控制与网络性能平衡的效果，比如，如果将侦听与睡眠时间在时隙中进行均分，那么该协议理论上就可以节省约一半的能量。

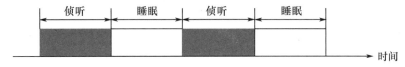

图 2-16　周期性侦听与睡眠机制

（2）虚拟簇机制

S-MAC 协议要求相邻节点最大可能地使用相同的调度信息表，即相邻节点执行相同的调度任务。在无线传感器网络中，相邻的各个节点通过定期广播同步包（SYNC）来交换调度信息，同时维护一个调度信息表，保存所有相邻节点的调度信息，以维持相邻节点之间在侦听与睡眠调度时间周期上的同步，即相邻节点要在相同的时间苏醒或睡眠。虚拟簇机制有利于保障无线传感器网络中相邻节点之间及时进行通信，降低消息传输时的控制开销。

拥有相同调度信息的相邻节点构成一个虚拟簇（Virtual Cluster）。在无线传感器网络中，可以形成多个不同的虚拟簇，各个节点定期广播自己的调度信息，当有新节点加入网络时，新节点与已经存在的相邻节点保持调度同步，这样使 S-MAC 协议具备良好的网络扩展性。如果某个节点附近存在不同的虚拟簇，且能够接收到两种以上不同的调度信息，那么这种节点处于虚拟簇的边界，称为边界节点（Border Node），如图 2-17 所示。为使边界节点能够与虚拟簇节点同步，通常的处理方式是边界节点可以优先选择先收到调度信息的虚拟簇，并将其他的调度信息记录下来。

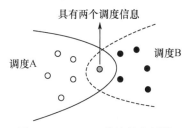

图 2-17　S-MAC 协议的虚拟簇

（3）自适应侦听机制

无线传感器网络一般采用多跳传输方式，节点在周期性地进入侦听与睡眠状态过程中会导致时延的增加，并且在多跳传输过程中，这种时延会进一步形成累积，S-MAC 协议通过自适应侦听机制来减少这种时延累积问题。

在自适应侦听机制中，某通信范围内一个当前节点的邻居节点要开始传输信息时，该当前节点就进入睡眠状态（当前节点不是目标节点），当邻居节点此次的信息传输结束后苏醒并侦听一段时间，查看信道的状态信息，判断信道是否空闲或被占用。如果在这段时间内刚好有信息传输至该节点，则该节点可以立刻接收信息，不需要等到该节点睡眠结束后的下一个调度侦听周期，从而降低信息传输时延。如果在这段时间内没有信息接收，则该节点就继续睡眠，直到下一个调度侦听周期。

（4）串音与冲突避免机制

S-MAC 协议继承了 IEEE802.11 MAC 协议中的虚拟载波侦听和物理载波侦听方法，采用"请求发送/清除发送"（Request To Send / Clear To Send，RTS/CTS）方式来解决碰撞和冲突问题。

在 S-MAC 协议中，收发节点通过 RTS/CTS 方式来占用无线信道，干扰节点在收到 RTS/CTS 包后进入睡眠状态，这样就可以避免串音。在数据收发期间，如果当前节点不是收发节点，当前节点就转入睡眠；如果苏醒后有信息发送，就竞争无线信道，无信息发送就侦听当前节点是不是下一个信息传输的接收节点。

在虚拟载波侦听中，节点在发送广播包时是不需要使用 RTS/CTS 的，节点在单播传输分组中要历经 RTS/CTS/DATA/ACK 的通信过程。在每个传输分组中，都存在一个域值信息来表示剩余通信过程还需要持续的时间长度，收发节点的邻居节点在侦听过程中侦听到传输分组时，就记录这个时间长度，并进入睡眠状态。通信过程中剩余时间不断减少，当剩余时间减到零时，如果节点仍处于调度侦听周期，就会被唤醒；否则就处于睡眠状态，直到下一个调度侦听周期。

物理载波侦听是在物理层进行信道监听，以判断是否有信息传输。每个节点在发送信息时，都要先进行载波侦听。只有虚拟载波侦听和物理载波侦听都指明介质空闲时，介质才会被认定为空闲状态。

（5）消息传递机制

一般地，在无线传输过程中，数据信息包的长度越长，形成的输出误码率就会越高。为降低无线传感器网络数据传输的误码率，S-MAC 协议利用 RTS/CTS 方式预约消息发送的时间，将长消息分割成多个短消息后在预约的时间内进行发送。接收节点对于短消息的接收都要回复一个应答消息（ACK），如果发送节点没有收到应答消息，则重传该短消息。由于只使用一次RTS/CTS，协议的控制开销得以降低，同时又能保障数据发送的成功率。

2. T-MAC 协议

T-MAC（Timeout MAC）协议是在 S-MAC 协议的基础上进一步发展起来的。在 S-MAC 协议的周期性侦听与睡眠机制中，其周期长度、侦听活动时间被设置为固定不变，不能根据网络负载调整调度周期。针对 S-MAC 协议的不足，T-MAC 协议可保持 S-MAC 协议的周期，利用自适应占空比分配方式，根据无线传感器网络的负载流量，动态调整侦听与睡眠状态的时间占空比，采用突发方式发送信息，减少空闲侦听的时间，如图 2-18 所示，以实现节点能耗控制的目的。

图 2-18　T-MAC 和 S-MAC 协议的基本机制区别

T-MAC 协议需要解决的主要问题是早睡问题，即当一个节点准备向邻居节点发送数据时，邻居节点却过早地进入了睡眠状态，形成早睡现象。解决早睡问题的途径有两种：一种途径是满缓存区优先（Full Buffer Priority），当节点的缓存区快占满时，节点对收到的 RTS 不作应答，而是立即向缓存区内的接收节点发送 RTS 消息，建立连接之后向接收节点发送数据。这种方法在一定程度上降低了早睡问题发生的可能性，也对网络负载流量起到了一定的控制作用；但当网络负载较大时，加大了冲突发生的可能性。另一种途径是未来请求发送（Future Request-To-Send，FRTS），通过增加 FRTS 分组传输时间信息，提前通知接收节点还有信息要传输，并通过一个不包含有用信息的 DS（Data-Send）分组实现对无线信道的占用，以此方式来避免早睡问题。这种方法虽然可以提高系统的数据吞吐率，但因增加了分组信息而加大了额外的通信控制开销。

3. Sift 协议

根据应用需求的不同，无线传感器网络设计的应用场景也会有所不同，比如，对外界环境参数进行周期性监测的时间驱动型业务以及对突发事件进行响应处理的事件驱动型业务。与IEEE802.11、S-MAC、T-MAC 等竞争型 MAC 协议不同，Sift 协议是一种新颖的竞争型 MAC 协议，该协议融合了无线传感器网络基于事件驱动的业务特征，能够适应具有冗余、竞争与空间相关特性的应用场景。

通常情况下，无线传感器网络为了充分覆盖监测区域并提供良好的系统可靠性和容错性，一般会部署密集、冗余的传感器节点。当一个监测事件发生时，附近的多个节点都会监测到这个事件的发生，并将该事件监测信息发送至汇聚节点。这些节点由于监测的是同一个事件，就会形成关于监测信息的空间相关性，在发送监测信息时也会形成无线信道的竞争使用问题。概括起来，Sift 协议充分考虑了无线传感器网络的 3 个应用特点。

（1）无线传感器网络的空间相关性和时间相关性

为保证无线传感器网络监测应用的可靠性和容错性，一般在监测区域布置多个甚至大量的传感器节点，多个相邻节点因监测到同一事件而形成空间相关性；这些监测节点又因为相互临近，会导致对共享无线信道的竞争关系，形成事件传递的时间相关性。

（2）基于事件的报告方式

在无线传感器网络应用中，并不是所有监测到事件发生的节点都需要向外发送信息，只要这些节点中有一部分节点能够发送监测信息到汇聚节点就可以了。

（3）感知事件的节点密度自适应调整

在无线传感器网络的监测区域中，随着监测对象的移动或时间的变化，能够监测到事件发生的传感器节点数量也会随之产生动态变化，因此，感知事件的节点密度需要自适应调整。

Sift 协议就是基于事件驱动的无线传感器网络竞争型 MAC 协议，其基本设计目标是通过非均匀概率分布技术将获胜节点从整个竞争节点中集中筛选出来，即当同一事件被共享无线信道的 N 个传感器节点同时监测到时，希望有 R 个节点（$R \leqslant N$）能够成功地在最短时间内无碰撞冲突地发送出该事件的监测信息，抑制剩下的 $N-R$ 个节点发送消息。

通常情况下，在基于窗口的竞争型 MAC 协议中，在节点发送数据之前，需要在发送窗口[1，CW]中等概率地随机选择一个发送时隙，然后一直侦听直到侦听到该时隙。如果在侦听期间无线信道没有被占用，节点就立即发送数据；如果无线信道被占用，节点就处于等待状态，待无线信道空闲以后重新选择发送时隙。

多个节点同时监测到一个事件并同时发送信息时，将会导致节点的忙工作状态和无线信道的竞争使用，为降低碰撞冲突发生的概率，需要调整 CW 值，并重新发送数据。但 CW 值设置过大，同时监测到一个事件的节点数目又很少时，会造成通信传输时延增大。CW 值的选取需要保证所有激活节点都有机会发送数据，而无线传感器网络只需要其中的部分激活节点能够无碰撞冲突地发送信息即可。

Sift 协议为实现数据的无碰撞冲突传输采用的是 CW 值固定窗口方式，节点不是从此窗口中选择发送时隙，而是根据窗口中的时隙情况来选择发送数据的概率，即在不同的时隙选择不同的发送概率，形成非均匀发送概率分布。

Sift 协议对接收节点的空闲状态考虑较少，需要节点之间保持时间同步，适用于无线传感器网络的局部区域内。在分簇网络中，簇内节点在区域位置上相距较近，多个相邻节点容易同时监测到同一个事件，且只需要部分节点将监测信息发送至簇头节点，所以 Sift 协议比较适用于分簇网络。

2.3.6 混合型 MAC 协议

分配型 MAC 协议将无线信道按照时隙、频段或码型分成多个子信道，节点信息在各个子信道中独占信道，不存在碰撞重传问题，能效较高，实现无竞争的信息传输，从而避免了冲突或干扰；但分配型 MAC 协议对网络节点间的时间同步要求高，可扩展性差，不能灵活地适应网络拓扑结构的变化。

竞争型 MAC 协议一般以载波侦听多路访问（CSMA）为基础，根据网络节点发送信息需求通过竞争方式取得无线信道的使用权。当节点之间发生碰撞冲突时，按照某种策略进行重发，直到发送成功或取消发送为止。竞争型 MAC 协议的可扩展性好，能够适应网络规模和网络拓扑结构的变化，对网络节点间的时间同步要求较低，协议的复杂程度不高，较容易实现；但存在碰撞重传、传输延迟及其引起的能量效率不高等问题。

混合型 MAC 协议综合了分配型 MAC 协议和竞争型 MAC 协议的要素，旨在保持两类协议各自优点的同时克服各自的缺点，在网络状态发生改变时，能够表现为以其中的一类协议为主、另一类协议为辅的特性，可更好地满足网络拓扑、业务流量动态变化的需求。由于混合型 MAC 协议综合了两种协议机制，设计相对比较复杂，因此，需要在保障协议性能的基础上尽可能降低协议的复杂度和控制开销，以提升协议能效。随着研究的深入，混合型 MAC 协议根据无线传感器网络的特点和应用需求也在不断地完善和改进，这里简单介绍经典的 Z-MAC 协议和发展的 TC^2-MAC 协议。

1. Z-MAC 协议

Z-MAC 协议是一种基于 CSMA/TDMA 机制的混合型 MAC 协议，在网络负载较低时采用 CSMA 机制使用无线信道，以降低时延并提高信道利用率；在网络负载较高时采用 TDMA 机制来解决无线信道的碰撞问题，以避免冲突和串音。

Z-MAC 协议把时间帧概念引入协议设计中，一个时间帧又可划分为多个时隙。该协议利用分布式随机时隙分配算法（DRAND）为两跳范围内的相邻节点分配时隙，分配了时隙的节点成为该时隙的所有者，时隙所有者在对应的时隙中具有最高的优先使用权。时隙分配完成后，各个节点都会在时间帧中拥有一个时隙。在低网络流量、低竞争情况下，节点在自身的时隙内可优先发送数据，当时隙内所有者节点没有数据发送时，其他节点可通过竞争侦听方式来使用信道发送数据，提高了信道的利用率。在高网络流量、高竞争情况下，节点发送明确竞争通告（Explicit Contention Notification，ECN）信息，告知两跳范围内的相邻节点不能占用其他时隙，切换到 TDMA 机制。因此，Z-MAC 协议能够根据无线信道的竞争使用情况实现 CSMA 机制和 TDMA 机制间的平滑切换。

在网络部署过程中，节点激活后 Z-MAC 协议将按顺序执行相应的关键技术步骤，包括邻居发现、时隙分配、本地时间帧交换和全局时间同步。一般来说，在网络运行过程中，为了节约能量，节点通常不会重复执行这些步骤，但当网络拓扑结构发生重大变化时可以根据需要执行。

邻居发现是指当某个节点激活时，会通过周期性地发送 Ping 消息来找寻其邻居节点，该 Ping 消息可在一定范围内随机发布，包含当前激活节点发现的所有一跳范围内的节点。Z-MAC 协议要求每个节点可以获取在自身两跳范围内的所有节点信息。

时隙分配是结合 DRAND 算法为当前节点的两跳范围内的节点分配相同的时隙。由于分配给节点的时隙号不会超过两跳范围内的节点数目，那么，在有新节点加入时，DRAND 算法可在不改变当前网络的时隙调度的情况下，更新本地的时隙分配。

本地时间帧交换是指 Z-MAC 协议采用一种局部策略让各个节点维持一个本地的时间帧长度。在无线传感器网络中，节点的时隙分配好后就需要定位时间帧，常规的方法是网络中的所有节点保持时间同步，且所有节点对应的时间帧相同。该方法通过在整个网络中广播时间帧最大的时隙数量，这样，所有节点都使用同一长度的时间帧，但不能自适应于局部时隙的改变，网络的控制开销较大。通过 DRAND 算法，Z-MAC 协议采用局部时间帧策略实现本地时间帧的交换。

由于 Z-MAC 协议采用的是局部时间帧，所有节点激活后的第一个时隙要求是在相同的时刻，因此 Z-MAC 协议在无线传感器网络的初始化阶段运行时间同步算法，比如 TPSN（Timing-sync Protocol for Sensor Network）算法，然后各个节点运行一个低开销的局部时间帧同步协议，就能够达到全局时钟同步的要求。

总体上说，Z-MAC 协议相对于单独的分配型 MAC 协议，增强了对网络时间同步、时钟漂移、时隙分配与拓扑结构变化的适应性。Z-MAC 协议虽然在高网络流量的情况下具有较大的吞吐量和较好的能耗控制，但是在高竞争模式下，为了避免冲突节点只能在有限的时隙内发送数据，一定程度上加大了传输时延；在低竞争模式下，仍然不能完全避免所谓的隐终端问题；为了保证 ECN 机制的顺利执行，在一定程度上增加了网络的控制开销。

2. TC²-MAC 协议

TC²-MAC 协议是一种新的自适应混合型 MAC 协议。该协议以分簇网络体系结构为对象，融合基于二叉树结构的时隙块分配策略和基于时隙约束的 CSMA/CA 竞争接入方式，通过灵活的信息调度机制来改善无线信道接入的公平性，能够较好地自适应跟踪网络流量及拓扑结构的变化，并能够提升网络效率。

在时隙分配中，TC²-MAC 协议采用以时间帧为周期的时间调度机制，结合无线传感器网络数据业务中周期性感知数据、突发数据和转发数据等不同的业务类型，将时间帧中的时隙分成 3 个时隙组，再将各个时隙组中的时隙进行交叉编排，并引入二叉树时隙分割方法来改善无线信道使用的公平性。TC²-MAC 协议中的时间帧和时隙长度可以根据系统具体的服务质量要求来设定，且可以在网络运行过程中进行灵活配置，并不是固定不变的，其时间帧与时隙的关系为

$$T_{frame} = 3 \times 2^k \times T_{slot} \tag{2-1}$$

其中，T_{frame} 表示时间帧长度；T_{slot} 表示时隙长度，该值与数据分组大小、数据传输速率、时钟漂移等参数有关；k 为每个时隙组中时隙个数的对数。

在时间同步策略中，TC²-MAC 采用基于"汇聚节点—簇头节点—簇内节点"分级粗同步和按需精同步的同步策略，来保证簇头节点与簇内节点间的同步关系，以满足该协议对基于时间调度的信道接入需求。网络拓扑形成阶段，汇聚节点周期性地广播包含当前时间的入网同步信标，簇头节点接收该信标并根据信标调整自身的本地时间来实现粗同步。进而，簇头节点利用 CSMA/CA 机制接入无线信道，通过双向报文交换机制实现与汇聚节点间的精确同步。簇头节点加入网络后广播成簇消息，簇内节点接收到簇消息后加入网络，并完成被动粗同步。网络运行阶段，随着本地时钟产生的漂移现象，簇头节点和簇内节点的时间精度也随之下降，需要开展再同步工作，即根据各自的时间精度等级要求，簇头节点在接入无线信道后通过双向报文交换机制与汇聚节点实现精同步；簇内节点在所分配时隙块内通过双向报文交换机制与簇头节点实现精同步。所谓的时间精度等级，是指保证簇内节点之间不产生通信干扰的情况下允许与簇头节点之间的最大时间偏差，该值与时隙中预留的保护时间有直接关系。

在 CSMA/CA 竞争接入机制中，TC²-MAC 协议采用了 3 个时隙组，结合时隙的二叉树交叉分布规则，相邻两个同组时隙的最小间隔是 3 个时隙。通常，第二组时隙内采用 CSMA/CA 竞

争接入机制，以提高突发数据传输的实时性；当第二组时隙结束后，如果下一个第一组时隙刚好属于节点自身的时隙块，那么，该节点就在第一组时隙内采用 TDMA 机制将数据发送至簇头节点，否则在下一个第二组时隙内继续采用 CSMA/CA 机制进行数据发送，图 2-19(a)为数据的两组时隙混合传输模式。如果簇头节点在第三组时隙也采用 CSMA/CA 机制向汇聚节点发送数据，那么下一个第三组时隙内继续采用 CSMA/CA 机制发送数据，图 2-19(b)为簇头节点向汇聚节点的竞争传输模式。

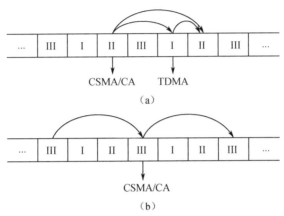

图 2-19　具有时隙约束的 TC^2-MAC 协议 CSMA/CA 机制

2.3.7　跨层型 MAC 协议

无线传感器网络通信协议采用的是层次网络结构，各层协议的设计相对较为独立，用于解决各层特定的目标问题并为上层提供相应的服务，各层关注的性能指标也有所差异。由于各层之间缺少交互和信息的共享利用，各层单独的优化设计并不一定能确保无线传感器网络性能全局最优。比如，某一网络节点的物理层传输链路情况较好，但该节点电源的剩余能量有限且缓存区待发送的数据队列较长，那么，在设计 MAC 协议时，该节点就不宜被选择作为组网链路通信的下一跳转发节点。

所谓跨层协议设计，是指实现逻辑上相邻的协议层之间的设计互动和性能优化，具体实施中主要通过不同层级之间的参数综合选择与优化来达到提高整个系统性能的目的。针对无线传感器网络的数据链路层，其跨层型 MAC 协议设计通过数据链路层与其他层级之间的优化设计来提升 MAC 协议效率，实现网络能耗的有效控制和网络生命周期的有效延长。从相邻的协议层级来看，可实现数据链路层与物理层、数据链路层与网络层甚至数据链路层与物理层及网络层等更多层级的跨层优化设计。跨层型 MAC 协议是目前关于无线传感器网络的一大研究热点，下面围绕数据链路层及其上下相邻的网络层、物理层间的通信协议结构和共享信息，简要介绍两类跨层型 MAC 协议，即基于数据链路层与物理层（PHY-MAC）的跨层型 MAC 协议、基于数据链路层与网络层（MAC-NTW）的跨层型 MAC 协议。

1. 基于数据链路层与物理层（PHY-MAC）的跨层型 MAC 协议

早期的跨层型 MAC 协议以数据链路层与物理层为基础，将信息包收发的源地址和目标地址写入物理层协议的标头信息中，通过在其载波监听阶段使用这些地址信息，能够大幅度减少节点的隐藏或暴露等不良情况，从而形成基于 MAC 地址的物理载波监听机制，该机制在一定程度上提升了网络传输效率。

在无线传感器网络中，物理层利用功率分配技术可以实现无线通信模块发射功率的调整，从而起到控制能耗与节省能量的作用，物理层的参数主要涉及调制方式、发射功率、数据传输速率、误比特率等。数据链路层中 MAC 协议实现数据收发协调，可通过网络协议控制方式配置物理层相关参数来提升网络系统的性能。由于无线传感器网络节点一般是能量有限的，因此，设计有效的跨层型 MAC 协议对于延长网络的生命周期具有重要作用。

现有研究针对 PHY-MAC 跨层型 MAC 协议设计问题，在节点效用和链路性能方面开展优化设计。基于节点效用的 PHY-MAC 跨层型 MAC 协议设计，节点效用指标综合考虑网络节点的剩余能量信息与无线信道的状态信息，并在最大发射功率与平均误比特率的限制条件下，以最小化总发射功率为目标获取最优的功率分配；根据节点效用指标设置节点的退避时间，选取链路状态较好和剩余能量较多的中继节点，进而配置调整物理层中无线通信模块的发射功率。基于链路性能的 PHY-MAC 跨层型 MAC 协议设计，综合考虑剩余能量信息、功率控制与速率选择等方面因素，在物理层上采用功率控制的协作模式，数据链路层采用组间竞争、组内竞争和冲突竞争 3 种分组竞争方式，结合物理层与数据链路层分析提出链路性能的优化要求。设置节点的退避时间，选择链路性能最好的节点作为最优中继节点，该中继节点具有较高的数据传输速率和较多的剩余能量。该类跨层型 MAC 协议能够在一定程度上提高节点的能量利用率，并延长网络的生命周期。

2. 基于数据链路层与网络层（MAC-NTW）的跨层型 MAC 协议

在无线传感器网络协议结构中，数据链路层为网络层提供服务，网络层中的路由信息又可为数据链路层的 MAC 协议提供性能支撑。将路由信息融入 MAC 协议的设计，能够进一步提升无线传感器网络的效率，比如，在两层协议中同时考虑节点睡眠因素，可实现能耗的有效控制。这里简单介绍基于路由信息和基于事件驱动的跨层型 MAC 协议的基本原理。

（1）基于路由信息的跨层型 MAC 协议

针对 S-MAC 协议的时延问题，基于路由信息的跨层型 MAC 协议（Cross-layer MAC Protocol based on Routing Information，RC-MAC）将网络层中的路由信息嵌入 MAC 协议的帧结构中，在 RTS/CTS 帧结构中加入传输路径的路由信息，即在 RTS 帧结构中加入汇聚节点地址，在 CTS 帧结构中加入汇聚节点地址和下一跳节点地址，其中，下一跳节点地址可以通过查询当前节点的路由表来获取。这样，节点在进行数据传输之前就可以提前知道相应的路径信息，也就可以提前预约保留无线信道，使得该路径上的节点可以在自身接收数据之前就唤醒，而不用等到下一个调度周期，提高了网络传输效率。

RC-MAC 协议在一个虚拟簇中引入多次自适应侦听，使数据在一个调度周期中可以进行多跳传输，也就降低了节点数据传输时延，同时提高了吞吐量。网络负载越大，因采用多跳传输而形成的时延降低效果越明显。但如果下一跳节点不在此虚拟簇中，该节点就不会接收到 CTS 帧信息，只能等待下一个调度周期的来临。另外，由于 RC-MAC 协议是通过预先嵌入地址信息来实现提前握手的，因此，该协议仅适用于链路通信质量较好的无线传感器网络。

（2）基于事件驱动的跨层型 MAC 协议

在事件监测的应用场景中，无线传感器网络的传感器节点需要及时向汇聚节点上报事件发生信息。在此应用需求下，无线传感器网络对数据传输的可靠性和实时性提出了较高要求。针对 S-MAC、Sift 等协议存在的网络吞吐量、时延或能耗控制不足的问题，基于事件驱动的跨层型 MAC 协议（Event Driven Cross-layer MAC，EDC-MAC）采用跨层优化方法，融合网络层和数据链路层协议结构与共享信息，优化 MAC 协议性能。

EDC-MAC 协议根据无线传感器网络的事件驱动业务特点，将网络工作状态分为非事件状态和事件激活状态两种。

在非事件状态中，由于没有事件发生，传感器节点只是周期性地向汇聚节点传输少量的报文信息，系统的流量负载小，因此，整个网络需要在低能耗下运行。这种情况下，网络层可以选择使用非分簇的路由协议；EDC-MAC 协议可采用低占空比的 S-MAC 协议，通过低占空比设置，使节点在大部分时间内处于睡眠状态，仅在少部分时间里被唤醒来进行数据传输，从而达到减少能耗的目的。

在事件激活状态中，无线传感器网络中某区域内监测到有事件发生，该区域中的传感器节点被唤醒转为激活状态，进行数据采集并传送给汇聚节点。由于事件的发生具有一定的突发性，采集到的数据具有不可预测性，为让网络具备动态适应能力，对事件发生局部区域内的节点采用动态分簇方法进行分簇，簇内节点使用 TDMA 调度机制分配时隙，保障每个节点均能将数据传送到簇头节点，然后将数据融合后传送至汇聚节点，从而达到减少因数据传输引起的能耗的目的。

节点获取事件发生信息，采集数据在网络层缓存，当路由协议检测判断数据包的到达率超过设定阈值时，节点将在下一个调度周期到来时在网络层分簇，相应地，MAC 协议策略也会随之进行改变。网络层分簇根据事件发生规模采用不用的策略，偶然事件发生时，可能只有单个节点被激活，虽然节点广播成簇消息，但单个节点无法成簇，该节点就使用路由表中的路径信息，将采集数据通过簇间 MAC 协议传送至汇聚节点；小范围事件发生时，感知到事件发生的节点数量较少，节点间广播成簇消息后建立一个簇，在簇头节点选取的基础上，在簇内采用 TDMA 调度机制，各个激活节点在自身时隙内把数据传送至簇头节点，簇头节点将数据融合后采用簇间 MAC 协议传送给汇聚节点；多事件发生时，感知到事件发生的节点数量较多，多个节点广播成簇消息后形成多个簇，各个簇头节点将收集到的数据通过簇间 MAC 协议传送给汇聚节点。其中，簇头节点根据激活节点的剩余能量和与汇聚节点之间的距离来选取。

2.3.8 差错控制

一个典型的无线通信系统如图 2-20 所示。信源编码将获取的信源消息转化为二进制数据（比特，Bit）序列，信道编码再将这些数据序列变换为数字编码序列，然后通过调制设备将数字编码序列调制为适合信道传输的形式，进而发射出去。解调设备在接收端获取信息序列，信道译码将接收到的信息序列变换为二进制数据序列，通过信源译码再变换为对信源输出消息的估计，并将该估计结果传送至信宿。

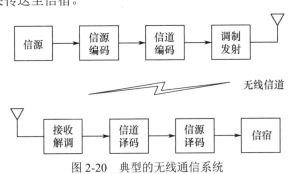

图 2-20　典型的无线通信系统

信息利用传输介质进行通信传输，由于传输介质特别是无线介质的不理想及传输噪声的干扰影响，不可避免地会造成信号波形在传输过程中失真，甚至导致所传输的分组信息失效。为了在传输过程中达到一定的误比特率，通信系统需要设计合理的基带信号，选择相应的调制与解调方式，在信道均衡处理的基础上采用差错控制编码技术（Error Control Coding，ECC），以降低通信传输的误比特率。

所谓差错控制，就是利用编码技术对数字通信传输过程中形成的差错进行控制，达到提高传输正确性和可靠性的目的。其基本做法是：利用信道编码在发送端按照某种约束规则对所传输的信息序列进行编码，附加一定的监督码元；在接收端通过既定的约束规则来检验接收到的信息码元与监督码元之间的关系，如果出现传输错误，就要求对其进行纠错。

常用的差错控制技术有自动请求重传（Auto Repeat Request，ARQ）、前向纠错（Forward Error Correction，FEC）和混合自动请求重传（Hybrid-ARQ，HARQ）。

1. 自动请求重传技术

自动请求重传技术是通信过程中处理因信道出现传输差错的一种常用方法，包含 3 种基本处理方式，即停等式 ARQ、退 N 步 ARQ 和选择性重传 ARQ。

在停等式 ARQ 中，发送端向接收端发送一个数据包，并等待接收端的状态报告。如果收到接收端的肯定应答，说明该数据包已经被成功接收，可以继续发送下一个数据包；如果收到否定应答，说明接收端收到的数据包出现错误，需要重传该数据包。

在退 N 步 ARQ 中，发送端发出一个数据包后，不必等待接收端应答，可以直接发送下一个数据包。从数据包发送到发送端收到该数据包状态应答信息的过程中存在往返时延，需要经历一段时间间隔。假设在这个时延中传输了后续的 N-1 个数据包，如果发送端收到的是肯定应答，则对传输没有影响；如果发送端收到的是否定应答，就需要退回到否定应答所对应的错误数据包，重传该数据包及其后续 N-1 个数据包。

选择性重传 ARQ 与退 N 步 ARQ 类似，发送端发出一个数据包后，无须获取应答信息就可继续发送后续的数据，不同之处是，选择性重传 ARQ 的发送端在收到接收端的否定应答时，发送端只需要重传与否定应答相对应的数据包。

比较来说，停等式 ARQ 原理简单，所需要的缓存区较小，但该方式的传输效率较低，每次发送均需等待接收端的应答信息，适合于传输数据量小、设备硬件资源有限的应用场景。退 N 步 ARQ 和选择性重传 ARQ 可通称为连续 ARQ，它将滑动窗口技术与请求重发技术进行结合，不用等前一数据包的状态应答便可继续发送后续数据，且当窗口尺寸足够大时，数据包在信道上可以实现连续传输。连续 ARQ 的优势是减少了等待时间，提高了信息传输的效率和吞吐量，但在发送端需设置一个较大的缓存区，用来存放未被确认的数据包。

2. 前向纠错技术

前向纠错技术采用数据编解码方式来改善系统的误码性能，基本原理是：发送端对原始的数据信息进行信道编码，利用信息符号之间严格的数据结构关系有控制地加入冗余信息，构建一个包含冗余信息的新数据包；当传输过程中因信道噪声产生误码时，接收端收到数据包后，利用冗余信息和编码规律通过译码自动发现差错，并确定码元出错位置从而予以纠正，其基本结构如图 2-21 所示。

图 2-21　前向纠错技术的基本结构

与 ARQ 不同的是，前向纠错技术不需要发送端进行重传，采用冗余编码直接进行检错和纠错，大大降低了通信时延。由于不需要等待一个通信结束以后再建立一个通信，因此，利用前向纠错技术可以进行广播通信，同时与多个接收端进行通信。但前向纠错技术也存在一个明显的问题，由于没有应答回复机制，接收端不能对传输结果做出正确的判断，也就是说，不管译码出来的结果与正确信息之间是否存在差异，都将被直接传送给使用者。另外，纠错码的纠错能力也是影响通信传输效果的重要因素，一般需要根据信道状况来选择使用纠错码，当信道状况受到严重影响时，需要选择纠错能力强的编码，此时的纠错编码与解码都变得更加复杂，对通信节点的处理性能提出了更高的要求，增加了通信节点的能耗，也增加了设计的硬件成本。因此，在无线传感器网络中使用前向纠错技术时需要综合考虑传输性能与能耗、成本间的平衡关系。

3. 混合自动请求重传技术

混合自动请求重传技术将前向纠错模块作为一个子系统融入自动请求重传系统框架中，利用前向纠错子系统自动纠正传输过程中引入的误码，当接收端不能正确译码时，则利用应答重传机制来实现消息的正确传输。

混合自动请求重传技术是一种折中的差错控制方案，即在纠错能力范围内自动纠正错误，超出纠错范围则要求发送端重新发送，能够很好地补偿无线信道噪声干扰对信号传输的影响，在确保系统可靠性的基础上提高了系统的传输效率。

2.4　网　络　层

2.4.1　网络层简介

在无线传感器网络应用中，针对目标对象信息的监测，一般在监测区域内分布式或密集地（随机）布置多个传感器节点，相邻节点间隔不远，从目标节点处获取的监测信息通过多跳传输的方式向外通信。相对于直接进行远程的无线通信，多跳传输能够有效克服无线信号因远距离传输而形成的衰减效应。由于传感器节点间的距离较近，多跳传输时各个节点所消耗的电源能量较少，能够很好地满足无线传感器网络对能耗控制的严格要求。

在无线传感器网络协议结构中，网络层通过路由协议实现网络中路由的确定，主要涉及多跳路由的发现和维护。所谓路由的发现，就是寻找并选择一条从源节点到目标节点的最优路径；所谓路由的维护，就是保证无线传感器网络能够沿着所选择的路径进行信息的有效转发。

传统无线网络通常不用考虑硬件条件的限制，其路由协议的设计目标是减少网络拥塞，在保持网络数据交换的基础上提高网络利用率，以及提供高质量的网络服务等。但是无线传感器网络运行时首要考虑的因素就是能耗控制，所以，其路由协议离不开节能设计。另外，无线传感器网络中无线信道存在不稳定因素，无线信道之间存在相互干扰，且传感器节点的移动或失效都会导致无线传感器网络拓扑结构的变化，使得其路由协议需要具备能够及时适应网络拓扑结构变化的能力。因此，无线传感器网络不能直接采用传统无线网络的路由协议，需要结合自身特征来设计合适的路由协议。

无线传感器网络路由协议的特征主要体现在以下几个方面。

（1）能量优先

无线传感器网络中节点能量有限，其路由协议的设计需要考虑节点的能耗控制及网络能耗的均衡使用问题，以延长网络的生命周期。

（2）以数据为中心

一般情况下，无线传感器网络关注的是监测区域目标对象的感知信息，形成从传感器节点到汇聚节点的数据传输流向，并不需要具体到哪个节点采集信息，这区别于传统路由协议通常采用以地址为节点的标识及路由。其中，感知目标对象信息的传感器节点可能是多个。

（3）基于局部拓扑信息

由于无线传感器网络采用多跳传输来实现网络通信,各个节点的无线通信范围和能量有限,且受到节点有限的存储、计算等约束,节点无法存储大量的路由信息,也不能进行过于复杂的路由计算。因此,无线传感器网络的路由设计需要节点能够利用局部的网络拓扑信息在有限的资源条件下实现简单高效的路由机制。

（4）应用相关

无线传感器网络的设计与具体的应用环境密切相关,不同的应用需求对网络拓扑、通信模式等的要求是不一样的,严格来说,没有一种通用的路由协议能够满足所有的应用需求。因此,需要根据不用的应用需求,设计与之相适应的路由协议。

（5）数据融合

由于无线传感器网络是以数据为中心的,针对目标对象的同一个事件信息,可能会被多个节点所获取,同一个事件信息也可能会被多次传输,从而在网络中形成大量的冗余信息。因此,还需要从冗余信息的压缩消除方面来考虑路由协议的设计,以提高网络带宽的利用率和通信效率。

总的来说,无线传感器网络的网络层设计原则是需要结合具体应用场景需求和路由协议特征进行设计,以满足节能高效的要求,从而具备能够适应网络拓扑结构变化的可扩展性和快速收敛性、具备因适应无线通信环境或无线链路不可靠而形成的具备容错能力的鲁棒性要求等,以确保整个网络的正常运行。

2.4.2　网络层路由协议分类

无线传感器网络的路由过程可以描述为:当某一网络节点发出路由请求时,启动路由发现过程;对应的接收节点收到该请求后,回复应答信息;对潜在的各条路径开销进行评估分析和对比,这些开销主要包括跳转次数、时延等;将评估确定之后的最佳路由信息添加到此路径上各个节点的路由表中。

无线传感器网络中各个节点都会记录一个路由表。路由表由目标地址和下一跳地址组成,当节点收到一个路由数据分组信息时,该节点将先检查这个分组信息的目标地址,并将此地址与路由表中的目标地址进行比对,如果匹配,则找出下一跳地址,再将此分组信息转发给对应的节点。节点之间相互通信,通过交换路由信息来维护和更新路由表。

无线传感器网络的设计实施与具体的应用相关,因不同应用领域其组网结构各不相同,因此,单一的路由协议形式不能满足不同的应用需求。研究人员针对无线传感器网络的路由特征,研究出了多种路由协议,可以根据采用的能量感知、网络通信结构、源节点获取路径方法、路由发现过程、服务质量等多种策略进行分类,但并不仅限于此。

1．按能量感知分类

能耗控制是无线传感器网络运行的重要因素,按能量感知分类,分为能量感知路由协议和非能量感知路由协议。能量感知路由协议从网络能耗出发,根据节点的可用能量或传输路径上的能量需求情况,主要以最优能耗控制传输路径和网络最长生命周期为目标,选择转发路径。

2．按网络通信结构分类

根据无线传感器网络路由过程中的层次结构关系,可将路由协议分为平面路由协议和层次路由协议。

在平面路由协议中,网络中所有节点的地位平等,各自的路由功能大致相同,其路由结构简单，但建立和维护路由的开销较大，传输过程中的转发跳数相对较多，适合小规模的无线传感器网络。

在层次路由协议中，网络被划分为多个簇，每个簇包含簇头节点和簇内节点，簇内节点获取信息并传输给簇头节点，最后传输至终端节点。层次路由协议的优势是扩展性好，适合大规模的无线传感器网络，但簇头节点的维护开销远大于其他节点，所以一般采用符合网络条件的节点来轮流担任簇头节点，以均衡簇头节点能耗，降低簇头节点因能耗而失效的可能性。

3．按源节点获取路径方法分类

按源节点获取路径的方法，根据路由建立时机与数据发送的关系，可将路由协议分为主动路由协议、按需路由协议和混合路由协议。

主动路由协议根据数据传输要求先创建好相应的路径，然后进行转发传输。网络中每个节点需要周期性地向其他节点发送最新的路由信息，且各个节点可以根据需要构建一个或多个路由表，以存储更多的路由信息。当网络拓扑结构发生变化时，节点就在整个网络中广播路由更新信息。因此，主动路由协议可使各个节点能够及时更新路由信息，保持网络持续运行。但是，主动路由协议建立和维护的开销大，且资源条件要求高。

按需路由协议在源节点要发送数据信息到目标节点的需求条件下，才在源节点发起建立路由任务，即根据需要创建路由表。这种路由协议并不要求整个网络都更新所有的路由信息，只需要计算和更新其中所需要的那部分节点路由信息。维护开销相对较小，在通信过程中维护路由，通信结束后不再维护路由。由于该协议需要在传输之前通过计算获取路由信息，网络的传输时延较大。

混合路由协议综合利用了主动路由和按需路由两种协议方式。通常情况下，针对网络中经常使用且拓扑结构变化不大的组成部分，采用主动路由协议；针对拓扑结构变化较快或传输数据量较少的组成部分，采用按需路由协议。通过融合两种路由协议，可以在路由效果和传输时延上取得折中。

4．按路由发现过程分类

根据路由发现方式及其过程的不同，可将路由协议分为以位置为中心的路由协议和以数据为中心的路由协议。

以位置为中心的路由协议即地理位置路由协议，将节点位置信息作为路由选择的依据，在某个需求区域间进行数据传输，可缩减传输范围，降低路由的能耗，延长网络的生命周期。

以数据为中心的路由协议，不依赖于网络中的特定节点，而是通过数据查询方式进行传输，可减少网络中大量冗余数据信息的传输，从而减少网络开销，延长网络的生命周期。

5．按服务质量分类

在某些应用中，对无线传感器网络的可靠性、实时性等通信服务质量有较高的要求，需要建立能够保证服务质量（QoS）的路由协议。一般根据时延、丢包率等 QoS 参数的分析计算，选择最符合 QoS 应用要求的路由协议；或者根据网络的具体业务需求，设计满足相应业务要求的 QoS 路由协议。

路由协议的研究与设计是无线传感器网络中的重要内容，根据不同的应用需求，已经形成了多种路由协议。目前，无线传感器网络路由协议的研究还在不断地发展，下面介绍几种典型的路由协议。

2.4.3 能量感知路由协议

如何能够长期稳定地运行是无线传感器网络面临的关键问题，能耗控制是最基本的解决方法，早期的无线传感器网络路由协议主要利用能量因素来考虑路由的建立。

1. 能耗

在无线传感器网络中，能量的消耗主要体现在节点及系统的运行上。分析无线传感器网络的运行过程会发现，能耗主要包含计算相关因素的能耗和通信相关因素的能耗。

（1）计算相关因素的能耗

计算相关因素的能耗是指对无线传感器网络协议、信号与信息等进行处理时消耗的能量，主要涉及节点电路中 CPU、存储器等相关器件运行时所需要的能量。信息处理的复杂度是影响计算相关因素能耗的重要因素，复杂度越高，所需要的计算量就越大，相应的能耗也就越多。比如，数据压缩技术能够缩短信息传输或存储时的数据包长度，但因为计算量的增加而加大了能耗。

（2）通信相关因素的能耗

无线通信模块是无线传感器网络节点中的关键器件，其运行时的能耗较为明显。无线通信模块存在发送、接收、空闲和睡眠 4 种状态，其中，发送状态下消耗能量最多，接收状态和空闲状态下消耗能量次之，睡眠状态下消耗能量最少。

在考察节点能耗时，一般来说，计算量的降低可能会增加无线通信模块的负担，减少无线通信模块的能耗也有可能导致计算能耗的增加。因此，无线传感器网络基于能量感知的路由协议需要在能耗的两类相关因素之间形成一个相互协调的平衡关系，从而达到提高节点能量使用效率的目的。

2. 能量感知路由

能量感知路由根据无线传感器网络中节点可用能量（Power Available，PA）或者根据传输链路上的能量需求情况来选择数据转发的路径。其核心是能量路由的选择策略，可分为以下 4 种。

① 最大可用能量路由，是指从源节点到汇聚节点的所有链路路径中选取节点可用能量之和最大的路径。

② 最小能耗路由，是指从源节点到汇聚节点的所有链路路径中选取节点消耗能量之和最小的路径。

③ 最少跳数路由，是指从源节点到汇聚节点的所有链路路径中选取跳数最少的路径。

④ 最小 PA 节点路由，由于每条链路路径上存在着多个节点，这些节点的 PA 可能有所不同，那么，在每条链路路径中选出 PA 最小的节点，并以此最小 PA 来表征这条路径的 PA，进而在所有链路路径中选取出具有最大 PA 的路径。

需要说明的是，上述 4 种策略基于节点对于整个网络的全局 PA 是已知的，否则，无法进行策略判断。但在实际应用中，由于受到资源等条件的约束，节点只能获取无线传感器网络的局部信息，难以掌控全局信息，因此，上述能量感知路由策略属于理想的路由协议方法。

如图 2-22 所示，从源节点到汇聚节点拥有 3 条数据信息传输路径，其他 6 个节点的可用能量在括号中标识出来，双向线表示节点间的通信链路，链路上的数字表示在该链路上发送信息时所需要消耗的能量。右边路径中，源节点依次通过 A 节点、B 节点到达汇聚节点，两个节点的可用能量之和为 5，该路径上发送信息所需要的能耗之和为 6。中间路径中，源节点通过 F 节点到达汇聚节点，F 节点可用能

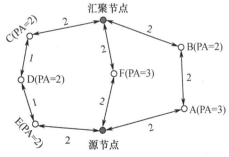

图 2-22 能量感知路由示意图

量为 3，该路径上发送信息所需要的能耗之和为 4，表征为最少跳数路由，且也表征为最小能耗路由和最小 PA 节点路由。左边路径中，源节点依次通过 E 节点、D 节点、C 节点到达汇聚节点，3 个节点的可用能量之和为 6，该路径上发送信息所需要的能耗之和为 6，表征为最大可用能量路由。

3．能量多路径路由

为了确保网络通信的服务质量，减小端到端之间的网络时延，传统无线网络的路由一般选择源节点到目标节点之间跳数最少的路径进行数据传输。但在无线传感器网络应用中，如果按照最少跳数策略，就有可能出现在同一条路径上频繁传输数据的情况，从而导致该路径上的节点因频繁使用而过快地消耗能量，造成节点过早失效，进而使得整个网络的连接受到影响，缩短网络的生命周期。为避免发生这种情况，在无线传感器网络的多跳传输过程中，需要尽可能公平地协调使用所有节点，使每个节点都有机会加入传输路径中，这样，网络中各个节点的能耗比例能够在相对较长的时间内基本保持协调一致，从而保障网络的生命周期。

能量多路径路由机制就是在源节点与目标节点之间建立多条传输路径，根据传输路径上节点的通信能耗情况及节点的可用能量情况，通过设置一定的选择概率来实现各条传输路径的随机选取，使得在传输信息时能够均衡消耗整个网络的能量，延长网络的生命周期。这种方法在存储资源、计算资源和带宽消耗上会形成一定的额外开销，但相对于整个网络的能耗均衡控制效果和生命周期，这些开销是可以接受的。

能量多路径路由机制包括路径建立、数据传输和路由维护 3 个阶段。

① 在路径建立过程中，各个节点需要知道到达目标节点的所有下一跳节点，并计算选择每个下一跳节点的概率。该概率根据节点到目标节点间的通信代价来计算，代价的数值是各个路径的加权平均值（期望值）。

② 在数据传输过程中，节点通过概率计算选择下一跳节点，并转发相应的数据分组。节点被选择的概率与通信代价成反比，代价很高的路径将被舍弃，不加入路由表中，只有那些具有较低路径代价的邻居节点才可以被加入当前节点的路由表中。

③ 在路由维护过程中，通过周期性地从目标节点到源节点实施泛洪（Flooding）查询来保证所有路由处于有效状态，维持所有路径的活动性。其中，泛洪查询不要求维护网络的拓扑结构和相关的路由计算，仅要求接收到信息的节点以广播方式转发数据包，这对无线传感器网络的路由维护代价相对较小。

2.4.4　平面路由协议

在平面路由协议中，无线传感器网络的各个节点地位平等，不存在特殊节点，源节点和目标节点之间一般存在多条路径，具有网络结构简单、通信负担较均衡、网络健壮性较好等优点，通信流量能够被平均地分配在网络中。但是，由于缺乏管理节点，当网络规模较大时，平面路由协议可能会出现网络资源利用率较低、网络可扩展性较差、网络动态响应较慢等缺陷。平面路由协议拓扑结构如图 2-23 所示，典型的有泛洪路由协议（Flooding Protocol）、基于协商机制的传感器网络路由协议（Sensor Protocol for Information via Negotiation，SPIN）。

1．泛洪路由协议

泛洪路由协议是一种较早的无线传感器网络平面路由协议，节点收到数据信息后会泛洪式地向全网广播

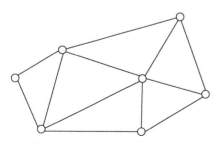

图 2-23　平面路由协议拓扑结构

该数据包。节点从其他邻居节点获取该数据包之后，立即向自身的邻居节点广播转发，直到该数据包到达目标节点为止，或者所有节点拥有该数据包为止，或者为该数据包所设定的生命期限变为零为止。该路由协议不需要维护路由表，算法简单，但其存在明显的不足，即存在内爆和重叠等问题。

（1）内爆问题

所谓内爆问题，是指节点从邻居节点收到多份相同的数据包，如图 2-24 所示。源节点 S 广播数据包后，节点 A 和节点 B 接收该数据包并以广播的形式转发该数据包，最终目标节点 C 同时收到节点 A 和节点 B 发来的同一数据包。当网络规模较大时，泛洪路由算法会使节点消耗过多的能量，出现严重网络拥塞和延迟。

（2）重叠问题

所谓重叠问题，是指重叠区域的事件被目标节点多次接收到，如图 2-25 所示。节点 A 和节点 B 的感知区域分别为 q 和 s，A 和 B 重叠的部分为 r，r 会被 A 和 B 分别转发给目标节点 C，因此，节点 C 最终会收到重叠部分 r 的两个信息副本。重叠现象在泛洪路由协议中常常发生，引起网络能量的浪费。

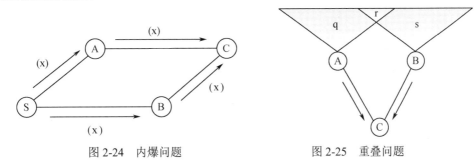

图 2-24　内爆问题　　　　　　　　图 2-25　重叠问题

泛洪路由协议的内爆和重叠问题，都将导致无线传感器网络资源的盲目消耗。为减少资源的浪费，采用闲聊协议（Gossiping Protocol）来抑制内爆问题。闲聊协议是对泛洪路由协议的一种改进，当节点收到数据包后不再以广播的形式转发，而是从邻居节点中随机选择一个节点来进行转发。这种方法能够解决内爆问题，但还是无法解决重叠问题。同时，转发节点的选择是完全随机的，使得数据传输不可能按照最短路径的优化方式进行，因此，闲聊协议无法保障数据传输的可靠性，且数据传输的平均时延有可能增加，资源浪费的问题依然存在。

2．SPIN 路由协议

SPIN 路由协议是一种以数据为中心、基于协商机制的路由协议。该协议假设网络中所有节点都是潜在的汇聚节点，某一节点把数据包发送给任何需要该数据包的节点，在此过程中，利用协商机制减少网络中传输的数据量。节点只广播其他节点没有的数据，以此来减少冗余数据的形成，从而达到控制网络能耗的目的。

SPIN 路由协议使用 3 种类型的数据包进行通信，即 ADV 包、REQ 包和 DATA 包。这 3 种类型数据包的应用，使得 SPIN 路由协议呈现一定的自适应通信特征，较好地解决了传统泛洪路由协议和闲聊协议的信息内爆、重叠及资源浪费等问题。

① ADV 包为广播数据包，在一个节点发送数据之前，先广播一个带有本节点属性、类型等描述信息的数据包，该数据包并不包含完整的数据内容信息，数据量一般远小于数据本身的大小。

② REQ 包为请求数据包，当一个节点接收到 ADV 包时，如果该节点需要接收 ADV 包所描述的数据内容，则发送一个 REQ 包。

③ DATA 包为数据包，含有有效的数据内容，当发送数据的节点接收到 REQ 包后，就向目标节点发送一个 DATA 包。

SPIN 路由协议通信过程示意如图 2-26 所示。节点 A 发送数据前，会先向邻居节点广播一个 ADV 包，假设邻居节点中节点 B 对节点 A 的数据感兴趣，节点 B 会给节点 A 回复一个 REQ 包，请求节点 A 发送数据，节点 A 收到节点 B 发来的 REQ 包后才开始向节点 B 发送数据。节点 B 再通过同样的方式将数据传给下一跳节点，如此进行下去，DATA 包就可传输至远方的汇聚节点或基站。

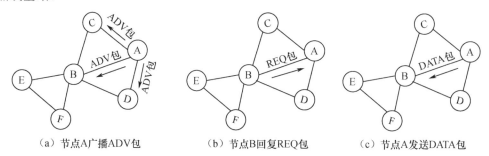

（a）节点 A 广播 ADV 包　　　（b）节点 B 回复 REQ 包　　　（c）节点 A 发送 DATA 包

图 2-26　SPIN 路由协议通信过程示意

由于 SPIN 路由协议采用的是协商通信机制，故其节点不需要维护邻居节点的信息，当节点发生移动情况时也能够具备一定的适应能力。需要注意的是，SPIN 路由协议没有考虑多种信道条件下的数据传输问题；在高密度节点分布的情况下，所采用的广播协商机制不能完全保证数据一定能够到达目标节点。

2.4.5　层次路由协议

在层次路由协议中，无线传感器网络中的节点具有不同的地位和角色，通常被划分为多个簇。每个簇内根据一定的规则选举出一个簇头节点（簇头），其他节点则成为普通的簇内节点，簇头对簇内节点发来的数据进行融合处理。低一级局部网络的簇头可以成为高一级网络中的普通簇内节点，最高级的簇头将数据传输给基站，从而形成层次网络结构，如图 2-27 所示。

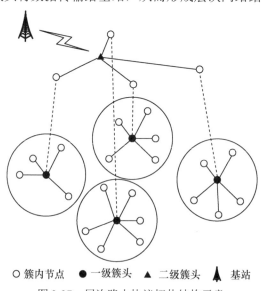

○ 簇内节点　● 一级簇头　▲ 二级簇头　⚡ 基站

图 2-27　层次路由协议拓扑结构示意

根据网络拓扑结构特征，层次路由协议也被称为分簇路由协议。在这种层次的分级结构中，簇头管理簇内节点，实现簇内信息的收集和融合处理，同时负责簇间的数据传输与转发。无线传感器网络的分簇路由算法是围绕如何选择簇头、如何成簇、如何传输数据来设计的，所以，分簇路由协议一般分成3个阶段：簇头选举阶段、成簇阶段和数据传输阶段。

簇头选举是分簇路由算法的基础。分簇路由算法设计的一个核心问题是通过周期性地选举合适的簇头，动态改变簇头数量、位置等以均衡网络能耗，延长网络的生命周期。现有的簇头选举算法可以分为集中式和分布式两种。

集中式算法的簇头选举过程由基站完成，基站收集网络中节点的能量、位置等信息，按某种选举规则产生最终的簇头。在集中式算法中，由于节点不需要承担选举簇头带来的能耗负担，因此节点能耗相对较小，但网络的可扩展性和动态性较差。分布式算法的簇头选举计算在各节点分布执行，节点间通过信息交互选举出最终的簇头。分布式算法可以通过轻量级的簇头选举计算实现延长网络生命周期、增强网络可扩展性的效果。无论是集中式算法，还是分布式算法，目前的簇头选举算法一般都基于以下一些准则和约束参数：节点的剩余能量、簇头到基站的距离、节点的邻居节点个数、簇头的位置分布、簇内通信代价。

簇头选举出来后，其他节点以怎样的规则加入相应的簇，从而形成完整的簇结构是成簇阶段要解决的核心问题。为了得到合理的簇结构，成簇算法需要考虑多种因素，主要包括：形成簇结构大小的合理性；各簇能耗的均衡性；一个节点只能同时加入一个簇的唯一归属性；簇内、簇间的通信代价和能耗更小的控制特性。

成簇结束后，节点按单跳或多跳的方式向基站传输数据。由于节点中通信功能会消耗大部分的能量，因此设计一个节能高效的路由方法对于延长无线传感器网络的生命周期至关重要。数据传输阶段的通信方式包括簇内通信、簇间通信、簇头与基站通信。

下面介绍几种无线传感器网络主要的分簇路由协议。

1. LEACH 协议

分簇路由协议中一种常见的簇头选举方法是通过随机数与阈值相互比较产生簇头，这类方法中经典的算法是由 Heinzelman 等人提出的低功耗自适应聚类分级（Low-Energy Adaptive Clustering Hierarchy，LEACH）协议，该协议具有良好的扩展性和自适应性。

LEACH 协议按轮进行簇头选举，每一轮每个节点产生一个随机数，如果这个随机数比阈值 $T(n)$ 小，则该节点成功当选为簇头，否则该节点成为簇内节点，阈值 $T(n)$ 为

$$T(n) = \begin{cases} \dfrac{p}{1-p\left(r \bmod (1/p)\right)} & n \in G \\ 0 & n \notin G \end{cases}$$

其中，p 代表节点成为簇头的期望百分比；r 为当前轮数；G 为当前轮次之前没有担任过簇头的节点集合。

簇头选举结束后，成功竞选为簇头的节点将广播自己成为簇头的消息，非簇头节点收到簇头的广播消息后，选择离自己最近的簇头加入该簇，并向簇头发送加入消息。簇头将为所有簇内节点分配一个 TDMA 时隙，数据传输时，各簇内节点按所分配的时隙与簇头进行通信，簇头对簇内节点发来的数据进行数据融合和处理后，将数据通过单跳的方式直接传输给基站。

LEACH 协议的簇头选举只与节点成为簇头的期望百分比和当前轮数相关，产生的簇头完全随机，网络中任一节点都可能被选举为簇头，具有较好的公平性。但由于没有考虑节点的剩余能量和节点位置等信息，因此选举出来的簇头可能能量较低，簇头分布位置不合理，从而导致簇头过早死亡。

针对 LEACH 协议簇头选举算法的不足，有学者提出了 LEACH-C 算法。LEACH-C 算法根据全局信息选举簇头，网络中每个节点将自己的位置信息和能量信息发送给基站，基站计算出一个能量阈值，低于能量阈值的节点无法参与竞争簇头，基站利用模拟退火算法从可能的解空间中找到合适的簇头，最后将簇头和簇结构广播给网络内的所有节点。在数据传输阶段，LEACH-C 算法采用和 LEACH 一样的数据传输方式，即簇头通过单跳的方式将数据直接传输给基站。

LEACH-C 算法是一种集中式分簇算法，每轮簇头选举前基站需收集网络中所有节点的能量信息和位置信息，因此选举出来的簇头位置分布更合理，簇头数目变化相对较小。但数据传输阶段仍然采用单跳传输，距离基站较远的簇头能耗较大。同时，由于需要全局信息，当网络规模较大时，LEACH-C 算法将产生大量的通信开销，成簇速度较慢。

2. PEGASIS 协议

高能效采集传感器信息系统（Power-Efficient GAthering in Sensor Information System，PEGASIS）协议是一种借鉴了分簇思想的链状拓扑协议，是对 LEACH 协议的一种改进。PEGASIS 协议的簇就是一条基于地理位置的链，如图 2-28 所示。网络中任意节点需知道其他节点的位置信息，并通过定位装置或信号强度发现离自己最近的邻居节点，每个节点都具有直接和基站通信的能力。每一轮通信之前才形成链，为保证每个节点都有相应的邻居节点，从离基站最远的节点开始，利用贪婪算法构建计算出整条链。PEGASIS 协议的成簇是以链为基础的，非簇头只与离自己最近的邻居节点通信，因此成簇过程带来的通信能耗较小，与 LEACH 协议相比，PEGASIS 协议的生命周期有明显的延长。

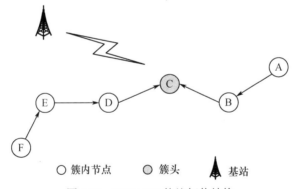

图 2-28 PEGASIS 协议拓扑结构

在数据传输阶段，链状分簇决定了 PEGASIS 协议的数据传输方式只能沿链路进行。如图 2-28 所示，簇头以令牌的方式通知链末端节点开始数据传输。由于节点只能与链上相邻节点进行通信，末端节点沿着链路向下一跳邻居节点发送数据，邻居节点进行数据融合后，向链上的下一跳节点转发数据，最后将数据传输给簇头，由簇头将数据转发给基站。PEGASIS 协议提出了一种多跳传输的思想，数据传输中节点不需要长距离传输数据，只需将数据发给链上的下一跳节点，减小了单个节点的数据通信能耗。但是，已经在链中的节点不能被再次访问，当其中一个节点失效时，链必须重构。另外，PEGASIS 协议中簇头的数据传输与处理负担较大，一旦簇头失效，网络将整体瘫痪。如果网络规模较大，则形成的单链过长，数据传输时延也将进一步增大。

3. TEEN 协议

阈值敏感的高效传感器网络（Threshold Sensitive Energy Efficient Sensor Network，TEEN）协议也是基于 LEACH 协议发展而来的。与 LEACH 协议不同的是，TEEN 协议在数据传输过程中增加了软、硬两个阈值来判断数据是否应该被发送。

    TEEN 协议利用 LEACH 策略形成簇，在每次簇重组时，簇头在广播数据属性的基础上，再广播硬阈值和软阈值信息。当节点监测到数据首次大于硬阈值时，该节点就向簇头报告相应信息，所监测数据保存到节点内部的一个状态变量中。节点继续监测数据，当新监测数据大于硬阈值，且这个值与状态变量值间的变化大于或等于软阈值时，节点才将数据发送出去。其中，硬阈值是根据用户对感兴趣的数据范围来设定的，软阈值是根据监测数据与先前数据间的变化来设定的。如果监测数据低于硬阈值，或监测数据与先前数据间的变化不大，就不需要传输数据。因此，硬、软阈值的设定可以适当减少数据发送次数，从而达到节省通信能耗的目的。需要说明的是，软阈值可以根据用户的需求随时变化，较小的软阈值可使网络数据更加准确，但在传输过程中形成的网络能耗也就越大，故需要根据具体的实际情况来设置合适的软阈值。

    TEEN 协议适用于监测突发事件的系统，如火灾报警系统、安防系统等数据突变的系统。对于数据变化不大的系统，由于无法达到硬、软阈值的要求，TEEN 协议在较长时间内将不会进行数据传输，导致管理人员无法判断网络是否正常运行，存在一定的局限性。

2.4.6   基于查询的路由协议

    基于查询的路由一般是指网络中查询节点发布任务查询消息，收到该查询消息的节点进行匹配处理，如果匹配成功，就将该查询消息所对应的数据发回给查询节点，该查询节点一般可认为是汇聚节点。

    定向扩散（Directed Diffusion，DD）协议是一种基于查询的无线传感器网络路由方法。汇聚节点利用兴趣消息发布查询任务，通过泛洪方式广播兴趣消息到整个区域或部分区域内的所有传感器节点。该兴趣消息表征了所需要查询的任务，表示对监测区域内感兴趣的信息，例如，环境监测应用中温湿度、空气质量参数等就是所感兴趣的信息。兴趣消息在广播过程中，传感器节点将建立从数据源到汇聚节点的数据传输梯度，并将采集到的数据沿着梯度方向传送到汇聚节点。

    定向扩散协议包含 3 个阶段，即兴趣扩散、梯度建立及路径加强，如图 2-29 所示。

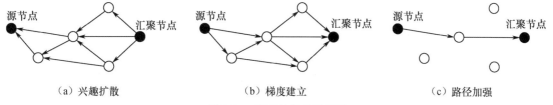

图 2-29   定向扩散协议示意

    在兴趣扩散阶段，设计一个属性组命名机制来描述兴趣消息和分组数据，实现感知任务的定量描述。汇聚节点周期性地向邻居节点广播兴趣消息，该兴趣消息中含有任务类型、目标区域、发送速率、时间戳等参数，告知全网所需要的数据信息。每个节点在本地保存一个兴趣列表，对于每个兴趣，列表中都有一个表项记录该兴趣的任务相关信息。

    在梯度建立阶段，兴趣消息利用中间节点逐步转发到网络中的所有节点，通过逐步转发，建立了从兴趣源节点到汇聚节点的多条路径。网络中的节点从邻居节点接收到一个兴趣消息后，无法判断该消息是否已经处理过，或是否与另一个邻居节点发来的消息相同。通过相邻节点间的梯度建立，可以一定程度上保证可靠的数据传输，加快无效路径的修复。

    在路径加强阶段，定向扩散协议通过正向加强机制来建立优化路径，并根据网络拓扑的变化来修改数据转发的梯度关系。当网络中源节点采集到兴趣消息所要求的数据后，也将通过广播、多跳方式向汇聚节点发送数据，汇聚节点就会从多条路径中接收到源节点所发送过来的数据。根据最小代价原则，汇聚节点从多条路径中选择一条最优路径来完成数据的接收，其余路径将被舍弃。

定向扩散协议的关键技术在于如何在汇聚节点的兴趣扩散过程中进行路径梯度的建立，以及数据接收后加强路径的选择和维护。兴趣扩散阶段是为了建立源节点和汇聚节点间的数据传输路径，源节点以较低的速率采集数据并进行数据发送，这个阶段所建立的梯度为探测梯度（Probe Gradient）。汇聚节点在收到源节点发来的数据后，启动建立从汇聚节点到源节点的加强路径，后续的数据将沿着加强路径以较高的传输速率进行传输，加强后的梯度为数据梯度（Data Gradient）。

总体上，定向扩散协议是一种以数据为中心的经典路由协议，其路由的建立采用了多路径机制，网络的健壮性较好；使用查询驱动机制建立路由，避免了保存全网信息。但该协议需要一个扩散的泛洪广播，所形成的能耗和时间开销都比较大。

2.4.7 基于地理位置的路由协议

前面介绍的无线传感器网络路由协议中，一般是基于节点自身的逻辑地址描述的，通过邻居节点之间的相互通信来探测网络中所有节点之间的路由关系。如果节点自身的物理位置信息是已知的，那么，结合位置信息就可以为节点路由的选择提供一定的便利条件，从而在提升网络路由性能及降低能耗等方面起到积极的促进作用。

基于地理位置的路由协议就是在假设节点自身及目标区域地理位置信息已知的情况下，以这些位置信息作为路由选择的依据，按照一定策略转发数据到目标区域。在一些应用场景中，需要知道无线传感器网络中节点的具体位置。在典型的森林防火应用中，利用无线传感器网络进行森林火情监测，通过网络监测节点的位置便可获取火情的精确位置信息，从而提高防火与灭火效率。

根据位置信息的使用情况，一般可将基于地理位置的路由协议分成两个类别。一类是起到辅助作用，利用地理位置信息来辅助改进其他路由协议，实现无线传感器网络中路由搜索区域范围的约束，减少不必要的网络开销，典型的是地理自适应保真（Geographical Adaptive Fidelity，GAF）路由协议；另一类是起到主导作用，直接利用地理位置信息来实现节点的路由策略，典型的是地理能量感知（Geographical and Energy Aware Routing，GEAR）路由协议。

1. GAF 路由协议

GAF 路由协议利用地理位置信息来帮助无线传感器网络的路由选择。无线传感器网络在自组网过程中，网络节点不仅在发送和接收数据分组时需要消耗能量，而且处于空闲状态时也需要消耗能量，以实现侦听任务等。一些测量结果说明，节点在空闲状态、接收状态与发送状态的功率消耗之比为 $1:1.2:1.7$，因此，空闲状态下的节点能耗是不能忽略的。

GAF 路由协议考虑无线传感器网络中节点的冗余分布特征，在保证网络正常运行的条件下，适当地关闭某些节点，实现降低网络能耗、延长节点及其网络的生存时间。该协议将路由保真度定义为保持正在通信节点间的连通性。利用节点的位置信息来构建一个虚拟网格，网格中的节点对于数据传输的中继转发来说是等价的，它们中的任何一个节点被选择激活工作，所消耗的能量和时间是大致相当的。那么，这些节点通过分布式协商轮换机制确定哪个节点激活及其激活的时间长度，关闭不需要工作的节点，进而周期性轮流唤醒节点进行工作，调整节点的激活与关闭状态，以平衡网络的能耗。

假设构建的 3 个虚拟网格如图 2-30 所示，网格呈正方形，源节点 S 和目标节点 T 可以通过

A、B、C、D 节点中的任意一个建立通信，因此，区域 2 中的 4 个节点便成为等价节点，其中的任意一个节点都可以实现路由的连通。所谓的等价节点，是指一个节点可以代替另一个节点，且消耗的能量和代价也基本相同。

利用协商轮换机制，虚拟网格中只有激活的节点才能形成路由，建立通信。GAF 路由协议将节点分成发现状态、激活状态和睡眠状态。在初始化阶段，虚拟网格中的所有节点处于发现状态，每个节点发送消息通告自身的位置、身份属性等信息，通过交换消息发现同一虚拟网格内的其他节点。进入发现状态的节点设置一个时间长度为 T_d 的定时器，当某一节点达到或超过 T_d 后，该节点进入激活状态，开始广播发送数据；其他节点将收到激活节点工作的广播声明，表明激活竞选失败，进入睡眠状态。激活节点设置一个时间长度为 T_a 的定时器，定时时间周期内广播发送数据，通过广播激活声明数据包来抑制其他处于发现状态的节点进入激活状态；当定时器时间结束后，该激活节点回到发现状态。处于睡眠状态的节点设置一个时间长度为 T_s 的定时器，当定时器达到或超时后，睡眠节点被唤醒进入发现状态。节点状态间的转换关系如图 2-31 所示。一般来说，处于发现状态或激活状态的节点，如果发现同一虚拟网格内有其他更为适合激活的节点，则自动转入睡眠状态。

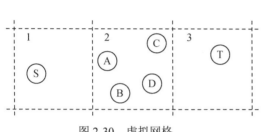

图 2-30　虚拟网格

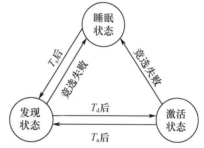

图 2-31　节点状态间的转换关系

理想情况下，每个虚拟网格中只有一个节点被激活，尽量少的节点处于发现状态。如果网格中的节点是可以移动的，当处于激活状态的节点移出所划分的虚拟网格时，其所承载的通信路由将被中断，从而导致路由的可靠性降低，丢包率增加。为此，GAF 路由协议利用预测和节点规律报告的方式来自适应解决因节点移动而可能引起的虚拟网格路由中断问题。通过调节虚拟网格中处于激活状态的节点数量，使得参与路由的节点数量保持在一个相对平衡的状态。

总体上，GAF 路由协议的主要问题在于虚拟网格等价节点的确定、协商轮换算法及节点移动自适应算法的设计。

2. GEAR 路由协议

针对采用泛洪方式进行全网广播建立路由所带来的高开销等问题，GEAR 路由协议利用事件区域的地理位置信息，建立基站或者汇聚节点到事件区域的优化路径，从而实现路由建立开销的降低。

在 GEAR 路由协议中，网络节点已知自身的位置和剩余能量信息，且事件区域的位置信息也是已知的。在这些信息的基础上，GEAR 路由协议通过泛洪广播一个简单的 Hello 消息，利用信息交换机制就可获知网络中邻居节点的位置信息和剩余能量信息。每个网络节点都需要维护一个邻居表，该表包含节点的剩余能量和每个邻居节点的位置信息，也包含转发到每个邻居节点所需要耗费的代价。GEAR 路由协议利用基于能量感知和地理信息的邻居选择启发式方法来选择最小代价的节点，并转发数据分组到邻居节点，进而传输至目标节点。该协议将路由建立限制在某个已知的地理位置区域，而不是整个网络，以此来实现网络能耗和通信代价的控制，其中涉及两大关键技术问题，即向目标区域传送查询消息和查询消息在事件区域内传播。

向目标区域传送查询消息的关键技术中，GEAR 路由协议利用估计代价（Estimated Cost）和实际代价（Learned Cost）来表征路径代价。估计代价通过节点的剩余能量和发送节点到事件区域目标节点间的归一化距离来计算，该距离可以用节点到事件区域几何中心的距离表示。由于节点自身位置和事件区域位置信息都是已知的，因此网络中所有节点都能够计算出自身到事件区域几何中心的距离信息。实际代价考虑了网络绕洞的路由问题，是对估计代价的一种改进。网络中的"洞"（Hole）是指某个节点周围没有任何邻居节点比自身离事件区域更近的现象，或者，如果节点的所有邻居节点到事件区域的路由代价都比自身的大，则陷入路由空洞（Routing Void）。为解决这个问题，从汇聚节点到事件区域目标节点的路由建立过程采用贪婪算法，节点在自己所有的邻居节点中选择出到事件区域代价最小的节点，以此节点作为自己的下一跳节点，并将自己的路径代价设置为自身到该下一跳节点的路径代价加上该节点的下一跳通信代价。

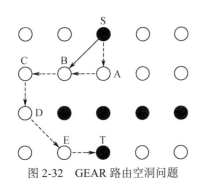

图 2-32　GEAR 路由空洞问题

如图 2-32 所示，源节点 S 需要向事件区域目标节点 T 建立路由连接。中间的 4 个黑色节点为空洞节点，它们已经失效，不能建立连接路径。节点 A 是源节点 S 的邻居节点中到达目标节点 T 代价最小的节点，由于黑色节点不能作为节点 A 的下一跳节点，需要寻找节点 A 可用邻居节点中代价最小的节点 B 作为下一跳节点，并将自身的代价设置为节点 A 到节点 B 的一跳代价与节点 B 的代价之和，同时将这个新代价通知给源节点 S。当源节点 S 需要再次进行数据传输时，根据该新的预估代价与实际代价进行综合对比，选择将数据分组直接传输至节点 B，而不再通过节点 A 转发。如此进行下去，便可建立源节点到目标节点的路由连接。

当不存在空洞现象时，估计代价就会与实际代价保持一致。每当数据分组到达目标节点，实际代价就会向前回传到上一跳节点，以用于调整下一次发送时的路由优化。当从汇聚节点到事件区域目标节点没有建立路径时，中间节点可以依据估计代价来决定选择下一跳节点。

查询消息在事件区域内传播的关键技术中，在查询消息到达事件区域后，可通过泛洪方式将查询消息传播到事件区域内的所有节点。但当节点密度较大、网络规模较大时，泛洪方式所带来的代价开销会随之较大。针对这个问题，GEAR 路由协议采用递归地理转发机制，将事件区域划分为若干个子区域，向各个子区域中心转发查询消息，在子区域中最靠近子区域中心的节点收到查询消息后，采用同样的方式将自己的子区域再次划分为若干个更小的子区域，如图 2-33 所示。在这样的迭代过程中，直到节点发现子区域内没有其他节点时，停止转发查询消息。当所有子区域内的转发过程全部停止时，整个迭代过程结束。

GEAR 路由协议采用局部最优的贪婪算法来建立

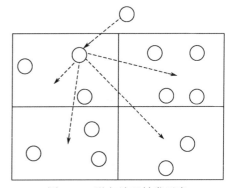

图 2-33　递归地理转发示意

路由，控制了网络能耗，提高了网络的负载均衡能力，适合无线传感器网络中节点仅知道局部拓扑信息的情况。但是由于缺乏足够的拓扑信息，可能导致形成路由空洞现象，从而使路由效率有所降低。借助地理位置信息，如果节点拥有相邻两跳节点以上的地理位置信息，路由空洞产生的概率大为降低。另外，需要注意的是，GEAR 路由协议假设节点地理位置相对固定或变化不频繁，适用于移动性较小的无线传感器网络。

2.5 传 输 层

2.5.1 传输层简介

在 OSI 参考模型中，传输层利用下层提供的服务向上层提供可靠、透明的数据传输服务。为提高数据传输的质量，传输层需要解决链路的流量控制和拥塞避免问题，以确保数据信息能够有效无差错地传输到目标节点。

传统的互联网主要采用 TCP/IP 协议，该协议实现的是端到端的可靠数据传输，通过利用重传机制来保证数据被无差错地传送到目标节点。在某些应用中也有使用 UDP 协议的，该协议使用的是无连接传输，该协议的时延小，数据丢包率较高，虽然能够保证网络传输的实时性，但不能保证数据传输的可靠性，故不适用于无线传感器网络。

无线传感器网络自身存在资源受限等特性，使得传统的 TCP/IP 协议不能直接应用于无线传感器网络，而应根据无线传感器网络的具体应用需求、网络自身的特性与条件来设计相应的协议，主要体现在以下几个方面。

① 无线传感器网络中节点的能量是有限的，过多的能耗会影响网络的生命周期。而 TCP/IP 协议采用的端到端确认机制会导致网络中存在大量的确认交互消息，加重了数据传输的负担及能耗，从而可能促使传输路径上的节点提前消亡。

② 无线传感器网络一般使用的是分布式、密集型的覆盖方式，当网络中存在大量的冗余信息时，无线传感器网络以数据为中心，为减少数据量，节点具备一定的数据处理能力，将接收到的数据进行简单的融合、计算等操作后再转发出去，以减少传输的信息量并提高网络性能。但 TCP/IP 协议采用的重传机制会将这种情况下的数据被当成丢包来处理，从而造成传输拥塞和能量的浪费。

③ 无线传感器网络存在不稳定情况，节点移动或消亡等会引起网络拓扑结构发生变化，而网络拓扑结构的变化会影响 TCP/IP 协议的握手机制。

④ 在无线传感器网络中，虽然传输层协议具备拥塞控制的能力，但通信质量、拓扑结构变化等非拥塞情况也会造成丢包现象。在 TCP/IP 协议中，非拥塞的丢包会引起源端进入拥塞控制阶段，使得网络性能降低。

⑤ 无线传感器网络在大规模应用中，每个节点本身不需要具备独立的 IP 寻址功能，一般来说，节点需要处理好自身与邻居节点之间的通信即可。而在 TCP/IP 协议中，每个节点都要求有独立的 IP 地址。

区别于传统的传输层协议，无线传感器网络需要根据自身的特点来设计合适的传输控制协议。目前，无线传感器网络传输层协议主要在能耗控制、拥塞控制和可靠性保证 3 个方向开展研究与设计工作。其中，能耗控制协议又与拥塞控制协议、可靠性保证协议紧密联系。

① 能耗控制方面。无线传感器网络的节点能量有限，网络的运行以节能控制为首要考虑因素。因此，研究设计一种高效的传输协议对于延长无线传感器网络的生命周期具有非常重要的现实意义。通过节点的周期性睡眠、数据融合传输等方式在一定程度上都能起到节省能耗的作用。

② 拥塞控制方面。在无线传感器网络中，事件发生区域中的节点监测到相关信息后传输至汇聚节点，由于网络的分布特征，可能存在多个节点感知信息，都发往一个汇聚节点，即形成"多对一"的传输模式。但是，传感器节点及汇聚节点的资源与处理能力有效，不能保证所有节点的采集信息都能及时处理，自然可能会导致部分数据丢包并引起数据重传，进而造成网络的

拥塞，加重网络负担，甚至引起网络瘫痪。因此，传输层协议进行有效的拥塞控制能够提高网络性能。

③ 可靠性保证方面。可靠性保证可以分成两类，即基于数据包的可靠性和基于事件的可靠性。在无线传感器网络中，只在某些对数据传输要求严格的应用领域才会采用基于数据包的可靠性保证协议。无线传感器网络是以数据为中心的，在通常的应用领域中，无须使用数据包可靠性方式；网络中存储的大量冗余信息使得网络传输在存在一定的数据包丢失的情况下，仍然能将数据信息传输到目标节点，即形成基于事件的可靠性度量形式，这种形式在一定程度上能够减少网络拥塞，节省网络能量。

2.5.2 基于拥塞控制的传输层协议

无线传感器网络的拥塞检测与控制是其传输层协议需要考虑的重要因素。引起无线传感器网络拥塞的因素有很多，节点的数据处理能力低于接收数据包速率、过多的冗余信息、较小的缓存区等都会造成网络拥塞。结合无线传感器网络的拓扑结构，传感器节点获取的数据流向汇聚节点，那么，在汇聚节点附近将会形成更为明显的数据流量，在节点处理能力和存储能力受限的情况下，更易导致网络拥塞。

1. 拥塞控制

传输层协议中拥塞控制的目标是避免拥塞，或及时检测并缓解网络中出现的拥塞现象进而消除拥塞。拥塞避免是指通过速率分配、传输控制等方法来避免在局部或全网范围内出现拥塞问题。其中，速率分配方法需要网络中各个节点之间能够很好地协调工作，通过对网络中各个节点的传输速率进行合理分配和严格限制来避免拥塞的产生；这是一种理想化的设计方法，实际情况下，由于网络拓扑结构动态变化、无线信道调整、服务质量要求等问题，因此很难实现全网最优的分布式速率分配。传输控制方法根据拓扑结构、节点缓存状态等网络参数来判断节点是否转发数据及控制其转发速率，以达到避免拥塞发生的目的。

由于无线传感器网络的动态性和具体的应用领域需求等原因，完全避免拥塞是不现实的。那么，传输层协议需要解决在发生拥塞之后的拥塞缓解与消除问题，这包含拥塞检测、拥塞通告、拥塞缓解与消除 3 个方面。

2. 拥塞检测

拥塞检测用以判断网络中当前的数据传输是否顺利，是否存在拥塞发生的趋势或已经处于拥塞状态中。拥塞检测是拥塞控制的基础，其准确性和高效性直接影响拥塞控制性能的优良程度，同时还需要满足无线传感器网络的低能耗和低计算复杂度要求。根据网络拥塞表现出来的状态，学者们提出了多种拥塞检测方法。

（1）基于缓存区占用率或缓存区队列长度的检测

网络中的各个节点自身维护着一个缓存区队列，该队列缓存相应的数据包。一般来说，当节点的数据包接收速率大于发送速率时，缓存区将形成数据队列的堆积。某个节点缓存区队列的长度越长，表明有更多的分组数据被阻塞在这个节点上，缓存区队列中的数据包将会越迟缓地被发送出去，因此所引起的网络时延也就越长。缓存区队列长度表征了缓存区的占用情况，当这个长度或占用率达到一定的拥塞判定阈值时，就说明出现了拥塞情况。

在应用过程中，如果数据包重传且重传次数达到最大次数后，该数据包将被节点丢弃，此时缓存区的占用率可能有所下降，而网络拥塞状态并未缓解。另外，当缓冲队列长度很长，但是缓冲队列长度正在快速下降时，是不存在拥塞的。因此，单一采用缓存区占用率或缓存区队列长度时的检测方法虽然相对简单，但存在准确度不高的问题，可结合其他方法来提高拥塞检测的效果。

（2）基于信道采样的检测

该方法根据网络中无线信道的空闲或忙状态来判断是否存在拥塞。如果出现拥塞，拥塞区域内的节点将忙于竞争无线信道而发送数据分组，无线信道将持续处于忙的状态。节点周期性地侦听信道状态，利用信道采样估计来监测当前信道的占用程度，评估信道负载情况，以此作为判断网络拥塞的一个指标。如果信道长时间处于忙的状态，则说明出现了拥塞问题。

该方法在应用过程中，需要连续采样信道状态信息，以准确及时地发现无线信道的空闲或忙状态，但是连续的信道采样会对节点能量造成过多的消耗。因此，该方法需要解决如何在尽可能减少开销的情况下实现拥塞发生的准确检测。

（3）基于丢包率的检测

在无线传感器网络的可靠传输应用中，数据包丢失将开启网络的确认重传模式。当数据包发送给接收节点后，接收节点回复一个 ACK 给发送节点，如此可以通过确认帧序列号来判断数据包的丢失程度。如果数据包丢失率过大，就可认定出现了拥塞问题。

（4）基于数据包间隔和服务时间的检测

网络节点可以根据从相邻节点收到的两个数据包之间的到达时间间隔、数据包从到达缓存区到被发送出去的服务时间来判断拥塞发生情况，如果数据包到达时间间隔或服务时间过长，则可认为发生了拥塞。也可计算网络传输过程中平均数据包服务时间与平均数据包间隔时间之间的比值，以此参数作为拥塞发生及拥塞程度的评价指标。

（5）基于负载强度的检测

负载强度是综合考虑节点的流量负载、信道竞争及所有相邻节点的本地流量等信息而获取的一个综合性度量参数。相对于单一的缓存区队列信息、信道状态，由于负载强度参数考虑了更多的网络因素，能够实现相对更为准确的拥塞检测。

（6）基于数据逼真度的检测

在一些应用中，对接收数据的完整性会有一定的要求，比如，加密或压缩文档、程序代码的传输应用的完整性要求高；图像、视频信息的传输应用的完整性要求稍低。所谓逼真度，即表征为接收数据的完整程序。通常由汇聚节点来执行相应的检测工作，通过检查接收数据的逼真度作为判断是否发生拥塞的依据。

3．拥塞通告

通过拥塞检测发现，如果无线传感器网络中出现了拥塞，就需要将拥塞信息告知发生拥塞的区域或节点。拥塞通告方法主要有显式和隐式两种。

显式通告方式是直接将拥塞信息单独构造成一类信息帧，该方式可以方便、及时地将拥塞信息帧发送到目标节点，但同时会在一定程度上增加网络的负载和能耗。

隐式通告方式是将拥塞信息捎带在广播帧或普通数据分组中，那么，在无线传感器网络运行过程中不需要新增一类信息帧，也就不需要消耗额外资源就能达到传递拥塞信息的目的，降低了能耗。但在这种方式下，如果发生了拥塞，有可能会形成拥塞信息不能及时被发送到目标节点的问题。

4．拥塞缓解与消除

为了保证无线传感器网络的应用与服务性能，当检测到发生拥塞情况且接收到拥塞通告时，就需要对网络拥塞进行缓解和消除。对于拥塞的控制处理需要充分结合无线传感器网络的特点，如网络能耗控制、节点计算与存储能力、网络拓扑结构的动态变化、数据冗余、无线信道使用等。另外，还需要考虑与 MAC 协议之间的关联关系。

针对不同的传输层协议设计与网络应用需求，一些简单的拥塞控制处理方式分为拥塞信息反馈机制和传输路由切换机制。其中，拥塞信息反馈机制是接收节点检测到拥塞之后，向它的发送节点发送一个包含拥塞控制信息的数据包，告知发送节点减缓甚至停止发送数据包；传输路由切换机制是当前节点检测到拥塞之后，重新选择一条优化的路径来传输数据，从而减少了当前节点的数据流，待拥塞缓解或消除后，可再恢复先前路径来继续传输数据。

具体地，目前有多种拥塞缓解或消除的方法逐步被提出和实践，主要包括基于速率调节、基于流量调度、基于资源控制、基于数据冗余处理和基于速率预分配等。

基于速率调节的方法主要是对拥塞发生的发送节点进行速率控制，通过降低发送速率来缓解网络传输的拥塞。需要注意的是，在调节速率的同时，还要考虑到网络的公平性原则，且要保证高优先级节点的数据发送任务尽量不受影响或受到较小的影响。

在无线传感器网络针对以监测为主的事件型应用中，所监测区域内只有当事件发生时才会有明显的局部数据流量增大，一般情况下，网络内数据流量是相对较小的。在这种应用情况下，基于流量调度的方法主要是将拥塞区域内流量调度到其他传输能力富余的地方进行多路径传输，或者根据公平性原则进行带宽的分配。

基于资源控制的方法的主要思想是设置一定的备用资源，在拥塞较大时启用备用资源，通过增加网络设备资源即增加射频等资源进行拥塞缓解或消除。该方法的应用需要精确的资源分配，在增加硬件资源接口的同时，也增加了无线传感器网络的能耗。

基于数据冗余处理的方法是将网络采集到的大量信息进行融合处理，在去除冗余信息后再进行网络传输。这种方法在发送端处就减少了数据发送量，因此，设计高效、简单且精确的数据融合算法能够较好地解决网络拥塞问题。

基于速率预分配的方法是在网络初始化时，根据网络各个区域的数据总量进行评估，并为各个节点预先分配相应的带宽，网络运行期间，各个节点以不超过预先分配带宽的速率进行数据包发送。该方法能够有效避免无线传感器网络的拥塞问题，但有突发事件发生时，节点有可能需要很大的带宽来发送紧急事件信息，但由于预分配带宽的限制而难以实现，从而导致拥塞的发生。

5. 拥塞控制协议

这里简单介绍 3 个经典的基于拥塞控制的传输层协议，即拥塞控制与公平性（Congestion Control and Fairness，CCF）协议、基于能量优先的拥塞缓解（Priority of Energy Congestion Relief，PECR）协议及拥塞检测与避免（Congestion Detection and Avoidance，CODA）协议。

（1）CCF 协议

CCF 协议是一种针对多对一树状传输结构的、按照自上而下分配速率的拥塞控制协议。结合树状传输结构及其父节点与子节点间的拓扑关系，该协议要求所有子节点的发送速率总和不超过其父节点的发送速率，从而可以避免父节点的缓存溢出。

各个节点估算自身的平均发送速率为 v，并将该速率平均分配给自身的子节点，则其子节点的最高允许发送速率为 $v_{data} = v/n$，其中，n 为父节点及其所有子节点数目的总和。拥塞发生时，节点在自身的实际平均发送速率 $\overline{v}_{data}$ 与其父节点分配的发送速率 v_{data} 之间选择较小的值，以此作为实际发送速率，并将这一速率发送给子节点进行调整。

CCF 协议依赖于树状结构中父节点与子节点间的稳定协作关系，难以适应无线传感器网络的动态拓扑结构变化。另外，CCF 协议仅仅维持了简单的公平性，即每个子节点允许的最大发送速率相等，没有考虑子节点的优先级问题，可能导致网络资源利用率较低，难以适用于具有不同业务需求的无线传感器网络。

（2）PECR 协议

PECR 协议是一种自适应调整的拥塞控制机制，能够在保证可靠性的基础上最大限度地节省能量。该协议在网络初始化过程中根据最小跳数路由协议来确定整个网络的路由表，使得各个节点都能够确定各自的上游节点和下游（下一跳）节点。节点周期性地检测本地缓存区队列的使用情况，包括缓存区占用率和节点剩余能量；假设当前时间为 t，针对第 i 个节点，计算当前时间下的拥塞度 $C_t(i)$ 和节点剩余能量值 $P_t(i)$，并将这两类参数信息向其上游节点反馈；上游节点比较其所有可转发数据包的下游节点的拥塞度和剩余能量值，并以此为基础来实现传输分流。比较下游节点的拥塞度是为了避免新路径建立以后形成新的拥塞，降低传输时延和节约能量；比较下游节点的剩余能量值是为了避免新路径建立以后该链路由于能量不足而导致链路失效的情况发生，否则，将重新寻找合适的链路，影响网络性能。

如果当前搜索到的节点能够满足条件，即拥塞度小于设定的拥塞阈值，剩余能量值大于设定的能量阈值，那么，该节点就可以作为新路径的下一跳节点。以此方式继续进行下去，继续搜寻下一跳节点，直至建立起一条从拥塞处上游节点到汇聚节点的完整传输路径。

由于拥塞度参数决定了无线传感器网络的传输性能和拥塞缓解的效率，其拥塞阈值的设定尤为重要。如果阈值设置过大，节点将不能及时反映拥塞状况，可能导致缓存区满甚至溢出的问题，从而造成数据的丢失，影响网络性能。如果阈值设置过小，则将对节点的缓存区及能量造成浪费，可能在缓存区占用率还很低的情况下就报告拥塞，影响最优传输路径的获取，从而缩短网络的生命周期。因此，PECR 协议的阈值设置需要结合无线传感器网络的具体应用需求，综合考虑网络规模、节点缓存区大小、传输速率及拥塞检测周期等多种因素。

拥塞的控制处理方面，考虑到节点的能量受限，无线传感器网络的传输协议需要尽可能地降低节点运算的复杂度，减少处理时间。基于速率调节的拥塞控制机制对节点性能的要求和代价较高，算法相对复杂，不利于节点的能耗控制。通过降低源节点发射速率的方式来缓解拥塞，也存在明显的弊端，可能使得重要的信息无法及时到达汇聚节点。所以，PECR 协议采用的是路径分流机制，通过对下游节点的拥塞阈值和剩余能量阈值的比较分析，选取最优下游节点建立传输路径，实现传输分流。

（3）CODA 协议

CODA 协议也是通过逐跳方式来解决拥塞问题的，它提供了 3 种机制，包括基于接收节点的拥塞检测、开环控制机制及闭环调节反应机制，以避免大规模和长期的拥塞。

该协议采用的拥塞检测方法是信道监听和缓存区队列占用率检测相结合的方式。上游节点在数据发送之前先检测缓存区队列的占用情况，如果为非空，则开始侦听信道情况，如果信道为空闲状态，则开始发送数据。如果发现信道出现拥塞，就通过反馈机制将拥塞信息通告给上游节点，节点就开始进入拥塞控制阶段。

开环控制机制：当前节点检测到拥塞后，立刻以广播形式将拥塞信息通告给所有的邻居节点。在开环控制机制下，节点可以根据具体情况，丢弃一些本该传输的数据包或减慢发送速率，甚至在拥塞严重时暂停数据的发送，待拥塞缓解后再继续发送数据。

闭环调节反应机制：上游节点定时检测信道占用率，在检测到拥塞发生后，节点通告闭环调节反应机制调整发送速率。在无线传感器网络中，靠近汇聚节点区域所形成的数据流量相对较大，越容易形成拥塞。开环控制机制难以有效解决大数据流量下的拥塞问题，CODA 协议根据线性增加成倍减少算法（Additive Increase and Multiplicative Decrease，AIMD）实现闭环调节反应机制，靠近汇聚节点区域各个方向的节点数据包发送速率将根据可用带宽的探测情况进行自适应调整，以减轻汇聚节点附近的数据流量负担。

2.5.3　基于可靠性的传输层协议

无线传感器网络基于事件的可靠性保证，主要通过数据的冗余信息发送和数据包的重传机制来实现。事件区域的多个节点监测到同一事件信息后，将发送包含同一事件信息的数据包，从而形成针对同一事件的冗余信息。在向汇聚节点传输的过程中，由于冗余信息的存在，即使有部分节点的数据包丢失，也能保证事件信息能够被可靠地传输到目标节点，形成冗余传输机制。

在发生丢包的情况下，无线传感器网络利用丢包恢复机制通过重传数据包来实现数据的可靠传输，该机制包含丢包检测与反馈、重传恢复等功能。针对丢包检测与反馈，最常用的方法是利用应答方式来实现，接收节点根据收包情况返回应答，发送节点根据应答判断是否需要重传。应答方式有 3 种，即 ACK 方式、NACK 方式和 IACK 方式。

ACK 方式是指发送节点发送数据后设置一个定时器，接收节点收到一个数据包后就返回一个 ACK 控制包，如果发送节点在定时器超时前收到接收节点返回的 ACK 信息，那么确认该数据包被成功传输，就清除该数据包的缓存和定时设置，否则重新发送该数据包。在 ACK 方式下，接收节点针对每个数据包都要反馈 ACK 信息，所形成的反馈负载较大，会给网络传输造成较大的负担。

NACK 方式是指发送节点在所发送的数据包中添加序列号，缓存发送的数据包，接收节点通过检测数据包序列号的连续性来判断丢包情况。如果序列号连续，表示正确收到数据包，不反馈确认信息；如果序列号不连续，表示检测到数据包丢失，就向发送节点反馈 NACK 信息，并明确要求重发所丢失的数据包。相对于 ACK 方式，NACK 方式只针对丢失的数据包进行反馈，能够减少网络传输负载，降低能耗。

IACK 方式是指发送节点发送数据包后，缓存该数据包，并监听接收节点的数据传输情况，如果监听到接收节点已经将该数据包转发给下一跳节点，就认为已经成功完成数据传输，然后发送节点清除缓存。IACK 方式通过监听下一跳的转发确认来实现可靠传输，是一种逐跳检测反馈机制，因其不需要控制开销，所形成的负载也是 3 种方式中最小的。但这种方式只能在单跳范围内使用。另外，由于目标节点不再需要继续转发数据，因此，这种方式也不适用于传输路径上的最后一跳节点。

这里简单介绍两个经典的基于可靠性的传输层协议，即慢存入快取出（Pump-Slowly, Fetch-Quickly, PSFQ）协议和事件到汇聚节点的可靠传输（Event-to-Sink Reliable Transport, ESRT）协议。

1. PSFQ 协议

PSFQ 协议是一种逐跳可靠性保证的传输协议。在数据传输过程中，当前节点待所有数据接收完整后再将数据发送给它的下一跳节点，即慢存入方式；如果检测到传输过程中存在数据丢失，该丢失数据的节点能够快速从邻居节点索取丢失的数据，即快取出方式。其基本思想是：节点将数据分割成多个报文来进行传输，每个报文形成一个独立的数据分组且包含当前报文序号、剩余跳数（Time To Live, TTL）、报告位等基本信息。节点按照报文分割后的顺序，间隔一个固定时间广播一个报文分组，直到所有的分组都发送出去为止。其中，间隔固定时间的选取依据是报文能够传送到所有目标节点需要的最短时延界限。当某个节点接收到报文数据之后，检查缓存中是否已经存在该报文，如果已经存在，则将收到的报文丢弃；如果不存在，则将该报文中的剩余跳数减 1，然后缓存该报文并进行刷新。

PSFQ 协议通过一个多重的 NACK 方案来保证无线传感器网络的通信可靠性，具有 3 种工作机制。

① 缓存机制，对应抽取（Pump）操作，各个传输节点都需要缓存接收到的数据报文。

② NACK 确认机制，对应取指（Fetch）操作，邻居节点收到发送节点发出的报文后，检测报文分组的序号是否连续。如果不连续，则找出丢失的报文分组序号，间隔一定时间向邻居节点广播 NACK 报文，直到收到所有丢失的报文分组或发送 NACK 报文的次数超过上限值。该 NACK 报文包含信号最强的上一跳节点的标识号，以及希望接收的所有数据报文序号。如果在发送 NACK 报文之前，节点已经收到来自其他节点的相同 NACK 报文，那么该节点就取消发送。

③ 逐跳错误恢复机制，是指节点接收到所有的数据报文之后才向下一跳节点发送数据。在传输过程中，中间节点的每一跳都负责报文分组丢失的监测和恢复。如此操作，能够减少多跳传输链路上形成的累积错误，提高网络传输的可靠性，适用于大规模的无线传感器网络。

PSFQ 协议保证的是逐跳的可靠性，并不需要直接的端到端可靠性保证，因此可以很好地适应无线传感器网络的动态规模变化。其慢存入操作虽然可以有效避免拥塞的产生，但也因此会在每跳传输中引入不必要的时延，并且随着网络规模的增大，时延还会不断累积。

2. ESRT 协议

无线传感器网络的一个显著特性是以数据为中心。在某些应用中，通过多个传感器节点采集数据并检测出发生的事件信息比通过单个传感器节点获取孤立的信息更有价值和意义，并将形成与同一事件相关的多个传感器节点流向汇聚节点的事件数据流。ESRT 协议为事件信息流提供了可靠性保证和拥塞控制机制，通过自适应调整方式，能够将数据可靠、低功耗地传输到汇聚节点。

该协议的基本思想是：汇聚节点根据一个周期内成功收到的数据包数量来计算传输的可靠程度，并以此为参考来调整发送节点的发送速率，以优化调节网络状态。即在综合考虑节点现有拥塞和可靠性的情况下，确定优化策略，使网络性能达到最优。

该协议包含两个方面，一方面是网络可靠性程度的度量，另一方面是根据可靠性度量做出相应的调整。如果网络的可靠性低于预期要求，ESRT 协议将通知发送节点自动调节发送速率，提高可靠性程度，使之达到网络所要求的可靠性指标。相反，如果网络的可靠性超过了预期要求，ESRT 协议则在不降低传输可靠性的前提下适当降低发送节点的发送速率，以节约能量。

根据 ESRT 协议的处理思想，该协议将无线传感器网络描述为 5 种操作区域，表示为

$$S_i \in \{(NC,LR),(NC,HR),OOR,(C,HR),(C,LR)\}$$

其中，符号 N 表示无（No），C 表示拥塞（Congestion），L 表示低（Low），H 表示高（High），R 表示可靠性（Reliability），OOR 表示最优操作区域（Optimal Operating Region）。

为了控制网络拥塞并保证网络传输可靠性，汇聚节点需要确定网络当前处于何种操作区域，该区域的确定由两个因素决定，即网络中是否有拥塞发生及需要的可靠性是否满足。在传输周期内，汇聚节点根据收到的数据包数量来判断网络是在低可靠区域还是高可靠区域，并且网络中各个节点都需要进行拥塞检测。然后，汇聚节点就可以根据获取的网络状态信息确定网络当前所处的操作区域，进而控制传感器节点的上报速率，实现节点传输可靠性与拥塞程度的平衡调节，使网络达到最优操作区域。

ESRT 协议也存在一定的局限性，其要求汇聚节点的通信范围要能够覆盖所有传感器节点，因而对汇聚节点的硬件资源提出了较高要求。这在分布式、大规模的无线传感器网络应用中存在一定的限制。另外，由于 ESRT 协议中汇聚节点对传感器节点采用统一调配方式，没有考虑各个传感器节点间的优先级关系，当某个事件局部区域中的节点数据传输任务加大时，该协议也存在难以适用的问题。

2.5.4 基于跨层的传输层协议

无线传感器网络拥有的是层次网络结构，每个层次针对各自的核心需求具有相对独立的设计技术。与前述的跨层型 MAC 协议描述相似，虽然每个层次能够做到各自的优化设计，但从网络的整个体系结构上看，各层的优化设计并不一定能够保证无线传感器网络的性能最优。

在无线传感器网络的节点结构中，无线通信模块活动形成的能耗是最多的。而数据链路层 MAC 协议承担了节点无线通信有限资源的分配并决定无线信道的使用方式，MAC 协议的能效性就直接影响了无线传感器网络的能耗控制效果。

传统的端到端路由传输是先建立路由，再通过信道握手，然后才进行数据传输。由于无线传感器网络拓扑结构会随着节点的移动、消亡、新节点加入等因素而动态变化，从发送节点到目标节点的通信链路是不稳定的，故传统的端到端通信方式将难以适应网络拓扑结构的变化。

利用跨层设计来优化数据传输协议的目的是减少网络拥塞，节约能量与均衡使用网络能量，以尽可能地延长无线传感器网络的生命周期。其基本思想是根据网络当前状态，同步地解决路径生成和信道使用两个方面的问题，即融合 MAC 协议和路由协议来适应无线传感器网络拓扑结构动态变化以及以数据为中心的特性，并利用启发唤醒和睡眠机制，使节点在没有数据传输任务时处于睡眠状态，节点的无线通信模块能够在大部分时间内处于关闭状态，有数据传输任务时开启无线通信模块，这样，可以有效节约网络能耗。因此，所谓基于跨层的传输层协议可认为是结合数据链路层、网络层与传输层协议的影响，综合考虑了数据链路质量、实时路由及对上层的友好接口等因素。

这里简单介绍两个基于跨层的传输层协议，即实时汇聚树（Real-time Collection Tree Protocol，RCTP）协议和上行拥塞控制（Upstream Congestion Control，UCC）协议。

1. RCTP 协议

RCTP 协议是在汇聚树协议（Collection Tree Protocol，CTP）的基础上改进形成的，两者使用相同的分簇网络体系结构，即将无线传感器网络中的所有节点当作森林（由很多树组成），每棵树有且仅有一个根节点；不同树（分簇）中的节点如果需要相互通信，则必须通过根节点来建立通信链路。RCTP 协议通过与数据链路层、网络层的跨层交互，利用基于优先级、任务划分的实时调度算法，同时支持逐跳拥塞控制和逐跳可靠保证，实现无线传感器网络的实时优化传输。

在 RCTP 协议的跨层设计中，针对数据链路质量，采用链路估计交换协议（Link Estimation Exchange Protocol，LEEP）来估计并交换节点间的链路质量信息。无线传感器网络启动后，各个节点广播自己附近区域中的链路质量信息，如此一来，在网络运行期间，各个节点就可以实时了解相邻节点的链路质量信息，从而为网络层的路由选择提供指导依据。

针对实时路由，RCTP 协议根据发送节点经过中间节点到汇聚节点所耗费的时间期望参数，选择具有最小平均传输时间（Average Trip Time，ATT）期望值的邻居节点作为下一跳的根节点，进而构建形成路由表。随着网络拓扑结构的变化和无线传输环境的变化，节点之间定时交换路由信息，实时更新路由表。如果数据包在发送过程中添加有实时标志信息，通过实时调度器将给该数据包赋予一定的优先级，以保证该数据包能够在较短时间内传送到目标节点，但因此会占用一定的传输带宽。

2. UCC 协议

UCC 协议利用节点在数据链路层中未占用的缓存区大小和所预测的通信流量来分析计算

拥塞等级信息，结合节点优先权来分配上一跳节点的数据传输速率，各节点据此逐跳调节数据传输速率以便减轻网络拥塞。利用这种基于拥塞检测和基于优先权的速率调节方法，UCC 协议实现了跨层优化。

类似于 CCF 协议中的多对一传输模式，UCC 协议将无线传感器网络拓扑结构描述为以汇聚节点为中心的多跳分层树形网络拓扑结构，如图 2-34 所示，所有节点产生的数据分组向汇聚节点发送。

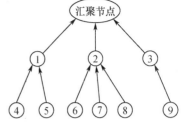

图 2-34　分层树形网络拓扑结构

UCC 协议主要由两部分组成，即拥塞探测和速率调节。在拥塞探测阶段，反映当前第 i 个节点拥塞程度的指标 CI_i 由数据链路层中未占用的缓存区大小 $\mathrm{BS}^i_{\mathrm{unoccupancy}}$ 和所预测的通信流量 Tr_i 来决定，即

$$\mathrm{CI}_i = \mathrm{BS}^i_{\mathrm{unoccupancy}} - \mathrm{Tr}_i \tag{2-2}$$

若 $\mathrm{CI}_i < 0$，则表示当前节点的缓存区已被填满，新的通信流量不能被保留且极易引起缓存区溢出，导致拥塞发生；若 $\mathrm{CI}_i \geqslant 0$，则表示缓存区剩余空间能够满足当前通信流量需求，当前节点不会发送拥塞。通过拥塞程度的判断，UCC 协议就可为当前节点及其子节点分配适当的数据传输速率。

在速率调节阶段，结合当前节点及其子节点间的拓扑结构，计算一跳范围内当前节点及其子节点的业务优先权比率关系，获取具有优先权的源发送速率和转发速率的分配。同时，在调节子节点的数据发送速率时，应估计其拥塞发生的趋势，避免这些节点在下一时间间隔内发生拥塞，即具有拥塞趋势的子节点应获得更多的数据传输速率。为了控制开销，在数据分组在层间传输过程中，可将拥塞指标信息和传输流量信息记入数据分组的分组头中，更新后的数据传输速率和拥塞趋势参数也同样以这种捎带的方式通告父节点和子节点，由此完成逐跳的数据传输速率调节，从而实现拥塞控制。

由于拥塞趋势、传输容量等参数的计算仅仅限于当前节点本身及其子节点，不会带来太大的计算开销，因此 UCC 协议的资源开销相对较小。

2.6　应　用　层

2.6.1　应用层简介

在无线传感器网络中，传感器节点的功能是感知与探测，再通过通信与组网技术构成一个完整网络。对于具体的应用来说，还需要通过应用层设计来支撑网络完成任务。无线传感器网络的应用层包括一系列基于监测任务的应用协议、应用技术与软件设计，为不用的应用领域需求提供支撑，比如，环境监测应用、军事侦测应用、智能建筑应用等。

2.6.2　应用层协议

无线传感器网络的应用层协议使得低层的硬件、软件对于网络的管理应用是透明的。尽管无线传感器网络已经有很多明确的应用领域，但其应用层协议仍然有相当大的未开发领域。目前，主要的应用层协议有 3 种：传感器管理协议（Sensor Management Protocol，SMP），任务分派与数据广播协议（Task Assignment and Data Advertisement Protocol，TADAP），传感器查询与数据分发协议（Sensor Query and Data Dissemination Protocol，SQDDP）。

1．SMP 协议

与传统网络不同，无线传感器网络中节点没有全局 ID，且网络基础设施存在不足。SMP协议使无线传感器网络的应用系统能够与传感器节点之间形成交互，采用基于属性的命名和基于位置的选址来实现对节点的访问。

SMP 协议提供无线传感器网络软件操作的管理协议，将与数据聚集、基于属性的命名和聚类相关的规则引入网络节点中，交换与位置搜寻相关的数据，查询或配置无线传感器网络节点，适应节点的移动变化，实现网络的认证、密码分配与数据通信安全等。

2．TADAP 协议

无线传感器网络需要具备任务分派能力，以便用户向网络中的节点发送感兴趣的内容。感兴趣的内容可以与监测对象的某种属性相关，或者与监测区域中的某一事件相关。相应地，无线传感器网络也需要具备数据广播能力，节点通过对可用数据进行广播传输，用户获取广播信息，从而实现用户对其感兴趣数据的获取或查询。

3．SQDDP 协议

基于属性或位置的命名规则，该协议为无线传感器网络的应用提供了问题查询、查询响应和答复搜集的接口。针对不同的应用需求，SQDDP 协议都有其特定的执行方式，并为用户应用软件提供人机交互设计。

2.6.3　应用层相关技术

无线传感器网络的应用层与具体的应用领域相关，涉及多种技术，主要包括数据融合技术、能量管理技术、时间同步技术、定位技术等。

1．数据融合技术

由于无线传感器网络中单个传感器节点的监测能力有限，因此无线传感器网络的典型应用方式一般是部署大量的传感器到目标区域，使节点的分布达到一定的密度来满足网络化监测的需求，以增强整个网络的健壮性与准确性。但是，同一个事件信息将会被多个节点采集和传输，从而导致网络数据冗余。利用数据融合技术可以在中间节点进行转发时对数据进行去冗余处理，减少无线传感器网络应用中的数据传输量，从而减轻网络拥塞、降低数据时延、提高数据处理效率及节约网络能耗。

2．能量管理技术

无线传感器网络的能量管理主要体现在节点的电源管理和节能通信协议上。从无线传感器网络协议的体系结构来看，需要从各个层次协议上尽可能地控制能耗。物理层直接与节点的电路单元相关，可从硬件设计的改进来节省能量。数据链路层控制相邻节点之间使用无线信道的方式，决定着节点的发送、接收、侦听、睡眠状态，利用侦听—睡眠机制可以实现节能控制。网络层负责选择最佳路由进行数据传输，随着通信距离的增大，会使转发数据所消耗的能量急剧增高，因此，采用多跳的短距离传输方式比长距离单跳方式所消耗的能量会更少。应用层则通过将网络收集的信息进行数据融合处理来实现节能控制。

3．时间同步技术

无线传感器网络的很多应用对于时间同步有着明确的要求，比如与用户之间的交互、分布式任务之间的协调、数据信息的查询与调度、节点状态与通信的时隙分配等，因此，统一的时间对大多数无线传感器网络应用来说是非常重要的。

在一些应用中，由于资源和能耗的限制，无线传感器网络很难实现精确的时间同步，但在一定的误差范围内这是可以接受的，现有时间同步技术希望能尽量缩小网络中的时间误差。典型的传感器网络时间同步技术（TPSN）利用分层思想将时间同步分组广播给网络中的所有节点，从而实现整个网络的同步。该技术通过根节点与外界通信获得外界的精确时间，比如利用 GPS 或其他更好的配置来进行精确授时。

4. 定位技术

无线传感器网络在很多监测应用中，需要节点获取自身的位置信息，当监测到有相关事件发生时，才能向用户提供有用的监测应用服务。比如，在环境污染源定位、森林火情监测、天然气管道漏气检测等应用中，无线传感器网络监测的目的是获取发生事件的具体位置信息，在这些需求情况下，没有节点位置信息的监测数据是没有意义的。

在无线传感器网络中，节点一般被随机部署在监测区域内，且事先并不知道自身的位置。可根据无线传感器网络中少数已知节点的位置信息，利用定位技术确定网络中其他节点的位置。其中，已知位置信息的节点称为信标节点（Beacon Node），也称为锚节点（Anchor Node）或参考节点；未知位置信息的节点称为未知节点（Unknown Node）或普通节点。通常情况下，由于信标节点在网络中所占比例很小，可通过配备 GPS 接收器或其他配置手段来取得自身的位置信息。再通过基于到达时间或时间差、基于信号强度等测距方法，也可通过网络连通性或拓扑结构来估算距离，然后利用三边测量或最大似然估计等位置估算方法获取普通节点的位置信息。

2.6.4 应用层软件设计

无线传感器网络应用层的软件设计主要针对不同的具体应用领域开展相应的软件系统开发。比如，针对军事应用的作战环境侦查与监控系统、情报收集系统；针对环境应用的环境参数监测系统、危险区域预警系统；针对交通应用的道路信息监测与预告系统；针对医疗应用的监测与诊断系统等。由于应用层软件设计与具体需求紧密相关，因此，目前大多依据软件工程框架来设计无线传感器网络的应用层软件，一般要求具有通信、数据收集解析与数据管理、友好的人机交互等模块或功能。

由于无线传感器网络的资源受限及应用领域需求等自身特性问题，其应用层软件的设计与开发也存在一些难题，比如，软件扩展困难、移植与维护相对较难等。因此，根据应用需求情况，可综合考虑应用层软件功能的去耦合分析，结合模块化组件、面向对象等思想进行软件的设计与封装，促使软件具备快速扩展和移植的能力。

（1）应用层软件的通信设计

一般来说，应用层软件不仅需要实现上位机软件系统与汇聚节点或节点管理器之间的通信，还需要实现上位机系统和客户端之间的通信。在通信实现过程中，应根据无线传感器网络的数据特点及数据传输的性能要求来设计能够适合具体应用需求的数据传输协议，以达到高效传输、准确接收与数据容错等通信性能指标。

（2）数据收集解析与数据管理

无线传感器网络以数据为中心，需要保证数据的准确、及时收集，并进行正确的解析与处理，并以此作为网络通信及数据收集解析与数据管理的核心任务。该应用设计可以将无线传感器网络数据的逻辑视图和物理实现进行分离，使得用户仅关心数据的逻辑结构，而无须关心无线传感器网络的细节。数据解析主要实现对接收至缓存区的数据进行抽取、分析、校验、解析和出错重发等，解析后的数据将作为数据库更新和用户交互的数据来源。数据管理的设计目标主要是将解析后的数据按照一定的关系模型和操作规则进行合理、有效的存储和管理，特别是针对网络节点较多、数据量较大且更新速度较快的无线传感器网络应用，数据管理应用设计是其中的一项重要环节。数据管理应用通过数据库技术实现对数据库表的查找、判断和新建，将数据添加、修改和更新到数据库中及数据查询等功能。

（3）人机交互

无线传感器网络的应用最终是面向用户的，让用户轻松方便地使用软件是客户端应用系统的最终目标。人机交互需要综合考虑无线传感器网络的应用需求，包括无线传感器网络参数配置、历史数据上传与查询、实时监控等。在软件设计中，一般通过调用封装的相关后台组件程序来为用户提供对无线传感器网络的操控、数据收集解析与数据管理等工作。

2.7 本章小结

本章以传感器节点、网络拓扑结构和网络协议结构为基础，详细介绍了无线传感器网络的体系结构。物理层描述了物理层设计技术和通信信道分配问题。数据链路层描述了数据链路层的能效控制问题，结合 MAC 协议分类情况，分别介绍了分配型、竞争型、混合型和跨层型 MAC 协议，以及差错控制问题。网络层结合路由协议分类情况，分别介绍了能量感知路由、平面路由、层次路由、基于查询的路由和基于地理位置的路由协议。传输层根据无线传感器网络的传输控制需求，分别介绍了基于拥塞控制、基于可靠性、基于跨层的传输层协议。应用层结合应用层协议情况，介绍了相关的应用设计与软件设计问题。

习 题 2

1. 无线传感器网络的四层体系结构包括物理层、_____、_____和_____。

2. 开放式系统互连参考模型定义的七层架构包括_____、数据链路层、_____、_____、_____、_____和应用层。

3. 开放式系统互连参考模型中每层定义了相应的功能，以实现开放系统环境中的互联性、_____和_____。

4. 无线传感器网络中最小单元是_____。

5. 传感器节点的结构主要由_____、_____、无线通信模块和电源模块 4 部分组成。

6. 无线通信模块的 4 种状态包括_____、接收、空闲和_____。

7. 传感器节点在传输时的能耗比执行计算时的能耗_____，因此需要减少_____转发和接收。

8. 无线传感器网络的节点部署是指采用某种方式将传感器节点放置_____的适当位置。

9. 传感器节点部署方式分为确定部署和_____两种方式。

10. 按照组网形态和组网方式分类，无线传感器网络拓扑结构分为_____、_____和混合式 3 种形式。

11. 按照节点功能及结构层次分类，无线传感器网络拓扑结构分为_____、层次网络结构、混合网络结构和_____。

12. 无线传感器网络中层次网络结构分为网络上层和_____两部分。

13. 无线传感器网络协议的管理平台包括_____、移动管理平台和任务管理平台。

14. 物理层面向_____传输所需的物理连接，为建立、维护和释放数据链路实体之间数据传输提供机械的、_____、功能的和_____特性支持。

15. 物理层的互联设备是指数据终端设备和_____间的连接设备。

16. 单信道无线传感器网络节点基本上采用_____频段。

17. 无线传感器网络中 M-ary 调制包括多进制幅度调制、_____和_____。

18. 数据链路层中网络节点的多余无效能耗来自空闲侦听、_____、_____和_____4个方面。

19. 数据链路层协议按照协议部署方式，可分为集中式协议和_____；按照信道共享方式，可分为单信道协议和_____；按照信道分配策略，可分为分配型协议、_____、混合型协议和_____。

20. 分配型数据链路层协议利用时分多址、_____、_____等方式将信道分成若干个子信道。

21. 基于分簇网络的数据链路层协议将节点状态定义为4种形式，包括感应状态、_____、感应与转发状态和_____。

22. TRAMA协议将时间帧划分为连续的时隙，这些时隙分成了_____和_____。

23. 无线局域网IEEE802.11 MAC协议具有分布式协调和_____两种访问控制模式。

24. 常见的差错控制技术包括_____、_____和混合自动请求重传。

25. 无线传感器网络中路由节点将_____与_____进行匹配，以决定如何转发。

26. 无线传感器网络中能量的消耗主要包含_____和通信相关两大因素。

27. 能量多路径路由机制包括路径建立、_____和_____3个阶段。

28. 泛洪路由协议存在_____和_____问题，从而导致网络资源的盲目消耗。

29. 采用_____协议可以抑制泛洪路由协议的内爆问题。

30. 层次路由协议也称为_____协议，一般分成3个阶段，即簇头选举阶段、_____和数据传输阶段。

31. 定向扩散路由协议包含兴趣扩散、_____及_____。

32. 无线传感器网络的传输层协议主要集中在_____、_____和可靠性保证方面。

33. 拥塞通告方法主要有_____和隐式两种。

34. 无线传感器网络依据_____的可靠性保证，主要通过数据的_____发送和数据包的_____来实现。

35. 应答方式有3种，包括ACK方式、_____和_____。

36. 无线传感器网络的应用层协议主要有3种，包括传感器管理协议、_____和_____。

37. 简述无线传感器节点的设计需求。

38. 简述无线传感器节点中各个模块的作用。

39. 简述传感器节点的功能。

40. 传感器节点的硬件能耗与哪些技术指标有关？

41. 无线传感器网络节点部署的基本要求有哪些？

42. 简述无线传感器网络层次网络结构的特点。

43. 简述无线传感器网络协议结构中网络管理平台的作用。

44. 简述无线传感器网络四层体系结构中各个层次的作用。

45. 简述扩频技术的基本原理及优势。

46. 解释多径传播效应。

47. 比较单信道通信与多信道通信的特点。

48. 简述S-MAC协议的工作原理。

49. 比较S-MAC与T-MAC协议的特点。

50. 简述Z-MAC协议的特点。

51. 在设计跨层型MAC协议时，需要考虑哪些因素？

52. 比较选择性重传ARQ与退N步ARQ的特点。

53. 简述无线传感器网络路由协议的特征。

54. 解释无线传感器网络路由的概念。

55. 简述无线传感器网络路由协议的分类。

56. 简述能量感知路由的 4 种主要策略的特点。

57. 简述 LEACH 协议的特点。

58. 比较 LEACH 协议与 PEGASIS 协议的特点。

59. 简述 GAF 路由协议的工作原理。

60. 为什么 TCP/IP 协议不能直接应用于无线传感器网络？

61. 为什么传输层需要拥塞控制？

62. 如何检测无线传感器网络的拥塞情况？

63. 简述拥塞缓解与消除的方法。

64. 简述 PSFQ 协议的工作原理。

65. 无线传感器网络中数据融合技术的目的是什么？

66. 无线传感器网络应用层软件设计需要考虑哪些因素？

第3章 无线传感器网络支撑技术

无线传感器网络由于其计算、存储、无线带宽、能量等资源有限,且应用中的大规模、分布式、高密度等特点,在通信传输能力、信息感知与处理能力等方面受到很大约束,很多情况下难以直接使用传统的无线网络技术。本章针对无线传感器网络设计与应用的关键问题,围绕网络覆盖与拓扑控制、能量管理、时间同步、定位、容错和数据融合,较为系统地介绍无线传感器网络组网过程中所涉及的基础支撑技术。

3.1 网络覆盖与拓扑控制技术

网络覆盖与拓扑控制技术是无线传感器网络的重要基础支撑技术,也是在组网过程中需要首先解决的问题,直接关系到无线传感器网络受限资源的优化分配,很大程度上决定了网络感知、通信、决策等各种服务的质量及路径规划、目标定位等具体应用的效果。高效的网络覆盖与拓扑控制技术是无线传感器网络能够顺利实施的重要保障。

无线传感器网络的覆盖控制与拓扑控制之间是相辅相成的,但又各有侧重,覆盖控制技术决定无线传感器网络对物理世界的感知能力,而拓扑控制技术是影响网络覆盖效果的重要因素,通过拓扑控制可以降低网络的能耗或无线干扰。一定的网络覆盖度和网络连通度是无线传感器网络拓扑控制运行的前提,相应地,良好的拓扑控制效果可以为网络覆盖提供所需的网络结构。无线传感器网络在形成过程中,通过节点搜索和拓扑发现,形成对监测区域的覆盖。利用移动节点适应网络拓扑结构的动态变化,可消除监测区域内的监测盲区,从而确保网络的最优覆盖,有利于提升网络监测效果并延长网络的生命周期。

3.1.1 覆盖控制技术

无线传感器网络覆盖控制技术是在节点能量、无线带宽、计算处理能力等受限资源条件下,通过网络中节点配置策略及路由建立等方法,使无线传感器网络能够实现对所监测区域的无线覆盖和信息获取。覆盖控制技术要求无线传感器网络中的节点能够高效协调工作,优化各个节点状态,在保证网络覆盖性能的条件下,尽可能地减少处于激活状态的节点数量,优化网络连接性能,控制网络能耗。其应用目标是针对应用需求,寻求以最小的节点数,通过节点间的相互协作实现所需的网络覆盖,并达到最长的网络生命周期。

在组网覆盖应用中,无线传感器网络需要根据实际场景及任务需求,设计合适的覆盖控制算法。从性能和经济的角度确定网络中节点的部署方法,根据各个节点的感知范围与通信距离属性的差异性协调两者之间的关系,保障节点之间的有效连通,进而实现网络的有效覆盖。

1. 覆盖评价方法

(1)基本术语

无线传感器网络定义了针对覆盖控制技术的基本术语。

① 感知范围(Sensing Range)。表征单个网络节点感知物理世界时的最大范围,也称为节点自身的覆盖范围或探测访问范围。该参数由节点自身的硬件条件决定,并可根据网络应用需

求进行调整。

② 感知精度（Sensing Accuracy）。表征节点或网络采集到的监测对象信息的准确程度，一般用感知数据与物理世界真实数据之间的比值来表示。

③ 感知概率（Perceived Probability）。表征监测对象被节点或网络感知的可能性，也称为覆盖概率。该参数一般与节点或网络的感知模型相关。

④ 漏检率（Missed Detection Rate）。表征监测对象被节点或网络漏检的可能性，与感知概率相对应。

⑤ 覆盖效率（Coverage Efficiency，CE）。表征节点覆盖范围的利用率，定义为区域中所有节点的有效覆盖范围的交集与所有节点覆盖范围之和的比值，其数学关系为

$$CE = \bigcap_{i=1\cdots N} A_i \bigg/ \sum_{i=1}^{N} A_i \tag{3-1}$$

其中，A_i 为第 i 个节点的覆盖范围，N 为参与覆盖操作的节点总数量。CE 不仅能够反映网络的覆盖效果，还可反映出网络中节点的冗余情况，在一定程度上能够体现网络的整体能耗情况。

⑥ 覆盖程度（Coverage Degree）。表征所有节点覆盖的总面积与目标监测区域总面积之间的比值。

⑦ 覆盖均匀性（Coverage Uniformity，CU）。表征节点在监测区域的分布情况，一般采用节点之间的距离标准差来表示，即

$$CU_i = \sqrt{\frac{1}{K_i} \sum_{j=1}^{K_i} (D_{ij} - M_i)^2} \tag{3-2}$$

$$CU = \frac{1}{N} \sum_{i=1}^{N} CU_i \tag{3-3}$$

其中，D_{ij} 为第 i 个节点到第 j 个节点间的距离，M_i 为第 i 个节点与其感知范围内相交的所有节点间的距离平均值，K_i 为第 i 个节点的所有邻居节点的数量。

⑧ 覆盖时间（Time to Coverage）。表征网络在达到覆盖要求时，所有节点从启动到就绪时所经历的时间。该参数在应急或突发事件监测应用中尤为重要，需要尽可能地减少覆盖时间，使网络快速达到覆盖要求。

⑨ 平均移动距离（Average Moving Distance）。在有移动节点的无线传感器网络中，该参数表征所有移动节点到达最终位置时移动距离的平均值，结合标准差还能够描述各个移动节点的移动距离与能耗等性能差异。平均移动距离越小，表示网络整体能耗就越小；标准差越小，表示移动节点的能耗就越均衡，网络就能够持续更长时间地运行下去。

（2）评价指标

无线传感器网络的覆盖应用涉及无线带宽、计算、存储等，并综合考虑节点能量、网络服务质量与生命周期，可以从不同角度来评价覆盖控制技术的可用性和有效性。

① 覆盖能力。无线传感器网络的基本功能是实现对监测区域或目标对象的信息感知、传输与处理，为此产生相应的区域监测覆盖需求，因此，该指标是评价无线传感器网络覆盖质量的首要指标。需要注意的是，一些应用场景并不需要区域被全部覆盖，在网络覆盖程度超过某个设定阈值时即达到应用需求，实现区域的部分覆盖。

② 网络连通性。无线传感器网络以自组织的多跳方式进行组网通信，并以此完成网络任务，该指标能够有效评估网络的组网运行效果，直接决定了无线传感器网络感知、传输等运行服务质量。

③ 算法准确性。由于受到应用环境的复杂性及无线传感器网络自身资源与能力的限制，网络覆盖控制算法往往呈现出 NP 完全问题，仅能得到近似的优化效果，引起覆盖误差，为此，通过该指标来描述所采用覆盖控制算法的准确性。

④ 算法复杂性。由于节点和网络的处理能力有限，通过该指标来评价所采用算法应用时的执行能力和效率，涉及通信复杂度、时间复杂度和执行复杂度等。

⑤ 能量有效性。该指标用于评价网络的能耗情况，用于延长网络的生命周期。覆盖控制算法主要通过调整发射功率和节点状态、减少信息维护与交换开销等方式来降低网络能耗。

⑥ 网络可扩展性。无线传感器网络呈现出动态变化的运行特征，节点的失效退出和新节点的加入使得覆盖控制算法需要适应网络的扩展性变化。

⑦ 算法实施策略。覆盖控制算法包括集中式、分布式和混合式（集中式与分布式相结合）3 种模式，无线传感器网络因能量、资源等有限，适用于基于本地信息执行的分布式覆盖控制算法。在一些无线网络应用场景中，如果存在处理能力强且能量充足的中心节点或基站，可考虑采用集中式覆盖控制算法，也可根据网络规模和需求采用混合式覆盖控制算法。

2. 节点感知模型

无线传感器网络覆盖控制技术的基础就是节点的感知模型构建。根据节点的物理感知特性并结合节点部署因素，节点感知模型主要采用布尔感知模型和概率感知模型。

（1）布尔感知模型

在理想的平面区域中，节点的覆盖范围描述为以节点为圆心且以最大感知距离为半径的圆形区域。位于该圆形区域内的对象能够被探测，设置为 1；区域外的对象不能被探测，设置为 0，故也称为二元感知模型，其数学关系为

$$p_{ij} = \begin{cases} 1, & d_{ij} \leqslant r \\ 0, & d_{ij} > r \end{cases} \tag{3-4}$$

其中，i 为处于圆心的节点，j 为在监测区域内感知的对象，d_{ij} 表示两者之间的欧氏距离，p_{ij} 表示两者之间的二元感知概率，r 为感知模型半径。

布尔感知模型忽略了众多应用因素的影响，是一种理想化的离散模型，但模型简单、便于计算。

（2）概率感知模型

在实际应用中，监测对象被感知的概率并不是布尔感知模型所表述的常量，而受到节点距离、节点物理特征、环境干扰等因素的影响。

一般地，监测对象离节点越近，越能够获得准确的感知效果，但随着距离的增大，节点的无线信号强度将逐渐弱化，所获得的监测信息也就越粗糙。因此，在没有邻居节点的情况下，节点的感知概率可表述成与距离相关的指数衰减关系，即

$$p_{ij} = e^{-\lambda d_{ij}} \tag{3-5}$$

其中，λ 表示节点感知随距离变化的衰减程度，与节点物理特征相关且可调。考虑到感知区域的不规则性，借助统计手段来更加精细地描述节点感知能力。离节点较近的区域 $r - r_e$ 内，无线信号强度强，可认为节点能够完全获得监测对象的信息，其感知概率为 1；在一个半径为 $r - r_e$ 到 $r + r_e$ 的圆环区域内，节点的无线信号在不同方向上的感知能力会产生差异，其感知概率用指数关系表征；在超过区域 $r + r_e$ 时，节点将不能再感知信息，其感知概率为 0，即

$$p_{ij} = \begin{cases} 1, & d_{ij} \leqslant r - r_e \\ e^{-\lambda[d_{ij}-r]}, & r - r_e \leqslant d_{ij} \leqslant r + r_e \quad \text{或} \quad p_{ij} = \begin{cases} \dfrac{1}{\left[1+\lambda d_{ij}\right]^{\beta}}, & d_{ij} \leqslant r \\ 0, & d_{ij} > r \end{cases} \\ 0, & d_{ij} \geqslant r + r_e \end{cases} \tag{3-6}$$

其中，β 为与节点物理特征相关的参数，通常取值为[1, 4]间的整数。

如果当前节点存在邻居节点，那么它们之间就可能存在相应的感知重叠区域。假设节点 i 有 N 个邻居节点（$n_1, n_2, \cdots, n_N$），且每个节点对监测对象独立感知，那么各个节点都有一个感知区域 R，这些感知区域就会形成一个重叠区域，即

$$M = R(i) \bigcap R(n_1) \bigcap R(n_2) \bigcap \cdots \bigcap R(n_N) \tag{3-7}$$

由于节点独立感知，通过统计计算，重叠区域中任一对象 j 的感知概率为

$$G_j = 1 - (1 - p_{ij}) \prod_{k=1}^{N} (1 - p_{n_k j}) \tag{3-8}$$

3．节点部署方法

根据是否需要知道节点自身位置的部署方式，无线传感器网络的覆盖方式可以分为确定性部署和随机部署两类。

（1）确定性部署

如果已知应用环境情况，可根据任务需求和节点物理物征来预先配置节点的放置位置，从而形成确定性部署覆盖（Deterministic Coverage）方式。这种方式的部署代价小，适合网络规模不大、节点放置条件便于确定的应用场景。

典型的确定性部署覆盖方式包含 3 种类型，即确定性区域/点覆盖、基于网格的目标覆盖、确定性网络路径/目标覆盖。确定性区域/点覆盖是直接利用已知节点位置信息完成区域或对象的覆盖。基于网格的目标覆盖是在已知地理环境信息的条件下，建立基于二维或三维的网格模型，在适当的网格格点实现目标对象的覆盖。确定性网络路径/目标覆盖是在已知节点位置的基础上，针对穿越网络的目标或其经过的路径上的各个节点进行感应和跟踪。

（2）随机部署

在很多实际情况中，应用环境和网络环境不能预先确定，可能需要在监测区域部署大量节点或将节点部署到人员难以接近的区域，这就需要通过随机抛撒方式部署节点，从而形成随机部署覆盖（Random Coverage）方式。

由于随机部署的节点无法获知其自身的位置信息，通过自组织组网形成的网络拓扑结构会随着时间的变化而变化。随机部署也会导致待监测区域可能存在感应盲区，或者因在某个局部区域中存在过多节点而造成采集信息的高度重复，引起网络负载的持续增加，缩短网络的生命周期。因此，随机部署下网络的覆盖能力和连通能力处于非最佳状态，需要通过综合多种因素进行优化来提升网络性能。

典型的随机部署覆盖方式包含两类，即随机节点覆盖和动态网络覆盖。随机节点覆盖就是通过预先不知道节点位置的随机部署方式实现对监测区域的覆盖，一旦完成部署，网络节点就保持固定。动态网络覆盖是利用网络中移动节点的动态覆盖能力完成相应的覆盖需求，这种方式可以弥补随机节点覆盖的不足，也可为网络的运行带来一定的灵活性。

4．覆盖方式分类

结合无线传感器网络的任务需求，进行覆盖控制不仅只是为了实现网络覆盖，而且还得与可靠传输、路径规划、目标定位等应用结合起来进行综合考虑。根据监测区域中覆盖对象的差异，无线传感器网络的覆盖方式可以分为 3 类，即点覆盖（Point Coverage）、区域覆盖（Area

Coverage）和栅栏覆盖（Barrier Coverage）。另外，根据应用属性的不同，还有节能覆盖（Energy-Efficient Coverage）、连通性覆盖（Coverage with Connectivity）等其他方式。

（1）点覆盖

点覆盖是指监测区域中的有限个离散目标节点，每个目标节点处于至少一个传感器节点的感应范围内。如图 3-1 所示，黑色方块为需要被监测的离散目标节点，空心圆为非激活节点（可能处于睡眠或关闭状态），黑色实心圆为激活节点，虚线圆圈表示激活节点的覆盖范围。从图中可以看出，目标节点被至少一个激活节点所覆盖。

（2）区域覆盖

区域覆盖是指在监测区域中，任意一个目标节点都能处于至少一个传感器节点的感应范围内，如图 3-2 所示。针对某一指定区域，如果能够实现该区域的整体覆盖，则称为完全覆盖或单重（1-重）覆盖；如果指定区域中的一个目标节点被多个不同的传感器节点相互协作监测，则称为多重覆盖。不同的应用对覆盖程度也有着不同的要求，比如，当面向一些固定监测任务时，单个传感器节点能够实现完全覆盖，也就是说，单重覆盖就已满足应用需求；当面向一些分布式目标跟踪任务时，就需要多重覆盖，以及时响应目标的动态变化过程。

（3）栅栏覆盖

栅栏覆盖是指移动目标沿着任意路径穿越无线传感器网络部署的监测区域时能够被监测到的覆盖方式。该方式的目标是找出连接监测对象从出发位置和离开位置的一条或多条路径，也称为障碍物覆盖，可用于入侵监测和边界保护等应用，如图 3-3 所示。

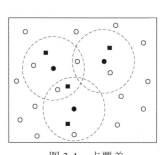 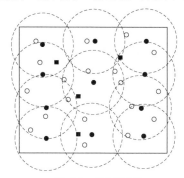 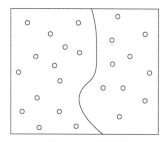

图 3-1　点覆盖　　　　　图 3-2　区域覆盖　　　　　图 3-3　栅栏覆盖

根据监测对象穿越无线传感器网络时采用模型的不同，栅栏覆盖可分为暴露穿越、最坏与最佳情况覆盖两种类型。其中，暴露穿越同时考虑目标暴露的时间因素和传感器节点对监测对象的感应强度因素，比较符合实际场景中移动目标穿越无线传感器网络监测区域时因时间增加而形成的感应强度累积加大的情况。最坏与最佳情况覆盖情况下，针对穿越无线传感器网络的监测对象，利用所有路径中不被节点检测到的最小概率来表征最坏情况；相应地，利用所有路径中被节点检测到的最大概率来表征最佳情况。

上述 3 种方式是从覆盖对象的形态角度描述覆盖分类的，一些研究也通过无线传感器网络的应用属性来进行分类，这里简要介绍其中的两种。

（4）节能覆盖

在无线传感器网络中，节点能量有限，特别是针对大规模无线传感器网络的应用，需要保障节点能够充分参与到覆盖任务中。一般采用节点的轮换激活和睡眠机制来延长网络的生命周期，其中的关键就在于如何在满足覆盖任务要求的条件下，使得轮换节点集合的数量达到最优。

（5）连通性覆盖

连通性覆盖在考虑无线传感器网络覆盖能力的同时，还融合了网络连通性属性。针对要求可靠通信的应用场景，同时考虑覆盖和连通性需求就变得尤为重要。这类覆盖主要有两种实现方式：一种是活跃节点集连通覆盖，采用活跃节点集轮换机制，确保指定区域的网络覆盖和连通性；另一种是连通路径覆盖，通过优化选择可能的连通节点路径，得到最大化的网络覆盖效果。

5. 覆盖控制算法

覆盖控制是无线传感器网络构建和运行的基础，随着需求和技术的发展，逐渐形成了多种算法，这里介绍其中的代表性覆盖控制算法。

（1）基于网格的覆盖控制算法

基于网格的覆盖控制算法将监测区域以网格化方式均匀划分，是一种关于节点的确定性部署方式，如图 3-4 所示，黑色实心圆为激活的传感器节点，空心圆为网络目标格点，且格点至少被一个激活节点所覆盖。传感器节点采用二元的布尔覆盖模型，并可使用能量向量来表示各个格点的能量，如第 2 个格点能够被第 5 个激活节点感应，其能量向量可以表示为（0,1,0）。

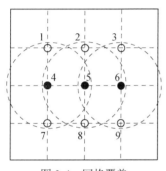

图 3-4　网格覆盖

当网络资源受限时，可能导致格点距离的计算误差增大，形成错误距离，从而使得一些格点不能完全被感应识别。因此，在实际应用中，需要考虑如何提高定位精度的问题，可引入模拟退火等优化方法来最小化距离误差，错误距离越小，所能达到的覆盖效果就越好。

（2）基于轮换活跃/睡眠的覆盖控制算法

基于轮换活跃/睡眠的覆盖控制算法是一种针对节能控制的覆盖方法，通过节点轮换活跃与睡眠的自我调度（Self-Scheduling）方式来节约能量，以延长网络的生命周期。

该算法设计节点的轮换周期，每个周期包括一个自我调度阶段和一个工作阶段。在自我调度阶段，各个节点向感应半径内的邻居节点广播含有节点 ID 和位置的消息，并评估自身的感应任务是否能由邻居节点替代完成，如果可以，可替代的邻居节点就返回一个状态消息，当前节点可进入睡眠状态，而邻居节点开始工作。但是，如果当前节点和邻居节点同时进入睡眠状态，且没有其他节点能够替代感应任务，就会出现"盲点"问题。如图 3-5 所示，节点 3 和节点 4 的感应任务可以被邻居节点替代覆盖，但如果这两个节点同时睡眠，则会出现图中所示的阴影区域，该阴影区域不能被其他节点所感应，即盲点。为避免这个问题，该算法在自我调度阶段检查之前执行一个退避机制，即各个节点在一个随机生成的时间之后再开始检查工作，节点在进入睡眠状态之前还将等待一定的时间来监听邻居节点的状态更新，在邻居节点开始替代工作后再进入睡眠状态。

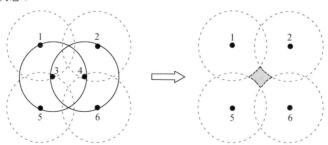

图 3-5　基于轮换活跃/睡眠的覆盖盲点问题

3.1.2 拓扑控制技术

针对无线传感器网络的节点分布式部署，特别是面向大规模应用，在网络拓扑构建过程中，必然会形成大量的节点通信链路。将两个能够直接通信的节点之间的连接链路视为一条拓扑边，如果没有拓扑控制机制，网络中将生成大量的拓扑边，而冗余的拓扑边使得网络需要处理更多的信息，造成路由的选择计算过于复杂，增加额外的网络开销，浪费有限的计算资源；同时，网络中所有节点都会以各自的最大无线传输功率方式沿着拓扑边进行相互传输，节点能量将因此被快速消耗，缩短网络的生命周期；所有节点的最大无线功率传输使得各个节点都以最大感应范围进行监测覆盖，无线信号覆盖范围相互叠加明显，容易引起无线信道中的信息传输冲突，削弱无线通信的质量，降低网络的吞吐量。因此，拓扑控制技术是保证无线传感器网络正常、高效运行的一项关键技术，以此来优化协调网络中节点之间的传输能效，并构建满足任务需求的网络拓扑结构。

1. 拓扑控制的任务与目标

无线传感器网络的拓扑控制任务是在相关资源受限情况下，全网协作地控制节点发射功率，协调优化节点与无线通信链路组成的网络拓扑结构，保障网络具有一定的连通度和覆盖度。在无线传感器网络中，节点自身的无线通信能力、节点位置、应用环境等因素决定了最初形式的拓扑结构，为提升组网效果，拓扑控制技术通过能量分配、拓扑生成、节点调度等技术，在保证网络具有良好覆盖的条件下，削弱网络中的无线干扰，降低网络能量开销，提升全网连通性、吞吐量并降低网络传播时延等，延长网络的生命周期。

由于无线传感器网络的设计与具体应用密不可分，不同的应用场景需要不同的拓扑控制目标要求。无论什么场景，都希望能够将监测到的信息传送到数据服务中心，良好的网络拓扑结构是确保监测信息能够高效稳定传输的重要手段。在设计过程中，一般结合无线传感器网络的生命周期，综合网络负载均衡、通信干扰、网络时延、覆盖能力、简单性、可靠性、可扩展性等要素，以形成优化的网络拓扑结构。无线传感器网络拓扑控制需要考虑的设计目标主要包含以下几个方面。

① 覆盖度。无线传感器网络的拓扑结构与覆盖度紧密相关，即在拓扑生成过程中需要保证网络具有足够大的覆盖度，反映网络对监测区域的全面感知能力。

② 连通度。无线传感器网络的覆盖区域广，部署的节点数量众多，但单个节点的通信能力有限，通常情况下感知信息需要通过多跳方式发送到汇聚节点，这就要求多跳路径上的传输链路相互连通。

③ 吞吐量。吞吐量表征了无线传感器网络承载数据传输的能力，特别是当有大量数据需要传输时，吞吐量是影响网络通信能力的重要因素。在理想情况下，假设目标区域为凸区域，其面积为 A，节点最高的传输速率为 W，源节点到目标节点的平均距离为 L，节点数量为 n，理想球状无线发射模型的发射半径为 r，可以将各个节点的吞吐量表示为

$$\lambda \leqslant \frac{16AW}{\pi \Delta^2 L} \cdot \frac{1}{nr} \quad \text{bit/s} \tag{3-9}$$

其中，Δ 为一大于 0 的常数。从式中可以看出，利用睡眠机制减少网络中激活节点的数量，或者通过调节节点无线发射功率来减小发射半径，可以在节约能量的基础上获得网络吞吐量的提高。

④ 网络时延。网络时延表示从信息请求发出开始到获得最终响应结果的间隔时间，网络负载、信道竞争使用、无线射频功率等因素都会对网络时延造成影响。在应急监测、灾害救助等

实时性要求较高的应用场景中，网络时延是关系到系统能否正常运行的重要指标。

⑤ 网络能耗。在构建的网络拓扑结构中，如果某个重要节点因过快地消耗自身能量而消亡，那么该节点所关联的所有链路都将失效，这可能导致该区域节点难以提供正常的网络服务，因此，拓扑控制算法需要均衡网络能耗，并达到最小化网络能耗的效果。

⑥ 网络生命周期。无线传感器网络要生存下去，需要满足一定的网络覆盖能量、拓扑连通能力及网络服务质量要求。网络生命周期一般可以通过网络中节点的死亡数量阈值或网络是否还能提供满足需求的服务能力来评价。拓扑控制算法需要最大限度地延长网络的生命周期。

⑦ 鲁棒性和可扩展性。无线通信链路容易受到环境干扰的影响，且节点的消亡或新节点的加入使得网络拓扑结构发生动态变化，因此，无线传感器网络的拓扑控制需要具备良好的鲁棒性和可扩展性。

2. 拓扑控制研究思路

2.1.2 节介绍的无线传感器网络拓扑结构，包含平面网络结构、层次网络结构、混合网络结构和 Mesh 网络结构。无线传感器网络拓扑控制的基本原则是在保证网络具有一定的连通能力、覆盖能力的前提下，形成优化的网络结构，以保证完成任务需求。目前，针对无线传感器网络拓扑控制的研究思想主要有计算几何和概率分析两大类方法。

（1）计算几何方法

计算几何方法是在满足某些网络性能的基础上，利用某些几何结构来构建网络的拓扑，常用的几何结构包括：最小生成树（Minimum Spanning Tree，MST）、相关邻居图（Relative Neighbor Graph）、Delaunay 三角图、Gabriel 图、Yao 图等。

（2）概率分析方法

概率分析方法是假设监测区域中的节点是按照某种概率密度分布的，通过计算使拓扑结构以大概率满足某些网络性能时节点所需的最小邻居个数和最小传输功率。常见的分析模型主要包括：考虑网络链路相关性的随机网络（Random Network，RN）模型、考虑网络关键连通分布密度的连续渗流（Continuum Percolation）模型、考虑网络活跃节点轮换机制的占位（Occupancy）模型等。

相对来说，在随机图理论中，需要假设任意两个节点之间有无连边是互相独立的，与无线传感器网络拓扑边的生成存在一定差异，所改进的几何随机图理论从一定程度上解决了该假设条件的适应性问题。随着研究的深入，无线传感器网络的拓扑控制从起初的单纯几何拓扑关系问题发展到融合网络通信理论的阶段，从功率控制、层次网络结构和睡眠调度等角度考虑网络拓扑结构的设计与优化问题，下面将着重介绍基于这 3 种类型的拓扑控制方法。

3. 拓扑控制方法

（1）基于功率控制的拓扑控制

在无线传感器网络中，其拓扑结构和网络连通性都与节点的发射功率相关，如果节点的发射功率过小，所形成的节点感应半径就很短，使得节点无法与其他节点建立通信连接，从而造成网络的割裂；如果节点的发射功率过大，虽然能够确保节点间的链路连通，但会使无线信道的竞争加大，节点不仅会消耗更多的能量，还会因信道竞争造成碰撞重传甚至可能会使数据丢包，导致网络时延等性能的下降。

功率控制就是通过设置或动态调整节点的发射功率，在保证网络连通与覆盖需求的前提下，结合网络中骨干节点的选取，剔除节点之间非必要的通信链路，形成优化的网络拓扑结构，控制网络能耗，延长网络的生命周期。

功率控制技术与无线传感器网络的多个协议层次相关，除与网络层的路由控制紧密关联外，还涉及物理层的无线射频质量、数据链路层的带宽使用和空间复用度、传输层的拥塞控制等。下面主要介绍几种基于功率控制的拓扑控制方法。

① 统一功率分配控制方法

统一功率分配控制方法的基本思想是，无线传感器网络中所有节点均采用一致的发射功率，在保证网络连通的条件下使网络功率最小化。该方法的处理方式较为简单，直接将功率控制和路由协议结合起来，即网络中的节点需要维护多个路由表，这些路由表分别对应不同的发射功率级别，节点间同级别的路由表交换控制信息；通过对比分析不同路由表的数据项，可以判断在获得最多节点连通情况下的最小功率，进而以此功率进行统一发射。

该方法由于是统一操作，只适合于节点分布均匀的拓扑结构应用领域，否则，全网可能会以偏大的发射功率运行，从而造成过大的能耗。

② 节点度控制方法

所谓节点度，是指无线传感器网络中所有距离本节点一跳的邻居节点数量。节点度控制方法的基本思想是，设定网络中节点的节点度的上限和下限，动态调整节点的发射功率，使其节点度控制在该限定范围内。从基本思想可以看出，节点度控制方法利用网络局部信息来调整相邻节点间的连通性，并以此为基础进行拓展，以保证全网的连通性；同时，节点度数可调也使节点间的传输链路具有一定的冗余性和可扩展性。

本地平均算法（Local Mean Algorithm，LMA）是一种典型的基于节点度的拓扑控制方法，其处理过程是：首先，网络中每个节点都有唯一的 ID，所有节点都有一个相同的初始化无线发射功率 TransP，每个节点定期发送一个包含 ID 的广播消息。邻居节点收到广播消息后，就返回一个包含自身 ID 的应答消息。每个节点在发送下一次的广播消息前，检查已经收到的应答消息，并统计出自身的邻居节点数量 NodeResp，如果 NodeResp 小于节点度的下限 NodeMinTh，那么，节点在这一轮的广播中就提高无线发射功率，如式（3-10）；如果 NodeResp 大于节点度的上限 NodeMaxTh，那么，节点在这一轮的广播中就降低无线发射功率，如式（3-11）。

$$\text{TransP} = \min\left\{ B_{\max} \times \text{TransP}, A_{\text{inc}} \times (\text{NodeMinTh} - \text{NodeResp}) \times \text{TransP} \right\} \tag{3-10}$$

$$\text{TransP} = \max\left\{ B_{\min} \times \text{TransP}, A_{\text{dec}} \times \left[1 - (\text{NodeResp} - \text{NodeMaxTh}) \times \text{TransP} \right] \right\} \tag{3-11}$$

其中，$B_{\max}$ 表示在邻居节点数量小于节点度下限的情况下，所调整的发射功率不能超过初始发射功率的倍数；$B_{\min}$ 表示在邻居节点数量大于节点度上限的情况下，所调整的发射功率不能低于初始发射功率的倍数；A_{inc} 和 A_{dec} 为可调参数。

本地邻居平均算法（Local Mean of Neighbors Algorithm，LMN）的分析处理过程与 LMA 算法类似，不同之处在于 LMN 算法统计邻居数量时的计算方式有所不同。当前节点发送广播消息，邻居节点将其自身的邻居节点数量记入应答消息中，当前节点收到应答消息后，将所有邻居的平均邻居节点数量作为自己的邻居数。LMA 和 LMN 两种算法如图 3-6 所示。

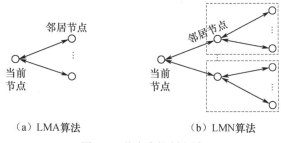

（a）LMA算法　　　　　　（b）LMN算法

图 3-6　节点度控制方法

③ 邻近图控制方法

对于一个无线传感器网络，其无线通信链路可以抽象化为由若干个节点集合和边集合构成的图，利用图论可描述为 $G=(V,E)$，V 表示图中所有节点的集合，E 表示图中所有边的集合。根据设计的邻近判决规则，可导出相应的边集合 E'，进而获得图 G 的邻近图 $G'=(V,E')$。

邻近图控制方法的基本思想是，无线传感器网络中所有节点均先采用最大发射功率进行通信，形成初始化的图 G，结合判决规则，获得其邻近图 G'，该邻近图 G' 中的各个节点以自身所邻近的最远通信节点来确定发射功率。邻近图控制算法可看作求解功率分配的近似解法，并结合节点之间边的增删操作，以确保最后得到的网络拓扑是双向连通的。

DRNG（Directed Relative Neighborhood Graph）算法是一种代表性的基于邻近图的拓扑控制方法。该算法以经典的邻近图（Relative Neighborhood Graph，RNG）和局部最小生成树（Local Minimum Spanning Tree，LMST）为基础，并在全面考虑网络连通性的情况下，用以解决在节点通信功率不同时的网络拓扑控制优化问题。其处理过程是：各个节点以最大发射功率广播消息，该消息需要包含节点 ID、自身位置和最大发射功率数据；节点在收到广播消息后，按照优先选择与自身最近邻居节点的原则来确定邻居集合；根据邻居集合，以其中最远邻居节点的距离为参考，通过发射功率调整发射半径；然后借助拓扑边的增删，使网络双向连通。需要注意的是，该算法通常需要获知节点的位置信息，一定程度上增加了节点设计的成本和能耗。

（2）基于层次网络结构的拓扑控制

根据层次网络结构特性，无线传感器网络的节点分为骨干节点和普通节点两种类型，骨干节点对普通节点实施管理，并由骨干节点承担组网通信工作。一个骨干节点可以管理附近的若干个普通节点，形成一个分簇结构，该骨干节点为这个分簇的簇头。在这种网络结构下，普通节点只负责感知信息并将信息传输至相应的簇头，当普通节点无须运行时，就可关闭其无线通信模块，降低网络能量开销。作为骨干节点的簇头，协调普通节点的工作，并负责数据的融合和转发，故簇头的能耗较大，但也在整体上降低了网络通信量，通常采用周期性替换簇头的方式来均衡网络的整体能耗。

层次网络结构适合大规模部署的无线传感器网络，有利于分布式算法的应用。典型的分簇拓扑控制算法有 LEACH 算法、PEGASIS 算法和 TEEN 算法，这 3 种算法已在 2.4.5 节进行了描述，不再赘述。这里再补充一种针对 LEACH 算法的改进算法，即混合能量高效分布式分簇（Hybrid Energy-Efficient Distributed Clustering，HEED）算法。

HEED 算法针对 LEACH 算法中簇头分布不均匀的问题，改进了簇头选举方式。在全网时间同步的条件下，计算节点的当前剩余能量与初始能量间的比值 P，并将该比值划分为不同的等级，等级最高的节点将自己标记为簇头，等级较低的节点收到簇头广播消息后加入这个簇。如果比值 P 低于一个小阈值（如 1%），那么该节点就会被取消去竞选簇头的资格。实际应用中，比值 P 的计算可以通过网络特点进行一定的修正，即

$$P = \max(C_{\text{prob}} + E_{\text{resident}} / E_{\text{max}}, P_{\text{min}}) \tag{3-12}$$

其中，C_{prob} 表示初始簇头比例参数，P_{min} 表示某一阈值参数，利用这两个参数来增加算法的收敛性；$E_{\text{resident}} / E_{\text{max}}$ 为节点当前剩余能量与初始能量间的比例关系。

簇头选举之后，利用簇内平均可达能量（Average Minimum Reachability Power，AMRP）参数来评价簇内通信代价，位于多个簇头范围内的节点衡量所有可能存在的簇内通信代价，最终确定该节点属于哪一个簇，并平衡簇头之间的负载。

HEED 算法能够得到更加均匀的簇头分布效果，如图 3-7 所示，黑色节点为选举的簇头，

空心圆为普通节点。HEED 算法由于需要进行大量的能耗检测和能耗信息交换，因而其所形成的网络能耗开销较大。

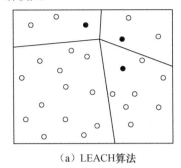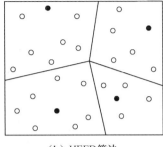

（a）LEACH算法   （b）HEED算法

图 3-7 LEACH 和 HEED 算法的簇头分布示例

（3）基于睡眠调度的拓扑控制

考虑到无线传感器网络面向事件驱动性应用的需求，节点在没有检测到事件发生时，该节点的无线通信模块不需要激活，仅让其传感器模块处于工作状态就可以了。由于无线通信模块的能耗要远大于传感器模块，关闭无线通信模块后能节约该节点的电源能量。因此，将节点的启发式睡眠与唤醒机制引入网络的拓扑控制中，能够起到优化网络能耗的作用。这种机制的关键在于解决节点如何在睡眠状态与激活状态之间的切换问题，本身并不能单独成为一种拓扑控制方法，需要与其他拓扑控制算法融合使用。典型的方法有 STEM（Sparse Topology and Energy Management）算法、ASCENT（Adaptive Self-Configuring Sensor Networks Topologies）算法和 CCP（Coverage Configuration Protocol）算法。

① STEM 算法

STEM 算法是早期提出的一种简单且迅速的节点唤醒方法，包含两种方式，即 STEM-B（STEM-Beacon）和 STEM-T（STEM-Tone）。

在 STEM-B 算法中，每个睡眠节点可以周期性地醒来侦听信道，并将侦听信道和数据传输信道分离，以避免唤醒信号和数据传输之间的冲突。当一个节点需要进行通信时，该节点（主动节点）会主动向目标节点发送一串唤醒包；目标节点在收到唤醒包后回复一个相应的应答包，随机自动进入数据接收状态；主动节点在接收到应答包后，就进入数据发送阶段。如果节点没有通信需求，就只在侦听信道上保持周期性的侦听。

相对于 STEM-B 算法，STEM-T 算法将请求应答过程取消，通过增加唤醒次数来达到状态切换目的。节点周期性地进行侦听，探测是否有邻居节点要发送数据。当一个节点需要与某个目标节点建立通信连接时，先向目标节点发送一连串时间长度大于侦听时间间隔的唤醒包，确保该目标节点能够收到唤醒包，不需要目标节点回复就直接发送数据包；如果在一段时间内没有收到发给自己的数据包，节点就自动进入睡眠状态。

② ASCENT 算法

ASCENT 算法包含 3 个阶段，即触发阶段、建立阶段和稳定阶段。在触发阶段，当目标节点发现所接收到的数据丢包严重时，就给数据源方向的邻居节点发出求助消息；在建立阶段，收到求助消息的节点，或者某个节点在侦听阶段探测到周围节点的通信丢包率高时，当前节点根据评估算法决定自身是否成为活动节点，如果激活成为活动节点，就向邻居节点发送声明广播包；在稳定阶段，数据源方向的节点与目标节点间的传输通信恢复。从处理过程可以看出，该算法在无线传感器网络达到稳定状态时，能将网络中的骨干节点数量控制在一定的范围内；

且节点的计算不依赖于无线通信模型、节点位置分布和路由协议，仅依据本地信息交换进行节点的唤醒与转发；网络中的节点能够根据网络通信情况动态地调整自身状态，可适应动态网络拓扑结构的变化。

③ CCP 算法

CCP 算法能够将网络配置到指定的覆盖度与连通度，可灵活地应用于不同的网络环境。该算法针对节点的状态分析，在工作、侦听、睡眠 3 个状态的基础上还引入了加入和退出两个过渡状态，以避免由于多个节点在根据局部信息进行独立调度时引起的冲突情况。网络中的节点都先初始化为处于工作状态，其基本过程如下：

ⅰ. 如果处于工作状态的节点收到一个 Hello 广播消息，就检查自身是否满足睡眠条件，如果满足，就进入退出状态并启动退出计时器。

ⅱ. 在退出状态过程中，如果计时器溢出，在广播一个 Withdraw 消息后进入睡眠状态，并启动睡眠计时器。如果在计时器溢出之前收到来自邻居节点的 Withdraw 或 Hello 广播消息，就撤销计时器并返回工作状态。

ⅲ. 在睡眠状态，如果计时器溢出，就进入侦听状态并启动侦听计时器。

ⅳ. 在侦听状态，如果计时器溢出，就返回睡眠状态并启动睡眠计时器；如果在计时器溢出之前收到 Withdraw、Hello 或 Join 消息，节点就检查自身是否应该工作，如果是，就进入加入状态并启动加入计时器。

ⅴ. 在加入状态，如果计时器溢出，节点就进入工作状态并广播 Join 消息；在计时器溢出之前，如果收到 Join 消息并判断出没有工作的必要，则该节点就进入睡眠状态。

3.2 能量管理技术

无线传感器网络因其节点的小体积、低成本及网络的大规模、自组织等特点，广泛应用于农业、军事、医疗、交通等诸多领域。但是节点通信能力、数据处理能力、存储能力和能量供给能力等的受限成为无线传感器网络发展应用的主要瓶颈，而能量供给是其中的核心基础。也就是说，无线传感器网络存在能量约束问题，因此，在确保完成任务要求的前提下，如何利用有限的能量实现最大化的网络生命周期是无线传感器网络需要持续考虑的基本问题。

3.2.1 能耗分析

在无线传感器网络中，由于节点体积小、能量有限，且部署范围较广、部署环境复杂，难以及时给节点充电或更换电池，一旦能量耗尽，将会出现网络空洞、分裂甚至失效现象。所谓能量管理，就是通过一系列的硬件、软件手段对节点能耗和网络能耗进行优化约束，减少一些不必要的能量开销，延长网络的生命周期。

无线传感器网络的能耗主要体现在网络节点硬件和网络运行协议所需的能量开销上，分别描述如下。

1. 节点硬件能耗

2.1.1 节已经介绍了传感器节点结构包括传感器模块、处理器模块、无线通信模块和电源模块 4 部分，电源模块为节点提供所需要的电能量。如图 3-8 所示，传感器模块主要体现采集能耗，采样频率越快、采样精度越高，所需能耗就越大。处理器模块主要体现计算能耗，与节点的硬件设计和计算模式相关。随着集成电路技术和工艺的发展，传感器模块和处理器模块的能耗已经能够做到很低了，几乎可以忽略。节点功耗主要集中在无线通信模块，该模块有发送、接收、空闲和睡眠 4 种状态。节点处于睡眠状态时的能耗最小，空闲状态的能耗与接收状态的能耗接近，因此当节点不需要进行无线通信时，应尽量减少空闲状态时长，使节点转为睡眠状态，从而有效降低节点能耗。

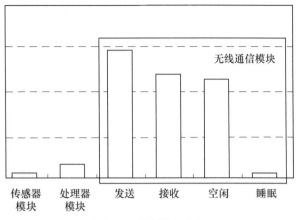

图 3-8　节点能耗分析

2. 网络运行协议能耗

在无线传感器网络中，各节点的能量十分有限，节点之间相互依赖的程度较高，各节点需要通过信息交互、合作实现节点之间的互联互通，因此单纯地降低单个节点的能耗，而不考虑网络拓扑结构和路由等协议对能耗的影响仍然无法最大限度地延长网络的生命周期。另外，由于无线信号传播与间隔距离相关，距离越远，所需要的无线发射功率也就越大，因而为避免节点能量过快衰减，应尽可能减少单跳通信距离。也就是说，多跳短距离的无线通信方式通过多个节点来实现转发传输，能够起到一定的均衡能效的作用，相对于单跳长距离通信方式更能有效控制节点能耗。

无线传感器网络的协议必须在满足连通性和覆盖性的前提下，尽量降低网络能耗。在无线传感器网络的体系结构中，各层协议都需要考虑能耗的影响，比如，无线信道的共享使用可能会因数据碰撞而引起数据重传，网络因串音而接收和处理不相关数据，以及过度的空闲侦听等，都会造成能量的浪费。因此，根据无效能耗形成的途径，需要在网络各个协议层控制能耗。数据链路层的关键是 MAC 协议，控制节点间的无线信道使用方式和无线通信模块的工作模式；网络层的关键是路由协议，控制网络中数据包的转发与传输路径；传输层协议主要控制链路流量和避免拥塞；应用层协议根据具体应用支撑网络完成任务。

3.2.2　能量管理方法

结合 3.2.1 节的无线传感器网络能耗分析情况，其能量管理（Energy Management，EM）策略相应地也体现在节点级能量管理和网络级节能协议设计上，常采用的节能方法主要有睡眠机制、动态能量管理、数据融合等。

1. 节点级能量管理

节点级能量管理策略是以节点为优化对象，面向传感器模块、处理器模块和无线通信模块，考虑硬件、软件或软硬件综合措施实现能耗控制。

（1）针对数据采集的能量管理

传感器节点在数据采集过程中，其能耗主要来源于传感器感知单元和 A/D 转换器等，因此针对数据采集的能量管理策略可以从硬件和软件两个方面来设计。硬件设计上，采用低功耗的传感器、调理电路、A/D 转换器等可以在一定程度上降低硬件能耗。软件设计上，在满足应用需求的基础上，通过减小采集频率（延长采样周期）和采样精度，可在一定程度上降低传感器模块的能耗；进一步，还可通过软件与硬件相结合的方式，在节点需要采集数据时再采集，在不需要采集时将节点断电或关闭，即利用睡眠机制降低数据采集阶段的能耗。

（2）针对计算处理的能量管理

利用能量感知等方式获取节点资源使用情况，通过合理分配计算资源来达到降低节点能耗的目的。针对计算处理的能量管理策略主要包括动态电压调节（Dynamic Voltage Scaling，DVS）技术、动态调制调节（Dynamic Modulation Scaling，DMS）技术。

① 动态电压调节技术

在无线传感器网络运行过程中，大多数节点的计算负载随时间动态变化。由于处理器的能耗与工作电压紧密相关，当计算负载减少时，节点的工作电压不需要一直保持在峰值状态。动态电压调节技术就是通过调整处理器的工作电压和频率，使其在能够满足计算需求的条件下协调处理器的能耗，即工作电压随着计算负载的减少而降低，使处理器满足节能要求。但是，如果计算负载较高，处理器工作电压和频率的降低会带来计算时延延长的问题，会对实时性任务执行造成负面影响。

需要注意的是，为确保动态电压调节技术的实施应用，需要对计算负载进行有效预测。另外，该技术针对的是处理器模块，该模块用于信息计算处理的能耗远小于无线通信模块的能耗，故该技术的节能效果并不明显。目前，以 ARM 为代表的嵌入式处理器已具备支持电压频率调节的能力，为无线传感器网络的应用提供了有利条件。

② 动态调制调节技术

动态调制调节技术是指根据应用环境的需求动态调整节点的发射功率，在保障网络通信性能的条件下控制能耗。在保持发送数据包不变的情况下，节点的发射功率与通信距离相关，如果通信距离较近，较高的发射功率会造成能量的过度消耗。对节点进行功率控制，动态调整节点的发射功率，可有效均衡网络中的节点能耗，延长网络的生命周期。

2. 动态能量管理

动态能量管理（Dynamic Power Management，DPM）是一种系统级能量管理策略，其基本思想是：当节点没有监测任务时，通过使节点的某些模块从空闲状态转为更低能耗的状态，如睡眠或关闭，降低空闲状态的时长，从而节省能量。

动态能量管理的核心是控制节点的状态转换。虽然节点处于睡眠状态的能耗较小，但是空闲状态和睡眠状态之间的转换也会消耗一定的能量。需要说明的是，如果节点状态转换策略不合适，不仅不能控制能耗，还可能增加能耗，比如，如果节点不能及时从睡眠状态转为工作状态，将会产生严重的网络时延和事件丢失。

针对动态能量管理，有多种方案从不同的角度来进行优化。典型的有：基于预知电池容量水平和可用能量收集速率的数学模型，提出占空比自适应控制策略，将电池能量水平保持在中性状态；在考虑节点唤醒与睡眠管理机制对通信质量和电池循环寿命的影响下，利用博弈论优化唤醒与睡眠能量分配机制；结合应用环境，融合动态电压调节机制，当事件发生的时间间隔不能满足进入睡眠状态的时间阈值时，通过降低处理器的工作电压来降低节点能耗。

3. 网络级能量管理

无线传感器网络要求节点能量的高效利用，各个协议层都需要考虑能量管理问题。

（1）物理层能量管理

物理层直接影响到网络节点的体积、成本及能耗，其设计目标是以尽可能少的能耗获得较大的链路容量。物理层与数据链路层紧密结合，主要涉及功率控制、编码调制与解调技术、通信信道分配等。

物理层功率控制的实现方法包括直接设置和接收端反馈。采用直接设置方法进行功率控制时，发送节点以不同的功率级别广播多个消息，接收到消息的节点按照接收的消息中最小的发射功率来设置其发射功率。采用接收端反馈方法进行功率控制时，发送节点以最大功率广播消息，接收到消息的节点计算出其无线信号强度（RSSI）值，并将该值反馈给发送节点，发送节点根据反馈的 RSSI 值调整其发送功率。

编码调制与解调技术影响信道频率带宽、通信速率等参数，常见的技术包括幅移键控、频移键控、相移键控、多进制调制及直接序列扩频等。

（2）数据链路层能量管理

数据链路层通过设计有效的 MAC 协议，控制各个节点公平、有效地访问无线信道，均衡整个网络的能耗，其能量管理集中体现在碰撞规避、串音处理、用户调度、睡眠唤醒等方面。

碰撞规避可以通过跳频技术或发送信标来实现。节点发送信标，确定信标周期中是否存在信标碰撞问题，由此可以避免碰撞，减少因为碰撞重传带来的能耗，提高信道共享前提下用户的信噪比。

串音是指当使用共享信道进行通信时，某个节点可能接收到不是发送给它的数据，该节点就会将接收到的消息丢弃。为了避免产生串音，节点可以在不接收数据时关闭其接收模块，以此减少部分能耗。

用户调度是指按照一定的规则为每个节点分配相应的时隙，使各节点在分配的时隙内进行信道占用，通常包括集中调度和预留调度两类。集中调度一般由基站按照节点电量、信道质量等为每个节点分配相应的时隙。预留调度是先通过信令消息预留时隙，然后在预留的时隙发送消息。用户调度使资源分配更合理，从而提高能量利用率。

从 3.2.1 节中可知，节点处于发送和空闲状态时的能耗较高，处于睡眠状态时的能耗较低，因此在不影响数据传输的前提下，尽量减少空闲状态时长，增加睡眠状态的时间，设计合理的睡眠调度机制对降低节点能耗具有非常重要的意义。以 S-MAC(Sensor-MAC)为例，S-MAC 采用周期性侦听与睡眠来减少空闲侦听，采用物理载波侦听机制及 RTS、CRS 的通告机制来减少碰撞和避免串音，采用流量自适应侦听机制来减少消息的传输时延。

（3）网络层能量管理

无线通信模块的能耗远远高于其他模块的能耗，因此合理设计路由协议能高效地利用能量，达到延长网络生命周期的目的。网络层能量管理主要包括：基于网络拓扑的能量优化技术和基于路由选择的能量优化技术。

基于网络拓扑的能量优化技术的核心目标是减少能耗、均衡负载。良好的拓扑结构能够提高路由协议及其协议的效率，为数据融合、时间同步和目标定位等奠定基础，有利于延长网络的生命周期。由于在多跳路由过程中，靠近基站的区域将承担更多的数据负担，容易产生"热区"现象，因此设计拓扑形成算法时既要降低网络能耗，又要均衡网络负载。网络协议按拓扑结构的不同可以分为平面路由协议和分簇路由协议两类。其中，分簇路由协议在能耗和网络控制上体现出比平面路由协议更好的效果。

基于路由选择的能量优化技术的核心目标是为数据分组找到一条或多条从源节点到目标节点的传输路径。由于无线传感器网络部署环境复杂，节点携带能量有限，网络拓扑结构容易因节点失效发生变化，因此通常根据节点剩余能量、邻居节点个数、节点与基站之间的距离等多个约束因素建立动态路由。同时，为了保障数据传输的可靠性，为数据分组建立多径路由也是网络层能量管理的常用技术。

（4）传输层能量管理

传输层负责数据包的传输控制，该层协议所涉及拥塞控制传输、可靠传输等技术，传输层能量管理即是在考虑网络传输性能前提下控制能耗。这里不再赘述，详见 2.5 节。

（5）应用层能量管理

应用层设计依赖于具体的应用场景，主要任务是获取目标监测区域内的原始物理信息并进行相应的处理。由于同一区域的节点采集的信息具有一定相似性和冗余性，这些数据在转发过程中会带来不必要的能量开销，造成大量的无效能耗。常用的解决方式是利用数据融合技术，通过分布式处理对数据进行联合、相关及组合等操作，去除冗余数据，减少数据转发量。数据融合通常与网络拓扑和多跳路由相结合，在多跳路由过程中选择合适的中间节点对多个传感器节点的数据源进行融合处理，从减少数据转发量的角度降低网络能耗。

分簇型网内融合技术就是一种典型的基于分层拓扑结构的数据融合技术，如 LEACH 算法、TEEN 算法等。在这类融合技术中，整个网络被划分为多个簇，每个簇内包含簇头和多个普通节点，普通节点将感知数据发送给簇头，簇头对普通节点发来的数据进行融合处理之后，将数据转发给基站。簇头对多个普通节点的数据进行压缩、融合后，大大减少了网络数据的转发量，从而实现降低能耗的目的。

（6）跨层能量管理

在无线传感器网络中，单一层次协议进行能量管理可能出现局部能耗最小，但无法实现全局能耗最小，为此，提出将多个协议层结合起来进行统一的跨层能量管理策略。例如，准确的时间同步是实现无线传感器网络数据融合、睡眠调度、定位等的基础，时间同步算法设计就应同时考虑多个协议层的需求。跨层能量管理策略比较复杂，计算量大，难以适应计算与资源受限的节点，但随着嵌入式技术的快速发展，节点的性能也在逐步提高，为跨层能量管理策略研究提供了良好的发展前景。

3.3 时间同步技术

在无线传感器网络中，节点分布于网络覆盖区域，如果各个节点都维持各自独立的时钟测量基准，将使节点之间的时间相互独立且存在不同步问题，那么，网络在处理不同节点收集到的信息时就难以使用统一的时间尺度，节点所采集到的信息将会由于缺失时间信息而变得没有意义，也就无法实现有效的网络监测，因此，如何确保无线传感器网络的时间同步尤为重要。

在无线传感器网络这种分布式系统中，各个节点都有自己的本地时钟。但由于受到诸多因素的影响，即使在某个时刻所有节点都可达到时间同步，随着网络的运行，各个节点的时钟信息也会逐渐出现偏差。这些干扰因素包括：因不同节点的晶体振荡器（晶振）频率存在偏差而形成的累积误差；因能量、存储、带宽限制，通信信道质量不佳时或节点密度大时造成的时延和出错，从而引起时间误差；因温度变化和电磁波干扰，导致时间误差。所谓时间同步技术，是指设计合适的同步算法和协议对节点的本地时钟进行校正，使得网络中所有节点的本地时钟保持一致。

无线传感器网络中只有节点保持统一的物理时间，才能从节点获取有效的监测信息，并且，无线传感器网络的很多基本操作和数据处理也需要在统一的时间框架下才能正确开展。这些需求主要体现在以下 3 个方面。

（1）协作任务

无线传感器网络在分布式监测区域环境下，单个节点获取信息的能力有限，往往需要通过不同或多个节点来采集监测区域信息，以实现被监测对象的综合分析。为达到这样的目的，参与监测任务的各个节点就需要协调它们的操作过程。典型的协作任务是数据融合，即利用节点采集信息的时间关系及节点相互之间的关联关系，可实现多节点监测信息的融合处理。另外，测距定位、目标跟踪等任务也需要通过多个节点协作完成。这些协作任务均是以网络节点间的时间同步为基础的。

（2）传输调度

无线传感器网络的传输调度协议需要时间同步机制的支撑，特别是 MAC 协议中的 TDMA 模式，某一传输周期由多个时隙组成，单个节点只能允许在所分配的时隙内传输信息，且不同的节点占用不同的时隙。TDMA 模式对协议运行时间有着严格的要求，故只能在时间同步网络中应用。

（3）能耗管理

无线传感器网络的节点一般采用电池供电，网络的生命周期某种意义上依赖于节能控制。为达到节能目的，节点通常采用的是睡眠与唤醒机制，利用协议控制节点处于低功耗的睡眠状态，甚至直接关闭。为实现这样的操作，节点就需要知道该在什么时间点切换至睡眠状态或关闭，以及该在什么时间点被唤醒或上电开机。因此，在分布式的网络结构中，就需要通过时间同步机制来协调节点的能耗管理。

结合无线传感器网络的具体应用情况，时间同步根据应用需求的严格程度也有所不同，主要体现在以下几个方面。

① 在仅关注事件发生先后次序的应用中，即时间排序，对本地时间的要求较为宽松，只需要获取当前节点与其他节点间的相对时间就可以了，无须同步协调。

② 在仅关注某个相对小区域的应用中，当前节点维护自身的本地时钟，周期性地获取其与邻居节点的时钟偏移，将邻居节点数据分组中的时间信息与当前节点的时钟基准进行换算，进而调整以达到时间同步的目的，并不一定持续更新当前节点的本地时钟，是一种相对同步处理方式。

③ 在对时间有着严格要求的应用中，即绝对同步，也称为时钟校正同步，要求所有节点的本地时钟与设定的参考时钟保持一致。

时间同步的实现依赖于参考时钟，参考时钟的来源有两种形式。一种形式为外同步技术，即采用外部标准参考时钟，比如，网络引入 GPS 时间信息作为标准参考时钟。另一种形式为内同步技术，即采用网络中某个节点的时间信息作为该网络的参考时钟。采用内同步技术，可能出现网络时间与实际时间有所差异的情况，但只要保证网络内部的时间同步就不会影响网络的正常运行。

一般情况下，在无线传感器网络中，只有非常少量的节点被设计用来携带如 GPS 的硬件外部时间同步部件，绝大多数节点都需要通过时间同步机制来交换同步信息，实现与网络中其他节点的时间同步。结合无线传感器网络的特性，在设计时间同步机制时，需要重点考虑以下几个因素。

① 网络可扩展性：无线传感器网络应用需要部署大量的节点，网络覆盖的地理范围大小及网络内部的节点密度都有所不同，那么，时间同步机制需要具备适应这种网络覆盖范围或节点密度变化的能力。

② 系统稳定性：因受到多种因素影响，如环境、节点状态变化等，为确保无线传感器网络的连通性，其网络拓扑结构将会产生一定的动态变化，因此，时间同步机制需要具备适应网络

拓扑结构动态变化的能力，以保持时间同步的连续性和时间精度的稳定性。

③ 系统鲁棒性：当遭遇节点失效、网络拓扑结构动态变化、电磁干扰等情况时，无线传感器网络中无线链路的通信质量将受到影响，因此，时间同步机制需要具备良好的抗扰动能力，以保障系统的鲁棒性。

④ 时效性：节点之间交换同步信息，如果需要交换的同步信息较多，所耗费的时间代价会越大，且对能耗的需求会越多，进而影响网络同步的效率。无线传感器网络的应用场合通常要求较短的时间同步建立时间，时间同步机制需要具备较高的时效性，以使节点能够及时获知其时间是否达到同步。

⑤ 精确性：无线传感器网络时间同步的精确性依赖于具体的应用需求，通常要求时间同步机制具备尽可能小的时间同步误差，以保证整个网络的正常运行。

⑥ 低功耗：为了控制能耗，则需要尽可能降低网络时间同步的计算量和通信负载，那么，时间同步机制需要具备低计算复杂度的能力，以尽可能延长网络的生命周期。

3.3.1 时钟模型

无线传感器网络节点的时钟系统主要包含晶振和计数器两个核心部件。晶振产生一定频率的时钟源信号，计数器通过中断计数方式来控制时钟系统的运行频率，故晶振的时钟源和计数器的中断计数情况决定了时钟系统的时间分辨率。根据计数方式的不同，节点时钟模型有两种，一种是硬件时钟模型，利用硬件实体的晶振来实现时钟计数；另一种是软件时钟模型，通过虚拟的软件时钟来实现时钟计数。

1. 硬件时钟模型

硬件时钟模型的数学关系可描述为

$$h(t) = k\int_{t_0}^{t} w(\tau)\,\mathrm{d}\tau + h(t_0) \qquad (3\text{-}13)$$

其中，t 表示真实（理想）时间，$h(t)$ 表示在 t 时刻的本地时间读数，$w(\tau)$ 表示晶振频率，k 表示依赖于晶振物理特性的一个常量，$h(t_0)$ 表示在开始计时 t_0 时刻的初始本地时间读数。

由上述时钟模型可以看出，实际情况下的本地时间读数与真实时间之间存在差异，这种差异可用时钟偏移来表示，即定义 t 时刻下的时钟偏移为 $h(t)-t$，表征了在某个时刻下本地时间与真实时间的差值，可用来描述时钟计数的准确程度。理想情况下，本地时间读数与真实时间相同，其时钟偏移为 0。

时钟的计时速率（频率）$r(t)$ 定义为时钟的一阶导数，即 $r(t) = \mathrm{d}[h(t)]/\mathrm{d}t$。理想情况下，时钟的计时速率为 1，即 $r(t)=1$。实际情况下，晶振频率容易受到温湿度变化、晶体老化、供电电压及电磁干扰等因素影响而产生波动，但这种波动一般局限在一定的范围内，可用时钟漂移来表示。

定义 t 时刻下的时钟漂移为 $\rho(t)$，表示为 $\rho(t)=r(t)-1$，即当前本地时钟计时速率与理想计时速率间的差值，也称为频偏，表征了时钟计时的稳定性。该稳定性满足受限条件

$$-\rho_{\max} \leqslant \rho(t) \leqslant \rho_{\max} \qquad (3\text{-}14)$$

其中，$\rho_{\max}$ 表示绝对频偏上限，一般认为 $\rho_{\max}$ 在 $10^{-6} \sim 10^{-4}$，即 1s 会漂移 $1\sim100\mu s$。

2. 软件时钟模型

从硬件时钟模型的描述可知，无线传感器网络中各个节点因自身物理特性和受影响程度的不同将表现出不同的时钟偏移和时钟漂移，导致每个节点的本地时钟具有一定的差异性。即使在某个时刻对节点时钟进行了校准，运行一段时间后，节点时钟仍然会发生偏离。

为保持节点本地时间的连续性，不能直接修改节点的本地时钟，但可以根据本地时钟并结合时钟补偿参数构建相应的虚拟软件时钟，即

$$c(t) = f(\alpha, \beta) \tag{3-15}$$

其中，α 和 β 分别表示节点虚拟软件时钟的漂移补偿参数和偏移补偿参数。在实际应用中，该软件时钟模型可根据需求表征为线性关系或非线性关系。

3.3.2 时间同步机制简介

1. 传统网络时间同步技术

传统网络时间同步技术经历了长期发展，已经形成了成熟的时间同步方案，典型的就是基于 GPS 的时间同步技术和基于网络时间协议（Network Time Protocol，NTP）的时间同步技术。

GPS 在卫星上搭载了高精密的原子钟，并由卫星监控站负责对 GPS 时钟系统的校准，以与协调世界时（Coordinated Universal Time，UTC）保持同步。我国的北斗卫星导航系统也能提供高精度的授时服务，并逐步应用于多个行业领域。卫星持续发射精确度达到十亿分之一秒的数字无线电信号，卫星信号接收机收到该信号并用于当前系统的时间校准。由于卫星信号的穿透能力较弱，为确保卫星信号的接收质量，天线的安装位置有所限制，需要安置在相对空旷的室外，且不能有高大的阻挡物；另外，卫星信号接收机的功耗较大，对供电电源也提出了较高要求。因此，受到安装应用、能耗等条件的限制，一般情况下，以 GPS、北斗为代表的卫星授时技术不直接适用于无线传感器网络。

NTP 协议是目前 Internet 上应用的标准时间同步协议，该协议将网络中的计算机等设备的时间同步到 UTC。NTP 协议采用分层结构，每层设置相应的时间同步服务器。位于顶层的时间服务器连接网络外部的时间源接收机，如 GPS 或广播网络等方式，获取标准的 UTC 时间源，并提供给下一层的时间服务器。其他层的时间服务器或客户端选择一个或多个上一层的时间服务器来同步本地时间，最终使网络中所有服务器和客户端的时间达到同步，如图 3-9 所示。目前，NTP 协议的时间同步精度可达到毫秒级。从图中可以看出，NTP 协议的有效执行取决于时间服务器设置的冗余性及参考时钟获取路径的多样性。由于采用的是分层结构，距离顶层时间服务器越近的设备，其时间精度就越高，反之就越低；为避免较长的同步循环，NTP 协议的层级一般限制在 15 层以内。

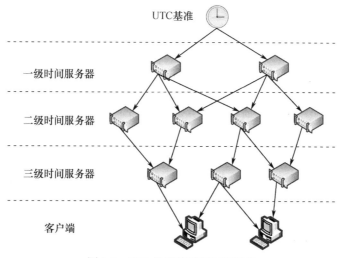

图 3-9　NTP 协议的时间同步结构

NTP 协议的基本实现机理是客户端运行 3 个基本进程，分别是发送进程、接收进程和本地时钟进程，客户端发送时间请求信息，时间服务器回应包含时间信息的应答信息，这些信息构成 NTP 报文，该报文包含发送时的本地时间戳、上次接收到报文的时间戳，以及用于确定层级和管理关联所必需的信息。本地时钟进程根据远端时间服务器时钟与本地时钟间偏移关系的修正处理，并结合 NTP 专用算法更新本地时钟。如图 3-10 所示，t_0 以客户端时间系统为参照，表示客户端发送时间请求信息的时间；t_1 以服务器时间系统为参照，表示服务器接收到时间请求信息的时间；t_2 同样以服务器时间系统为参照，表示服务器回复时间应答信息的时间；t_3 以客户端时间系统为参照，表示客户端接收到时间应答信息的时间；τ_1 和 τ_2 分别表示时间请求信息和时间应答信息通过网络传播所需要的时间，NTP 报文的往返时间为 $\tau=\tau_1+\tau_2$。如果客户端与服务器之间的时间偏差设置为 θ，那么，利用这些参数进行分析，便可更新修正本地时间信息。根据所描述参数可建立关系表达式为

$$\begin{cases} t_1 = t_0 + \theta + \tau_1 \\ t_3 = t_2 - \theta + \tau_2 \end{cases} \tag{3-16}$$

假设时间请求信息和时间应答信息在客户端与服务器间的传播时间相同，即 $\tau_1=\tau_2$，那么就可求解得到

$$\begin{cases} \theta = \dfrac{(t_1 - t_0) - (t_3 - t_2)}{2} \\ \tau = (t_1 - t_0) + (t_3 - t_2) \end{cases} \tag{3-17}$$

从此计算结果可以看出，待求参数 θ 和 τ 只与从客户端到服务器的请求信息时延 $(t_1 - t_0)$ 和从服务器到客户端的应答信息时延 $(t_3 - t_2)$ 有关，与服务器处理请求信息所需要的时间 $(t_2 - t_1)$ 无关。根据计算出的时间偏差数据，调整本地时钟，从而达到同步目的。

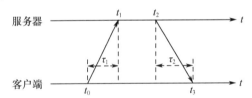

图 3-10 NTP 协议的基本通信机制

NTP 协议适用的传统网络通信链路好，稳定性高，但由于无线传感器网络存在节点可能失效退出、网络拓扑结构动态变化、无线信道不稳定、节点处理能力不足、网络能量受限等特点，NTP 协议无法适用于无线传感器网络。

2. 无线传感器网络时间同步误差源

无线传感器网络的时间同步是在网络中通过传播参考同步报文的方式来实现的，但报文在无线信道中的传输时延呈现出不确定特征，这种不确定的传输时延是影响无线传感器网络时间同步效果的主要因素。因此，无线传感器网络时间同步协议的设计就需要实现对报文传输时延的测量、分析和补偿。

无线传感器网络的报文传输时延结构如图 3-11 所示，由 6 部分构成。

① 发送时间：表征发送节点构造和发送时间同步报文所消耗的时间，主要取决于节点调用时间开销、当前处理器负载处理时间开销和把报文发送到网络接口的时间开销，具有一定的不确定性。

② 访问时间：表征发送节点在获得报文后，通过 MAC 协议访问无线传输信道的等待时间。主要取决于具体的 MAC 协议和当前无线信道的负载情况，具有较大的不确定性。由于对共享

的无线信道存在竞争使用问题，只有当无线信道处于空闲状态时，发送节点才能传送报文。

③ 传送时间：表征发送节点从报文的第一个字节开始发送，直到所有报文发送完成所需要的时间。由于报文发送时其报文长度和发送速率是确定的，因此传送时间具有确定性。

④ 传播时间：表征报文从发送节点到接收节点间电磁波传播所需要的时间。当收发节点确定后，其间隔距离在当前时刻固定，且电磁波在传播介质中的传输速率固定，因此传播时间具有确定性。

⑤ 接收时间：表征接收节点从报文的第一个字节开始接收，直到所有报文接收完成所需要的时间。与传送时间一样，该接收时间具体确定性。

⑥ 接受时间：表征接收节点处理接收到的时间同步报文所消耗的时间，主要取决于节点系统调用时间开销、当前处理器负载处理时间开销。与发送时间一样，具有一定的不确定性。

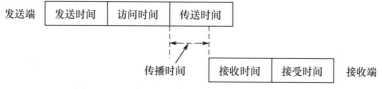

图 3-11　无线传感器网络的报文传输时延结构

从图 3-11 可以看出，传送时间和接收时间有一定的重叠，这是因为无线信号的传输速率很快，其在介质中的传播时间很短。整体上看，无线传感器网络的报文传输时延结构中呈现出的不确定特征，在某种意义上使得其传输时延不可精确预测。因此，无线传感器网络需要充分结合具体的应用场景和指标需求，在综合考虑节点计算复杂度、网络能耗控制、适应网络动态拓扑变化等因素的基础上，设计合适的时间同步机制，最大限度地延长网络的生命周期。

3．无线传感器网络时间同步机制分类

目前有很多关于无线传感器网络时间同步的研究文献报道，这些研究也在不断地持续改进和完善，这里主要分别从全局视角和局部视角对无线传感器网络的时间同步机制分类进行简要描述。

（1）全局视角

根据实现全网时间同步过程中节点组织方式的不同，可分为结构化时间同步机制和非结构化时间同步机制。

① 所谓结构化时间同步机制，是指基于网络中的一个或多个参考节点，通过相应的算法构建不同的网络拓扑结构，比如层次网络结构或分簇网络结构。针对层次网络结构，可设计基于生成树的网络时间同步协议，该协议主要包含两个阶段：首先是层次发现阶段，选择一个参考节点作为根节点，标记层级号为 0，并以该节点构造生成树，所有能接收到该节点广播消息的节点为下一层级，标记层级号为 1，以此类推，使网络中任一节点都能与上一层中的某个节点建立通信连接；其次是时间同步阶段，采用同步信息交换方式，实现网络中不同层级间节点的时间同步。针对分簇网络结构，可设计基于分簇的时间同步协议，该协议从网络中选出若干个参考节点，将同一参考节点广播范围内的节点组成一个簇，在形成簇内同步的基础上进一步拓展到簇间同步，进而实现全网同步。总体上说，结构化时间同步机制需要花费大量代价来维护网络结构，如果参考节点失效，就需要重新构建网络结构，并重新开展网络时间同步操作。

② 所谓非结构化时间同步机制，是指在不需要维护特定网络拓扑结构的基础上实现网络时

间同步，适用于拓扑结构频繁变化的无线传感器网络。这类机制主要包含基于泛洪的时间同步协议和完全分布式时间同步协议。基于泛洪的时间同步协议中，参考节点周期性地向网络广播时间消息，接收节点获取该参考时间消息后，评估相应的偏差信息并进行补偿，然后将同步修正后的时钟信息广播到网络中，通过泛洪方式实现全网时间同步。完全分布式时间同步协议中，网络中所有节点均平等，没有参考节点或网关节点，所有节点仅与其邻居节点通信，且各个节点间的同步操作完全相同，因此，该协议具有较好的鲁棒性，能够适应网络拓扑结构的动态变化。

（2）局部视角

时间同步问题的最小单元是两个节点相互间的协调操作，根据一对节点间的不同时间同步方法，可将无线传感器网络时间同步机制分为 3 种：基于发送者和接收者的单向时间同步机制、基于发送者和接收者的双向时间同步机制、基于接收者和接收者的时间同步机制。

① 基于发送者和接收者的单向时间同步机制：参考节点广播含有自身时间信息的数据分组；接收节点评估测量数据分组的传输时延，然后接收节点将其本地时间更新为接收到的数据分组中的时间再加上数据分组的传输时延；如此进行下去，参考节点广播范围内的所有节点均可实现与参考节点间的时间同步。代表性协议为延迟测量时间同步机制（Delay Measurement Time Synchronization，DMTS）。

② 基于发送者和接收者的双向时间同步机制：与传统网络的 NTP 协议相似，发送者和接收者类似于服务器和客户端。接收节点（待同步节点）向发送节点（参考节点）发送时间同步请求报文，参考节点反馈含有当前时间信息的同步报文，接收节点收到同步报文，并评估计算传输时延，进而修正并更新本地时间。代表性协议为传感器网络时间同步机制（TPSN）。

③ 基于接收者和接收者的时间同步机制：利用无线传输的广播信道特性，选择一个节点发送参考时间分组信息；在广播覆盖范围内，两个或多个节点收到这个参考时间分组信息，然后比较各自接收到该信息的本地时间并协调修正，进而达到相互时间同步的目的。代表性协议为参考广播同步机制（References Broadcast Synchronization，RBS）。

3.3.3　DMTS 机制

DMTS 机制是基于节点间同步报文在传输路径上的时延估计来实现时间同步的，即待同步节点的本地修正时间是同步报文中嵌入的时间加上报文传输时延。

DMTS 机制中时间广播分组的传输过程如图 3-12 所示，其同步修正过程如下。

① 发送节点在检测到无线信道空闲后，在广播报文中嵌入发送时间 t_0，以消除发送端的处理时延和 MAC 层的访问时延，避免发送等待事件对时间同步精度的干扰。

② 基于无线传感器网络通信协议，在发送广播报文前，发送节点需要发送前导码和同步字，以便接收节点能够收到同步信息。根据单个比特发送需要的时间 Δt 和需要发送的比特个数 n，可以估计出发送前导码和同步字所需的时间为 $n\Delta t$。

③ 接收节点广播报文到达并在同步字结束时嵌入本地时间戳 t_1，在广播报文接收处理完成且将修正自身本地时间之前嵌入标记时间戳 t_2，那么，接收节点的接收处理时延可表示为 $t_2 - t_1$。

④ 忽略无线信号在介质中的传播时延，综合起来，接收节点需要将本地时间修正为 $t_0 + n\Delta t + (t_2 - t_1)$，从而与发送节点的时间达到同步。

从 DMTS 机制的处理流程来看，该机制使用单个广播时间报文，能够一次性同步单跳广播域中的所有节点，其实现算法简单，所需网络流量非常小且对能量的需求不大，是一种轻量级的时间同步技术。但需要注意的是，该机制由于没有考虑传播时延、编解码影响及时钟漂移等

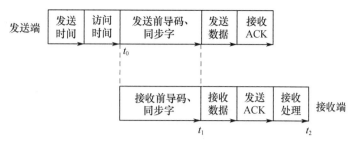

图 3-12 DMTS 机制时间广播分组的传输过程

因素，所形成的同步精度不是很高，相当于在实现复杂度、能耗控制和同步精度间进行了折中，比较适合于对时间同步精度要求不是很高的应用场合。

在多跳网络中，DMTS 机制可通过层次网络结构来实现全网范围内的时间同步。根据主节点（参考节点）与其他节点间的跳数来定义时间源级别，将主节点的时间源级别设置为 0，其单跳广播域内邻居节点的时间源级别设置为 1。其次，针对时间源级别为 1 的节点，其单跳广播域内邻居节点的时间源级别设置为 2，以此类推，完成多跳网络中所有节点的时间源级别描述和同步处理。

3.3.4 TPSN 机制

针对 DMTS 机制面临单向广播报文不能准确估算传播时延的问题，研究人员提出基于报文传输的对称性，采用双向报文方式，即通过基于发送者和接收者的双向时间同步机制来获取较高的准确度，TPSN 机制就是这种方式的典型协议。

TPSN 机制基于层次网络结构，其协议设计主要包含两个阶段。

1. 层次发现阶段

从第一层的根节点开始，通过广播层级报文标记无线传感器网络中所有节点的层级，层级发现报文含有发送节点的 ID 和层级信息，每个节点具有唯一的 ID。根节点的层级最高，一般标记为 0 级；根据单跳广播域范围，根节点的邻居节点收到根节点发送的层级报文后，就将自己的层级标记成下一个层级，报文层级信息加 1，即 1 级；然后将层级报文转发出去，以此类推。

网络中每个节点与其上一级节点通过同步报文实现时间同步，最后完成所有节点与根节点间的时间同步。节点一旦建立自己的层级，就忽略任何其他层级报文，以防止网络产生泛洪拥塞。其中，根节点可以配置精确的外部时钟源，如 GPS、UTC 等；也可以配置成网络内部的指定节点，只需完成网络内部的时间同步，而不需要同步到外部时钟。

2. 时间同步阶段

层次网络结构形成以后，进入时间同步阶段，根节点广播时间同步报文，第 1 层级节点收到同步报文，通过报文消息交换，使当前层级节点与根节点的时间同步。第 2 层级节点侦听到上一级的时间同步交换消息，等待一段随机时间，待第 1 层级节点的时间同步完成后，第 2 层级节点才启动与第 1 层级节点的报文消息交换，并进行同步。如此，每个节点都可以与最靠近的上一层级节点进行同步，最终将所有节点都同步到根节点。

TPSN 机制中发送节点和接收节点的双向报文消息交换过程与 NTP 协议类似，如图 3-10 所示，同样假设时间请求信息和时间应答信息在发送节点与接收节点间的传播时间相同，那么就可根据计算出的时间偏差来修正本地时间，从而达到同步。

在同步报文收到过程中，从发送节点的发送、MAC 层访问，到接收节点接收同步报文，会形成发送时间、访问时间、传播时间、接收时间等延迟，其中访问时间的延迟是不确定的。TPSN机制在同步报文通过 MAC 层开始发送到无线信道的时刻，才嵌入时间戳，这样的好处就在于消除了因访问时间而带来的时间同步误差。并且，该机制采用同步双向交换计算报文的平均延迟，一定程度上提高了时间同步的精度。需要注意的是，TPSN 机制基于层次网络结构，其时间同步误差与层级成正比，层级数量越大，同步误差也就会越大；该机制明确所有节点的层级和 ID，而无线传感器网络的动态拓扑结构变化，使网络存在节点的退出和新节点的加入，这些变化将导致层次发现阶段花费大量的能量去维护网络的拓扑结构，特别地，如果根节点失效，整个网络的层次结构就需要重新建立，影响了该机制应用的鲁棒性。

3.3.5 RBS 机制

与采用基于发送者和接收者的同步方式不同，RBS 机制采用的是基于接收者和接收者的同步方式，一定程度上缩短了同步报文所需要的传输关键路径，也在一定程度上提升了无线传感器网络的时间同步效果。

RBS 机制时间同步的基本原理如图 3-13 所示。在一个单跳网络中，发送节点广播一个信标（Beacon）报文，该信标报文并没有嵌入发送节点的参考时间信息，其余节点都将收到这个信标报文并结合自身的本地时间记录接收到信标报文的时刻，任意两个接收节点分别交换它们记录到的接收信标报文的本地时间戳，进而可计算出这两个接收节点之间的时间差值；根据这个时间差值，就可对这两个接收节点的本地时间进行修正，实现它们之间的同步操作。从这个过程可以看出，RBS 机制并不需要广播发送节点的时间同步消息，而利用广播的信标报文实现接收节点间的相对同步。

从图 3-13 可以看出，与 DMTS 机制相比，RBS 机制的传输关键路径并不涉及发送节点的发送时间和访问时间，只需对比分析接收节点收到信标报文时的时间差值情况，因此可降低时间同步的估计误差。

RBS 机制还通过采用统计技术手段来提高时间的同步精度，发送节点广播多个信标报文，接收节点获取这些信标报文到达的时间差值并统计均值，以消除接收节点非同时记录带来的影响。另外，RBS 机制通过最小平方线性回归（Least Squares Linear Regression）方法进行线性拟合分析，拟合直线的斜率代表了两个节点间的时钟偏移，通过补偿操作就可弱化节点间的时钟漂移问题。

将单跳网络的 RBS 机制进一步拓展，可应用于多跳网络中。如图 3-14 所示，A、B 为一个多跳网络中的两个单跳区域，利用 RBS 机制，A、B 两个单跳区域可分别实现各自的时间同步，位于交界区域的节点α可以同步区域 A 和区域 B 的时间，即利用节点α作为中间桥梁，可实现两个单跳区域的时间同步转换，达到全网同步的目的。

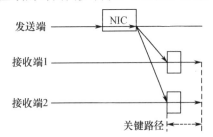

图 3-13　RBS 机制时间同步的基本原理

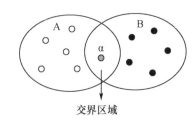

图 3-14　RBS 机制多跳时间同步结构

RBS 机制以单跳网络的时间同步为基础拓展到多跳网络中，随着网络规模的扩大，考虑到节点路径也会随之增多，就需要结合多跳网络的最小跳数问题来优化时间同步效果，但随着跳数的增加，时间同步的误差将有所增加。另外，RBS 机制的主要误差来源于接收节点相互之间的处理时间差，该误差的量级很小，因此，RBS 机制的时间同步精度相对较高。

3.3.6 FTSP 协议

泛洪时间同步协议（Flooding Time Synchronization Protocol，FTSP）是一种基于发送者和接收者的单向广播消息传递时间同步方法，是对 DMTS 机制的一种改进。该协议通过消息广播方式实现发送节点与接收节点之间的时间同步，并综合考虑能量感知、鲁棒性、稳定性、收敛性及扩展性等要求，利用时间同步数据的线性回归来估计本地时钟和根节点标准时钟间的漂移和偏差，进而进行补偿。

节点的晶振频率在一定时间范围内相对稳定，节点本地时钟与根节点时钟间的关系呈现出线性相关性，那么，在误差允许的范围内，构造最优线性拟合曲线，便可直接获取某一时刻节点本地时钟与标准时钟间的偏移，并以此来估计全局时钟。通过这种拟合计算方式，一定程度上减少了同步广播的次数，从而控制了节点的能耗。

在多跳网络中，FTSP 协议以根节点为同步标准时间源，采用层次网络结构实现全网的时间同步。根节点标记为第 0 级，将同步消息以广播方式传递至第 1 级节点，第 1 级节点将本地时钟同步到根节点。以此类推，第 i 级节点收到第 i-1 级节点的广播同步消息后，同步到上一级节点。其同步过程主要包含 3 个主要步骤，即根节点选举机制、MAC 层的时间戳标记和时间偏移补偿。

1. 根节点选举机制

FTSP 协议假设网络中各个节点具有独立唯一的 ID，由于节点都存在失效风险或者无效网络连接，从而引起网络拓扑结构的变化。因此，不能采用专用的节点来担任根节点。节点经过一段时间的侦听和等待，在时间同步的初始化过程中，如果当前节点收到时间同步数据包，那么当前节点就采用新的时间数据进行更新；如果没有收到时间同步数据包，当前节点就宣称自己为根节点。由于可能存在多个节点都没收到时间同步数据包，这些节点就会同时宣称自己为根节点，引起参考根节点的定义冲突。为解决这个问题，FTSP 协议设计根节点选举机制，选出 ID 最小的节点作为同步时间源。当前节点收到同步数据包后，将自身的 ID 与数据包中的 ID 进行对比，选出所有节点记录的根节点 ID 最小节点，即确定为根节点。

2. MAC 层的时间戳标记

FTSP 协议将时间戳标记在尽量靠近通信协议底层的数据链路层，以达到减小因消息传输引起延迟的目的。基于 MAC 层传输协议，FTSP 协议在发送节点的时间同步数据包上标记时间戳；接收节点记录时间同步数据包的最后到达时间，在收到完整的消息后，针对发送节点发送一字节时间和接收节点接收一字节时间的适当调整，对时间进行标准化处理。通过 MAC 层的时间戳，并结合时间标准化分析，可以减小因中断处理和编解码引起的时间抖动，从而提高时间同步精度。

3. 时钟偏移补偿

在 FTSP 协议中，接收节点计算与发送节点间的时间偏移量，采用线性回归技术（一般采用最小二乘法）来补偿时钟偏差。这种拟合补偿方式可以适当延长时间同步的周期，减少同步次数，节省节点能量，延长节点寿命，增强网络的生存能力。

3.3.7 ATS 机制

平均时间同步（Average Time Synchronization，ATS）机制是一种分布式算法，不依赖网络中的参考节点和拓扑结构，对分布式网络具有很好的鲁棒性和可扩展性。ATS 机制在一定数量的节点范围内通过平均本地时钟信息来实现网络的时间同步。网络中某节点将自己的本地时钟信息进行周期性广播，邻居节点收到该节点的广播时钟信息后，通过时钟模型的线性关系来估计自身时钟和该节点的相对时钟速率，进而将该节点与其邻居节点的时钟速率和时钟偏移做统计平均，并将此平均值作为这些节点共同的参考时钟参数来补偿时钟斜率和时钟偏移。

结合节点时钟模型，假设无线传感器网络节点处于理想状态，网络中所有节点的晶振的频率保持一致，通过平均时间操作，所有节点达到的统一同步时间状态可描述为

$$h_{\text{avg\_syn}}(t) = k \int_{t_0}^{t} w(\tau)\, \mathrm{d}\tau + \text{avg}[h(0)] \tag{3-18}$$

$$\text{avg}[h(0)] = \frac{1}{N} \sum_{i=1}^{N} h_i(0), \quad i = 1, 2, \cdots, N \tag{3-19}$$

其中，N 为网络中的节点个数。在 $t=0$ 时刻获取所有节点的平均时间，并以此进行补偿，使网络达到平均时间同步。

ATS 机制的过程主要包括：伪周期广播、相对时钟斜率估计、时钟斜率补偿和时钟偏移补偿。

ATS 机制利用 MAC 层的时间戳技术，假设数据包被邻居节点瞬时接收，即发送时间就是接收时间。但在实际应用中，每个节点的晶振频率存在差异，对不同节点来说，随着时间的流逝，广播周期将会发生一定变化，形成伪周期广播。一般情况下，网络中本地时钟最慢的节点至少能广播一次同步数据包，即在一个广播周期内，各个节点至少发送一次同步数据包。

理想情况下，由于相邻节点间的数据包传送不存在延迟，相邻节点 i 和 j 具有绝对相同的参考时钟，那么节点 i 在成对广播下的时间对信息记为 $(h_i(t_0), h_j(t_0))$；同理，节点 j 在新同步数据包的成对广播下的时间对信息记为 $(h_i(t_1), h_j(t_1))$，那么，根据理想化的线性时钟模型，就可直接获取相对时钟斜率，即

$$a_{ij} = \frac{h_j(t_1) - h_j(t_1)}{h_i(t_0) - h_i(t_0)} \tag{3-20}$$

考虑到实际应用中存在的误差因素，直接利用理想模型获取的参数的准确度不高。为提高参数的准确度，可设计低通滤波器来提升估计效果，其处理关系式表示为

$$\eta_{ij}^{+} = \rho \eta_{ij} + (1-\rho) \frac{h_j(t_1) - h_j(t_1)}{h_i(t_0) - h_i(t_0)} \tag{3-21}$$

其中，$\rho \in (0,1)$ 表示调节参数，η_{ij}^{+} 表示根据变量 η_{ij} 获取的估计参数。如果不考虑测量误差且节点的时钟斜率为常量，那么，变量 η_{ij} 将会收敛于 a_{ij}。

在时钟斜率补偿中，ATS 机制要求网络中所有节点的时钟斜率收敛到一个虚拟时钟斜率 a_v，其主要思想是采用一种基于本地信息交换的分布式一致性算法。任意节点通过对虚拟时钟斜率的估计记录及邻居节点对虚拟时钟斜率估计的信息交换来更新自身参数。在 t 时刻，当节点 i 接收到来自节点 j 的同步数据包时，节点 i 更新自身的时钟斜率，即

$$\hat{a}_i(t^{+}) = \rho_v \hat{a}_i(t) + (1-\rho_v) \eta_{ij}(t) \hat{a}_j(t) \tag{3-22}$$

其中，$\hat{a}_j$ 是邻居节点 j 的虚拟时钟斜率估计参数，在初始化过程中可将所有节点的虚拟时钟斜率初始值设置为 1，即 $\hat{a}_i(0) = 1$。

时钟斜率补偿之后，各个节点对于本地虚拟时钟斜率的估计是相同的，即所有节点以相同的时钟速率运行。为使所有节点时钟能够同步到一个共同的虚拟时钟上，还需要对可能存在的

时钟偏移进行补偿，同样采用一致性算法来更新估计的时钟偏移，即

$$\hat{o}_i(t^+) = \hat{o}_i(t) + (1 - \rho_o)(\hat{\tau}_j(t) - \hat{\tau}_i(t)) \tag{3-23}$$

其中，每个节点通过计算瞬时估计的时钟差 $\hat{\tau}_j(t) - \hat{\tau}_i(t)$ 来尝试更新时钟偏移，达到减小时钟偏移误差并进而实现网络时间同步的目的。

将本时间同步方法进一步应用于分簇网络，可形成基于簇平均的 ATS 机制。在分簇结构建立的基础上，按上述处理过程实现簇内的局部平均时间同步，再通过簇间的平均时间同步实现无线传感器网络的全局时间同步。

3.4 定 位 技 术

无线传感器网络能够获取所监测区域或对象较为全面的信息，也关心某个事件发生时的具体时间及具体区域位置，时间信息可通过时间同步技术获取，位置信息则需要通过定位技术来获取，比如环境监测、目标跟踪、突发事件检测等。在监测过程中，如果没有位置信息，所获得的监测信息是没有意义的。此外，位置信息还可辅助其他技术的发展应用，比如，在路由协议设计中引入位置信息形成地理路由协议，可优化数据传输路径，避免数据在网络中的无效扩散，提高路由性能，降低网络能耗，并可实现定向的信息查询；在网络管理中引入位置信息，可获得网络拓扑的构建状态并获知网络的覆盖情况，从而根据网络应用需求及时采取必要的措施；在网络安全中引入位置信息，可在一定程度上提供认证验证支撑。因此，定位技术是无线传感器网络应用的重要基础性前提，目前很多研究聚集于如何提高无线传感器网络的定位精度及拓展室外、室内或特殊条件下的定位应用。

3.4.1　定位技术简介

无线传感器网络的定位技术有两种含义：一是确定节点在网络中的位置，即节点定位；二是确定节点所监测事件（目标）发生的具体位置，即事件（目标）定位。节点定位就是在网络中少量已知参考节点的基础上，利用邻居节点之间有限的通信和相关信息，通过某种定位机制来确定网络中其他未知节点的位置。一般来说，只有在确定节点自身定位之后，才能确定节点所监测事件发生的具体位置。因此，无线传感器网络中节点定位是事件定位的前提条件。

美国的全球定位系统（GPS）、中国的北斗卫星导航系统（BeiDou Navigation Satellite System，BDS）、俄罗斯的 GLONASS 系统和欧洲的 GALILEO 系统是全球四大卫星导航系统。卫星导航系统通过卫星授时与测距实现对用户终端的定位，具有方便、快捷等特点。但是卫星导航系统所需要的能量、成本等较高，在无遮挡的室外环境下能获得优良的应用效果，但在有遮挡或室内环境下因难以获得有效的卫星信号而不能有效定位。因此，卫星导航系统不适合于低成本的无线传感器网络。

机器人研究领域也提出了相应的定位技术，由于机器人终端的移动性和自组织性，从而使其定位技术表现出与无线传感器网络定位技术一定的相似特征。通常情况下，机器人终端可携带充足的能源和多种精确测量设备，所搭载的计算平台具备处理复杂算法的能力。而无线传感器网络的计算能力、能耗受限且节点硬件相对简单，无法使用机器人研究领域的定位算法。

无线传感器网络由于自身的诸多限制，对定位技术的具体应用提出了较高的要求。概括来说，无线传感器网络定位技术应具备以下主要特性。

① 分布式计算。无线传感器网络中众多节点分布式部署，单个节点的计算能力有限，定位算法不能全部集中于某一节点，需要将定位算法的计算任务结合分布式结构分派到多个节点。

② 健壮性。无线传感器网络的节点的性能低，节点因失效或其他因素使得网络链路结构产生动态变化，并且在测量距离时导致误差，因此，定位算法需要具有较好的容错性。

③ 自组织性。由于节点在无线传感器网络中随机分布，定位算法不依赖于全局的基础设施，需要具备良好的自组织能力。

④ 节能性。定位算法需要尽可能地降低计算复杂度，控制节点间的通信开销，尽可能地延长网络的生命周期。

⑤ 可扩展性。根据无线传感器网络应用需求的不同，其节点规模也会有所差异，为适应不同的网络规模和应用环境，定位算法需要具有较好的可扩展性。

在实际应用中，一种定位算法很难满足以上所述的全部特性，需要结合具体应用需求来折中定位算法特性。例如，如果要获得较高的定位精度，通常要使用较为复杂的定位算法，所需要的计算量较大且可能多次获取节点间的通信信息，但对节点能耗也相应提出了更高的要求。因此，针对无线传感器网络的应用场景，如何利用有限计算资源和通信资源获取较为精确的位置信息是定位技术的重点研究方向。

3.4.2 定位技术的基本概念

1. 定位基本术语

无线传感器网络定义了针对定位技术所需要的基本概念和术语。

① 信标节点（Beacon Node）。信标节点表示无线传感器网络中已知位置信息的节点，可通过加装 GPS 设备、人工设置或确定性部署等方式预先获取节点的位置信息。信标节点在定位初始化阶段就已经明确，并为其他节点提供坐标参考，一般来说，信标节点的数量在网络中所占比例很小。信标节点也称为参考节点（Reference Node）、锚节点（Anchor Node）。

② 未知节点（Unknown Node）。在无线传感器网络中，除信标节点外的所有节点均为未知节点，需要结合信标节点和定位算法来确定未知节点的位置信息。

③ 跳数（Hop Count）。表征两个节点之间间隔的跳段总数。

④ 跳距（Hop Distance）。表征两个节点之间各个跳段的距离之和。

⑤ 到达时间（Time Of Arrival，TOA）。表征信号从一个节点传播到另一个节点所需要经历的时间。

⑥ 到达时间差（Time Difference Of Arrival，TDOA）。表征两种具有不用传播速度的信号从一个节点传播到另一个节点所经历时间的差值。

⑦ 到达角度（Angle Of Arrival，AOA）。表征节点接收到的信号相对于该节点自身轴线的角度。

⑧ 视距关系（Line Of Sight，LOS）。两个节点之间没有障碍物遮挡，可以直接通信；反之称为非视距关系（Non-Line Of Sight，NLOS）。

⑨ 接收信号强度指示（Received Signal Strength Indication，RSSI）。表征节点接收到无线信号的强度情况。

⑩ 节点连接度（Node Degree）。表征节点可探测到的邻居节点个数。

⑪ 网络连接度（Networks Degree）。表征网络中所有节点的邻居节点数量的均值情况，可反映网络节点部署的密集程度。

2. 定位性能指标

针对无线传感器网络中的多种定位技术，需要通过性能指标来评价定位效果，且不同的应用场景对定位技术的性能要求也有所差异。主要有以下几种性能指标。

① 定位区域与定位精度。这是定位技术的基本核心指标，定位区域反映网络的覆盖范围，定位精度反映与真实位置间的误差关系。一般情况下，两者互补，即定位区域较大时定位精度较小，定位区域较小时定位精度较大。商用 GPS 的定位精度为 1～10m，能实现广大区域覆盖；Wi-Fi 定位精度可达 3m 左右，单个节点覆盖范围为 50m 左右；超声波定位精度能达到厘米级，单个节点的覆盖范围仅 10m 左右，但超声波在传输过程中的衰减明显且定位效果受多径效应和非视距传输影响较大；超宽带（UWB）技术的定位精度也能达到厘米级，覆盖范围约 50m 左右，具有较好的穿透性和抗多径效应能力。

② 实时指标。该指标也是定位技术的基本核心指标，体现无线传感器网络定位是否及时得到反映。针对移动节点或移动事件的定位应用，该指标极其重要，如果定位速度跟不上位置的变化速度，就难以获得有效的定位数据。定位实时性与位置信息的更新频率直接相关，更新越快，实时性就越高，这就要求定位算法具备较快的计算速度。

③ 能耗指标。无线传感器网络面临节点的能耗控制问题，一般来说，要求定位算法具有较低的计算复杂度和较高的能耗效率。

④ 容错指标。无线传感器网络运行过程中可能出现节点故障或无效的情况，造成节点通信链路失去网络连接，因此，定位技术需要能够适应这种网络的不确定性，在受到影响的情况下仍然能提供必要的定位服务。

⑤ 代价指标。除了技术性能指标，无线传感器网络还需要考虑定位算法实现所需要的代价，一般包括时间代价、空间代价和资金代价。时间代价包括算法配置、定位执行过程等所需要的时间；空间代价表示定位系统所需要的基础设施、节点硬件、节点数量等；资金代价即定位系统所需要花费的费用。在保证定位效果的前提下，应使定位系统所需要的计算量、通信量、存储空间等代价达到最小。

需要说明的是，各个性能指标之间相互关联、相互影响，某些指标的优劣可能由其他指标决定，因此，无线传感器网络的定位设计过程中需要结合实际情况综合考虑。

3. 定位算法分类

近年来，在不用的应用环境下，基于不同的硬件平台设计了多种无线传感器网络定位算法。不同定位算法所采用的定位机制不尽相同，不同的定位机制具有各自的优势和特点，需要针对特定场景选择合适的定位算法。

结合测量技术、定位形式等因素，定位算法可进行如下分类。

（1）基于测距的定位算法和无须测距的定位算法

基于测距的定位算法通过测量相邻节点间的距离或方位信息来计算未知节点的位置信息，常用的测量参数有接收信号强度指示（RSSI）、到达时间（TOA）、到达时间差（TDOA）、到达角度（AOA）等。无须测距的定位算法则利用网络的连接情况、多跳路由等信息来估计节点的位置信息。比较而言，基于测距的定位算法在测距过程中对通信环境的质量要求较高，容易受到环境因素、功耗、成本的影响；无须测距的定位算法因不需要测量节点间的距离、方位关系，而不需要附加相应的硬件，受环境因素的影响较小，通用性较好，但定位误差相对较大。

（2）基于信标节点的定位算法和无信标节点的定位算法

根据信标节点的使用情况，基于信标节点的定位算法以信标节点为参考，可形成面向全局的绝对坐标体系；无须信标节点的定位算法并不关注真实的位置信息，仅获取定位过程中的相对坐标体系。

（3）静态定位算法和动态定位算法

无线传感器网络完成所有节点部署后，通常处于静止状态；在网络运行过程中，虽然可能会因为部分节点的失效或新节点的加入导致网络结构发生变化，但仍不存在移动节点，在这种场景中构成静态定位算法。相应地，如果无线传感器网络部署后存在移动节点，那么就构成动态定位算法。

（4）集中式定位算法和分布式定位算法

集中式定位算法是将定位所需信息汇聚至某个计算服务中心，并由该中心完成网络的定位计算。该中心的计算能力和存储能力强，能够进行高复杂度的计算，可获取较为精确的定位效果。集中式定位算法不需要各个节点进行单独的定位计算，只需将相关信息发送出去即可，也就降低了对节点计算和存储能力的要求，但是，该算法需要在网络中进行大量的通信，将缩短整个网络的生命周期。分布式定位算法则通过节点自身的计算来实现定位，但节点的计算和存储能力有限，不能进行过于复杂的计算，需要设计轻量级的分布式定位算法来提高定位效果。

（5）递增式定位算法和并发式定位算法

递增式定位算法借助于信标节点，首先将信标节点附近的未知节点进行定位，并将定位后的未知节点标注为信标节点，使得信标节点的数量得到扩充，然后依次向外延伸，依次进行各个未知节点的定位。递增式定位算法具有很好的扩展性，适合于分布式网络的定位需求，但在递进过程中会不断累积定位误差。并发式定位算法是指网络中所有节点同时进行位置计算，对节点间通信能力的要求较高，一些并发式定位算法还可融入迭代优化的方式来降低定位误差。相对来说，网络覆盖范围广、节点多、信标节点少的应用场景较适合采用递增式定位算法，小型无线传感器网络应用场景可采用并发式定位算法。

在上述几种分类方式中，测距和网络参数评估是定位算法的基本依据，相应的应用也较多，因此，后续主要介绍基于测距的定位算法和无须测距的定位算法。

3.4.3 基于测距的定位算法

基于测距的定位算法的实现过程通常分为两个阶段，即测距阶段和定位阶段。测距阶段中，未知节点在测距阶段中测量其到邻近信标节点的距离或方位；在计算出到达 3 个或 3 个以上信标节点的距离或方位后，在定位阶段中利用三边测量、三角测量等方法计算出未知节点的坐标。为提升定位精度，在实现定位之后还可增加修正操作，通过对计算得到的节点坐标进行优化，降低定位误差。

1．测距阶段

节点之间距离测量是基于测距的定位算法的基础，一般可通过 3 种方法实现节点之间的距离测量。

（1）利用信号强度指示（RSSI）的测量

利用 RSSI 的测距是在已知发送节点的信号发送功率的条件下，接收节点根据接收到的功率来计算传播损耗，利用相应的信号传播衰减模型将功率损耗情况转化为距离参数。

根据无线传播过程中的自由空间信道模型（见 2.2.3 节），接收信号的功率与距离的平方成反比。那么，理论上，通过测量接收信号的功率，就能够反算出接收节点和发送节点之间的距离。进一步，为更好地适用于应用场景，融合理论和经验统计，无线信号传播衰减的数学模型

可描述为

$$P_r(d) = P(d_0) - 10n\lg(\frac{d}{d_0}) - X_\sigma \qquad (3-24)$$

其中，$P(d_0)$ 表示距离发送节点 d_0 的参考信号功率，该参数可通过经验或从硬件规范定义中得到，d_0 为参考距离；$P_r(d)$ 表示距离发送节点 d 的接收节点的信号功率；n 为信号传播路径衰减指数，与特定的环境相关，一般取 2～4；X_σ 表示均值为零、方差 σ 的高斯随机噪声变量。结合该数学模型，通过测量接收信号的功率便可估计与发送节点间的距离。

在无线传感器网络中，节点自身具备无线通信能力，且节点通信模块通常会提供测量 RSSI 的接口，即可实现在信标节点广播自身坐标信息的同时完成 RSSI 的测量。因此，基于 RSSI 的测距是一种低成本、便捷的测距方法。由于无线环境的复杂性，无线信号传播过程中可能会受到反射、多径传播及非视距、天线增益等因素影响，在实际应用中不可避免地会引起误差，可通过统计分析，利用最小二乘法来降低距离估计误差。总的来说，基于 RSSI 的测距效果较为粗糙，可用于对误差精度要求不高的场景。

（2）利用到达时间（TOA）/到达时间差（TDOA）的测量

这一类技术是通过评估无线信号在节点之间的传播时间来测量距离的，形成基于 TOA 的测距；或利用接收节点间的到达时间差来测量距离，形成基于 TDOA 的测距。

基于 TOA 的测距中，发送节点在广播数据包中嵌入发送时间标记，以便于接收节点进行距离估算，这种方式既可以采用从发送节点到接收节点的单向传播时间方式，也可以采用无线信号在发送节点与接收节点间的往返传播时间方式，如图 3-15 所示。

（a）单向传播时间方式　　　　（b）往返传播时间方式

图 3-15　基于 TOA 的测距

单向传播时间测量方式依据统一的时间尺度，要求发送节点与接收节点间的时间精确同步。假设无线信号的传播速度为 v，节点间的距离可表示为

$$d = (t_1 - t_0) \times v \qquad (3-25)$$

往返传播时间测量方式中，发送节点和接收节点对所属时钟域没有严格要求，通过计算往返时间、扣除处理时延的方法估计节点间的距离，即

$$d = \frac{[(t_3 - t_2) + (t_1 - t_0)] \times v}{2} = \frac{[(t_3 - t_0) - (t_2 - t_1)] \times v}{2} \qquad (3-26)$$

从式中可以看出，$t_3 - t_0$ 和 $t_2 - t_1$ 的差值处理不受时钟域的影响因此，发送节点和接收节点间不需要时间同步。

基于 TDOA 的测距中，发送节点同时发射两种不同传播速度的无线信号，如无线射频信号和超声波信号，并已知它们的传播速度 v_1 和 v_2，如图 3-16 所示，发送节点同时发射并标记初始时刻为 t_0，接收节点标记两种无线信号到达的时刻 t_1 和 t_2，那么就有

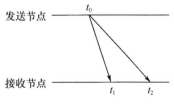

图 3-16　基于 TDOA 的测距

$$\frac{d}{v_2} - \frac{d}{v_1} = t_2 - t_1 \quad \Rightarrow \quad d = (t_2 - t_1) \times \frac{v_1 v_2}{v_1 - v_2} \tag{3-27}$$

基于 TDOA 的测距效果相对较好且易于实现，但在实际应用中，也还有一些误差问题需要考虑。比如，两种无线信号难以做到精确的同时发射，存在一定的发射时间差；两种无线信号在空气环境中的传播特性有所差异，特别是超声波受空气中的温湿度和风速干扰较明显，会对传播时间的估计造成影响；如果传播过程中存在障碍物，超声波的反射、折射等干扰较大，也会加大其传播时间的估计误差。

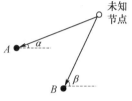

图 3-17 基于 AOA 的测距

（3）利用到达角（AOA）的测量

利用 AOA 的测距是通过多个接收节点感知发送节点发射信号的到达方向，计算接收节点和发送节点间无线信号的相对方位或角度，进而获取节点间距离的。如图 3-17 所示，A、B 两信标节点的坐标分别为(x_1, y_1)、(x_2, y_2)，未知节点的坐标表示为(x, y)，并将信标节点获取的信号 AOA 表示为 α、β。利用坐标变换，有

$$\tan \alpha = \frac{y - y_1}{x - x_1} \tag{3-28}$$

$$\tan \beta = \frac{y - y_2}{x - x_2} \tag{3-29}$$

在 AOA 估计的基础上便可计算出未知节点的坐标。基于 AOA 的测量方法对硬件的要求较高，且容易受到非视距、噪声等环境干扰的影响，一定程度上限制了其在大规模无线传感器网络中的应用。

2. 定位阶段

获取节点之间的距离或角度信息后，结合相应的定位算法就可实现节点的定位。

（1）三边定位法

三边定位法的基本原理如图 3-18 所示，节点 A、B、C 为已知的信标节点，节点 N 为未知节点。理想情况下，未知节点到信标节点的距离分别为 r_1、r_2 和 r_3，所形成 3 个圆交汇的节点就是待估计定位的未知节点 N，如图 3-18(a)所示，其坐标关系有

$$\begin{cases} (x - x_1)^2 + (y - y_1)^2 = r_1^2 \\ (x - x_2)^2 + (y - y_2)^2 = r_2^2 \\ (x - x_3)^2 + (y - y_3)^2 = r_3^2 \end{cases} \tag{3-30}$$

展开整理后，可得到未知节点的坐标信息，即

$$\begin{bmatrix} x \\ y \end{bmatrix} = \begin{bmatrix} 2(x_1 - x_3) & 2(y_1 - y_3) \\ 2(x_2 - x_3) & 2(y_2 - y_3) \end{bmatrix}^{-1} \begin{bmatrix} x_1^2 - x_3^2 + y_1^2 - y_3^2 - r_1^2 + r_3^2 \\ x_2^2 - x_3^2 + y_2^2 - y_3^2 - r_2^2 + r_3^2 \end{bmatrix} \tag{3-31}$$

在实际情况中，由于难免存在测距误差，造成 3 个圆不能交汇于一点，从而无法直接满足以上的坐标关系，如图 3-18(b)所示，因此，在求解过程中，需要寻求极大似然估计（Maximum Likelihood Estimation，MLE）或其他数值方法来进行求解。

（2）三角定位法

测距阶段所述的利用两个信标节点确定未知节点的测距方法，需要将两个信标节点置于严格统一的坐标系中，如果坐标系没有进行校正，就需要在计算时补偿方向偏差，这也增加了无线传感器网络的通信与计算负担。

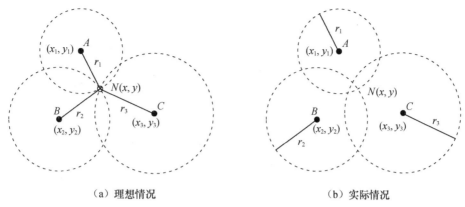

（a）理想情况　　　　　　　　　　　　　（b）实际情况

图 3-18　三边定位法的基本原理

三角定位法的基本原理如图 3-19 所示，根据圆的内接四边形对角互补和弦所对圆周角与圆心角的对应关系，根据以下关系可以确定 AC 边所对应的圆心 O_1 的坐标和半径 r_1，即

$$\begin{cases} (x_{O_1} - x_1)^2 + (y_{O_1} - y_1)^2 = r_1^2 \\ (x_{O_1} - x_3)^2 + (y_{O_1} - y_3)^2 = r_1^2 \\ (x_1 - x_3)^2 + (y_1 - y_3)^2 = 2r_1^2 - 2r_1^2 \cos \angle AO_1C \end{cases}$$

$$（3\text{-}32）$$

同理，也可以确定 AB 边、BC 边所对应的圆心坐标和半径，结合 3 个圆心所形成的 3 条边，进而利用三边定位法实现未知节点的定位。如果有更多的信标节点，也可引入极大似然估计方法来提高定位精度。

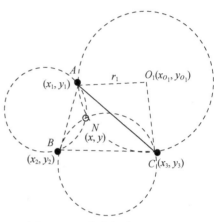

图 3-19　三角定位法的基本原理

3.4.4　无须测距的定位算法

1. 基本原理

在基于测距的定位算法中，一般需要增加基础硬件来实现距离或角度等的测量，但同时增加了节点的成本和计算量。一些无线传感器网络应用对节点的尺寸、功耗等有一定的限制要求，使得基于测距的定位算法难以实际应用。无须测距的定位算法则是在不增加基础硬件的基础上，仅根据未知节点与信标节点之间的连通状态或跳数情况来进行估计的。

（1）基于连通状态的评价机制

连通（Connectivity）状态描述两个节点之间是否连通，可将节点接收到的信号强度或信号数量作为判断依据。以信号强度评价为例，节点接收的信号强度因无线信道衰减呈现出随机特性，因而，连通性参数也表征为随机变量。如果一个节点能够成功解调来自另一个节点传送过来的数据包，说明这两个节点相互之间是连通的；如果因信号强度太小而不能解调来自其他节点的数据包，就说明这两个节点不能连通。

基于二元变量模型，可将节点接收信号强度用于表征节点 i 和 j 之间的连通性，即

$$Q_{ij} = \begin{cases} 1, P_{ij} \geqslant P_{i\text{-th}} \\ 0, P_{ij} < P_{i\text{-th}} \end{cases}$$

$$（3\text{-}33）$$

其中，P_{ij} 为节点 i 收到来自节点 j 的信号强度，$P_{i\text{-th}}$ 为数据包刚好能被解调时需要的最小接收

信号强度阈值。

（2）基于跳数的评价机制

基于跳数的评价机制的基本原理是：在无线传感器网络中，首先利用信标节点之间的距离和跳数估计全网中每一跳的平均距离，然后统计信标节点到未知节点的跳数，再与平均距离相乘，便可得到两个节点间的距离。

概括来说，无须测距的定位算法的精度比基于测距的低，但是算法实现简单，只要在一定的定位误差范围内，不会对具体的应用造成过大的影响，且可控的成本和适用的性能，使得该算法具有广泛的应用场景。

2．典型算法

无须测距的定位算法不需要基站、GPS 等基础网络设施的支持，典型算法主要有质心定位算法、DV-Hop 定位算法、APIT 定位算法和凸规划定位算法等。

（1）质心定位算法

质心定位（Centroid Localization，CL）算法是一种仅使用网络连通评价的定位方法，其基本思想是：在未知节点通信范围内的所有信标节点构成多边形网络结构，并以该结构的几何质心作为未知节点的估计位置。

在质心定位过程中，信标节点周期性地向邻居节点广播含有自身位置信息的信标消息。在给定的一段时间间隔 t 内，未知节点记录各个发来信标消息的信标节点并统计接收到的信标消息数量，计算与各个信标节点之间的连通成功率，即

$$CM_i = \frac{N_{\text{recv}}(i, t)}{N_{\text{sent}}(i, t)} \times 100\% \tag{3-34}$$

其中，$N_{\text{sent}}(i, t)$ 表示信标节点 i 发送的信标消息数量；$N_{\text{recv}}(i, t)$ 表示未知节点收到来自信标节点 i 的信标消息数量。针对连通成功率设置一阈值（一般设置为 90%），如果未知节点与信标节点 i 的连通成功率大于该阈值，则说明未知节点与该信标节点是连通的。将与未知节点连通的所有 n 个信标节点构成多边形结构，如图 3-20 所示，这些信标节点的位置坐标为 $p_i(x_i, y_i)$，则质心位置可表示为

$$(x_{\text{est}}, y_{\text{est}}) = \left(\frac{1}{n} \sum_{i=1}^{n} x_i, \ \frac{1}{n} \sum_{i=1}^{n} y_i \right) \tag{3-35}$$

该质心位置即未知节点的估计位置。

从上述过程可以看出，质心定位算法采用理想的球形无线信号传播模型，基于网络连通性，不需要考虑未知节点与信标节点之间的协调，算法简单且容易实现。但实际应用中的无线信号传播模型与理想情况差别较大，所引起的定位精度不高，主要用于粗略定位。一般来说，该算法精度与信标节点的密度和分布有关，密度越大，分布越均匀，其定位精度就越高。

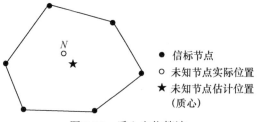

图 3-20　质心定位算法

针对上述的基本质心定位算法，为削弱因信标节点分布不均匀而导致的定位精度不高的问题，一些研究提出融合 RSSI 进行改进，形成加权质心定位（Weighted Centroid Localization，

WCL）算法。改进后的质心估计位置表示为

$$(x_{\text{est}}, y_{\text{est}}) = \left(\frac{\sum\limits_{i=1}^{n} \sqrt[\alpha]{P_i} x_i}{\sum\limits_{i=1}^{n} \sqrt[\alpha]{P_i}}, \frac{\sum\limits_{i=1}^{n} \sqrt[\alpha]{P_i} y_i}{\sum\limits_{i=1}^{n} \sqrt[\alpha]{P_i}} \right) \qquad \text{s.t. } \text{CM}_i \geqslant \text{th} \ (i=1,2,\cdots,n) \qquad (3\text{-}36)$$

其中，P_i 为平均 RSSI 度量参数；α 为无线传播路径损耗指数，根据场景取经验值，一般地，在室外自由空间场景取值 2，在室内视距场景取 1.6～1.8，在室内有障碍物场景取 4～6；th 为节点的连通成功率阈值。从式中可以看出，当所有 P_i 参数相同时，该改进算法将退化为基本质心定位算法。由于该改进算法结合了节点间的 RSSI 来修正质心位置估计，能够提高相应的定位精度。

（2）DV-Hop 定位算法

DV-Hop（Distance Vector-Hop，距离向量-跳段）定位算法是一种基于节点间距离向量的分布式定位方法，其基本思想是：利用未知节点到信标节点间的跳数与网络中的平均每跳距离相乘，并将此结果作为未知节点与信标节点间的估计距离，然后采用定位方法来获取未知节点的位置信息。

DV-Hop 定位算法的定位过程主要包括 3 个阶段。

① 信标节点坐标信息泛洪与最小跳数计算

信标节点在网络中广播含有自身位置和跳数值的信标信息，并将跳数值初始化为 0。信标节点以泛洪方式广播，邻居节点收到信标信息时将其包含的跳数值加 1，然后转发出去，以此操作持续下去，直到网络中的所有节点都获得每个信标节点的位置信息和跳数值为止。为了保证网络中的所有节点都获得的是每个信标节点的最小跳数值，接收节点在收到同一个信标节点的所有信标信息中只记录其中具有最小跳数值的信标节点信息，把同一信标节点的其他较大跳数值的信息丢弃。

② 未知节点到信标节点间的距离估计

在无线传感器网络中，各个信标节点根据所记录的其他信标节点的坐标信息和跳数，计算平均每跳距离，即

$$\text{HopSize}_i = \frac{\sum\limits_{i \neq j} \sqrt{\left(x_i - x_j\right)^2 + \left(y_i - y_j\right)^2}}{\sum\limits_{i \neq j} h_{ij}} \qquad (3\text{-}37)$$

其中，(x_i, y_i)、(x_j, y_j) 分别表示信标节点 i、j 的坐标，h_{ij} 表示它们之间的跳数。再将计算出的平均每跳距离进行可控泛洪（Controlled Flooding）广播，即使得每个节点仅接收并记录第一个平均每跳距离，忽略后续到达的该距离参数信息，以此处理方式来保证绝大多数节点从最近的信标节点获取平均每跳距离。最后根据记录的跳数值，就可得到未知节点到信标节点之间的估计距离。

③ 未知节点坐标计算

当未知节点得到 3 个或更多的与信标节点间的估计距离后，就可通过三边定位、极大似然估计等方法实现未知节点的坐标定位。

与基于测距的定位算法相比，DV-Hop 算法获取距离的方式是利用无线传感器网络的拓扑结构信息而不是无线信号的强度信息，该算法无须其他辅助硬件支持，具有实现简单和计算量小的特点，但在不规则网络拓扑结构应用中，通过跳数和平均每跳距离来估计节点位置的误差

较大。该算法对信标节点的密度要求较高，在各向同性的密集网络下能够得到合理的平均每跳距离，从而可达到适当的定位精度。需要注意的是，该算法在定位过程中需要经历两次泛洪操作，网络所需的能量开销较大。

（3）APIT 定位算法

APIT（Approximate Point-In-Triangulation Test，近似三角形内点测试）定位算法是一种能够适应大规模无线传感器网络的分布式定位方法，其基本思想是：未知节点通过收集邻居信标节点的信息来确定包含该未知节点的三角形区域，多个三角形区域的交集为一多边形，将该多边形的质心作为未知节点的位置。

如图 3-21 所示，APIT 算法的初始过程是：

① 未知节点首先收集邻居信标节点的信息，这些信息包括节点标识符、信号发射功率、位置信息等。

② 从这些信标节点中任意选取 3 个信标节点，组成多个三角形区域，逐一测试未知节点是否位于三角形区域内部，穷尽选出所有内部含有未知节点的三角形区域。

③ 所选出的三角形重叠区域将构成一个多边形，该多边形基本上确定了未知节点的大致所在区域，缩小了未知节点位置搜索的范围。

④ 计算多边形区域的质心，并以此作为未知节点的定位估计位置。

（4）凸规划定位算法

凸规划（Convex Optimization）定位算法是一种集中式的定位方法，其基本思想是：将网络中节点之间点到点的通信连接表述为节点位置的几何约束关系，将网络模型化为一个凸集，进而将节点的定位问题转换成凸约束优化问题，再采用半定规划（Semi-Definite Programming，SDP）、线性规划（Linear Programming，LP）或线性矩阵不等式（Linear Matrix Inequation，LMI）等方法获取全局优化解决方案，以计算节点位置。

如图 3-22 所示，根据节点无线通信射程和未知节点与信标节点之间的通信连接情况，可以构建未知节点可能的位置区域，如图中的阴影部分。通过一定的穷举搜索，并按照一定的方案对这些区域进行筛选和划分，可得到相应的矩形区域，然后以该矩形区域的质心作为未知节点的估计位置。

需要说明的是，该算法为了保证计算效率，需要将信标节点部署在网络边缘，否则外围节点的估计位置会因向网络中心偏移而产生较大误差；同时，该算法对网络节点的分布密度也有一定的要求。相对来说，凸规则定位算法的定位效果会有一定的改善。

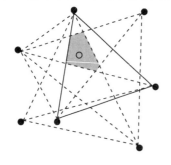

● 信标节点 ○ 未知节点

图 3-21 APIT 定位算法

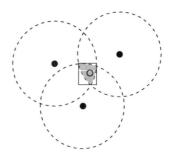

● 信标节点 ○ 未知节点

图 3-22 凸规则定位算法

3.5 容错技术

在新一代通信技术的推动下，无线传感器网络在各个行业领域中得到了加速发展。同时，随着人工智能、大数据等的发展需求，网络信息量和传输速率越来越大，这对无线传感器网络也提出了更高的要求，即节点需要提供良好且稳定的采集、计算与存储、无线射频能力，网络需要提供良好且稳定的传输、组网、动态自适应等能力。健壮、可靠、稳定的无线传感器网络才能提供及时、高质量的网络与应用服务。

无线传感器网络中节点体积小且能量有限，特别是当节点分布于无人值守的偏僻区域、恶劣环境等复杂场景时，很容易造成节点的损坏或失效，使得节点采集到的信息不准确甚至无法感知信息。同时，无线传感器网络由于在复杂环境下的无线信道不稳定、信道持续竞争等问题，很容易造成网络连通受阻甚至网络断裂。整体上说，无线传感器网络在部署、感知、采集和传输等方面存在诸多的不确定性，并且容易受到节点能量、计算与存储性能、通信带宽、工作环境等因素的限制和干扰，在应用过程中，如果出现节点的故障或失效、网络链路的异常或丢失等现象，将会影响整体网络的工作效率、安全和服务质量。因此，确保网络在运行过程中能够容忍可能出现的故障、异常或失效等问题，设计合理的容错技术是无线传感器网络研究与发展应用中需要着重关注的方向。

3.5.1 容错技术简介

1．容错技术基本概念

从广义上说，所谓容错，即容忍错误，就是认识到错误是可能的客观存在，甚至不可避免，需要设计防范错误的对策。容错是提高决策可靠性的重要方法之一。容错技术在超大规模集成电路、分布式系统、数据库和互联网等领域都得到充分的重视，是计算机、电子与通信等信息系统设计的关键，涉及部件与设备可靠性、容错体系结构、软件可靠性、可靠性验证与评估等多个方面。

根据出现问题的程度和影响的不同，容错技术定义了 3 种状态。

① 差错（Error），是指系统出现了不正确的操作步骤、过程或结果。

② 故障（Fault），描述了部件、组件、设备或系统的一种物理状态，在此状态下它们能够运行，但不能按照所要求的方式进行工作，不能达到任务所要求的功能或性能。

③ 失效（Failure），是指系统停止了运行工作，不能完成所要求的任务目标。

一般地，故障在某些条件下会在其输出响应端产生差错，形成不正常的结果，这些不正常的结果积累到一定程度后或者在某种不良因素影响下就会导致系统的失效。相对而言，故障和差错主要发生在系统内部且面向的是制造和维护的方面，而失效面向的是用户的人机交互方面。

为解决或降低系统错误带来的影响，容错技术提供了 4 种处理手段。

① 故障避免，利用某种措施避免或预防故障的发生；

② 故障检测，通过检测系统中的异常行为，以设计应对策略；

③ 故障隔离，通过对故障点进行隔离，以防止影响现有运行系统；

④ 故障修复，通过对系统发生故障后的补救，以使系统能够继续运行。

2．无线传感器网络容错技术概述

（1）无线传感器网络故障来源

在无线传感器网络中，因资源受限和各种干扰等因素，网络极易出现故障。导致网络出现故障的原因有很多，涉及节点设计与部署、网络路由、数据处理等多个环节，主要体现在感知异常、节点失效、链路错误、网络拥塞等。简言之，无线传感器网络故障就是指网络中某个或多个节点发生故障，使部分组网瘫痪或全网性能下降，最终导致达不到原定的设计目标及要求。

从组成单元上看，无线传感器网络由传感器节点、汇聚节点、外部通信网络和管理节点组成。具有分布式特征的传感器节点在获得感知信息后，通过自组织多跳方式，将感知信息传送至汇聚节点；再利用互联网、移动通信网或卫星通信网等外部通信网络传送至管理节点；在管理节点通过人机交互操作实现信息的查询、处理、存储等，并可下达命令反馈至网络节点（包含传感器节点和汇聚节点）端，调整对被监测对象的远程监控或协调操作。按照无线传感器网络的组成单元，可将故障划分为节点故障和网络故障两大类。

① 节点故障

节点故障主要因节点损毁、节点部署不合理及电源不足等因素造成，其中，节点损毁根据节点的模块构成分为传感器模块故障、处理器模块故障、无线通信模块故障和能量供应模块故障4种形式；节点部署不合理引起的故障是因节点之间的相隔距离过大或因障碍、地形等而使无线传输受到影响或无法传输；电源不足引起的故障是因能耗过大而造成的节点消亡。

汇聚节点可看作一种增强型的传感器节点，主要用于无线传感器网络与外部通信网络间的连接，实现两种组网协议间的转换。如果汇聚节点发生故障，会造成与之关联的所有传感器节点都不能正常地向网外传送信息，也不能正常地通过该汇聚节点向网内发布指令，进而导致网络出现故障。

② 网络故障

网络故障与节点故障是相互关联的，节点故障是发生网络故障的诱因之一，这里的网络故障侧重因传输通信因素而引起的故障，主要包括连接失败、信道拥塞、时钟异步等。其中，连接失败是指因相邻节点之间或多跳节点之间不能正常建立通信链路而无法进行传输；信道拥塞是指因无线信道负载过大引起传输碰撞，导致节点之间只能部分传输或不能及时传输信息；时钟异步是指在分布式节点部署中，各个节点都需要维护自身的本地时钟，如果网络不能做到时间同步，节点之间相互协调时将导致偏差，所获取信息因时间标准错误而不具备参考价值。另外，一些应用中可能存在的定位误差过大、网络非法入侵等因素也将导致网络服务异常。

也有研究将无线传感器网络故障分为硬件故障和软件故障。硬件故障与部件、组件、设备的自身及其老化过程相关；软件故障则主要与精度退化、偏移、网络协议异常、数据不准确等相关。

（2）无线传感器网络故障检测与容错模式

根据故障检测与容错的管理形式和结构不同，无线传感器网络故障检测与容错模式可分为集中式、分布式和分层式3种，分别描述如下。

① 集中式模式

集中式模式是指设计使用一个或多个中心节点来完成无线传感器网络的故障检测，并根据节点当前状态与历史状态间的对比分析进行评估和容错。所选取的中心节点需要具有最大的节点连通度，以能够关联最多的传感器节点，一般选取汇聚节点作为中心节点；同时，该中心节点需要具备较高的计算与存储能力及大能量供应能力，以应对节点汇聚数据和相对复杂算法的分析处理。

中心节点开展网络故障的检测与容错工作，使网络中节点的分工相对明确，网络结构简单且易于实现。但是在集中式模式下，中心节点所关联的所有传感器节点需要按一定时间规律上报节点信息，增加了网络带宽的负担，并且中心节点需要承担更大的能耗。因此，集中式故障检测与容错通常适用于小规模的无线传感器网络。

② 分布式模式

针对集中式模式中由于中心节点存在的过高能耗问题，可采用分布式模式来进行均衡解决。分布式模式要求网络中的所有节点均具备本地的故障检测与容错处理能力。节点通过自身的信息感知及与邻居节点间的信息交互，直接在本地执行故障检测与容错，或通过节点间的协作完成故障检测与容错，最后将检测结果发送至管理节点。

分布式故障检测与容错将网络的分析与计算分布到各个节点上，均衡了网络能耗，并且这种去中心化的操作方式，能够提高网络的鲁棒性与高效性。但是，这种模式对节点的成本要求较高。

③ 分层式模式

分层式模式是结合层次网络结构，在无线传感器网络中通过选取簇头节点作为管理节点来执行故障检测与容错工作。如图 3-23 所示，簇头节点与所在的簇内节点相互通信，获取簇内节点的感知与工作状态信息，执行簇内的信息融合与处理；网关节点也可称为基站节点或汇聚节点，具有较强的信息处理能力，获取全网信息并以此进行全网的信息融合与处理。实际应用中，在条件允许的情况下，也可将簇头节点配置成汇聚节点，提升无线传感器网络在监测区域的处理能力。

从处理方式上看，分层式故障检测与容错在层次网络结构的基础上，综合了集中式和分布式两种模式的特点，能够在一定程度上拓展网络应用的规模。

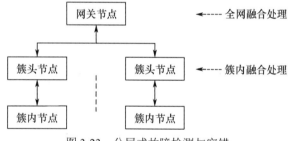

图 3-23　分层式故障检测与容错

3.5.2　容错基本模型

无线传感器网络的故障主要来源于节点和网络，相应地，其容错设计基本模型也需要考虑节点与网络间的相互关系。从细化的角度看，节点由不同的硬件部件构成，多个节点组成网络。因此，无线传感器网络的故障分析可以从部件级、节点级和网络级 3 个层次展开。部件级故障的表征特性是此类故障的节点能够正常通信，但其感知数据是错误的，会引起网络分析结果的正确性，可通过舍弃或校正出错的感知数据来容错。节点级故障的表征特性是此类故障的节点不能再与其他节点进行通信，可通过广播问答或重新路由等方式检测故障节点；节点级故障会对网络的连通和覆盖造成影响，可通过搜寻替代节点或移动冗余节点来弥补所缺失的网络连接和覆盖问题。网络级故障的表征特性是因网络通信协议、协作管理或其他原因而造成较大规模的网络故障，甚至全网瘫痪。由于这 3 个层级之间是相互包含关系，故低层级故障可能引发高层级故障。

1. 节点级模型分析

由于节点包含部件，这里统一描述成节点级模型的基本分析方法。在节点级模型中，如果故障节点完全失效，该节点将不能参与组网；如果故障节点仍能运行且能输出感知信息，只是所获得的感知信息是错误的，说明节点中的某个模块发生了故障，就需要结合节点计算输出结果与预期值不相符合的情况来建立分析模型。

（1）传感器模块故障

假设节点的传感器模块发生故障，节点输出的信息表示为

$$f(t) = \beta_0(t) + \beta_1(t)r(t) + \varepsilon(t), \quad t \in T_{\text{fault}} \tag{3-38}$$

其中，$r(t)$ 是此时被监测对象的真实值，$\beta_0(t)$ 为测量偏移量，$\beta_1(t)$ 为缩放倍数，$\varepsilon(t)$ 为测量时的干扰噪声，T_{fault} 为故障时间域。据此，可得到以下几种故障形式。

① 固定故障。表征传感器模块的读数恒为某个固定值，且一般大于或小于正常的感知范围，不能提供关于任何感知环境的信息，可描述为

$$f(t) = \beta_0(t) \tag{3-39}$$

② 偏移故障。表征传感器模块的读数在真实值的基础上受到偏移常量干扰，可描述为

$$f(t) = \beta_0(t) + r(t) + \varepsilon(t) \tag{3-40}$$

③ 倍数故障。表征传感器模块的读数与真实值之间存在倍数误差关系，可描述为

$$f(t) = \beta_1(t)r(t) + \varepsilon(t) \tag{3-41}$$

④ 方差下降故障。表征传感器模块经过长时间使用后因老化等原因造成测量误差精度降低，所累积的误差达到一定程度后，即当测量方差大于设定的允许故障方差时发生故障，测量读数可描述为

$$f(t) = r(t) + \varepsilon(t) \tag{3-42}$$

需要注意的是，如果没有关于感知信息的先验知识，则一些故障形式是无法直接分辨的，特别是偏移故障和倍数故障。

（2）处理器模块故障

节点的处理器模块承担计算与存储功能，该模块故障主要是指在处理数据过程中产生不能完成设定功能的结果，主要包含瞬时计算单元故障和永久计算单元故障。

① 瞬时计算单元故障。表征节点计算单元故障在发生后可以自动恢复，且故障持续时间较短。该类型故障一般由于外界环境对节点造成的瞬时干扰影响，在相对较小的时间周期内出现数据丢失或误码等消息错误，但在外界影响因素消失后，节点可以自动恢复正常，典型地，如电磁干扰导致节点意外复位等。其关系模型可描述为

$$\overline{V} = \left\{ v_k \middle| v_k \in V, t_i \neq t_j, t_j \in T_{\text{fault}}, v_k(t_j) \in V_{\text{fault}} \right\} \tag{3-43}$$

其中，i、j 为节点计算单元的工作时刻，k 为节点序号，$\overline{V}$ 表示输出值的集合。

② 永久计算单元故障。表征节点计算单元发生故障固定存在，只能通过维修措施才能消除。发生永久故障的节点，所属的通信链路将断开，其邻居节点需要搜寻其他通信链路来重新建立路由。其关系模型可描述为

$$\overline{V} = \left\{ v_i \middle| v_i \in V, v_i \neq v_j, v_j \in V_{\text{fault}} \right\} \tag{3-44}$$

（3）无线通信模块故障

无线通信模块故障是指由于通信环境中电磁干扰或局部屏蔽等问题导致节点的无线通信模块不能正常运行，而节点本身并未发生故障。这些外界因素使得节点无法通过调整发射功率的方式建立通信连接，导致节点链路不能使用。其关系模型可描述为

$$\overline{E} = \left\{ e_i \middle| e_i \in E, e_i \neq e_j, e_j \in E_{\text{fault}} \right\} \tag{3-45}$$

其中，E 表示节点间通信链路边的集合，$\overline{E}$ 表示输出值的集合。

2．网络级模型分析

由于无线传感器网络的组网涉及拓扑结构、路由设计等多种复杂因素，其网络级模型一般针对可能出现的某种故障特性，设计相应的避免、防止措施或实现对发生故障的提前预警。主要通过节点网络的部署、节点网络的监测、路由冗余的部署 3 种方式来分析网络级模型。

① 节点网络的部署。在设计和部署无线传感器网络时就考虑节点之间的连通性，以提高网络的故障容忍特性。目前有两种基于抽样的节点部署方式：一是并发部署，即节点的数量和位置在部署之前已根据监测区域需求与节点自身特性决定；二是增量部署，即根据前面已放置节点所反馈的当前覆盖和连通情况来决定下一个节点的位置，需要被覆盖却与其他节点没有关联的区域加入随机抽样部署区域中。

② 节点网络的监测。通过对网络运行状态的监测，根据检测到的或能够预测到的异常行为来实现网络的容错处理，监测的对象包括节点状态、链路质量、拥塞水平等。一种方式是主动监测，在网络中植入相应的探测器，直接在网络内部感知网络状态参数；另一种方式是被动监测，通过管理节点的事件报告来观察现有链路的状态情况。

③ 路由冗余的部署。在网络中布置大量的冗余节点，形成从监测区域到目标节点间的多条链路，形成路由冗余，当某条链路上的节点出现故障时依然能够完成感知任务。

3.5.3 容错技术分析

1．容错技术机制

良好的无线传感器网络的容错技术不仅能够实现当前故障的检测与诊断，而且还能够对可能出现的故障进行预先判断，进而实现故障的避免、隔离或修复。针对无线传感器网络运行过程中可能出现或者已经出现的故障，一个关键的解决方法就是采用冗余机制来消除故障带来的影响。通过节点、网络等的冗余配置为无线传感器网络提供高度相关的、多余的感知途径、传输途径与处理途径等，达到提高网络容错能力的目的。可根据无线传感器网络的空间冗余机制、时间冗余机制及信息冗余机制来设计相应的冗余技术。

（1）空间冗余机制

空间冗余机制主要针对无线传感器网络的覆盖问题，采用密集部署的多个传感器节点覆盖监测区域，获取关于同一对象的多个传感器节点的监测信息。在这种部署方式下，如果在网络运行过程中某一传感器节点出现异常或损坏，就可通过同源采集的传感器节点数据来弥补，这也符合无线传感器网络以数据为中心的特点。

如图 3-24 所示，五角星所示位置表示监测对象事件，虚线圆表示待监测区域，该区域中的 5 个传感器节点（黑色圆点）均能感知五角星对象事件。如果某一节点（带×的黑色圆点）出现问题，则采用其他传感器节点所提供的感知数据，同一对象事件信息仍然能够被采集和传输。

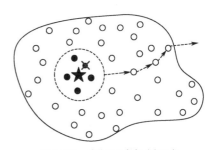

图 3-24　空间冗余机制示意

在大规模应用中，空间冗余机制会引起大量冗余感知信息的采集和传输，在有限的传输带宽下很容易造成无线信道的拥塞。因此，如何使无线传感器网络具有高效的传输特性、较长的生命周期，又能满足一定的空间冗余，达到一定的网络动态平衡，是一个需要研究的重要问题。

（2）时间冗余机制

时间冗余机制是利用时间上的持续性，针对系统出现的偶发性故障，采用重复执行相同动作的方式来实现容错处理。时间容错机制与信息的感知、信息的传输相关，如果节点采集的信息不精确或者过于异常，则可通过节点在时间上的多次分时采集，再结合平滑、异常去除等处理方式来保证信息的精确性；在传输过程中，如果受到干扰发生了数据的丢包、拥塞等问题，则可通过节点在时间上的重传处理来保证信息的传输可靠性。但时间冗余机制也带来了网络带宽的占用问题，并增加了网络时延。

（3）信息冗余机制

无线传感器网络的信息采集与传输同时存在空间的维度和时间的维度，信息冗余机制就是以网络中大数量节点、多类型传感器及某段持续时间上获得的信息为分析对象，通过故障检测与诊断，来实现网络的容错处理。

2．容错技术与网络协议间的关系

无线传感器网络具有 5 层网络协议结构，各个协议层与容错技术密切相关。总体上说，无线传感器网络的容错技术主要是通过网络各层协议及算法的优化、多个协议层之间的联合优化控制等软件方式以及系统硬件配置方式来实现的。

如图 3-25 所示，无线传感器网络协议结构的各个层次具有不同的冗余特性，对应不同的容错技术，分别描述如下。

图 3-25　网络协议层与相应的容错技术

① 物理层体现了无线传感器网络节点的硬件实体，网络的部署首先就是对节点的部署，该层的容错技术主要是硬件冗余容错，涉及各模块功能自检、参数自适应调整及冗余资源配置等，当节点的某个模块出现故障时，可采取与集成电路等相关的故障检测技术和修复技术。

② 数据链路层主要负责无线信道的接入控制和拓扑结构的管控，该层的容错技术主要涉及网络容错覆盖、容错拓扑结构控制等。

③ 网络层主要负责信息报文的路由，该层的容错技术主要是设计具有容错能力的路由算法。

④ 传输层主要负责数据的发送和接收，该层的容错技术是针对在信息传输过程中可能出现的错位、丢失、重复等问题，进行故障检测、隔离或修复。

⑤ 应用层主要面向无线传感器网络的各种应用，该层的容错技术是结合网络获取的数据类型和所需完成的目标任务，利用数据融合技术进行综合分析与处理，实现信息容错，涉及冗余数据约简、数据滤波等一系列操作。

由于节点能量有限，在各层融入无线传感器网络容错技术时都需要考虑网络的节能控制问题。另外，除了在各个协议层考虑容错技术，还可通过跨层优化方式进一步提升网络容错的优化效果，这也是无线传感器网络研究的一个重要方向。

3. 容错技术设计目标

无线传感器网络的容错处理可以从多个方面进行设计,这些设计都需要满足无线传感器网络的任务需求并达到相应的执行效果。整体上看,容错技术的设计目标可以从以下几个方面进行分析。

① 能效性。无线传感器网络存在能量的限制,如果大量节点的能量耗尽,也就意味着网络的死亡,因此,能效性是容错技术设计需要首先考虑的问题。容错技术虽然会引起网络额外的能耗,但是能效性好的容错技术能在尽可能延长网络生命周期的基础上提高网络运行质量。

② 复杂度。容错技术是无线传感器网络完成任务的辅助手段之一,不应该过多地占据网络资源,因此需要设计具有低复杂度的容错技术,以均衡网络的资源代价。

③ 时效性。容错技术在网络故障诊断和修复过程中,需要节点间的协作计算,如果持续时间过长,将会增加网络的能耗、占用资源等,也会影响网络任务的执行。因此容错技术需要具有较高的时效性,能够在相对短的时间内完成容错处理,保障网络正常运行。时效性与容错技术的复杂度及网络资源分配有关。

④ 准确性。容错技术涉及信息感知和故障诊断。如果因采集与传输引起数据准确性的下降,可能使得后续的故障诊断难以达到系统要求。因此,容错技术需要尽可能减少网络接收数据与实际数据之间的偏差,并提高故障诊断的精度。

⑤ 完整性。网络发生故障可能会诱发监测盲区的出现,传输时的丢包问题也会使感知信息产生缺失,从而降低无线传感器网络的覆盖完整性和信息完整性。因此,容错技术需要尽可能减少网络覆盖盲区,保障网络信息的完整性。

3.5.4 故障检测与修复方法

1. 网络故障检测

无线传感器网络的设计与具体的应用场景相关,针对应用需求的不同,所设计的网络故障诊断机制也有所差异。根据前面的描述,目前已形成了相对比较成熟的无线传感器网络故障容错机制,这里介绍两种具有代表性的网络故障检测方法。

（1）基于空间相关性的故障检测方法

该方法利用无线传感器网络的空间冗余机制来实现故障检测。一般情况下,在一个相对集中的监测区域中,多个具有同类型传感器的相邻节点所感知的信息是相近的,那么,如果当前节点感知的信息与其邻居节点感知的信息之间存在明显差异,就说明当前节点可能已经发生了故障。利用这一空间相关性,根据是否需要节点的地理位置信息,该方法可以分为两类。

①具有地理位置信息的检测方法

在无线传感器网络中,已知节点的地理位置信息,基于三角检测法,利用 3 个可信节点就可以实现故障节点的检测。如图 3-26 所示,节点 A、B、C 为 3 个无故障的可信节点,L_a、L_b、L_c 是这 3 个节点的地理位置,以该位置为圆心的虚线圆圈表示它们的节点感知范围。分别垂直于当前圆心与另外两个圆心连续做两条切线,并标记它们的交叉点为 X_a、X_b、X_c。

假设未知节点 N 处于 3 个可信节点所组成的三角形区域内,则可通过对比未知节点与可信节点间的感知事件接近与否来判断未知节点是否发生故障。如果未知节点 N 对事件的感知与 3 个可信节点接近,则说明 N 是正常的;反之,如果差异较大,则说明 N 发生了故障。

② 无须地理位置信息的检测方法

在无线传感器网络中,如果所有节点都具有地理位置信息,这无疑将增大网络的成本,难以在大规模网络中应用。所以,无线传感器网络面临更多的是没有地理位置信息的场景。该方

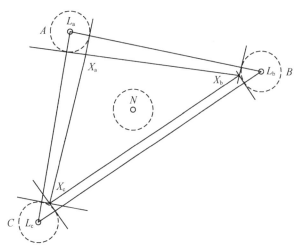

图 3-26　三角法检测故障节点

法依赖的是没有故障的节点能够正常侦听邻居节点所发送的信息，并以此侦听信息来判断自身感知信息是否正确，涉及的判断策略主要有多数投票策略、均值策略和中值策略。

多数投票策略是与邻居节点感知信息进行对比，如果当前节点的感知信息在允许的接近范围内，此时的邻居节点感知信息的数量超过所有邻居节点数量的一半，则判定自身感知信息是正确的，否则就是错误的。多数投票策略对节点分布的空间相关性要求较高，如果邻居节点分布较为分散或距离当前节点较远，使得这些节点的空间相关性不高，则会存在较大的误判率。多数投票策略的伪码过程表示为：

```
Get   x_i  and  x_j (j=1,···,N)        //x_i 为当前节点，x_j 为邻居节点
For   j=1,···,N
      Compare  x_i  and  x_j  with allowable error range
      Num++                            //Num 初始化为 0
End
If   Num ≥ 0.5N
      x_i is marked as normal
Else
      x_i is marked as fault
End
```

均值策略是与邻居节点感知信息的平均值进行对比，如果当前节点的感知信息在允许的接近范围内，则判定自身感知信息是正确的，否则就是错误的。在这种策略中，如果邻居节点感知信息的误差较大，将导致误判的概率加大。均值策略的伪码过程表示为：

```
Get   x_i  and  x_i (j=1,···,N)        //x_i 为当前节点，x_i 为邻居节点
Get   x_ave = Σ_{j=1}^{N} x_j / N      //均值计算
If      Compare  x_i  and  x_ave  with allowable error range
        x_i is marked as normal
Else
        x_i is marked as fault
End
```

与均值策略不同的是，中值策略是与邻居节点感知信息的中值进行对比，一定程度上降低了错误的邻居节点感知信息带来的判断影响。通常情况下，即使有部分邻居节点的感知信息出现错误，当前节点也能够正确地判断出自身的感知信息是否正确。中值策略的伪码过程与均值

策略的类似，只需将均值计算替换为中值计算即可。

（2）基于神经网络的故障检测方法

无线传感器网络涉及分布式节点、拓扑结构、网络协议等多方面内容，其故障属性具有多样性和相关性的特点。随着智能技术的快速发展，一些人工智能方法应用于无线传感器网络的故障诊断研究中，其中的一种典型方法就是人工神经网络。

人工神经网络是通过模仿生物神经网络行为特征进行分布式并行信息处理的算法模型，具有非线性映射和抗噪声干扰的能力，在多个领域的故障诊断中得到广泛应用。常用的人工神经网络技术有反向传播（Back Propagation，BP）神经网络、径向基（Radial Basis Function，RBF）神经网络、递归神经网络（Recurrent Neural Network，RNN）、Elman 神经网络和 Hopfield 神经网络等。

针对无线传感器网络应用中规模大、信息量大且复杂度高的问题，所获取的网络信息存在大量冗余，并且还存在关于信息是否有用及作用大小的不确定性问题。如果直接采用原始的网络信息，会影响神经网络结构，造成算法训练过度，训练和辨识时间过长，从而影响无线传感器网络的性能。为降低人工神经网络的处理难度，通常需要先对所获取的数据进行降维处理，以提高数据分析的效率。这里结合数据维数约简方法和 RBF 神经网络，介绍无线传感器网络故障诊断的分析方法。

① 数据维数约简方法

维数约简是机器学习领域中的重要研究方向之一，针对面临的维数灾难或高维数据问题，将数据从高维观测空间映射到一个低维空间。维数约简有两种基本策略，一是从有关变量中去除无关、弱相关或冗余的维，寻找一个关于变量子集的最优描述模型，即特征选择策略；二是通过对原始数据进行某种转换操作，降低信息描述的数据量，获得有意义的特征投影，即特征提取。

维数约简的方法有多种，其中，主成分分析（Principal Components Analysis，PCA）、线性判别分析（Linear Discriminant Analysis，LDA）是线性维数约简的典型代表。基于非线性的核函数或基于特征值的方法可以构成非线性维数约简，基于核函数的决策分析（Kernel Discriminant Analysis，KDA）、局部线性嵌入（Locally Linear Embedding，LLE）就是非线性维数约简的典型代表。从不确定性、不完备性问题的知识表述和分析角度，粗糙集（Rough Sets）技术能够从数据中发现隐含的因果关系及数据中的相似性和区别，也常用于约简分析和故障诊断。

粗糙集技术通过对观测数据属性的约简与分类，提高样本数据的质量，简化输入信息空间的维数。针对粗糙集分析，其知识表达系统可描述为

$$S = (X, C, D, V, f) \tag{3-46}$$

其中，X 表示对象组成的有限集合，称为论域；子集 C、D 分别表示条件属性集合和决策属性集合，$C \cup D = R$ 为属性集合；$V = \bigcup_{r \in R} V_r$ 为属性值的集合，V_r 表示属性 $r \in R$ 的范围；f 表示一个映射函数，反映对象集合之间取值的情况。条件属性可描述对象的特征，决策属性可描述对象的分类、采取的行动或决策。

假设 x_1 和 x_2 是论域上的对象信息，建立某种属性集合 P，该集合的不可分辨关系可描述为

$$\text{IND}(P) = \left\{ (x_1, x_2) \in X \times X : f(x_1, a) = f(x_2, a), a \in P \right\} \tag{3-47}$$

不可分辨关系即论域 X 上的等价关系，进而利用等价关系对论域进行划分，形成关于等价关系 $\text{IND}(P)$ 的等价集，即

$$[x]_P = \left\{ x_j \in X \middle| (x, x_j) \in \text{IND}(P) \right\} \tag{3-48}$$

属性集合 P 可以划分为若干个等价集，对于任意一个决策属性的集合 Y（$Y \subseteq X$），构建相对于 P 的上近似集和下近似集，并定义相应的边界区域 $\text{BND}_P(Y)$。如果 $\text{BND}_P(Y)=\varnothing$，表明集合 Y 关于 P 是清晰的；如果 $\text{BND}_P(Y) \neq \varnothing$，表明集合 Y 关于 P 是粗糙的，那么，集合 Y 就是关于 P 的粗糙集。

粗糙集技术利用上、下两个近似集合来逼近任意一个集合，解决边界区域个体的归属问题，进而实现数据维数的约简。

② RBF 神经网络

人工神经元模型如图 3-27 所示，输入信号 x_i 结合权值参数 w_i 对神经元施加刺激，超过神经元阈值 θ 后，经过激励函数 $f(\cdot)$ 得到神经元的输出信号 y，常见的激励函数有阈值函数、分段线性函数、Sigmod 函数等。

RBF 神经网络采用的激励函数是具有多维空间插值能力的径向基函数，能够实现对非线性函数的一致逼近性能。相对 BP 神经网络来说，RBF 神经网络的训练简捷且学习收敛速度快，不容易陷入局部的最优解。RBF 神经网络的结构如图 3-28 所示，其包含输入层、隐含层和输出层，与多层前向神经网络类似。输入层输入源信号，其节点数量根据输入向量的维数确定；隐含层节点数量根据所需要解决的问题情况来设定；输出层为神经网络的输出响应，输出层节点数量根据响应向量的维数来确定。RBF 神经网络的处理过程主要涉及参数初始化、隐含层计算输出、输出层计算输出和参数迭代，进而实现对信息的辨识与诊断。

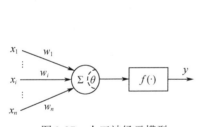

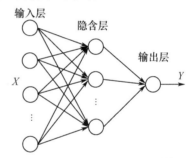

图 3-27　人工神经元模型　　　　图 3-28　RBF 神经网络的结构

2. 网络故障修复

为了提高无线传感器网络的容错能力，在部署网络节点时放置相应的冗余节点，当有节点出现故障甚至失效时，就可以利用冗余节点重新建立通信链路并重新建立监测覆盖。

（1）基于连接的修复

基于连接的修复是指当网络中的当前链路失效时，可以通过寻找新的链路来保持通信。如图 3-29 所示，节点 A、D 分别是源节点和目标节点，节点 B、C 为冗余节点，当 A-D 链路因故障而失效时，可建立新的通信链路 A-B-D 或 A-C-D，保证从节点 A 获得的信息可以正常地传输到目标节点 D。

在 k 连通中，网络中任意两个节点之间都至少有 k 条不相交的路径，那么，其中的任意 $k-1$ 个节点发生故障时，网络仍然能够保持连通。结合 k 连通思想，可通过将无线传感器网络构造成 k 连通拓扑结构来实现链路的容错修复。但是要维持网络的 k 连通，需要耗费大量的资源，难以适用于大规模的无线传感器网络。

应用中面临更多的是非 k 连通情况。如图 3-30(a)所示，当与基站连接的某个节点失效时，如图中标记为"×"的节点，与该节点相关联的其他节点的通信链路也将断开，如图中虚线圈所示。为解决这个问题，可将故障节点的下一跳节点重新定向到能与基站或汇聚节点保持连接的最近节点上，即重新建立路由，如图 3-30(b)所示。

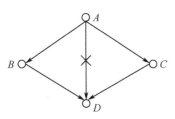

基站或汇聚节点　　　　　　基站或汇聚节点

（a）节点失效导致链路断开　　（b）重新定向建立路由

图 3-29　节点连接修复示意　　　　　图 3-30　重新建立路由示意

（2）基于覆盖的修复

基于覆盖的修复是指当无线传感器网络中因节点失效造成某些区域不被覆盖时，形成覆盖空洞现象，借助具有移动能力的节点来弥补该覆盖空洞。该策略将覆盖的修复过程分为初始化、恐慌请求、恐慌回应和决策 4 个步骤。初始化步骤中，各个节点计算自身的覆盖区域及每个覆盖区域对应的移动区域。恐慌请求步骤中，趋于消亡节点广播求助消息。恐慌回应步骤中，趋于消亡节点的邻居节点收到求助广播消息后，评估自身移动到趋于消亡节点的移动区域对自身覆盖区域的影响情况，如果不影响，则向趋于消亡节点反馈可以移动的应答消息。决策步骤中，趋于消亡节点根据收集到的应答消息，通过决策判断并选出可以移动的节点来弥补覆盖空洞。

3.6　数据融合技术

由于无线传感器网络是大规模、分布式部署的，具有一定的随机性和高密度性，针对同一个监测事件或对象，可能存在多个节点都进行了信息收集、目标监测或环境感知的工作，但获取的均是相同的数据描述，导致信息冗余。另外，单个节点的数据在网络中经历多次转发，在传输过程中形成数据的重复转发，也会导致信息冗余。显然，大量冗余信息在网络中传输是不合适的，不仅会造成通信带宽和节点能量的浪费，进而还会影响无线传感器网络对信息监测和处理等任务的执行效率。为避免这些问题，利用数据融合技术对无线传感器网络数据进行过滤和融合，降低网络数据的复杂度和维度，从而形成简化、高效且符合用户需求的数据信息。

3.6.1　数据融合技术简介

数据融合技术针对多个传感器在空间或时间上得到的冗余或互补信息，根据一定的策略对信息进行处理与综合，从而获得关于分析对象的一致性解释或描述。其核心是结合用户需求，将无线传感器网络中的多源数据信息进行多级别多层次的信息汇聚、相关估计及特定信息的分析提取，形成比单一节点更精确、更完整、更可靠的数据描述。

数据融合技术是保障无线传感器网络高效运行的一项重要支撑技术，在无线传感器网络的应用中具有十分重要的作用，主要体现在以下几个方面。

（1）控制网络能耗，延长网络生命周期

无线传感器网络在部署过程中，一般会通过节点的冗余配置来确保监测信息的获取和网络任务的顺利执行。在这种冗余配置情况下，被监测区域附近的节点收集的信息将会非常相似，即生成较高冗余度的监测信息。大量冗余信息的传输，增加了网络的负担和节点的能耗，也增加了信息处理的复杂度。

利用数据融合技术，在节点（特别是分簇结构中的簇头节点）转发数据之前，进行去冗余或过滤处理，将重复、多余的信息滤除，在满足应用需求的前提下，降低网络中的数据传输量，减轻通信带宽的压力，控制网络能耗，延长网络的生命周期。

（2）提高数据可信度，获取更准确的信息

由于受到成本低廉和小型化尺寸的约束，无线传感器网络节点的处理能力和资源条件有限，所配置的传感器精度一般较低。无线信道的干扰、恶劣应用环境也使信息在收集和传输过程中容易受到影响。甚至，节点出现故障时，将导致该节点覆盖区域的监测信息异常或失效。因此，仅利用少量、分散的节点来感知信息，难以保证监测信息的正确性和可靠性。

利用数据融合技术，结合被监测区域附近节点收集信息的关联性，针对该局部区域的节点，将同一监测事件或对象的节点数据进行融合处理，进而可得到一致性且高准确度的数据描述，也可以有效地对异常或失效的节点进行辨识，提高网络信息的可信度。

（3）提高数据收集效率，促进网络性能优化

通过数据融合处理，降低了网络中的数据传输量，削弱了网络传输的拥塞程度，相应地提高了有用数据的传输速度，减小了网络传输时延。

针对无线信道的使用情况，通过数据融合处理，将多个待转发的数据分组进行有效合并，减少了数据分组的数量，因而可以有效抑制传输过程中的冲突碰撞现象，相应地提高了无线信道的利用率，在一定程度上提高了网络数据的收集效率，也促进了无线传感器网络传输性能的优化。

3.6.2　数据融合技术分类

数据融合技术是各个信息领域的关注重点，研究人员从不同的角度提出了多种不同的处理方式，因此，数据融合技术有多种不同的分类方式。

1．基于融合手段的分类

根据处理融合信息手段的不同，可分为集中式、分布式和混合式 3 种。

① 集中式。该方式是在无线传感器网络中定义相应的融合中心（相当于整个网络的汇聚节点），将各个节点的数据都汇聚于融合中心进行集中处理。这种方式的优点是，节点的数据信息获取相对完整，融合处理的精度高；缺点是网络数据传输量大，融合中心的负荷重，对融合中心处理能力的要求高。

② 分布式。该方式是将数据融合处理分散在无线传感器网络中，这些分散的节点各自完成相应的局部融合处理，再将处理后的结果传送到网络的汇聚节点，汇聚节点还可针对收集到的所有局部融合结果进行再次融合处理。相对于集中式，分布式降低了对网络传输带宽的要求，融合处理的速度快，适合无线传感器网络的分布式结构特征；但是这种方式由于是基于局部信息的融合处理，其精度要弱于集中式。

③ 混合式。该方式均衡了集中式和分布式的优缺点，以达到优势互补的效果，但网络系统的结构设计更加复杂，能够在一定程度上适应异构组网需求的发展。

2．基于融合信息量的分类

根据融合信息量的不同，可分为无损融合和有损融合两种。

① 无损融合。该方式是指在去除部分冗余信息的基础上，采集数据的所有细节信息都被保留下来，只是在数据分组头部长度和控制开销等方面做了缩减，具体的数据不会改变。比如，在某一厂房的环境温度监测应用中，汇聚节点收到多个节点的数据后，如果数据相同，就将时间最新的数据提取出来进行上传，即只修改数据分组头部的时间信息，而数据保持不变。

② 有损融合。该方式是指通过丢弃一些细节信息来减少需要存储或传输的数据量。比如，要获取某一区域的最低温度信息，只需将汇聚节点接收到的所有温度数据做取最小值处理，丢弃其他温度数据就可以了。

3. 基于信息抽象层次的分类

根据信息抽象层次的不同，可分为数据级融合、特征级融合和决策级融合。

① 数据级融合。该方式的处理对象是传感器节点采集得到的原始数据信息，是一种最底层的数据融合方法。其融合过程如图 3-31 所示，在完成融合处理之后再进行特征提取、辨识与决策等分析。

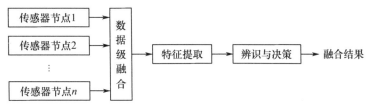

图 3-31　数据级融合过程

相对于其他两个层次的融合方法，直接使用原始数据信息的融合方式能够提供更加细致的细节信息，但是由于传感器节点获取信息存在一定的不确定性、不完全性和不稳定性，从而使该层次的数据融合方法需要具备较高的纠错能力。

② 特征级融合。该方式是在对传感器节点原始数据进行特征提取的基础上，再进行融合操作，是一种中间层次的融合方法。其融合过程如图 3-32 所示，通过特征提取，将传感器节点数据表示为一系列能够反映数据对象属性的特征向量，可以实现传感器节点数据的有效压缩，降低传输过程对通信带宽的要求，有利于无线传感器网络的实时处理。

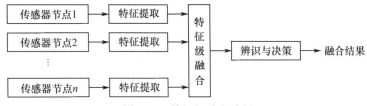

图 3-32　特征级融合过程

③ 决策级融合。该方式中，传感器节点已完成相应的特征提取与辨识处理工作，进而以此为基础，根据一定的准则和决策可信度分析进行最优决策，是一种高层次的融合方法。其融合过程如图 3-33 所示，决策级融合直接面向应用需求，通常在汇聚节点或基站处运行该操作，经过决策级融合后的数据可以直接应用于后续的任务执行。由于在决策级融合处理之前，大量的数据信息已经过了特征提取和辨识操作，决策级融合处理直接面对的信息量相对较少，因此，具有很好的实时性。而且，即使一个或少数几个传感器节点出现失效故障，也能继续工作，具有良好的容错性。

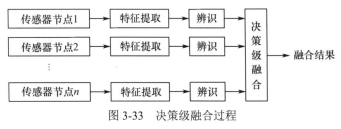

图 3-33　决策级融合过程

3.6.3 数据融合方法

针对不同的应用领域和实际场景，研究人员已经提出了许多有效且成熟的数据融合方法，主要涉及基于概率与统计分析的融合方法、基于规则推理的融合方法和基于人工智能处理的融合方法等。针对无线传感器网络，其数据融合处理可以集中在应用层和网络层中来实现，其中，应用层数据融合可以屏蔽网络底层的操作，不需要了解信息的具体收集过程，融合方法也多种多样；网络层数据融合主要结合具体的路由协议来进行设计，在发现路由、维护路由的同时，考虑传输过程中的数据融合处理问题。这里简单介绍几种典型的数据融合方法。

1．加权平均方法

加权平均是一种最简单、最直观的融合处理方法，应用也比较广泛。该方法将一组传感器节点收集到的数据进行加权平均，并以此结果作为融合输出值，即

$$\bar{x} = \sum_{i=1}^{N} w_i x_i \tag{3-49}$$

$$\sum_{i=1}^{N} w_i = 1 \tag{3-50}$$

其中，x_i 表示各个传感器节点的数据，N 为传感器节点个数，w_i 表示加权因子且所有加权因子之和为 1。从上述表达式可以看出，当所有的加权因子相同时，有 $w_i = 1/N$，表征为绝对平均。

加权平均方法基于统计分析的思路，可有效降低网络中的数据传输量，但这种简单处理方法不能有效去除异常或错误的数据，抗干扰能力相对较差。当无线传感器网络受到干扰时，采用加权平均方法进行数据处理，会在一定程度上造成有效数据的丢失，难以保证融合结果的可靠性。因此，该方法一般适合无线传感器网络比较稳定的应用场景。

2．卡尔曼滤波方法

卡尔曼（Kalman）滤波方法基于测量模型的统计特性递推方式，去除传感器节点的冗余数据，获取统计意义上最优的数据融合，其系统模型表示为

$$\begin{cases} x(k+1) = Ax(k) + w(k) \\ y(k) = Bx(k) + n(k) \end{cases} \tag{3-51}$$

其中，$x()$ 表示系统的状态变量，A 为系统的状态转移矩阵，$y()$ 表示观测变量，B 为观测矩阵，$w(k)$ 和 $n(k)$ 分别表示系统和观测过程在 k 时刻的噪声。进一步基于误差协方差矩阵计算，结合最小方差估计方法，利用当前时刻的观测值和前一时刻的估计值进行数据更新，得到相应的融合结果。

卡尔曼滤波方法通过优化估计，可克服噪声的影响，不需要存储大量的数据，占用存储空间小且计算速度快，能够实现对现场采集数据的实时分析与处理，在通信、导航、控制、图像等诸多领域得到了很好的应用，适合无线传感器网络的应用开发。

3．贝叶斯估计方法

贝叶斯（Bayes）估计方法基于概率分析方式实现对传感器节点数据的融合处理，其基本思路是：在充分利用先验概率和条件概率的基础上，利用贝叶斯表达式计算出相应的后验概率，进而结合后验概率进行决策处理。该方法在数据集不完备的情况下也能通过概率估计实现融合分析，但对先验概率比较敏感，需要根据具体的应用场景来设置合适的先验概率分布参数。

4．模糊逻辑推理方法

模糊逻辑推理方法将传感器节点数据的不确定性表示在推理过程中，该方法的结构一般由规则库、推理机、模糊化和解模糊 4 部分组成。其中，根据已有的知识和经验来建立规则库，

通常用 If-Then 的形式来进行描述；推理机将当前的状态与规则库中的规则信息进行对比分析，确定每条规则应用时的可信度；模糊化是利用隶属函数、属性范围等规则将输入的实际变量转换为模糊变量，形成模糊表示集合；解模糊与模糊化过程相反，就是将模糊变量转换为实际变量。

在模糊逻辑推理过程中，结合输入变量的搜索范围，利用各种模糊算子进行合并运算，确定使兼容度达到最大时的隶属函数分布情况，再经过解模糊处理获得相应的融合结果。该方法利用接近人类思维的方式来对信息进行表示和处理，比较适合高层次的决策应用，但在信息描述上存在较为明显的主观因素，因此规则库、隶属函数等的设计对融合效果将产生影响。

5．人工神经网络方法

人工神经网络方法是一种模拟人类大脑活动的信息处理技术，相互连接、相互作用的神经元构造成处理单元，这些神经元按照一定的方式排列和连接，能够实现复杂的非线性映射，具有很强的容错能力、自学习能力和自适应能力。

人工神经网络方法利用学习机制，获取并优化神经元之间的连接权值，将输入的数据进行融合处理，通过迭代运算实现知识的自动获取、更新，进而实现知识的联想推理。另外，该方法具有的并行处理能力，使得在面临大规模数据时能够提高数据的处理速度。

6．基于网络路由的数据融合方法

无线传感器网络的数据融合处理与网络层中的路由协议密切相关。根据无线传感器网络拓扑结构的不同，结合数据融合的路由协议也有多种，代表性地有分簇型数据融合、反向树型数据融合、簇树混合型数据融合。

分簇拓扑结构是常用的无线传感器网络应用形式，在这种结构中，普通节点将收集到的数据汇集至簇头节点，簇头节点将簇内所有汇集过来的数据进行综合运算处理，然后将处理结果发送至汇聚节点，如图 3-34 所示。典型的路由协议有 LEACH 协议、PEGASIS 协议、TEEN 协议及基于分簇的定向扩散（DD）协议等。

树状拓扑结构中，节点采集数据之后，通过反向多播树，结合多跳方式，在中间节点对收集到的数据进行一定的融合处理，然后发送到汇聚节点，如图 3-35 所示，比如在 SPIN 协议中考虑数据融合处理。

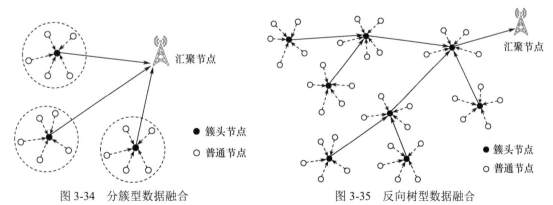

图 3-34　分簇型数据融合　　　　图 3-35　反向树型数据融合

簇树混合型数据融合方法是将前面的分簇型和反向树型两种方式进行综合，在簇头节点选出的基础上，在各个簇头节点之间形成多播树。普通节点将采集到的信息汇集于簇头节点，簇头节点完成初步的融合处理，再通过反向多播树进行后续的融合处理，最后将融合结果发送到汇聚节点，如图 3-36 所示。

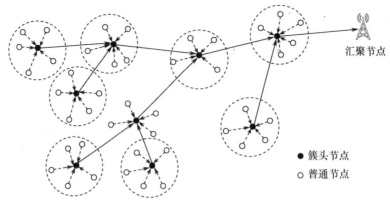

图 3-36 簇树混合型数据融合

3.7 本 章 小 结

本章针对无线传感器网络的支撑技术，分别从网络覆盖与拓扑控制、能量管理、时间同步、定位、容错和数据融合 6 个方面展开，描述了相应的基本原理及设计思路和方法。网络覆盖与拓扑控制技术是实现无线传感器网络运行的首要基础。能量管理技术是实现无线传感器网络长期运行的重要手段。时间同步技术确保无线传感器网络的应用操作能够在统一的时间框架下正确开展。定位技术为无线传感器网络的运行和应用提供必要的位置信息。容错技术为无线传感器网络的稳定、可靠运行提供保障措施。数据融合技术能够提升无线传感器网络的运行效率和质量，并且能够降低网络的能耗。

习 题 3

1. 无线传感器网络拓扑控制运行的前提是满足一定的_____和网络连通度。

2. 在覆盖控制技术中，_____是指表征所有节点覆盖的总面积与目标监测区域总面积之间的比值。

3. 覆盖效率值越大，说明网络中的节点冗余越_____。

4. 节点确定性部署覆盖方式包含确定性区域/点覆盖、_____、确定性网络路径/目标覆盖。

5. 节点随机部署覆盖方式主要包括随机节点覆盖和_____。

6. 根据监测区域中覆盖对象的差异，无线传感器网络的覆盖方式分为点覆盖、_____和栅栏覆盖；根据应用属性的不同，覆盖方式分为节能覆盖和_____。

7. 指定区域中一个目标节点被多个不同的传感器节点相互协作监测，称为_____。

8. 根据监测对象穿越无线传感器网络时采用模型的不同，栅栏覆盖分为_____、最坏与最佳情况覆盖。

9. 在无线传感器网络中，节能覆盖一般通过采用节点的轮换激活和_____来延长网络的生命周期。

10. 连通性覆盖包括活跃节点集连通覆盖和_____两种方式。

11. 基于轮换活跃/睡眠的覆盖控制算法中，当前节点和邻居节点同时进入睡眠状态，且没有其他节点能够替代感应任务时，出现_____问题。

12. 无线传感器网络拓扑控制的研究思想主要包括_____和_____。

13. 在无线传感器网络中，节点发射功率越小，所形成的节点感应半径越_____；节点发射功率过大，节点消耗的能量_____，可能会出现信道竞争造成_____，甚至可能会_____，导致网络时延等性能的下降。

14. 在无线传感器网络中，节点度是指所有距离本节点_____跳的邻居节点数量。

15. 基于睡眠调度的拓扑控制中，将节点的_____与_____机制引入网络的拓扑控制中，可以起到降低网络能耗的作用。

16. 节点处于睡眠状态时的能耗_____，发送状态的能耗_____。

17. 无线信号传播距离_____，所需要的无线发射功率越大，因而为避免节点能量过快衰减，应尽可能减少_____通信距离。

18. 能量管理策略主要体现在节点级能量管理和_____。

19. 计算处理的能量管理策略主要包括动态电压调节技术和_____。

20. 动态能量管理的核心是控制节点的_____转换。

21. 物理层能量管理中发送节点可以根据反馈的_____调整其发送功率。

22. 当使用共享信道进行通信时，某个节点可能接收到不是发送给它的数据，该节点将接收到的消息丢弃，这种现象称为_____。

23. 网络层能量管理主要包括基于网络拓扑的能量优化技术和_____。

24. _____技术是指设计合适的同步算法和协议对网络节点的本地时钟进行校正，使网络中所有节点的本地时钟保持一致。

25. 时间同步的实现依赖于_____，其形式包括外同步技术和_____。

26. 节点时钟模型包括硬件时钟模型和_____。

27. 目前 Internet 上应用的 NTP 协议，将网络中的计算机等设备的时间同步到_____。

28. 无线传感器网络的报文传输时延包括发送时间、_____、_____、_____、_____和接受时间。

29. 无线传感器网络时间同步机制，按照节点组织方式，分为结构化时间同步和_____。

30. TPSN 机制采用了基于_____和接收者的_____时间同步机制来获取较高的准确度；而 RBS 机制采用了基于_____和接收者的同步方式；FTSP 机制采用了基于_____和接收者的_____广播消息传递时间的同步方法。

31. 无线传感器网络的定位技术包括节点定位和_____定位。

32. 在无线传感器网络中，已知位置信息的节点一般称为_____。

33. 基于测距的定位算法实现过程分为_____和定位阶段。

34. 基于测距的定位算法，通常通过增加基础硬件来实现_____或_____等信息的测量。

35. 容错技术定义了 3 种状态，包括差错、_____和_____。

36. 无线传感器网络的故障分析可以从部件级、_____和_____进行分析。

37. 无线传感器网络中节点的监测，包括主动监测和_____。

38. 无线传感器网络的冗余技术包括空间冗余关系、_____及_____。

39. 为了提高无线传感器网络的容错能力，在部署网络节点时放置相应的_____，当有节点出现故障甚至失效时，可以利用_____重新建立通信链路并重新建立监测覆盖。

40. 基于覆盖的修复过程包括初始化、_____、恐慌回应和_____。

41. 数据融合根据处理融合信息手段的不同，分为集中式、_____和_____；根据融合信息量的不同，分为无损融合和_____；根据信息抽象层次的不同，分为数据级融合、_____和_____。

42. 简述无线传感器网络覆盖控制技术的设计目标。

43. 说明覆盖控制技术中覆盖效率与覆盖程度的区别。

44. 简述无线传感器网络覆盖控制技术的技术指标。

45. 简述无线传感器网络布尔感知模型与概率感知模型的区别。

46. 简述基于网格的覆盖控制算法的基本原理。

47. 简述无线传感器网络的拓扑控制任务和目标。

48. 无线传感器网络中网络时延的影响因素有哪些？

49. 比较本地平均算法与本地邻居平均算法的区别。

50. 简述邻近图控制方法的基本原理。

51. 简述 HEED 算法如何改进 LEACH 算法中簇头分布不均匀的问题。

52. 简述 STEM-B 算法和 STEM-T 算法的特点。

53. 简述数据采集能量管理的基本方法。

54. 简述应用层能量管理设计的基本思路。

55. 为什么本地时钟信息会出现偏差？

56. 为什么无线传感器网络需要时间同步技术？

57. 简述无线传感器网络时间同步技术的应用需求。

58. 如何设计无线传感器网络时间同步技术机制？需要考虑哪些因素？

59. 简述 DMTS 机制的基本原理。

60. 无线传感器网络中定位技术的作用是什么？

61. 简述无线传感器网络定位技术的特性。

62. 设计无线传感器网络定位技术的性能指标有哪些？

63. 简述三边定位法的基本原理。

64. 质心定位算法的缺点有哪些？

65. 简述 DV-Hop 定位算法的基本流程。

66. APIT 定位算法主要应用在哪些场景？APIT 定位算法的特点是什么？

67. 简述无线传感器网络中容错的必要性。

68. 容错技术的处理手段有哪些？

69. 简述无线传感器网络中容错的分类。

70. 简述无线传感器网络中冗余机制的特征。

71. 无线传感器网络的容错技术如何对应网络协议层次？

72. 简述无线传感器网络中冗余技术的设计目标。

73. 简述基于空间相关性的故障检测的特点。

74. 基于神经网络的故障检测的优势有哪些？

75. 简述无线传感器网络数据融合的必要性。

76. 无线传感器网络数据融合的特点有哪些？

77. 如何设计无线传感器网络数据融合方法？需要考虑哪些因素？

第4章 无线传感器网络安全技术

无线传感器网络中部署了大量的节点，这些节点应配备相应的安全机制来防御节点受到捕获、物理篡改、窃听、拒绝服务等攻击。本章主要介绍无线传感器网络安全相关的知识，包括无线传感器网络安全体系、可能遭受的攻击类型、安全框架，以及无线传感器网络安全认证、密钥管理、安全路由等协议和技术，最后介绍无线传感器网络隐私保护技术。

4.1 无线传感器网络安全体系

4.1.1 无线传感器网络安全概述

在无线传感器网络的众多应用中，如安保防范、战场环境监控等，采集和传输的数据非常敏感，确保数据在采集和传输过程中的安全至关重要。与传统网络相比，无线传感器网络具有一些独特的特点，例如其拥有有限的系统资源，网络配置、数据传输速率、数据包大小、反应时间和通道误差率等都受到一定程度的限制。此外，无线传感器网络所工作的环境也相对严峻，面临着多种挑战和威胁。在无线传感器网络中，常见的安全问题包括窃听信息、伪装成网络节点、节点密钥泄露、注入式攻击和饱和式攻击等。

由于采用多跳转发的数据传输机制和自组织的组网机制，每个节点都需要参与路由的发现、建立和维护。这些特性使得无线传感器网络的路由协议容易受到各种攻击，如伪造路由信息、女巫攻击、虫洞攻击、污水池攻击、Hello泛洪攻击等。这些攻击不仅会严重影响网络性能和生存时间，还可能导致丢弃、窃取或篡改网络信息，给用户带来无法挽回的损失。

这些问题对无线传感器网络的安全性和稳定性产生了严重的影响，需要采取一系列措施来加强网络安全保护。无线传感器网络安全的重要性主要体现在以下几个方面。

（1）数据保护

无线传感器网络中节点收集的数据可能涉及个人隐私、商业机密或国家安全等重要信息，保护这些数据的安全性和机密性对于网络的正常运行与用户的信任至关重要。

（2）系统可靠性

无线传感器网络通常由大量的节点组成，节点之间的相互通信和协作是网络正常运行的基础。如果网络受到攻击或数据被篡改，可能导致网络中断或节点无法正常工作，从而影响整个系统的可靠性。

（3）防止攻击和滥用

无线传感器网络中节点往往具有有限的计算和通信能力，容易受到各种攻击，如拒绝服务攻击、欺骗攻击和篡改攻击等。保护网络免受这些攻击的影响，防止网络被滥用，是保证网络安全的重要目标。

（4）能源管理

无线传感器网络中节点通常由电池供电，能源是节点正常工作的关键。如果网络受到攻击或数据传输过程中存在漏洞，可能导致节点能源的浪费或过早耗尽，从而影响整个网络的运行时间和性能。

（5）网络隐私保护

无线传感器网络中节点通常分布在不同的地理位置上，网络中的数据传输可能经过多个中间节点，因此，保护网络中的数据隐私和传输安全对用户的信任与网络的稳定性至关重要。

4.1.2 无线传感器网络安全目标

无线传感器网络极易受到各种攻击，如攻击者可以窃听无线链路、在信道中注入比特、重放之前听到的数据包等。为了保证无线传感器网络的安全，网络需要支持所有的安全属性，如机密性、完整性、真实性和可用性等。攻击者可能会部署一些与合法节点硬件能力相似的恶意节点，这些节点可能会串通起来协同攻击系统（称为共谋节点）。

此外，在某些情况下，共谋节点可能有高质量的通信链路用于攻击时的协调交互。节点可能不抗篡改，如果攻击者破坏了一个节点，那么攻击者可以读取存储在该节点上的所有关键数据和代码。虽然对某些网络来说，抗篡改可能是一种可行的防御物理节点泄露的方法，但这并不是一种通用的解决方案。节点要实现极其有效的抗篡改性，往往会显著增加成本。

由于无线传感器网络的网络属性和无线通信的特性，其安全性的要求是独特的。无线传感器网络的特别之处在于它们的体积尺寸、分布模式和资源等方面的限制，从而导致了一些特殊的安全需求。

无线传感器网络技术应用的领域很广泛，不同应用领域对它的安全需求也不尽相同，对应的安全级别也有所不同。无线传感器网络的安全目标主要包括以下几个方面。

1. 可用性

可用性（Availability）是指确保网络能够正常运行并完成基本任务的能力。作为安全目标，可用性主要是为了确保网络按照预定的工作方式进行工作，为用户提供可靠的信息和服务。然而，这种类型的安全需求可能会受到拒绝服务（Denial of Service，DoS）攻击等威胁的影响，攻击者可能会通过复制、干扰或伪造信息等方式来破坏无线传感器网络的正常运行。为了应对这些威胁，需要采取一系列技术措施，如冗余、入侵检测、容错、容侵、网络自愈和网络重构等，以提高网络的可用性和安全性。

在无线传感器网络中引入安全方案是以牺牲计算存储和能源成本为代价的，这些安全方案可能对数据的可用性施加限制。加入安全性可能会导致能源和存储资源过早耗尽，从而导致数据不可用；同样，如果一个节点（特别是汇聚节点）的安全性受到损害或遭受 DoS 攻击，那么无线传感器网络中的数据将无法被访问，变得不可用。因此，数据的可用性成为重要的安全需求之一。

2. 机密性

机密性（Confidentiality）是指保证机密信息不会被未经授权的实体访问或泄露。在无线传感器网络中，机密性是保护信息传输的最基本和最重要的要求之一。由于无线信号具有易被截获的特点，因此对无线信号进行加密处理是确保信息安全传输的最基本技术，主要的技术手段包括加密和解密。

发送者和接收者之间进行的数据通信，有时会经过多个节点进行路由。数据可能非常敏感，只能由发送者和接收者知道。攻击者可以通过窃听无线链路、获取存储许可或其他攻击方法来访问这些数据。为了保证节点之间数据传输的私密性，需要机密性这种重要的安全服务。数据机密性意味着数据只能被那些被授权的实体处理和使用。

如果数据因疏忽和安全措施薄弱而丢失，可能导致身份盗窃、业务损失、隐私侵犯和许多其他恶意活动。在无线传感器网络中，可以通过以下方式实现数据的机密性：

① 无线传感器网络不应向外界泄露任何数据，将数据完整地保留在网络中。

② 在到达目标节点之前，数据有时要经过许多节点，这需要不同节点之间及节点与基站之间有安全的通信信道。

③ 加密是提供数据保密性最常用的方法之一，密钥、用户身份等关键信息在传输前应进行加密。

④ 敏感数据存储到内存之前应对其加密。

3. 完整性

完整性（Integrity）是指保证信息在传输过程中不被篡改或损坏。在无线传感器网络中，完整性是保护信息传输的基本要求之一，因为无线信号容易被截获和篡改，所以对信息的完整性进行保护是非常重要的。常见的技术手段包括散列、消息认证码（Message Authentication Code，MAC）及数字签名等，这些技术可以确保信息的完整性和真实性，从而保证信息在发送者和接收者之间没有区别。

机密性可以阻止数据泄露，但对于在原始消息中插入数据的行为则无可奈何。在无线传感器网络中需要保证数据的完整性，即保证接收到的数据没有被篡改，且没有将新数据添加到数据包的原始内容中。

数据完整性可以通过 MAC 来实现。发送者和接收者共享一个密钥，发送者使用该密钥和消息内容计算得到 MAC，并将消息与 MAC 一起发送给接收者；接收者使用共享密钥和消息内容重新计算 MAC，通过比较重新计算获得的 MAC 与从接收者直接获得的 MAC 是否相等，可以判断接收消息的完整性。

4. 新鲜性

新鲜性（Freshness）是指保证用户在指定时间内得到最新的信息。为了实现这一目标，通常会采用入侵检测、网络管理和访问控制等技术来确保信息的及时性和准确性。在无线传感器网络中，新鲜性主要体现在信息的时效性和非重播性上，以确保信息传输的速度和可靠性。然而，攻击者可能会通过攻击信息传递途径来造成信息传播的滞后，因此需要采取相应的安全措施来保障信息的新鲜性。这些安全措施包括网络管理、入侵检测和访问控制等技术，可以有效地保护无线传感器网络中的信息不被篡改或延迟传输。

新鲜性分为弱新鲜性和强新鲜性两种类型。弱新鲜性仅提供部分信息排序，不提供与信息延迟和延迟相关的信息；强新鲜性给出了完整的请求响应顺序和延迟估计。传感器测量需要弱新鲜性，而网络时间同步需要强新鲜性。

5. 真实性

真实性（Authenticity）是指保证信息在传输过程中不被伪造或篡改，以确保信息的可信度。为了保证信息的真实性，一般会采用签名、访问控制等技术来验证信息的来源和内容。对于点到点的信息传播，真实性的要求尤为严格，因为这些信息必须是可查证的、能够被辨别的，不能出现伪造或篡改的现象。因此，在无线传感器网络中，真实性是非常重要的安全性需求之一。

身份认证是无线传感器网络保证真实性的关键技术之一。身份认证技术可以通过多种方式实现，如基于密钥的身份认证、基于证书的身份认证等。其中，基于密钥的身份认证是最常用的一种方法，它要求节点在加入网络之前向网络管理员或注册中心提交一个密钥，并将该密钥保存在本地设备上。在后续的数据传输过程中，节点会使用该密钥对数据进行加密和解密，以保证数据的机密性和完整性。同时，网络管理员或注册中心可以通过比对密钥的方式来验证节点的身份是否合法。

身份认证在无线传感器网络中用于阻止或限制未授权节点的活动。任何未经批准的代理都可能注入冗余信息，或者篡改携带信息的默认包，这在处理大量信息的情况下尤其重要。接收数据包的节点必须确保数据包的发送者是经过认证的来源，参与通信的节点必须能够识别和拒绝来自非法节点的信息。

6. 安全定位

在无线传感器网络中，由于节点之间的通信是通过无线信道进行的，因此无法像传统计算机网络那样直接验证节点的身份。为了解决这个问题，可以利用基于地理位置的信息来识别节点，或者判断节点是否属于网络。例如，可以通过将每个节点的位置信息与已知位置信息进行比对，来确定该节点是否属于网络。此外，还可以利用 GPS 等定位技术来精确地确定节点的位置。

然而，攻击者也可能通过分析节点的位置来实施攻击。例如，攻击者可以探测数据包的报头和协议层数据，从而获取节点的位置信息。因此，为了保障无线传感器网络的安全，需要采取相应的安全措施来保护节点位置信息的隐私性和安全性。这就需要实现安全定位（Secure Positioning）功能，即在不泄露节点位置信息的前提下，对节点进行身份识别和网络判断。只有实现了安全定位功能，才能保证无线传感器网络的安全性和可靠性。因此，安全定位是实现安全协议所必须满足的特性之一。

7. 不可否认性

不可否认性（Non-repudiation）是指在无线传感器网络中，发送者无法否认其已经发送过的数据，接收者也无法否认其已经接收过的数据。这一目标的实现是为了保证通信的真实性和可信性，防止数据被篡改或者伪造。

在无线传感器网络中，数据的传输容易受到干扰、窃听、篡改等攻击，因此需要确保数据的不可否认性。如果发送者否认其已经发送过的数据，那么接收者就无法确定数据的来源和真实性，这将导致通信过程的不可靠性和不安全性，甚至可能导致恶意攻击和数据泄露。

不可否认性是确保数据完整性和真实性的重要手段之一。为了实现无线传感器网络安全目标的不可否认性，通常采用签名、身份认证等技术来验证信息的来源和身份。签名技术可以确保信息的完整性和真实性，因为它需要发送者对信息进行加密并使用私钥进行签名，只有接收者拥有相应的公钥才能验证签名的真实性。身份认证技术可以确认信息的发送者的身份，从而防止伪造或篡改信息。

4.1.3 无线传感器网络的安全体系结构

无线传感器网络的安全体系结构通常由安全组件与协议栈两部分组成，如图 4-1 所示，它们分别承担着不同的功能。

1. 安全组件

安全组件是指在无线传感器网络中用于保护网络安全的各种安全机制和算法，主要包括以下几个方面。

（1）身份认证和授权

为了确保只有经过身份认证和授权的用户才能访问网络资源，无线传感器网络需要采用安全的身份认证机制，如基于证书的身份认证、基于用户名密码的身份认证、生物识别技术等。

（2）数据加密

为了防止未经授权的访问和篡改，无线传感器网络需要采用加密技术对数据进行加密，以确保数据的机密性和完整性。常用的加密算法包括 AES（Advanced Encryption Standard，高级加密标准）、RSA（Rivest-Shamir-Adleman）等。

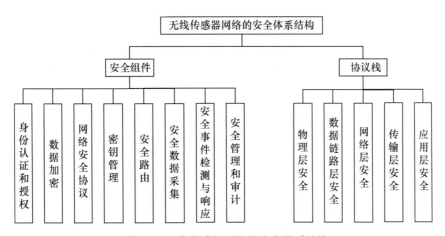

图 4-1　无线传感器网络的安全体系结构

（3）网络安全协议

无线传感器网络需要采用一系列网络安全协议来保障网络的安全性，例如传输层安全协议（Transport Layer Security，TLS）、安全套接字层（Secure Socket Layer，SSL）等。这些协议可以提供数据加密、身份认证、流量控制等功能，从而增强网络的安全性。

（4）密钥管理

用于生成、分发和更新密钥，确保通信过程中的数据加密和解密。

（5）安全路由

用于选择安全的路径传输数据，防止数据在传输过程中被窃听或篡改。

（6）安全数据采集

用于保护节点采集的数据，防止数据在传输和存储过程中被攻击者获取。

（7）安全事件检测与响应

用于检测和响应网络中的安全事件，及时发现并处理潜在的安全威胁。

（8）安全管理和审计

用于建立完善的安全管理和审计机制，包括日志记录、事件响应、漏洞扫描等。这些机制可以帮助管理员及时发现和处理安全问题，从而保障网络的正常运行。

2. 协议栈

无线传感器网络的协议栈是指节点与网络之间的通信协议栈，负责将节点采集到的数据传输到网络中，并与其他节点进行通信。同时，协议栈也需要考虑网络安全的问题，例如采用加密技术来保护数据的机密性和完整性，以及采用安全协议来提供身份认证和流量控制等功能。

从网络协议分层的视角来看，无线传感器网络的协议栈由多个协议层组成，每个协议层具有不同的功能，协议栈也需要进行相应的安全性增强，主要包括以下几个层次。

（1）物理层安全

在安全体系结构中，物理层可以实施无线传输的安全措施，如频谱监测和干扰检测，防止攻击者对无线信号进行干扰或窃听。

（2）数据链路层安全

在安全体系结构中，数据链路层可以实施数据的加密和认证等安全措施，确保数据在传输过程中的安全性。

（3）网络层安全

在安全体系结构中，网络层可以使用安全的路由协议，确保路由信息的安全性，防止攻击者对路由信息进行篡改或伪造。

（4）传输层安全

在安全体系结构中，传输层可以使用安全的传输层协议（如 TLS）对数据进行加密和认证，确保数据在传输过程中的安全性。

（5）应用层安全

在安全体系结构中，应用层可以实施数据加密和认证等安全措施，确保数据的机密性和完整性。

4.2 无线传感器网络攻击与安全框架

无线传感器网络的攻击与防御是一个比较复杂的问题。无线传感器网络利用网络中的节点收集或监测目标周围的信息，然后将信息发送给服务器或用户。由于节点的数据存储、数据处理能力及能量有限等的特点，当节点相互传输数据时，采用的是多跳的方式。因此，网络容易遭受各种恶意节点攻击而降低网络性能甚至引起网络崩溃。此外，节点通常被放置在没有物理保护的恶劣或危险环境中，更容易遭受攻击。

4.2.1 攻击动机

攻击动机是指攻击者通过发起攻击能够获取某种利益，攻击者对无线传感器网络的攻击动机有如下几种。

（1）窃取信息

攻击者可能希望获取无线传感器网络中传输的敏感信息，例如个人隐私、商业机密或政府机密等；获取敏感数据后，通过倒卖等多种手段从中获取利益。

（2）数据篡改

攻击者可能试图修改或篡改无线传感器网络中的数据，以达到欺骗、误导或破坏的目的。

（3）服务拒绝

攻击者可能试图通过发动 DoS 攻击使无线传感器网络无法正常运行，导致服务中断或延迟。

（4）节点伪装

攻击者可能试图伪装成合法节点，以获取网络的控制权或访问权限。

（5）节点破坏

攻击者可能试图直接破坏传感器节点，例如通过物理破坏或恶意软件来使节点失效或无法正常工作。

（6）网络监控

攻击者可能试图监视无线传感器网络中的通信活动，以获取有关网络拓扑、通信模式或关键信息的情报。

（7）网络控制

攻击者可能试图获取对无线传感器网络的控制权，以实施其他类型的攻击或滥用网络资源。

4.2.2 攻击分类

总的来说，无线传感器网络的攻击分为主动攻击和被动攻击，图 4-2 列出了无线传感器网络攻击分类。

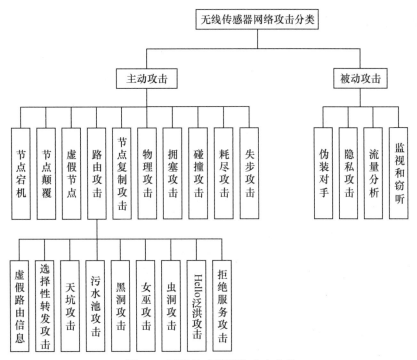

图 4-2　无线传感器网络攻击分类

1．主动攻击

主动攻击是指未经授权的攻击者监视、监听和修改无线传感器网络通信信道中的数据流。

（1）节点宕机

节点宕机是指节点停止其功能。在无线传感器网络中，节点之间的通信是通过无线信号进行的。如果某个节点停止工作，那么它将无法继续向其他节点发送数据，这会导致通信中断。比如，在簇头停止运行的情况下，无线传感器网络协议应该足够强大，以通过提供替代路由来减轻节点故障的影响。

（2）节点颠覆

节点颠覆是指节点的控制权被攻击者夺取。在无线传感器网络中，每个节点都有一个密钥，用于保护节点的信息安全。如果攻击者获取了某个节点的密钥，那么就可以控制该节点，并获取该节点所拥有的信息，这可能会导致整个网络被攻击者控制。

为了防止节点颠覆，可以采取一些措施来保护无线传感器网络的安全。例如，可以使用加密技术来保护节点之间的通信，以防止攻击者窃听通信内容。此外，还可以使用身份认证技术来确保只有经过身份认证的用户才能访问无线传感器网络。

（3）虚假节点

虚假节点是指攻击者在无线传感器网络中添加节点并注入恶意数据。攻击者可能会向系统中添加节点，该节点提供虚假数据或阻止真实数据的传输。插入恶意虚假节点是最危险的攻击之一，因为注入网络中的恶意代码可能会传播到所有节点，从而破坏整个网络，甚至攻击者接管整个无线传感器网络。

（4）路由攻击

无线传感器网络中的路由攻击属于网络层攻击，路由攻击的种类有很多，代表性的路由攻击有以下几种。

① 虚假路由信息：攻击者通过欺骗、更改和重放路由信息等手段，伪造节点间的路由信

息，导致节点不能得到正确的路由信息，从而造成网络中出现路由环路或增加端到端的延迟等问题。

② 选择性转发攻击：攻击者对节点进行攻击后，控制节点在收到数据包后不按正常的情况进行数据包的转发，而是有选择地进行转发或者直接拒绝转发数据包，从而破坏网络的完整性和可用性。

③ 天坑攻击：将流量吸引到特定节点，攻击者的目标是通过受感染的节点吸引来自特定区域的几乎所有的流量。天坑攻击通常通过使受感染的节点看起来对周围的节点特别有吸引力来起作用。

④ 污水池攻击：泄密节点通过某种算法吸引该节点一定范围内的数据流全部通过该泄密节点，从而形成类似于以攻击者为中心的污水池。污水池攻击可以改变网络中传输数据的方向，一定程度上破坏了网络结构。

⑤ 黑洞攻击：攻击者通过一定的手段，例如声称自己电源充足、性能可靠等，吸引其周围的节点将其当成是下一跳节点，形成一个以攻击者为中心的黑洞。

⑥ 女巫攻击：单个恶意节点自我复制并出现在多个位置。在女巫攻击中，单个节点向网络中的其他节点呈现多个身份。女巫攻击主要针对分布式存储、多径路由和拓扑维护等容错方案，可以采用身份认证和加密技术防止女巫攻击。

⑦ 虫洞攻击：攻击者通过在网络中插入恶意节点来实现，这些恶意节点之间建立了一个低时延的通信通道，欺骗网络中的其他节点，使其他节点相信它们之间的距离比实际距离更短。这种攻击会导致数据包被发送到错误的位置，从而破坏整个网络的功能。

⑧ Hello 泛洪攻击：是攻击者经常使用的手段之一，攻击者使用更多能量从一个节点向另一个节点发送或重放路由协议的 Hello 数据包，攻击者可以复制无线传感器网络中的消息，并以高功率广播自己作为父节点的 Hello 数据包，以便所有节点甚至远程节点都将与 Hello 数据包节点通信。

⑨ 拒绝服务攻击：即 DoS 攻击，是一种常见的攻击方式，它是由节点的意外故障或恶意操作产生的。DoS 攻击可用于在任何无线传感器网络中创建故障。在这种攻击中，攻击者会向目标节点或网络资源发送大量请求，从而使合法节点瘫痪，无法提供正常的功能。

DoS 攻击不仅意味着攻击者试图颠覆或破坏网络，而且还意味着削弱网络提供服务的能力。在无线传感器网络中，DoS 攻击可能会在不同层次执行，包括多种类型：

- 在物理层，DoS 攻击可能是干扰和篡改；
- 在数据链路层，DoS 攻击可能是碰撞、耗尽和不公平竞争；
- 在网络层，DoS 攻击可能是忽视、贪婪、误导和黑洞；
- 在传输层，DoS 攻击可以通过恶意泛洪和去同步来进行。

防止 DoS 攻击的机制包括网络资源付费、回推、强身份认证和流量识别等。

（5）节点复制攻击

节点复制攻击是指攻击者通过复制现有节点的 ID，向无线传感器网络添加一个复制后的节点。这个新的节点可能会严重破坏网络的性能，网络中的数据包可能会被损坏甚至被错误路由。如果攻击者能够物理访问整个网络，就可以将加密密钥复制到添加的节点中。通过在特定的地点插入复制的节点，攻击者可以轻松地操纵网络的特定部分，甚至可能完全断开它。

（6）物理攻击

无线传感器网络有时在恶劣的户外环境中运行。在这种环境下，节点的小型尺寸、无人值守和分布式部署的特性，使得它们极易受到物理攻击，即由于节点破坏而产生的威胁。与前面提到的许多其他攻击不同，物理攻击会永久破坏传感器，因此损失是不可逆转的。例如，攻击者可以提取加密密钥，篡改相关电路，修改传感器中的程序或将其替换为受攻击者控制的恶意传感器。

（7）拥塞攻击

拥塞攻击是指攻击者故意通过发送大量无效或恶意的数据流来占用网络带宽，导致网络拥塞和服务质量下降的攻击方式。在无线传感器网络中，拥塞攻击可能会导致网络性能下降、能耗增加及数据传输时延增加。

（8）碰撞攻击

碰撞攻击是指攻击者故意在无线传感器网络中发送多个数据包，导致数据包在传输过程中发生碰撞的攻击方式。这种攻击会导致数据包丢失、传输时延增加及网络性能下降。

（9）耗尽攻击

耗尽攻击是指攻击者故意通过发送大量无效的请求或占用资源来消耗无线传感器网络中资源的攻击方式。这种攻击会导致网络资源耗尽，使得合法用户无法正常使用网络服务。

（10）失步攻击

失步攻击是指攻击者故意干扰无线传感器网络中节点时钟同步过程的攻击方式。这种攻击会导致节点之间的时钟失去同步，影响网络的正常运行和通信。

2．被动攻击

被动攻击是指未经授权的攻击者监视和监听通信信道，被动攻击包括窃听和分析数据流，但不会对内容进行修改。无线传感器网络中的被动攻击主要包括如下几个方面。

（1）伪装对手

攻击者通过插入恶意节点或破坏节点，以隐藏在无线传感器网络中。之后，这些节点被复制为正常节点来吸引数据包，然后对数据包进行隐私分析。

（2）隐私攻击

攻击者通过远程访问轻松获取无线传感器网络中的大量信息，而无须亲自到场。攻击者对这些大量的信息进行隐私信息分析，获取节点或网络的敏感信息。

（3）流量分析

无线传感器网络中即使传输的信息是加密的，攻击者可能对传输的信息或流量进行分析，从而发现流量特征或通信模式。

（4）监视和窃听

攻击者通过窥探数据，可以轻松发现通信内容。当传输有关传感器网络配置的控制信息时，其中包含的信息可能比通过位置服务器访问的信息更详细。

4.2.3 安全框架

从无线传感器网络中存在的约束和攻击手段可知，无线传感器网络的安全性是复杂的。相应地，针对各种安全问题也有很多解决方案。下面介绍 4 种主要的安全机制，如图 4-3 所示。其中，安全路由机制和安全定位机制由安全三重密钥管理方案保护，以确保通信的机密性和真实性。如果安全三重密钥管理方案遭到破坏，那么可以使用恶意节点检测机制来检测恶意节点。

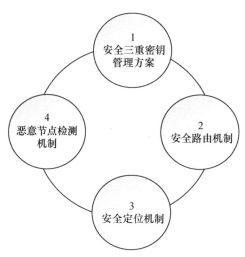

图 4-3　无线传感器网络的安全框架

1. 安全三重密钥管理方案

密钥管理对于满足保密性、完整性等安全目标至关重要。由于无线传感器网络的资源限制，提供一个合适的密钥管理是非常有挑战性的。密钥管理可以分解为以下内容。

● 密钥预分配：部署之前在每个节点安装密钥。

● 邻居节点发现：发现相邻的节点。

● 端到端路径密钥的建立：与那些没有直接连接的节点进行端到端通信。

● 隔离异常的节点：识别和隔离受损节点。

● 建立密钥的延迟：减少通信和电力消耗造成的延迟。

在无线传感器网络中，密钥管理的基本问题是通过在通信节点之间设置私钥来初始化节点之间的安全通信。一般来说，这一步可称为密钥建立。密钥建立技术有 3 种。

（1）可信服务器方案

可信服务器方案依赖于一个可信服务器，但信任单个可信服务器进行密钥管理，存在一定的脆弱性。

（2）自我强化方案

自我强化方案是使用公钥的非对称加密技术。然而，节点中有限的计算资源使这一方案不太理想。一个简单的解决方案是在所有节点中存储一个主密钥，并获得一个新的对等密钥。在这种情况下，捕获一个节点将危及整个网络。将主密钥存储在防篡改的节点中，会增加节点的成本和能耗。

（3）密钥预分配方案

密钥预分配方案是让每个节点携带 $N-1$ 个秘密的配对密钥，每个密钥只让该节点和其他 $N-1$ 个节点中的一个知道（N 是节点总数）。但是网络扩展使得这种技术无法实现，因为现有的节点不会有新节点的密钥。

以上 3 种方案都存在些许不足，于是有了安全三重密钥管理方案。此方案是指在无线传感器网络中使用 3 个不同的密钥进行安全管理，以保护网络中的数据和通信安全。3 个密钥分别为：两个预先部署在所有节点的密钥和一个在网络内生成的簇密钥，以解决无线传感器网络的分层性质。

（1）第一个密钥是网络密钥（用 Kn 表示）

网络密钥由基站生成，预先部署在每个节点中，以确保所有节点之间的通信都是加密的。

节点使用此密钥对数据进行加密并传递到下一跳。网络密钥可以通过密钥预分配或密钥协商的方式分配给节点，用于保护整个网络的安全。

（2）第二个密钥是传感器密钥（用 Ks 表示）

传感器密钥用于保护两个节点之间的通信安全。传感器密钥是在两个节点之间协商生成的，一旦会话结束，该密钥将被丢弃。传感器密钥可以使用密钥协商协议或密钥派生协议生成，也可以通过密钥预分配的方式预先部署在每个节点中，以确保通信是安全的。

（3）第三个密钥是簇密钥（用 Kc 表示）

簇密钥由簇头生成，由该特定簇中的簇内节点共享。簇内节点使用这个密钥来解密数据并转发给簇头。节点只有在作为簇头时才会使用这个密钥；否则，节点不需要解密从其他节点收到的信息。

使用三重密钥管理方案起到保密和认证的作用，可以提高无线传感器网络的安全性，因为每个密钥都用于不同的安全层级，并且只有授权的节点才能访问这些密钥。此外，使用不同的密钥可以防止攻击者通过破解一个密钥来获得对整个网络的访问权限。

2. 安全路由机制

在安全路由机制中，所有节点都有唯一的 ID。一旦部署无线传感器网络，基站就会建立一个包含网络中所有节点 ID 的列表。在自组网的过程中，基站清楚网络的拓扑结构。节点使用前面的安全三重密钥管理方案来收集数据，并传递给簇头，簇头将数据汇总并发送给基站。由于使用了安全三重密钥管理方案，为无线传感器网络面对欺骗性路由信息攻击、天坑攻击、女巫攻击、虫洞攻击等行为提供了强大的抵抗能力。

下面介绍两种算法，即传感器节点算法和基站算法，用于保证从节点到基站及基站到节点通信的安全数据传输。

（1）传感器节点算法

传感器节点算法执行以下任务：

① 传感器节点使用网络密钥 Kn 对数据进行加密和传输；

② 传感器节点将加密的数据传输给簇头；

③ 簇头将 ID 附加到数据上，然后将其转发到更高一级的簇头；

④ 簇头使用簇密钥 Kc 解密，然后使用自己的网络密钥 Kn 加密并将数据发送到下一级的簇头，最终到达基站。

传感器节点算法的步骤如下。

第 1 步：如果传感器节点 i 想发送数据给它的簇头，就进入第 2 步，否则退出该算法；

第 2 步：传感器节点 i 请求簇头发送簇密钥 Kc；

第 3 步：传感器节点 i 使用 Kc 和自己的 Kn 来计算加密密钥 Kic；

第 4 步：传感器节点 i 用 Kic 对数据进行加密，并将其 ID 和时间戳（TS）附加到加密数据上，然后将它们发送给簇头；

第 5 步：簇头收到数据，附加自己的 ID，然后将它们发送给上一级簇头，如果它直接连接基站，则发送给基站；否则转到第 1 步。

（2）基站算法

基站算法执行以下任务：

① 由基站广播传感器密钥 Ks 和网络密钥 Kn；

② 基站对数据进行解密和认证。

基站算法的步骤如下。

第 1 步：基站检查是否有必要广播消息。如果是，用 Kn 对消息进行加密广播。

第 2 步：如果不需要广播消息，则检查是否有任何来自簇头的消息。如果没有发送到基站的数据，则转到第 1 步。

第 3 步：如果有任何数据传到基站，那么用 Ks、传感器节点 ID 和数据中的 TS 来解密数据。

第 4 步：检查传感器密钥 Ks 是否解密了数据，检查 TS 和 ID 的可信度。如果解密的数据不正确，则丢弃该数据并转到第 6 步。

第 5 步：处理解密的数据并获得传感器节点发送的消息。

第 6 步：决定是否要求所有传感器节点重新传输数据。如果没有必要，则返回第 1 步。

第 7 步：如果有必要提出请求，则向传感器节点发送请求以重传数据。会话完成后，回到第 1 步。

3．安全定位机制

确定节点的位置对许多敏感型应用非常重要。由于无线传感器网络的部署性质，定位安全是主要问题之一。

（1）确定节点位置

定位系统的一个基本特征是能够确定一个节点的位置并验证其与邻近节点的距离。在无线传感器网络中，节点位置是一个关键问题，因为它决定了网络的拓扑结构和数据传输的效率。三角测量是一种常用的方法，用于确定无线传感器网络节点的位置，如最小二乘法、加权最小二乘法、非线性最小二乘法和半正定规划（Semidefinite Programming）。在安全定位机制中，每个节点计算其与邻居节点的距离来确定其位置。

（2）保护节点位置

当无线传感器网络中节点在动态网络中移动或者攻击者已经破坏了节点时，节点就会改变它们的位置。如果采取妥协的策略，会直接认定该节点是恶意节点，从而将该节点剔除出无线传感器网络。但如果实施了安全三重密钥管理方案，节点的定位过程将受到方案的保护。

基站向无线传感器网络广播信标消息，此消息由网络密钥 Kn 加密。如果接收节点是簇头，它使用传感器密钥 Ks 解密消息，并使用 Kn 再次加密后将其转发到簇内节点。该簇中的每个节点都使用其簇密钥 Kc 来解密消息，添加其位置并回复簇头，其位置用 Kn 加密。簇头从簇中的所有节点接收位置信息，并用 Kn 加密后将其发送到基站。基站使用 Ks 解密消息并了解节点在整个网络中的位置。基站到簇头的过程及传输的数据包如下。

第 1 步：为了建立安全通信，基站构建一个包含基站 ID、Kn、TS、MAC、S（表示消息）的数据包。

第 2 步：簇头构建一个数据包，包含的信息有簇头 ID、Kn、TS、MAC、S。

第 3 步：簇内节点到簇头的数据包由传感器节点 ID、Kn、TS、MAC、S 等组成。

第 4 步：簇头聚合从簇内节点接收的消息，并使用数据包将其转发到基站，数据包中包含的信息有 ID、Kn、TS、MAC、S。

4．恶意节点检测机制

无线传感器网络安全框架的第 4 个组件是恶意节点检测机制。在恶意节点检测机制中，考虑了无线传感器网络的动态性和可扩展性，其中节点在达到能量耗尽时被替换。

无线传感器网络的恶意节点检测机制通常分为两大类：基于规则的方法和基于机器学习的方法。

（1）基于规则的方法

基于规则的方法是指根据特定规则来判定节点是否为恶意节点。例如，通过观察节点的行为，判断其是否发送异常数据包或频繁地发送数据，如果发现这些异常行为，便可以将其标记为恶意节点。

基于规则的恶意节点检测机制，通常包括以下几个步骤。

① 设计规则集合：开发人员需要设计一组规则，这些规则用于检测和识别可能存在的恶意节点。例如，规则可以根据节点的传输行为、节点之间的关系、节点的能耗模型等方面来设计。

② 监视节点行为和数据采集：节点的行为需要持续地被监控，以便及时检测到违反规则的行为。这可以通过收集节点的传感器数据、网络通信数据等方式来实现。无线传感器网络中的节点需要定期将采集到的数据上传到基站。基于规则的恶意节点检测方法对这些数据进行分析，以确认是否存在恶意节点。

③ 违规检测：在将数据上传到基站的过程中，基于规则的恶意节点检测系统会将采集到的数据与预先定义的规则进行匹配。如果某个节点的行为与规则相匹配，那么此节点就被认为有可能是恶意节点。

④ 恶意节点确认：一旦系统识别出某个节点可能存在恶意行为，需要进一步来判定这个节点是否真的存在恶意行为。具体的确认方式包括以下几种。

● 多次验证：对该节点进行多次测试，以验证其是否在不同时间或不同场景下表现出类似恶意行为的模式。

● 数据分析：对该节点发送和接收的数据进行分析，判断其是否存在异常的传输行为。

● 合作伙伴询问：与该节点的合作伙伴进行沟通，了解该节点在其合作伙伴中的行为，进一步确定其是否存在恶意行为。

● 特殊检测：对该节点进行特殊的检测和测试，如对其硬件进行检测、对其操作系统进行分析等。

总之，基于规则的恶意节点检测机制是一种传统方法，其基本思想是将正常节点和恶意节点之间的行为规则进行差异化分析来检测恶意节点。

（2）基于机器学习的方法

基于机器学习的方法是通过对节点的行为进行分析，建立模型，来识别恶意节点。常用的机器学习方法包括分类算法、聚类算法、支持向量机等。

基于机器学习的方法可以用于检测恶意节点，其工作方式包括以下几个步骤。

① 特征提取与选择：从传感器收集的原始数据中提取特征。这些特征应该保留有用和显著的信息，以帮助区分正常节点和恶意节点。

② 数据预处理：对采集到的数据进行预处理、清洗和特征提取，例如，选取节点的活跃度、通信频率、能耗等指标作为特征，将这些特征转换为可供机器学习算法处理的数据格式。

③ 选择分类器：根据具体的应用场景和检测需求，选取恰当的分类器模型，常见的模型包括朴素贝叶斯分类器、决策树、支持向量机等。

④ 数据分割：将预处理好的数据分为训练集、验证集和测试集，其中训练集用于分类器的训练，验证集用于确定最佳超参数和模型的选择，测试集用于评估分类器的性能泛化能力。

⑤ 模型训练：使用训练数据来训练模型，计算模型的损失函数来确定模型参数的优化方式，使模型在训练集上达到最佳性能。

⑥ 模型评估和调整：使用测试数据来评估模型的性能，比较模型的预测结果与实际观测值之间的误差。如果模型性能不佳，则可以调整模型的超参数来优化预测结果。

⑦ 模型预测及部署：使用训练好的模型来进行预测，并将其部署到实际应用场景中。

基于机器学习的恶意节点检测机制，具有高效、准确、自动化的优点，但它也有一些不足：一是需要大量的训练数据，工作量较大；二是对误报和漏报的处理比较困难；三是机器学习算法本身有可能会遭遇有针对性的攻击。

需要指出的是，恶意节点检测是一个非常复杂的问题，无法通过单一的手段来解决。因此，在实际应用中，一般采用多种检测手段相结合的方法来提高检测准确度，并且不断更新检测规则或模型，以应对新出现的恶意攻击手段。

4.3　无线传感器网络安全认证

在无线传感器网络中，一旦节点被部署到工作区域，首要任务就是对邻近的节点以及节点和基站之间进行认证。这是为了确保所有节点能够安全地接入这个自组织的网络。然而，随着不可信节点的发现、旧节点能量耗尽及新节点的加入等情况的出现，需要引入认证机制来对这些节点进行身份认证。

对于不可信节点的发现和旧节点能量耗尽的情况，基站需要发布信息通知各节点。因此，为了保证信息的可靠性和合法性，需要对发布源的控制信息进行认证。与传统的认证方式类似，无线传感器网络中的认证也大多采用密码技术来确保通信双方身份的真实性和消息的完整性。

从无线传感器网络主客体关系的视角来看，无线传感器网络的安全认证技术包括广播认证、网络与使用者之间的认证及内部与实体之间的认证。

1. 广播认证

根据无线传感器网络的通信特性，广播认证是一种最为节约资源的方式。同时，随着广播认证技术的发展，μTESLA 协议和分层协议被提出，并在此基础上发展出了适用于多基站的MMμTESLA 协议。这些协议的出现使得广播认证在无线传感器网络中的应用更加广泛和高效。

2. 网络与使用者之间的认证

网络与使用者之间的认证方式通过为每个节点预先分配一定数量的密钥，并为每个密钥分配一个相应的标记。每个用户都会获得一个独立的密钥，当用户向基站发送信息时，需要将密钥和标记进行配对，只有配对正确的用户才能获取到信息。这种认证方式可以有效地保护无线传感器网络中的数据安全。

3. 内部与实体之间的认证

内部与实体之间的认证方式基于密码的对称学原理，可以实现使用相同密钥的节点之间的信息共享。这种认证方式通过在网络中设置一个共同的密钥，所有节点都可以使用相同的密钥进行加密和解密操作，从而保证了信息的安全性和完整性。

4.3.1　身份认证

身份认证又称"身份验证""身份鉴权"，是指通过一定的手段，完成对用户身份的确认。身份认证的目的是确认当前所声称为某种身份的用户，确实是所声称的用户。无线传感器网络的身份认证是指通过某种方式验证节点的身份，确保网络中的节点是合法的，防止恶意节点的入侵和攻击。

身份认证在无线传感器网络中扮演着至关重要的角色，它不仅能够确认通信双方的身份，还能够进行密钥交换。由于网络中可能存在攻击节点，身份认证的安全机制可以有效地防止这些节点对网络造成破坏。然而，由于无线传感器网络的节点具有有限的计算和存储能力，传统的公钥加密方式并不适用于该网络。为了节省网络能耗并确保身份认证的有效性，需要开发更加适合无线传感器网络特点的密钥算法。

以下介绍几种无线传感器网络中常用的身份认证方法。

1. 预共享密钥认证

预共享密钥认证（Pre-Shared Key Authentication，PSKA）是指无线传感器网络的节点事先共享一个密钥，通过验证节点是否能正确使用该密钥来进行身份认证。

在无线传感器网络中，由于节点数量众多、通信距离较远、节点位置分散等，传统的认证方式难以满足需求。预共享密钥认证成为一种常用的简单认证方式。具体来说，预共享密钥认证的认证过程如下。

① 网络初始化：无线传感器网络的所有节点首先进行初始化，包括分配唯一的 ID、设置预共享密钥等。

② 发送数据：当一个节点要向其他节点发送数据时，先将数据加密，并使用预共享密钥对数据进行加密，加密后的数据被发送给目标节点。

③ 接收数据：目标节点收到加密后的数据后，使用相同的预共享密钥对数据进行解密，以获取原始数据。

④ 认证确认：当目标节点成功解密后，向源节点发送认证确认消息，表示已经成功验证了数据的真实性和完整性。

通过上述过程，预共享密钥认证可以有效保护无线传感器网络中传输的数据安全，避免了数据被窃取或篡改的风险。同时，预共享密钥认证具有简单易用、实现成本低等优点，被广泛应用于无线传感器网络中。

2. 基于证书的身份认证

在传统的预共享密钥认证中，每个节点使用相同的密钥进行认证，这使得密钥泄露或被破解，从而可能导致整个网络的安全性受到威胁。基于证书的身份认证使用公钥基础设施（Public Key Infrastructure，PKI）来分发和验证节点的证书，从而提供更强的安全性，防范对密钥的攻击。

公钥基础设施认证是指使用公钥密码学技术，节点拥有自己的公钥和私钥，通过验证节点的公钥是否由可信的认证机构签名来进行身份认证。但要注意一点，采用基于证书的身份认证方案，对节点的算力要求相对较高。

3. 双因素身份认证

传统的预共享密钥认证只使用预共享密钥进行认证，缺乏额外的身份认证机制。为了提高安全性，可以引入双因素身份认证（Two-Factor Authentication，2FA）。双因素身份认证是指节点需要提供两种不同的认证因素，如密码和指纹、密码和智能卡等，以增加身份认证的安全性。

例如，结合预共享密钥认证和基于令牌的一次性密码（One-Time Password，OTP）认证，这样除了密钥，节点还需要提供动态生成的一次性密码来进行认证。

4. 基于动态密钥交换协议的认证

在传统的预共享密钥认证中，密钥是预先共享的且静态的，这增加了密钥泄露的风险。为了解决这个问题，可以使用动态密钥交换协议（Dynamic Key Exchange Protocol），例如，基于Diffie-Hellman（DH）算法的密钥交换协议，节点可以在通信过程中动态生成和交换密钥，从而提高网络的安全性。

动态密钥交换协议是指在通信过程中，双方通过协商和交换信息来生成一个临时的密钥，用于加密和解密通信内容。与静态密钥交换协议不同，动态密钥交换协议可以在通信过程中多次生成新的密钥，增强了通信的安全性。

DH 算法是一种密钥交换协议，用于在不安全的通信通道上建立安全的加密连接。该算法的基本思想是：通信双方通过一个公开参数来协商一个共享密钥，然后使用这个共享密钥进行加密通信。DH 算法的优点是简单、实现方便、安全性高。但是，由于 DH 算法中使用的参数需要事先协商好，因此在实际应用中需要保证通信双方能够安全地传输这些参数。此外，DH 算法也存在一些缺点，如容易受到中间人攻击等。

5．改进的密钥管理认证

在传统的预共享密钥认证中，密钥的管理通常是手动进行的，这在大规模网络中是不可行的。为了提高可扩展性和便利性，可以使用密钥管理协议，例如密钥分发中心（Key Distribution Center，KDC）或密钥管理服务器（Key Management Server，KMS），来自动管理和分发密钥。

基于 KDC 或 KMS 的认证流程大致包括以下步骤：

① 用户向 KDC 发送请求，要求获取一个密钥；

② KDC 验证用户的合法性，如果验证通过，则为用户生成一个对称密钥；

③ KDC 将对称密钥加密后返回给用户；

④ 用户使用对称密钥进行通信或访问受保护的资源。

在基于 KDC 或 KMS 的认证过程中，KDC 或 KMS 负责管理用户的密钥和密码策略，并确保只有经过身份认证的用户才能获取到对称密钥。此外，KDC 或 KMS 还可以提供一些额外的安全功能，如单点登录、会话管理等。

需要注意的是，为了保证安全性，KDC 或 KMS 通常会在本地存储用户的密钥，因此需要采取一些措施来保护 KDC 或 KMS 免受攻击。例如，可以采用加密技术来保护 KDC 或 KMS 存储的密钥，或者限制 KDC 或 KMS 的访问权限，只允许特定的 IP 地址或网络范围访问。

6．基于信任的认证

基于信任的认证（Trust-Based Authentication）是指基于节点在网络中的行为和信任度来进行身份认证，它依赖于节点的历史记录、信誉和信任度来决定是否信任该节点的身份。

基于信任的认证通常涉及以下几个方面。

（1）节点行为分析

基于信任的认证需要对节点在网络中的行为进行分析和评估，这些行为包括节点的通信模式、交互行为、资源访问模式等。通过分析这些行为，建立节点的行为模型，从而判断节点的信任度。

（2）信任评估

基于信任的认证需要对节点的信任度进行评估，可以通过分析节点的历史记录、评估节点的信誉度和信任度来实现。例如，可以使用信任度评估算法来计算节点的信任度，并将其作为认证的依据。

（3）可信度建模

基于信任的认证需要建立节点的可信度模型，可以通过使用机器学习和数据挖掘技术来建立模型，从而预测节点的可信度。可信度模型可以基于多个因素，如节点的历史行为、社交网络关系、信用评分等。

（4）可信度传播

基于信任的认证需要将节点的可信度传播到整个网络中，可以通过使用信任传播算法来实现。例如，可以使用基于信任路径的算法来传播节点的可信度，从而影响其他节点对该节点的信任度。

基于信任的认证可以增强网络的安全性和可靠性，但也存在一些挑战。例如，如何准确地评估节点的信任度、如何处理节点行为的不确定性、如何处理恶意节点等。因此，在实际应用中，需要综合考虑这些因素，并选择合适的算法和方法来实现基于信任的认证。

7. 基于零知识证明的认证

在传统的密码学中，身份认证通常需要用户提供一些信息，如密码或指纹等，以便系统能够识别他们并授权访问。但是，这种方法存在一些问题，例如，如果用户的密码被泄露，攻击者就可以轻松地获得他们的访问权限。此外，用户可能不希望将他们的敏感信息共享给其他人或系统。

基于零知识证明（Zero-Knowledge Proofs，ZKP）的身份认证解决了这类问题。零知识证明是一种密码学技术，它允许证明者向验证者证明某个陈述的真实性，而不需要透露任何有关该陈述的信息。具体来说，用户需要向系统提供一个随机生成的数字（称为"承诺"），并要求系统生成一个与该数字相关的数字（称为"零知识证明"）。然后，用户可以将该零知识证明发送给其他用户或系统进行验证。如果该数字是有效的，则系统会接受该零知识证明并允许用户访问；否则，系统将拒绝访问请求。

零知识证明的一个重要应用是在保护隐私的同时进行认证或授权。在无线传感器网络中，节点可能需要证明自己具有某些特定的属性或权限，但又不希望将这些属性或权限的具体信息泄露给其他节点。通过使用零知识证明，节点可以向其他节点证明自己具有特定的属性或权限，而无须透露这些属性或权限的详细信息。

8. 基于位置信息的认证

在无线传感器网络中，基于位置信息的认证是指通过节点的位置信息来进行身份认证。在无线传感器网络中，节点的位置信息可以通过 GPS、RSSI、TOA、TDOA 等技术来获取。

在基于位置信息的身份认证中，节点可以通过自己的位置信息来证明自己的身份。

4.3.2 消息认证

消息认证是指确保接收者收到的消息是来自发送者的真实信息。在无线传感器网络中，攻击者可能会通过发送虚假消息或篡改节点收到的消息等方式，使网络中的消息无法正确地传送到目标节点，导致接收到的信息不真实或不完整。为了解决这个问题，可以在节点之间建立随机的预分配密钥，并使用这些密钥对节点之间发送的消息进行认证，以保证消息的完整性和可靠性。

1. 单跳通信下的广播消息认证

通常，广播消息认证可以采用以下几种技术来确保消息在传播过程中不被篡改。

（1）数字签名

消息发送者使用其私钥对消息进行数字签名，然后将带有数字签名的消息广播给邻居节点。接收节点使用发送者的公钥来验证数字签名的有效性，从而确保消息的来源和完整性。

（2）消息认证码（MAC）

发送节点使用密钥生成一个固定长度的 MAC，并将其附加到消息中一起广播。接收节点使用相同的密钥计算接收到的消息的 MAC，并与接收到的 MAC 进行比较来验证消息的完整性和来源的真实性。

（3）基于哈希函数的认证

发送节点使用哈希函数对消息进行散列，并将散列值与消息一起广播。接收节点也使用相同的哈希函数对接收到的消息进行散列，并与接收到的散列值进行比较来验证消息的完整性。

在单跳通信下，广播消息认证是一个重要的问题，有学者提出了一种基于广播数据源认证机制的μTESLA协议来解决这个问题。该协议先广播一个经过密钥K认证的数据包（控制信息），然后在单位时间内公布密钥K。由于在该数据包被正确认证之前没有任何关于K的信息可供利用，因此该数据包在未被破解和伪造之前不会被传播。然而，μTESLA协议缺乏良好的扩展性，例如对节点通信的时间同步要求过高，并且无法抵御DoS攻击。

有研究人员提出了一种改进的μTESLA方案，该方案在一定程度上解决了μTESLA协议缺乏扩展性的问题，并具有低消耗、容错性好等优点，能够抵抗重播和DoS攻击。改进的μTESLA协议采用对称密钥加密算法，通过生成和分发密钥来确保数据的安全性。它使用了一种名为哈希链（Hash Chain）的技术，该技术通过生成一系列的密钥来进行数据的加密和解密操作。每个节点都拥有一个初始密钥，并根据哈希链生成新的密钥。这种方式可以防止未经授权的节点对数据进行篡改或窃听。

改进的μTESLA协议还使用了时间戳和数字签名技术来确保数据的完整性。每个数据包都附带一个时间戳和数字签名，用于验证数据的来源和内容是否被篡改。节点使用自己的私钥进行数字签名，而接收节点使用节点的公钥来验证签名。通过使用改进的μTESLA协议，无线传感器网络可以在不可靠的无线环境中确保数据的安全性和完整性，防止数据被窃听、篡改或伪造，从而保护无线传感器网络的运行。

2. 多跳通信下的广播消息认证

多跳通信下的广播消息认证是指确保通过多个中继节点传播的广播消息的完整性和真实性。由于多跳通信中消息需要通过多个节点进行中继传送，每个中继节点都可以成为潜在的攻击目标，因此广播消息的认证更具挑战性。

多跳通信下广播消息认证的一般过程如下。

① 消息发送者创建并签署消息：发送者使用自己的私钥对要广播的消息进行数字签名，生成数字摘要，并将其附加到消息中。数字签名可以保证消息的完整性和发送者的真实性。

② 中继节点接收消息并验证签名：当一个中继节点接收到广播消息时，它会验证消息的数字签名。首先，中继节点使用发送者的公钥解密数字签名，得到消息的数字摘要；其次，中继节点通过对接收到的消息进行相同的哈希运算，生成自己的数字摘要；最后，中继节点比较这两个数字摘要是否匹配，以验证消息的完整性和发送者的真实性。

③ 消息转发和验证链：如果中继节点验证通过，它将继续将消息转发给其他中继节点，直到达到目标节点为止。每个中继节点在转发消息之前都要对消息进行相同的数字签名验证，以确保消息的完整性。

需要注意的是，在多跳通信中，中继节点之间的信任关系也很重要。节点之间可以通过预共享密钥、数字证书等方式建立信任关系，以确保中继节点不会篡改或伪造广播消息。

多跳通信下的广播消息认证是一种逐跳认证方式，即在每一跳的通信链路上共享一个密钥。虽然这种方式不能直接认证两个通信端，但通过每一跳的认证保证，也可以间接地进行消息认证。但是，如果少数几个节点或相邻两个节点被捕获，那么通信的安全就会受到严重威胁。因此，这种逐跳认证方式只能提供非常有限的认证保证。

为了解决这个问题，有研究人员提出了一种多路径认证的方法，其主要思想是源节点将消息通过多条不相交的认证路径送达目标节点。如果目标节点收到了不同版本的消息，它就选择占多数的版本为合法消息，并将发送非法消息的路径指定为不可信路径。但是，多路径认证需要采用多条不相交的路径转发消息，因此有更多的节点在路由中消耗能量，并有可能造成泛洪而使部分网络瘫痪。

为了解决多路径认证存在的问题，又有研究人员提出了一种虚拟多路径认证的消息认证方案。该方案是在一条通信链路上虚拟地实现多路径认证。该方案结合了多路径和逐跳认证的优点，可以提供较高强度的消息认证。

3. 单跳和多跳广播消息认证的区别

在无线传感器网络中，单跳通信和多跳通信是节点之间进行通信的方式，但它们在广播消息认证方面存在一些区别。

① 广播范围：在单跳通信中，一个节点只能直接与其邻居节点通信，并将消息广播给它们。因此，广播范围相对较小，仅限于邻居节点。在多跳通信中，一个节点可以通过其他节点作为中继节点来扩大广播范围，使得消息能够到达更远的节点。

② 认证效率：由于广播范围有限，在单跳通信中进行广播消息认证相对较为简单和高效。节点只需要对消息进行认证，然后直接发送给邻居节点即可。在多跳通信中，节点需要将消息传送给其他节点作为中继，每个中继节点都需要对接收到的消息进行认证，这会增加认证的复杂度和开销。

③ 安全性考虑：多跳通信下的消息认证更具挑战性，因为消息在传递过程中可能经过多个中继节点，每个节点都可能成为潜在的攻击目标。因此，在多跳通信下需要更强的安全机制来确保消息的完整性和来源的可信性，例如使用加密、数字签名等更复杂的认证方法。

需要注意的是，在无线传感器网络中，单跳通信和多跳通信往往同时存在。节点既可以通过直接的单跳通信与邻居节点进行交互，也可以通过多跳通信扩大通信范围，实现网络覆盖和消息传送。

4.4 无线传感器网络密钥管理

无线传感器网络的密钥管理是指控制密钥的产生、分配、更新及撤销等过程，它在密码系统中起着重要作用，特别是针对一些特殊的无线传感器网络部署环境。研究密钥管理方案尤其重要，是目前研究无线传感器网络安全的基础和核心。

4.4.1 密钥管理方案

密钥管理方案是指支持两个有效节点之间进行安全通信的过程和机制的集合，最早的密钥管理方案是 EG 方案。在 EG 方案中，密钥通过密钥分发服务器（Key Distribution Server，KDS）从一个巨大的预分配密钥池中随机存储到节点，两个相邻的节点只有在密钥环（Key Ring）中共享一个公共密钥时才能进行通信。密钥环是一种存储密钥的数据结构，用于存储密码、密钥、证书等，是提供给应用程序使用的组件。

一些研究工作对 EG 方案进行了改进，提出节点必须共享 q 个密钥而不是一个密钥。与基本方案相比，该方案具有更好的安全性，如果两个节点在共享密钥的过程中无法创建公共密钥，则这两个节点与路径上的中间节点创建路径密钥。有人做了进一步的研究，提出了多路径密钥强化方案，其中定期更新公共密钥以确保该密钥不被任何其他节点使用。

一些研究人员提出基于部署的 KMS（Key Management Schemes）方案，分配给节点的键值直接取决于其部署位置，与非相邻节点相比，相邻节点应携带更多的公共密钥。还有研究人员提出按需稳健的路径密钥建立方案，适用于没有公共密钥的节点。在该方案中，先发现安全代理，再传输路径密钥。此外，也有研究人员提出基于朋友的 KMS 方案，源节点发现朋友节点并将路径密钥发送到目标节点。该方案具有更低的通信开销和更好的节点捕获弹性。

针对无线传感器网络密钥管理的方案非常多，上面仅列举了一些较为典型的代表。总的来说，密钥管理方案可以分为两种类型：

① 在部署之前，在所有节点之间分发密钥信息的预分配密钥管理方案；

② 在部署之前，不需要密钥信息的就地密钥管理方案。

4.4.2　预分配密钥管理方案

预分配密钥管理方案必须在部署之前应对网络拓扑的不可预测性，因此，预分配密钥管理方案需要预先加载额外的密钥信息，以便在相邻节点之间实现理想的密钥共享概率。这样存在的副作用是，一部分密钥信息在网络生命周期内可能一直都没有被使用到。此外，这种不确定性会降低预分配密钥管理方案的可扩展性。

1. 基于密钥池的预分配 KMS

在基于密钥池的预分配 KMS（Key Pool-based Pre-Distribution Key Management Schemes，KP-PDKMS）中，预先设计一个大的密钥池，且该密钥池是离线计算的，池的大小取决于网络中的节点数量和安全要求；每个节点都预先加载了随机选择的密钥，这些随机加载的密钥构成了节点的密钥环。一对节点可以建立一个安全的通信通道，只要它们的密钥环中至少有一个公共密钥。如果它们没有公共密钥，则需要通过中间节点创建路径密钥，该中间节点与这对节点中的每个节点共享一个密钥。

KP-PDKMS 的主要思想是让每个节点在部署前从密钥池中随机选择一组密钥，这样任何两个节点都有一定的概率共享至少一个公共密钥。这种方案具有 3 个重要特征，即密钥分发、撤销和重新加密。该方案具有可扩展性和灵活性，优于传统的密钥预分配方案，因而该方案被认为是无线传感器网络安全密钥管理研究领域的基本方案。

卡内基梅隆大学的研究人员进一步扩展了该方案的思想，开发了 q-composite 密钥预分配方案。q-composite 密钥预分配方案也使用密钥池，但需要两个节点从它们共享的至少 q 个预分配密钥中计算成对密钥。通过增加密钥设置所需的密钥重叠量，提高了网络对节点捕获的弹性。随着所需密钥重叠量的增加，给定密钥集中的攻击者破坏链接的难度呈指数级增长。

此外，一些国内研究人员提出使用子密钥池来扩大密钥池的大小。这种方法的新颖之处在于，在网络部署之前，对池中的每个密钥使用哈希函数生成子密钥池，密钥池中的密钥称为原始密钥，原始密钥的哈希值称为派生密钥。利用单向哈希函数，可以使攻击者从受感染的节点获得更少的关键信息，并且随着密钥池中密钥的增加，节点捕获的安全级别得到了提高。

2. 基于成对密钥的预分配 KMS

随机成对密钥方案在捕获任何节点时保护了网络其余部分的机密性，并启用了节点到节点的身份认证和基于群体的撤销。在基于成对密钥的预分配 KMS（Pair-Wise Key-based Pre-Distribution Key Management Schemes，PWK-PDKMS）中，在预部署阶段，会生成一组唯一的节点标识，用于标识网络中的每个节点，这些标识通常使用随机数生成器或其他确保唯一性的方法生成。一旦生成了节点标识，密钥就会以成对的方式预先分发，这意味着每个节点都有一组唯一的密钥，用于与网络中的其他每个节点通信，每个节点的密钥和该密钥的另一个节点的 ID 一起存储在两个节点的密钥环中。每个节点都记录了它与网络中其他每个节点共享的密钥，以及与之通信的节点的 ID，当一个节点想要与另一个节点通信时，它可以在其密钥环中查找该对节点的密钥并使用它来加密消息。

在 PWK-PDKMS 中，每个节点都预加载了一组密钥，用于加密和解密节点之间交换的消息。一旦密钥被预分配，节点就可以使用它们来建立彼此之间的安全通信通道。例如，如果节点 A 想与节点 B 通信，它可以使用分配给(A,B)对的密钥来加密其消息，该消息只能由节点 B 使用相同的密钥解密。该方案的主要特点在于，在任何节点受到威胁时能够撤销该节点的整个密钥环，通过让相邻节点针对检测到行为不当的节点广播"公众投票"，如果任何节点观察到超过某个阈值数量的公众投票反对某个节点，那么它会中断与该节点的所有通信。

3. 基于密钥空间的预分配 KMS

在基于密钥空间的预分配 KMS（Key Space-based Pre-Distribution Key Management Schemes，KS-PDKMS）中，节点预先加载多条密钥信息，每条信息都属于一个特定的密钥空间。密钥空间被划分为子集，每个子集分配给网络中的一个节点。每个节点负责将其子集中的密钥分发给网络中的其他节点。如果两个节点具有来自相同密钥空间的密钥信息，则它们可以计算共享密钥。

KS-PDKMS 的总体框架由 3 部分组成：子集分配、多项式共享发现和路径发现。在该方案中，可以动态添加节点，而无须联系之前部署的节点，且允许网络增长。与其他密钥管理方案相比，PS-PDKMS 的优点主要有：

① 可扩展性，可以在任何规模的网络中使用；
② 高效性，仅需最小的通信开销；
③ 安全性，可以抵抗恶意节点的攻击。

但该方案中共享密钥的计算过程涉及大量的模乘法，需要较大的计算代价。

4. 基于组概率的预分配 KMS

在基于组概率的方案中，节点根据其 ID 进行分组，同一组内或同一跨组内的节点预加载成对密钥。该方案不要求其他方案所采用的强拓扑（Strong Topology）假设，具有更强的灵活性，可应用于更广泛的网络拓扑。所谓强拓扑，是假设网络中的节点以特定的拓扑结构排列，如树状拓扑或网格拓扑。在 KMS 方案中通常会采用这种假设，以简化网络中节点分发密钥的过程。然而，这种假设限制了 KMS 方案的灵活性，使其难以在具有不同拓扑结构的网络中使用。

在基于组概率的预分配 KMS（Group-based Probabilistic Pre-Distribution Key Management Schemes，GP-PDKMS）中，基于先前分配的密钥，使用概率方法生成新的密钥，并将其分配给节点。将节点分成多个组，每个组都有一个组密钥，使用组密钥加密和解密节点之间的通信。为每个节点分配一个预分配成对密钥（Pre-distributed Pairwise Key，PPK），这些密钥可以由网络管理员或随机生成器生成。

GP-PDKMS 的优点是，它减少了密钥存储和交换的开销，提高了网络的安全性。另外，由于使用了概率方法生成密钥，在一定程度上能够抵御攻击。然而，该方案也存在一些缺点，例如，在组密钥泄露后，所有同一组中的节点都将受到威胁。此外，由于使用了概率方法生成密钥，因此在生成新密钥时可能会出现重复的情况，这可能导致网络的安全性降低。

5. PIKE 协议

PIKE（Peer Intermediaries for Key Establishment，对等中介密钥建立）是卡内基梅隆大学的

研究人员于 2005 年提出的一种密钥建立协议。由于非对称密钥加密不完全适合资源受限的无线传感器网络，因此在无线传感器网络中的邻居节点之间建立共享加密密钥一直是一个具有挑战性的问题。很多基于对称密钥的分配协议都存在着不能有效扩展到大型无线传感器网络的问题，而且对于给定的安全级别，这些协议在每个节点的通信成本或每个节点的内存方面都存在着开销成线性增加的现象。PIKE 协议便是针对以上问题提出的解决方案。

PIKE 协议的优点是，它可以在不依赖第三方的情况下建立共享密钥，非常适合在安全性要求较高的环境下使用，如金融领域或政府机构。同时，PIKE 协议高效，因为它只需要进行少量的消息交换就可以建立共享密钥。

6. 基于网格的预分配 KMS

基于网格的预分配 KMS（Grid-Based Pre-Distribution Key Management Schemes，GB-PDKMS）是一种将密钥成对分配到无线传感器网络节点的密钥管理方案。在 GB-PDKMS 中，网络被划分为许多单元格，每个单元格被分配唯一的标识符。将密钥空间分成许多小的格子，并将每个格子中的密钥对随机分配给网络中的节点。同一单元格内的节点预加载成对密钥，相邻单元格中的节点预加载从其相邻单元格中的密钥派生的密钥。节点之间的通信可以通过两种方式进行：一种是直接使用预先分配的密钥进行加密和解密；另一种是使用密钥派生函数从预先分配的密钥中派生出新的密钥。通过使用密钥派生函数，节点可以生成一组新的密钥，这组新的密钥仅用于与特定节点进行通信。因此，即使某些节点的密钥被攻击者窃取，也不会影响与其他节点的通信安全。

GB-PDKMS 方案具有的优点主要体现在：

① 分布式，密钥是在网络中的所有节点上预先分配的，不需要中心节点或 KDC 来生成和分配密钥；

② 安全性，由于密钥不需要在无线通信信道中传输，从而避免了密钥传输过程中的安全问题；

③ 可扩展性，可以轻松地向网络中添加新节点；

④ 灵活性，通过使用密钥派生函数，节点可以生成新的密钥。

4.4.3 就地密钥管理方案

就地密钥管理方案（In Situ Key Management Schemes，ISKMS）主要用于在传输过程中保护密钥，防止密钥被窃取或篡改。ISKMS 方案的核心思想是在密钥生成和传输过程中，将密钥分成多个部分，并在传输过程中对这些部分进行加密和解密操作，以确保密钥的安全性。

ISKMS 方案包括以下实现方式。

① 密钥分割：将密钥分成多个部分，每个部分都经过加密处理，然后分别传输到目的地。

② 密钥合并：在接收者，将接收到的各个部分进行解密，并合并成完整的密钥。

③ 密钥更新：在传输过程中，每个部分都会不断更新，以增强密钥的安全性。

ISKMS 方案的缺点是在密钥分割和合并过程中，需要进行多次加密和解密操作，降低了传输效率。通常 ISKMS 方案适用于需要高度保护密钥安全性的场景，如金融、医疗等领域。

4.4.4 密钥管理的挑战

无线传感器网络的密钥管理方案发展到现在，仍然没有一种完美的解决方案。因为实际情况是复杂多变、千差万别的，但我们可以根据实际的需要，选取相对适合的解决方案。密钥管理领域当前仍然存在以下的挑战。

（1）安全性挑战

密钥管理需要保证通信的安全性，防止黑客攻击和数据泄露等问题。同时，由于无线传输的特性，密钥管理还需要面对信号干扰、窃听和重放攻击等安全挑战。

（2）能耗挑战

密钥管理运行在资源有限的节点上，需要考虑能耗问题。为了延长节点的寿命，密钥管理需要设计高效的加密算法和协议，以减少能耗。

（3）可靠性挑战

密钥管理需要保证通信的可靠性，防止消息丢失和延迟等问题。同时，由于节点可能会出现故障或失效，密钥管理还需要设计容错机制，以确保系统的可靠性。

（4）算法挑战

密钥管理需要设计适合无线环境的加密算法和协议，这些算法需要考虑无线信道的不稳定性等问题，同时需要满足加密强度和运行效率的要求。

（5）管理挑战

密钥管理需要处理大量的密钥和证书，需要设计高效的密钥管理和证书管理系统。同时，密钥管理还需要考虑密钥更新、密钥分发等问题，以确保系统的安全性和可靠性。

（6）数据安全挑战

密钥管理需要保证数据的安全性，不仅包括数据传输的安全性，还包括数据存储的安全性、数据备份的安全性等。

（7）高可用性挑战

密钥管理需要保证 24 小时不间断运行，同时能够应对意外故障和自然灾害等情况。

（8）合规性挑战

密钥管理需要遵守各种法规和标准，如 PCI DSS、HIPAA、GDPR 等，以确保数据的合规性和保密性。

（9）自动化管理挑战

密钥管理需要支持自动化管理，包括自动化部署、自动化扩展、自动化备份等。

（10）性能挑战

密钥管理需要支持高并发、高吞吐率、低时延等性能要求，以满足用户对密钥管理的高要求。

（11）成本挑战

密钥管理需要在满足以上要求的同时，保持成本的可控性和可承受性，以提供经济实用的服务。

4.5 无线传感器网络安全路由协议

早期研究者提出的许多无线传感器网络的路由协议都过于简单，因为它们主要是为了实现能量高效而设计的，忽视了网络安全的问题，从而使网络面临着各种潜在的攻击和威胁。为了解决这些问题，近二十年来，很多无线传感器网络领域的研究人员都在积极探索新的、更加安全可靠的安全路由协议。

4.5.1 安全路由协议特点

无线传感器网络中的安全路由协议不仅需要考虑能源效率，还需要考虑数据的安全性，以防止未经授权的访问和数据泄露。例如，一些新的路由协议已经开始采用高级加密技术来保护数据的安全性；此外，还有一些路由协议开始引入自适应机制，以应对网络环境的变化和攻击者的不断演进。

在讨论安全路由协议之前，我们需要先了解设计一个安全可靠的无线传感器网络安全路由协议，需要从哪些方面进行考虑。如图 4-4 所示。

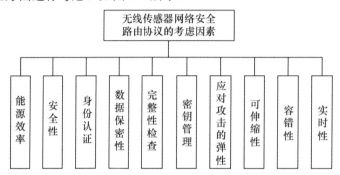

图 4-4　无线传感器网络安全路由协议的考虑因素

（1）能源效率

需要考虑路由协议的能源消耗效率，协议应以最小化能源消耗为目标，延长无线传感器网络的生命周期。由于无线传感器网络节点通常是低功率设备，因此需要尽可能减少网络中节点的能源消耗。可以考虑采用基于能量管理的路由策略，例如优先选择距离更近的节点进行通信，以减少通信开销。

（2）安全性

需要确保路由协议本身的安全性，协议应包含安全机制，以保护网络免受各种威胁，如窃听、篡改和未经授权的访问。可以通过采用加密技术、认证机制等方式来实现。例如，可以使用密钥交换协议（如 DH 算法）或数字签名技术来保证数据传输的安全性。

（3）身份认证

协议应包括验证节点真实性的机制，并防止未经授权的节点参与路由过程。

（4）数据保密性

协议应确保节点之间传输的数据是加密的，以防止未经授权的访问。

（5）完整性检查

协议应包括在传输过程中检测和防止数据被篡改的机制。

（6）密钥管理

协议应处理用于保护路由过程的加密密钥的安全分配和管理。

（7）应对攻击的弹性

协议应能够承受各种攻击，如节点泄露、重放攻击和 DoS 攻击等。

（8）可伸缩性

需要确保路由协议具有良好的可伸缩性，以容纳大量节点，并适应不断变化的网络环境和节点数量。例如，可以采用自适应路由算法，根据网络拓扑结构和节点状态动态调整路由路径。

（9）容错性

在无线传感器网络中，节点可能受到干扰或遭受攻击，导致网络出现故障。因此，路由协议应具备一定的容错能力，能够在网络发生故障时自动恢复或切换到备用路径。

（10）实时性

在某些应用场景中，对实时性的要求非常高，如自动驾驶汽车等。因此，路由协议应能够快速响应网络变化和节点状态变化，以保证数据的及时传输和处理。

4.5.2 常见的安全路由协议

安全路由协议是为了保护无线传感器网络中的数据传输安全而设计的，其目标是在无线传感器网络中建立安全的数据传输路径，以确保数据的机密性、完整性和可用性。通过使用加密算法、认证技术和密钥管理等安全机制，防止未经授权的节点访问和篡改数据。

要注意的是，适合所有情况的安全路由协议并不存在，通常我们是根据具体的应用场景选择或设计相对更适合当前场景的安全路由协议。针对无线传感器网络的安全问题而设计的安全路由协议有很多，下面讨论一些常见的安全路由协议。

1. SPSNs 协议

SPSNs（Security Protocols for Sensor Networks）是一种适用于无线传感器网络的安全路由协议，也称为安全框架。SPSNs 协议是以数据为中心的自适应路由协议，主要通过协商机制解决传统协议的"内爆""重叠"及盲目使用资源的问题。利用 SPSNs 协议进行传输的优点是，节点只需要保存较少的邻居节点的信息，一定程度上减少了数据的冗余传输，节省了能量的消耗。

SPSNs 协议中有两个安全模块：SNEP（Secure Network Encryption Protocol，安全网络加密协议）和μTESLA（micro Timed Efficient Streaming Loss-tolerant Authentication，基于时间的、高效的、容忍丢包的流认证）协议。SNEP 和μTESLA 协同工作，提供全面的安全解决方案。SNEP 处理数据的加密和身份认证，而μTESLA 则专注于单个消息的身份认证，即 SNEP 负责保护通信，而μTESLA 负责对各个消息进行身份认证。

（1）SNEP 协议

SNEP 是一种具有通信开销较低，对传输数据具有良好保密性、新鲜性，同时兼顾消息完整性的与无线传感器网络相适应的数据防护协议。SNEP 协议的特点如下。

① 由于 SNEP 协议使用了一种名为 Nonce 的通信机制，对经过传递的消息添加固定的数据链，通过特定的认证方法，保证消息只会由特定的使用者接收，保证了消息的新鲜性。

② SNEP 协议可以保证消息的完整性。

③ SNEP 协议使用数字加密方式，消息传递过程中每次使用的密钥都不同，保证了消息传输中的机密性。

④ SNEP 协议采用将 K_master 作为主密钥的安全模式，在此基础上进行其他密钥的衍生，这样保证了密钥的安全性与稳定性。

SNEP 协议通过使用计数器来提供语义安全，并在消息通信中使用 MAC 来提供数据认证。使用计数器来提供重放保护和新鲜性，并且在每个节点保持计数器的状态，具有低通信开销。

如果通信的节点双方发现没有同步计数器值，那么节点双方将使用计数器交换协议来交换计数器值。但这个方案存在一个漏洞，攻击者可能会利用该漏洞，通过发送虚假消息使两个节点都忙于执行计数器交换协议从而达到实施 DoS 攻击的目的。在这种情况下，通信的双方节点还可以为计数器交换协议的每条消息携带计数器值以防御攻击。

（2）μTESLA 协议

μTESLA 协议是一种基于时间的、高效的、容忍丢包的流认证协议，也是一种多播流身份认证协议，用于多播或广播数据流中数据包的完整性和消息源身份认证。它允许所有接收者检查每个数据包的完整性并验证其来源。μTESLA 协议的主要优点是其高效性和可扩展性。

μTESLA 协议的主要思想是先广播一个通过密钥 Kmac 认证的数据包,然后公布密钥 Kmac,这样就保证了在密钥 Kmac 公布之前，没有人能够得到认证密钥的任何信息，也就没有办法在广播数据包正确认证之前伪造出正确的广播数据包。这种方式恰好满足了流认证广播的安全条件。

2. LEAP 协议

LEAP（Localized Encryption and Authentication Protocol）协议，是一种本地化加密和认证协议。LEAP 协议是一种基于密钥的算法，也是一种密钥管理协议，它为不同的消息提供不同的密钥，以满足不同的安全要求。LEAP 协议假设无线传感器网络中节点交换的数据包可以根据不同的标准分为不同的类别，例如，控制包与数据包、广播包与单播包等。所有类型的数据包都需要身份认证，而其中某些类型的数据包可能需要保证机密性。例如，在路由控制中，消息通常不需要保密，而节点传输的数据和基站发送的查询可能需要保密。

（1）LEAP 协议

LEAP（Lightweight Extensible Authentication Protocol）即轻量级可扩展身份认证协议，是思科（Cisco）公司于 2000 年推出的面向无线局域网的身份认证协议，适用于点对点连接和无线网络。其重要特性包括动态的 WEP 密钥，以及无线客户端和 RADIUS 服务器之间的相互验证。此协议允许客户端频繁地重新验证，每次成功验证后，客户端都会获得一个新的 WEP 密钥，以希望 WEP 密钥的寿命不会长到被破解。LEAP 协议的安全性不高，而且针对此协议的攻击是众所周知的，但思科公司长期以来一直坚持认为，如果用户可以使用复杂的密码，那么该协议就是安全的。然而，市场的选择并不以单个公司的意志为转移，市面上出现了更安全的协议，包括 EAP-TLS、EAP-TTLS 和 PEAP 等。

（2）LEAP+协议

LEAP+协议是 LEAP 的改进版本,具有更高效的密钥更新机制和更强大的安全特性。LEAP+协议旨在保护无线传感器网络中的数据安全，通过提供多个密钥以保护不同类型的消息，并提供身份认证。

LEAP+协议支持为每个节点建立 4 种类型的密钥。

① 单个密钥。在单个密钥中，每个节点与基站共享一个密钥，用于基站与单个节点之间的通信。

② 成对密钥。在成对密钥中，密钥由节点和与其直接连接的另一个节点共享，成对密钥用于保护隐私或身份认证的通信。

③ 簇密钥。在簇密钥中，一个节点和与它直接连接的所有相邻节点共享同一个密钥，主要用于本地广播。

④ 全局密钥。在全局密钥中，网络中所有节点共享同一个全局密钥，基站使用全局密钥加密广播给整个网络的消息。

3. INSENS 协议

INSENS 协议（INtrusion-tolerant routing protocol for wireless SEnsor NetworkS）也称入侵容忍路由协议，旨在安全有效地为无线传感器网络构建树状路由。为了限制或定位入侵者造成的损害，INSENS 协议集成了分布式轻量级安全机制，包括有效的单向散列链和嵌套的密钥消息身份认证码，以防御虫洞攻击及多路径路由攻击。

INSENS 协议采用对称密钥体制和冗余路由机制，建立路由的方法为：

① 基站向网络中的节点发送请求消息，收到请求消息的节点将消息转发给自己的邻居节点；

② 节点在收到请求消息后给基站发送应答消息，基站根据收到的应答消息建立路由；

③ 基站和节点采用双向认证，这样可以减少入侵者对网络造成的破坏。

INSENSE 协议设计了树状结构的路由路径，以保证安全有效地进行数据传输。在协议中，攻击者可以捕获节点，注入、修改和阻止数据包，但是协议需要能够容忍这些攻击，同时将损失控制在一定范围内，不影响整个网络的正常工作状态。

INSENSE 协议提供了基本版本和加强版本两种形式。基本版本适用于中等规模的无线传感器网络，如数百个节点；而加强版本则适用于大型的无线传感器网络，如上千个节点。加强版本针对基本版本的不足之处进行了改进，采用了双向认证来防范攻击，并增加了多个基站和多跳路径，提高了协议的可扩展性，以适应大规模网络的需求。此外，还增加了一组动态安全维护机制，能够管理节点的加入和离开带来的更新问题。

INSENS 协议的优点是使用了双向认证，对恶意节点破坏网络的范围进行了限制。然而，该协议也存在一些问题。首先，共享的密钥是固定的，这可能导致安全性降低；其次，加入安全机制会消耗一定的能量，从而缩短网络的生命周期。因此，需要考虑在保证安全性的前提下如何尽可能地减少对性能的影响。

4．CSRP 协议

CSRP（Collaborative Security Routing Protocol，协作式安全路由协议）通过节点之间的协作来提供安全性和防御机制，以保护网络免受攻击和入侵。

在 CSRP 协议中，节点之间共享安全信息和认证密钥，以确保数据的机密性和完整性。节点通过相互验证和交换信息来建立信任关系，并使用这些信息来进行路由决策和数据传输。

CSRP 协议的具体实现可能会根据网络的需求和安全要求而有所不同。以下是一个示例代码片段，展示了 CSRP 协议的基本原理：

```
def collaborative_security_routing(data_packet, security_info):
    trusted_neighbors = select_trusted_neighbors(security_info)
    next_hop = select_next_hop(trusted_neighbors)
    transmit_packet(data_packet, next_hop)
```

在上述代码中，collaborative_security_routing 函数接收数据包和安全信息作为输入；select_trusted_neighbors 函数选择可信的邻居节点，select_next_hop 函数选择下一个最佳节点；最后，transmit_packet 函数将数据包传输到下一个节点。

CSRP 协议的主要特点包括如下几个方面。

① 基于协作：CSRP 协议利用节点之间的协作来提供安全性和防御机制，而不是传统的路由协议所使用的控制报文，这种机制使得网络更加安全可靠。

② 多路径支持：CSRP 协议支持多路径，可以提高网络的可靠性和容错能力。

③ 动态更新：CSRP 协议可以动态更新路由信息，以适应网络变化。

④ 可扩展性：CSRP 协议具有良好的可扩展性，可以在不同的网络环境下进行部署。

5．SERP 协议

SERP（Secure and Energy-efficient Routing Protocol，安全节能路由协议）旨在优化能耗的同时保证数据安全。这类协议考虑节点的剩余能量，选择剩余能量多的节点进行数据的传输，这样可以延长网络的生命周期。同时为了保证协议的安全性，采用诸如密钥管理、安全数据传输和节点身份认证等技术来实现其目标。

SERP 协议的一个例子是低能耗自适应聚类层次（Low-Energy Adaptive Clustering Hierarchy，

LEACH）协议。LEACH 是一种流行的协议，其基本思想是以循环的方式随机选择簇头节点，将整个网络的能量负载平均分配到每个簇内节点，从而达到降低网络能耗、延长网络整体生命周期的目的。LEACH 协议集成了加密和身份认证等安全机制，以保护通过网络传输的数据。

6. SMRP 协议

SMRP（Secure Multicast Routing Protocol，安全组播路由协议）是在组播路由协议基础上发展出来的安全路由协议。SMRP 协议依照运用的网络规模场景分成两种类型：一是建立在分层结构基础上的组播路由协议，例如 HGMR（Hierarchical Geographic Multicast Routing，分层地理组播路由）和 CNSMR（Core Network Supported Multicast Routing，核心网支持组播路由）；二是建立在树状结构基础上的组播路由协议，它又能够细分为两种，一种是以地理位置为基础的组播路由协议，另一种是以能量为基础的组播路由协议。如图 4-5 所示。

其中，以地理位置为基础的组播路由协议又可细分为两种：一种是以信标为基础的组播路由协议，例如 GMR（Geographic Multicast Routing，地理组播路由）和 GRMR（Greedy Regional Multicast Routing，贪婪区域组播路由）；另一种是以无信标为基础的组播路由协议，例如 BGMR（Beacon-less Geographic Multicast Routing，无信标地理组播路由）和 DMPBR（Distributed Multicast Protocol based on Beaconless Routing，基于无信标路由的分布式组播协议）。

而以能量为基础的组播路由协议又包括两种类型：一种是能量高效的组播路由协议，例如 DLEMA（Dijkstra-based Localized Energy-efficient Multicast Algorithm，基于迪杰斯特拉算法的局部节能组播算法）和 EMR（Energy-efficient on-demand Multicast Routing，节能按需组播路由）；另一种是能量均衡的组播路由协议，例如 E-MPEB（Extended Multicast routing scheme with Pruning and Energy Balancing，具有剪枝和能量平衡的扩展组播路由）。

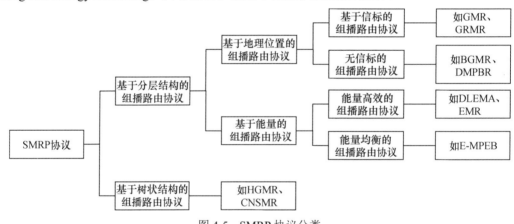

图 4-5　SMRP 协议分类

SMRP 协议针对节点自身能量受限、数据处理能力有限和无线带宽不足等问题，采用 HiM-TORA 树状组播寻路过程，结合µTESLA 密钥链和同步定位等安全监测方法，能够根据无线传感器网络的分簇结果，自适应搭建组播成员及其拓扑结构组播树，其关键技术点在于对组内成员身份的认证操作是在路由请求消息广播后的路由建立过程中进行的，这样能够有效预防组播路由的各种攻击。

7. TinySec 协议

TinySec 协议是伯克利大学为无线传感器网络开发设计的一款可运行于 TinyOS 的链路加密协议。该协议采用对称分组密码，加密算法可以是 RC5 或 Skipjack 算法。其加密算法的工作模式为 CBC 模式，是一种拥有反馈机制的工作模式。

TinySec 协议是一种轻量级的安全协议，提供了两种不同级别的安全措施。

① TinySec-AE：认证和加密模式。它仅对包含特定数据的数据包进行加密处理，检验方式是通过一个 MAC 信息包的形式来验证。为了得到该 MAC 信息包，需要使用加密数据及信息包头等进行共同计算。

② TinySec-Auth：仅认证模式。此类认证仅计算 MAC，对包含有效数据的数据包不进行加密处理。

TinySec 协议是一种针对无线传感器网络的定制化产品，需要基于配套的密码原语实现资源限制和基本的安全效果。该协议具有占用相对较少的优势，由于在网络中存在单一密钥，新节点的加入也更为便捷。然而，这种密钥机制也导致了整体安全性能的下降，难以对抗节点捕获攻击。如果攻击者控制了任意节点或获得了相关的密钥信息，就可以轻松地进行窃听操作。

8. AODV-SEC 协议

AODV-SEC 协议是一种基于 AODV（Ad hoc On-demand Distance Vector routing）协议的安全路由协议，旨在为无线传感器网络提供安全的通信。该协议的主要特点是在 AODV 的路由发现和路由维护机制上，增加了数字签名和哈希链两种安全机制。

（1）数字签名机制

在路由发现和路由应答过程中，AODV-SEC 协议要求节点在发送 RREQ、RREP 等路由控制报文时，必须在报文中包含数字签名。签名的内容包括源地址、目的地址、序列号等报文关键内容。接收到报文的节点可以通过验证签名来鉴别报文的真实性和完整性。

（2）哈希链机制

AODV-SEC 协议要求节点沿路由路径建立哈希链。每个节点在转发 RREQ 或 RREP 时，需要在报文中加入一个哈希值，该哈希值是根据前一个节点的哈希值计算出来的。通过这种链式校验，可以有效防止报文在转发时被恶意篡改。

借助这两种机制，AODV-SEC 协议可以防止各种攻击行为，如报文篡改、伪造、重放等。虽然增加了一定的开销，但可以大大提升 AODV 协议面对威胁的安全性和鲁棒性。现有的研究表明，AODV-SEC 协议可以有效抵御虫洞攻击、虚假路由攻击等。

4.6　无线传感器网络隐私保护

4.6.1　隐私保护基本安全需求

随着无线传感器网络被广泛应用在各个领域，其隐私的安全问题逐渐引起了广大研究者的关注。无线传感器网络中隐私保护的基本需求主要包括以下几个方面。

1. 数据的隐私性

在信息时代，数据的隐私保护变得尤为重要。然而，无线传感器网络中节点的自我防御能力较弱，在数据融合过程中容易受到攻击，导致数据隐私泄露。因此，需要采用合适的隐私保护技术来确保数据的安全，并克服网络资源受限的情况。

比如，逐跳加密技术并不适用于资源受限的无线传感器网络进行数据融合，因为该技术的数据融合不能直接对加密的数据进行融合，必须先解密数据以获得明文数据，再进行数据融合，最后对融合后的数据进行加密和传输。这种技术的烦琐操作不仅不能保证数据端到端传输的隐私性，还会增加大量的能耗并导致数据传输延迟。

2. 数据的完整性和新鲜性

在数据融合过程中，节点可能会遭受攻击者的破坏或篡改，从而影响传输数据的完整性。为了保证数据在融合过程中不被攻击者破坏或及时检测并恢复被破坏的数据，需要采用相应的完整性保护技术。在采集原始数据时，通常会使用隐私保护技术来隐藏或加密数据，这使得节点发送的数据和基站接收的数据难以实现完整性验证。

如果网络中的一个节点被攻击者捕获，那么它可以延迟传输该节点的数据或者不断重复传输该数据以影响数据融合结果。因此，数据融合不仅需要保证数据的完整性，还需要保证数据的新鲜性。时间戳技术可以用来保证数据不是被攻击者操纵的节点延迟发送或重复发送的，从而抵御重放攻击。

3. 数据的不可否认性

在数据融合过程中，节点采集数据并通过网络传输。由于节点不能否认自己发送了感知数据，需要采用消息认证技术来抵御攻击者伪装成网络中的节点并发送虚假数据来影响数据融合结果。消息认证技术可以验证接收到的数据是否与预期的一致，从而确保数据的真实性和完整性。

4.6.2 面向数据的隐私保护

面向数据的隐私保护主要保证数据传输过程中的安全性、机密性和完整性，以防止攻击者通过数据链路层来窃取或篡改隐私信息。为此，采用扰动、匿名和加密等隐私保护技术，以确保在不泄露隐私信息的情况下完成数据融合、数据查询和访问控制等任务。

面向数据隐私保护，针对的攻击方式主要有：

① 攻击者通过窃听节点的通信，获取通信信息；

② 攻击者注入假数据来干扰网络的正常运行；

③ 攻击者通过入侵或者破解某一节点或多个节点获取其数据与密钥，进而利用密钥得到其他节点的隐私数据。

面向数据的隐私保护主要分为数据查询隐私保护和数据融合隐私保护。其中，数据查询隐私保护是指在数据查询过程中，保证查询结果不泄露原始数据的信息，从而保护用户的隐私。而数据融合隐私保护则是指在节点进行数据融合时，要保证融合后的数据不泄露原始数据的信息，从而保护用户的隐私。

数据查询隐私保护的技术主要有范围查询、Top-k 查询、基于类型的查询。其中，范围查询是最常见的一种查询操作，主要是向网络查询处在某个范围内的数据。Top-k 查询则是在数据集中找出最接近某个目标值的 k 个数据点。基于类型的查询则是根据数据类型进行查询。

数据融合隐私保护的技术主要有数据切片技术、数据扰动技术及同态加密技术等。其中，数据切片技术是指将原始数据切分成多个片段，每个片段只包含部分信息，从而保护用户隐私。数据扰动技术是指在不泄露原始数据的情况下，对原始数据进行一定的变换，以达到保护用户隐私的目的。同态加密技术是指在密文上进行计算，得到的结果仍然是密文，从而保护用户隐私。

其中，同态加密又分为加法同态、乘法同态及乘法和加法同时满足的全同态。加法同态，顾名思义，是指在密文上支持加法运算，得到的结果仍然是密文；乘法同态是指在密文上支持乘法运算，得到的结果仍然是密文；而乘法和加法同时满足的全同态则是指在密文上同时支持加法和乘法运算。目前常见的仅满足加法同态的算法有 Paillier 和 Benaloh 算法，仅满足乘法同态的算法有 RSA 和 ElGamal 算法，满足全同态的算法有 Gentry 算法。

4.6.3　面向上下文的隐私保护

面向上下文的隐私保护可以细分为时间隐私保护和位置隐私保护。

1．时间隐私保护

时间隐私保护是指无线传感器网络中节点之间通信时，接收和发送数据存在时间连续性，攻击者可以通过分析节点接收和发送数据的时间来追踪数据的来源。为了保护时间隐私，可以采用差分隐私、同态加密、安全多方计算等技术。

差分隐私是一种隐私保护技术，它可以在不泄露数据的情况下，对数据进行统计分析。差分隐私的核心思想是在原有数据的基础上，添加一些随机噪声，从而保护用户的隐私。

安全多方计算（Secure Multi-Party Computation，MPC）是一种隐私保护和安全计算的协议，也是一种允许多个参与方在不暴露各自私有数据的情况下共同计算的技术。MPC 旨在解决多方合作计算过程中的隐私和安全问题，确保参与方的数据保持机密性，并在计算过程中获得正确的结果。

MPC 的基本思想是将计算过程分解为多个参与方之间的通信和计算步骤，并通过协议和密码学方法来保证数据的隐私性和计算的正确性。它的基本原理如下。

① 参与方：MPC 中的参与方可以是多个拥有私有数据的实体，如个人、组织或设备，每个参与方都有自己的输入数据和计算目标。

② 隐私保护：MPC 的目标是让每个参与方都能够获得计算结果，同时不暴露自己的私有数据给其他参与方，通常是通过密码学方法和协议来实现的。

③ 安全协议：MPC 定义了参与方之间的通信和计算步骤，确保数据的保密性和计算的正确性。这些协议通常基于密码学原语，如加密算法、哈希函数、数字签名等。

④ 强化隐私：为了增强隐私保护，MPC 通常使用如零知识证明、秘密共享和加密计算等技术，确保在计算过程中，即使其他参与方掌握了部分信息，也无法推导出其他参与方的私有数据。

⑤ 安全计算：在 MPC 中，计算过程被分解为多个步骤，每个步骤都需要参与方之间的交互和计算。通过使用安全协议和密码学方法，参与方可以在不共享实际私有数据的情况下进行计算，并最终得到正确的计算结果。

2．位置隐私保护

位置隐私保护是指基站及数据源位置信息的隐私保护，该技术主要针对攻击者通过对通信模式的监测分析，企图获知数据源或基站等重要目标位置的攻击行为。为了隐藏真实的通信模式以保护位置信息，通常采用路由随机选取和虚假信息源等技术手段。

目前，实现位置隐私保护的方法主要包括泛洪算法、随机游走算法、幻影路由、虚拟源节点及假数据包算法、多路径路由算法及匿名云算法等。其中，泛洪算法是一种基于概率的隐私保护方法，它通过在网络中发送大量噪声数据来隐藏用户的真实位置信息。随机游走算法是一种基于随机性的隐私保护方法，通过位置信息在网络中进行随机移动来隐藏用户的真实位置信息。幻影路由是一种基于伪装的隐私保护方法，通过在网络中进行路径伪装来隐藏用户的真实位置信息。虚拟源节点及假数据包算法是一种基于伪造的隐私保护方法，通过在网络中创建虚拟源节点和假数据包来隐藏用户的真实位置信息。多路径路由算法是一种基于多条不同路径的路由算法，可以在保证数据传输安全的同时，提高网络的传输效率。匿名云算法是一种基于云技术的隐私保护算法，通过在网络中建立各层流量相等的云，云内路由分支方向与策略云方向相反，从而在云内增加了干扰分支，能够有效抵御逆向逐跳追踪攻击。

4.7　本　章　小　结

本章针对无线传感器网络的安全问题，分别从无线传感器网络的安全目标、安全体系结构、网络的攻击特点、安全框架、身份认证、消息认证、密钥管理、安全路由协议、隐私保护等方面进行描述。其中，身份认证、密钥管理、安全路由、隐私保护是设计无线传感器网络安全协议和算法考虑的重要因素，通过分析无线传感器网络中不同网络攻击形式和特点，有助于理解无线传感器网络的安全威胁和弱点，从而有助于设计高效、可靠的无线传感器网络安全技术。

习　题　4

1．无线传感器网络安全的重要性主要体现在数据保护、_____、_____、_____、_____方面。

2．无线传感器网络的安全目标包括可用性、_____、_____、_____、_____、和_____。

3．在无线传感器网络中，机密性是指_____。

4．确保信息的完整性和真实性的技术手段有_____、_____、_____等。

5．数据新鲜性分为_____和_____两种类型。

6．_____是指在无线传感器网络中，发送者无法否认其已经发送过的数据，接收者也无法否认其已经接收过的数据。

7．从无线传感器网络主客体关系的视角来看，无线传感器网络的安全认证技术包括_____、_____及_____。

8．身份认证又称"身份验证""身份鉴权"，是指_____。

9．基于信任的认证通常涉及节点行为分析、_____、_____和_____方面。

10．无线传感器网络的攻击可分为_____和_____。

11．为了保护数据的安全性和隐私，无线传感器网络采用许多安全技术，如_____、_____、_____等方法。

12．密钥协商方案主要分为_____、_____、_____ 3类。

13．无线传感器网络的隐私保护技术主要分为_____和_____两类。

14．无线传感器网络的限制有哪些？

15．简述无线传感器网络常见的身份认证方法及特点。

16．预共享密钥认证的认证过程是怎样的？

17．什么是公钥基础设施认证？

18．什么是双因素身份认证？

19．请列出 Diffie-Hellman（DH）算法的基本步骤。

20．什么是零知识证明？请说明零知识证明的基本思想。

21．单跳通信和多跳通信都是节点之间进行的通信方式，它们在广播消息认证方面存在什么区别？

22．攻击者对无线传感器网络的攻击动机有哪些？

23．常见的主动攻击有哪些？

24．常见的被动攻击有哪些？

25．无线传感器网络的安全框架包括哪 4 部分内容？

26．基于机器学习的方法可以用于检测恶意节点，其基本工作步骤有哪些？

27．设计一个安全可靠的无线传感器网络路由协议，需要从哪些方面进行考虑？

28．请列出 5 个常见的安全路由协议及其特点。

29．密钥管理领域当前仍然面临哪些挑战？

第 5 章　物联网无线通信技术

随着无线传感器网络及物联网通信技术的发展，目前已经形成了一系列的无线通信技术规范。本章根据物联网无线通信技术发展特性，首先介绍面向短距离无线通信的蓝牙技术、Wi-Fi 技术和 ZigBee 技术，接着介绍面向长距离无线通信的以 LoRa 和 NB-IoT 为代表的低功耗广域网（Low Power Wide Area Network，LPWAN）技术，以及面向新一代移动通信发展的 5G 技术。

5.1　蓝 牙 技 术

蓝牙（Bluetooth）是一种典型且广泛使用的短距离无线通信技术，能够有效地简化移动通信终端设备之间以及设备与互联网之间的通信，使数据传输变得快速、高效。蓝牙技术能够在短距离范围内实现计算机、移动电话、数码相机及无线耳机、无线键盘、无线鼠标等便携式设备之间的无线信息交换，具有方便、灵活且成本较低的特点，是实现无线个域网通信的一种常用技术。

5.1.1　蓝牙技术简介

蓝牙技术最早是由爱立信公司提出并设计的，起初主要用于代替设备间的串行数据线缆通信方式。随后，爱立信公司联合英特尔、IBM、诺基亚和东芝公司于 1998 年成立了蓝牙技术联盟（Bluetooth Special Interest Group，Bluetooth SIG）。该联盟致力于推动蓝牙无线通信技术的发展，制定并发布蓝牙技术规范，认证及授权蓝牙技术的行业运用。

蓝牙技术选用的载波频段是全球通用的 2.4GHz ISM 频段，采用了快速确认和跳频方案来消除无线环境干扰，以确保蓝牙通信链路的稳定。所谓跳频技术，是把频带划分为若干个跳频信道（Hop Channel），无线电收发模块在通信连接中按照一定的序列规律从一个信道跳转到另一个信道进行传输。跳频规律主要涉及频率和顺序，由发送端内部产生的伪随机码控制，接收端以相对应的跳频频率和顺序进行接收。因此，只有收发模块都按所设定的规律进行通信时，接收端才能正常地对接收到的数据信息进行正确解调，而其他干扰源则不可能按照同样的规律来实施干扰。由于传输带宽窄，在进行跳频信道划分后，其跳频信道的瞬时带宽就更窄了，蓝牙协议采用跳频扩展技术（Frequency Hopping Spread Spectrum，FHSS）来拓展带宽，以提高传输稳定性和抗干扰能力。

蓝牙技术的通信距离与功率相关，按照蓝牙规范对发射功率的限定，蓝牙设备的功率分为 3 个等级，即 100mW、2.5mW 和 1mW，相应的通信距离为 100m、10m 和 1m。采用连续可变斜率增量调制（Continuously Variable Slope Delta modulation，CVSD），使得蓝牙无线通信的抗衰减性能好，像语音这种对实时性要求高的传输也能获得良好效果，即使误码率达到 4%，语音质量也可接受。

蓝牙协议采用电路交换和分组交换技术，支持实时的同步定向连接（Synchronous Connection Oriented，SCO）链路，主要用于对实时性要求高的语音等的传输；也支持非实时的异步不定向连接（Asynchronous ConnectionLess，ACL）链路，主要用于数据包的传输；当然，语音和数据包可以单独或同时传输。蓝牙技术采用 TDMA 通信协议，支持一个异步数据通道，或 3

个并发的同步语音通道，或同时传送异步数据和同步语音的通道。每个语音通道支持 64kbit/s 的同步语音；异步通道支持 723.2/57.6kbit/s 的非对称双工通信或 433.9kbit/s 的对称全双工通信。

蓝牙技术支持点对点通信和点对多点通信，在任意一个有效的通信范围内，所有的蓝牙设备都是对等的，并可组成微微网（Piconet）和散射网（Scatternet）两种网络形式。微微网基于主从连接形式，由一个主设备（Master）和其他从设备（Slave）构成，其中，从设备最多为 7 个，即一个蓝牙主设备最多可同时与 7 个蓝牙从设备进行通信，如图 5-1 所示。不同的主从设备之间可以采用不用的连接方式，且在通信中连接方式也可改变，任何蓝牙设备既可以作为主设备，也可以作为从设备，但每个微微网中有且仅有一个主设备。比如，处于从模式的蓝牙设备在工作时等待主设备来连接；需要时也可转换为主模式，向其他设备发起连接呼叫。两个或多个相互独立的微微网通过特定方式连接在一起，便构成了散射网。在散射网中，某个蓝牙设备在一个微微网中作为主设备，在另一个微微网中可同时担任从设备，如图 5-2 所示。

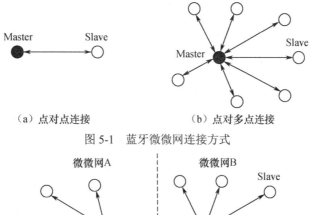

（a）点对点连接　　　　　（b）点对多点连接

图 5-1　蓝牙微微网连接方式

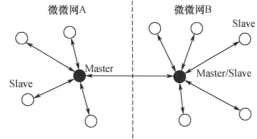

图 5-2　蓝牙散射网连接方式

蓝牙技术经过多年的发展，目前已经历了五代技术，分别是蓝牙 1.0、蓝牙 2.0、蓝牙 3.0、蓝牙 4.0 和蓝牙 5.0。早期蓝牙技术的数据传输速率可达 1Mbit/s，但由于错误校正和环境因素影响，实际的传输速率为 700~800kbit/s。随着蓝牙技术的更新，其数据传输速率得到提升。蓝牙 3.0 由于采用了新的技术规范，其最高传输速率达到了 24Mbit/s，促进了蓝牙产品应用的爆发式发展，但该版本存在功耗过高的问题。蓝牙 4.0 大幅度降低了使用功耗并增强了抗干扰能力，在保障数据传输速率的基础上，使得蓝牙模块具有更长的运行时间。蓝牙 5.0 针对低功耗设备的传输性能进行了相应提升和优化，在低功耗情况下有着更广的覆盖范围和更快的传输速率；此外，蓝牙 5.0 还融入了定位辅助功能，结合 Wi-Fi 可以实现精度小于 1m 的室内定位。

结合蓝牙技术的发展，根据应用和所采用协议，蓝牙技术可分为两大类，即经典蓝牙模式和低功耗蓝牙模式（Bluetooth Low Energy，BLE），如图 5-3 所示。经典蓝牙模式针对的是蓝牙 4.0 以下的无线通信技术，以信息交换和设备连接为关注重点，该模式可再细分

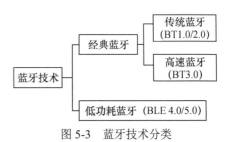

图 5-3　蓝牙技术分类

为传统蓝牙模式和高速蓝牙模式。传统蓝牙模式以蓝牙 2.0 协议为代表，在智能手机爆发初期得到广泛应用；高速蓝牙模式以蓝牙 3.0 协议为代表，数据传输速率比传统蓝牙的高很多，可在设备之间进行较为高效的数据传输。低功耗蓝牙模式针对的是蓝牙 4.0 协议及其以上的无线通信技术，在提升性能的基础上以降低蓝牙设备功耗为关注重点，达到物联网等应用领域对功耗和性能的要求，一般以不需占用太多带宽的设备连接为主要应用场景。例如，以蓝牙锁、蓝牙灯为例的智能家居类应用，以血压测量、温湿度监测为例的传感设备数据传输应用，以遥控玩具为例的消费类电子应用，以及通过蓝牙通信接入其他网络的车联网终端设备应用等。

5.1.2 蓝牙协议

1. 蓝牙协议体系结构

为支持不同应用，蓝牙技术涉及多个协议的使用，并将这些协议按层次组合在一起，构成蓝牙协议栈。按照蓝牙协议栈的层次体系结构，蓝牙协议可分为 3 类，即底层协议、中间层协议和高层协议，如图 5-4 所示。蓝牙技术规范包含核心协议（Core）和应用框架（Profiles）两大部分。核心协议部分主要定义蓝牙的技术细节，涉及蓝牙硬件和软件的核心支撑协议内容，射频、基带和链路管理这 3 类协议通常固化在硬件模块上，位于蓝牙协议栈的底层；主机控制器接口、逻辑链路控制与适配、串口仿真、电话控制、服务发现这 5 类协议构成核心协议内容，位于蓝牙协议栈的中间层，其中主机控制器接口协议起到协调底层与中间层的作用。应用框架部分需要考虑不同蓝牙产品之间的互联性，并尽量沿用已有的软件资源，定义了蓝牙应用的协议组成及其实现。

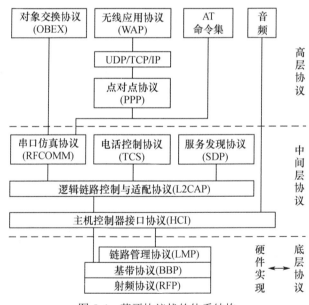

图 5-4 蓝牙协议栈的体系结构

蓝牙技术规范的开放性使得蓝牙设备制造商可以根据自己的需求自由选用相应的技术协议，包括相关的专利协议或常用的公共协议，并开发以蓝牙为基础的新应用。蓝牙协议栈设计的主要原则就是尽可能利用现有的各种高层协议和兼容蓝牙技术规范的软硬件系统，使得现有协议与蓝牙技术能够进行充分融合并实现各种应用之间的互通性。蓝牙技术利用蓝牙协议栈建立设备之间的连接，设备之间可通过多种多样的应用程序进行交互操作和数据交换。蓝牙技术需要与不同的操作系统和通信协议间有良好的连接接口，以保证蓝牙技术具备一定的兼容性。

（1）蓝牙底层协议

蓝牙底层协议作为蓝牙协议栈的基础，负责蓝牙信息数据流传输链路的实现，包括射频协议、基带协议和链路管理协议。

① 射频协议（Radio Frequency Protocol，RFP），用于规范硬件模块上的无线通信技术，主要包括频段与信道选择、发射机与接收机的收发功率及调制方式等设置，实现数据的无线收发。蓝牙设备工作在 2.4GHz 的 ISM 频段，利用跳频技术提高无线信道的抗干扰能力。理论上，经典蓝牙技术采用的是相邻频道间隔 1MHz，在跳频速率为每秒 1600 次的情况下，最多有 79 个跳频信道；低功耗蓝牙技术采用的是相邻频道间隔 2MHz，最多可容纳 40 个跳频信道。

② 基带协议（Base Band Protocol，BBP），位于射频协议之上，且这两个协议组成蓝牙物理层协议。基带协议为基带数据分组提供同步定向连接（SCO）链路和异步不定向连接（ACL）链路，并实现对这些物理链路的控制。SCO 链路适用于实时性要求较高的语音传输，ACL 链路适用于数据分组传输，所有语音和数据分组都附有不同级别的正向纠错（Forward Error Correction，FEC）或循环冗余校验（Cyclic Redundancy Check，CRC）。基带协议还可实现数据包的处理与寻呼、查询接入和查询蓝牙设备等功能。

③ 链路管理协议（Link Manager Protocol，LMP），是蓝牙协议栈中的一个数据链路协议，负责在蓝牙设备之间建立连接。通过连接的发起、交换与核实，进行蓝牙设备身份的认证和加密，通过协商确定基带数据分组的大小。该协议还控制蓝牙设备的电源模式和工作周期，以及蓝牙设备之间的连接状态。

（2）蓝牙中间层协议

蓝牙中间层协议提供与底层协议间的接口，并为上层应用提供服务，实现数据帧的分解与重组、服务质量控制等，主要包括主机控制器接口、逻辑链路控制与适配、串口仿真、电话控制和服务发现 5 类协议。

① 主机控制器接口协议（Host Controller Interface protocol，HCI），位于底层 LMP 协议和中间层逻辑链路控制与适配协议之间，是蓝牙协议栈中软硬件之间的接口，为上层协议提供访问和调用底层连接管理、基带等资源的统一接口与命令方式。所有在主机和主机控制器之间的通信均采用分组的形式进行传输，这些分组传输形式是透明的，即只关心数据传输任务的完成而不必了解具体的数据格式。蓝牙技术规范规定了 4 种与硬件相连的传输总线形式，即通用串行总线（USB）、串口（RS-232）、通用异步收发器（UART）和 PC 卡。

② 逻辑链路控制与适配协议（Logical Link Control and Adaptation Protocol，L2CAP），是基带的高层协议，主要面向链路进行操作，可认为该协议与 LMP 协议并行工作，它们的区别在于当业务数据不经过 LMP 协议时，L2CAP 协议为上层提供服务。该协议采用多路复用、分组与重组等技术提供数据服务。需要注意的是，该协议只支持 ACL 方式，不支持 SCO 方式。

③ 串口仿真协议（RFCOMM），又称为线缆替换协议，实现 RS-232 串口控制和数据信号的仿真功能，以此来实现设备间的串行通信，从而为采用串行传输机制的上层协议提供服务。

④ 电话控制协议（Telephony Control protocol Specification，TCS），是面向比特的协议，定义蓝牙设备之间建立语音和数据呼叫所需的控制信令，通过一套电话控制命令（AT Commands，AT 命令集）在多使用模式下控制移动电话和调制解调器的进程。

⑤ 服务发现协议（Service Discovery Protocol，SDP），是所有应用架构的基础，该协议提供服务注册的方法和访问服务发现数据库的途径。利用该协议可查询到设备信息和服务类型，从而在蓝牙设备之间建立相应的连接。

（3）蓝牙高层协议

蓝牙高层协议面向应用框架，主要包括对象交换协议、无线应用协议和音频协议等。

① 对象交换协议（OBject EXchange protocol，OBEX）。蓝牙技术联盟采用了红外数据协会针对红外数据链路上的数据对象交换问题制定的 OBEX 协议，并在蓝牙协议栈上进行移植。该协议基于高效的二进制传输方式，采用简单和自发的方式来交换对象。该协议只定义传输对象，而不制定特定的传输数据类型，所传输的数据可以是文件、命令或数据库等，具有很好的平台独立性。

② 无线应用协议（Wireless Application Protocol，WAP）。WAP 协议融合了各种广域无线网络技术，利用该协议可将互联网内容和电话业务传送到数字蜂窝电话或其他无线终端上，进而以此为基础可开发适应蓝牙无线应用环境的高层应用软件。

③ 音频协议（Audio）。音频协议并不属于蓝牙协议栈的规定内容，但可认为是直接面向应用的软件协议，可通过在基带上直接传输 SCO 数据分组来实现。

④ 选用协议。蓝牙协议融合互联网通信的协议，包括运行于串口仿真协议之上的点对点协议（Point to Point Protocol，PPP）和 UDP/TCP/IP 协议。PPP 协议完成点对点的传输连接；融入 UDP/TCP/IP 协议，便于与互联网连接通信。

2. 低功耗蓝牙协议体系结构

经典蓝牙技术面临的最大问题就是存在较高的功耗，难以满足使用电池供电的穿戴式设备、物联网终端设备长时间运行的需求。低功耗蓝牙技术是对经典蓝牙技术的改进，着重降低了蓝牙设备的使用功耗。

相对经典蓝牙协议来说，低功耗蓝牙协议的体系架构较为简单，主要由控制器、主机和应用层 3 部分组成，如图 5-5 所示。

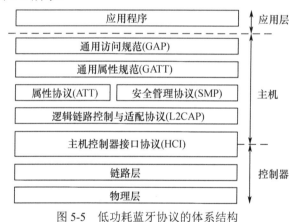

图 5-5　低功耗蓝牙协议的体系结构

（1）控制器

控制器位于低功耗蓝牙协议栈的底层，主要由物理层和链路层构成，表征为一个物理设备，可被嵌入蓝牙芯片内部，负责执行蓝牙设备发现、建立连接等低等级的操作。

低功耗蓝牙的物理层仍然工作在 2.4GHz 的 ISM 频段，采用自适应跳频时的跳频间隔为 2MHz，可容纳 40 个跳频信道，其中，0～36 号信道用于收发数据，37～39 信号用于进行广播。

链路层位于物理层之上，负责广播、扫描、建立和维护连接，并确保选择正确的方式、合适的信道交换数据包。其操作包括待机、发起、扫描、连接和广播 5 种状态，规定了应用服务，主要表现在：低功耗空闲模式和广告服务，使得本地设备能够被其他设备扫描到；搜索服务，能够搜索一定距离内的其他蓝牙设备；建立连接服务，通过参数交换来快速建立连接；数据交换服务，通过节能和加密技术来保证点对多点的数据传输可靠性；通信预约服务，在蓝牙传输中预约低功耗的蓝牙通信。

（2）主机

主机位于主机控制器接口协议的上层，由 L2CAP 协议、属性协议（ATTribute protocol，ATT）、安全管理协议（Security Manager Protocol，SMP）、通用属性规范（Generic ATTribute profile，GATT）和通用访问规范（Generic Access Profile，GAP）构成。其中，本地蓝牙设备通过 ATT 协议向其他蓝牙设备以"属性"方式暴露自己的某些数据，并利用 L2CAP 协议形成一个固定信道进行数据交互。经典蓝牙技术将安全服务功能包含在其他协议中，而 SMP 协议是低功耗蓝牙技术所独有的协议，通过 L2CAP 协议形成一个固定信道实现蓝牙设备间的配对、认证和加密功能。GATT 规范位于 ATT 协议之上，定义了属性的类型和使用方法，用于支持发现远端设备服务的功能，经典蓝牙技术通过 SDP 协议实现相类似的功能。GAP 规范规定了蓝牙设备发现、连接和绑定的操作方式，定义了广播设备、观察设备、中心设备和外围设备 4 类 GAP 角色。中心设备同时具有发射和接收装置，并向外围设备发起连接，如果连接成功，中心设备即成为主设备，被连接的外围设备即成为从设备。

（3）应用层

应用层是面向蓝牙的各种应用程序的集合。

5.1.3　低功耗蓝牙技术优势

低功耗蓝牙技术相对于经典蓝牙技术具有诸多优势，主要体现在以下几个方面。

① 功耗低。经典蓝牙技术在跳频扩展中使用的跳频间隔为 1MHz，最多涉及 79 个跳频信道，其中使用 32 个跳频信道进行广播。而低功耗蓝牙技术使用的跳频间隔为 2MHz，最多只涉及 40 个跳频信道，且仅使用 3 个跳频信道进行广播，在很大程度上降低了蓝牙设备广播时所需的功耗。此外，低功耗蓝牙技术可使用深度睡眠模式，该模式下的设备电流可降低至非常低的水平，以降低蓝牙设备的待机功耗。

② 连接速度快。经典蓝牙技术建立链路连接需要几十甚至上百毫秒。低功耗蓝牙技术允许设备在发送广播数据的同时，在接收到其他蓝牙设备的扫描和连接请求后，允许链路层自动对请求做出响应并回复，进而建立连接。这种机制避免了对同一台蓝牙设备进行重复扫描，很大程度上降低了两个低功耗蓝牙设备建立连接所需要的时间，理论上的建立时间可低至 3ms。

③ 安全性高。低功耗蓝牙技术引入 AES（Advanced Encryption Standard）加密技术，提升了无线传输的安全性。

④ 集成性好。由于低功耗蓝牙技术所具有的优势，设备开发和集成厂家在各种终端设备中广泛植入低功耗蓝牙器件，也进一步推进了智能终端设备的快速应用和发展。

另外，针对小规模的无线传感器网络应用，当负载较大时功耗也较高，可利用低功耗蓝牙技术作为传输介质，方便地构造小型的蓝牙无线传感器网络，实现多用户、多时段共同工作的功能，典型的有蓝牙 Mesh 网络，这对智能手机等移动终端的组网应用具有很强的吸引力。

5.2　Wi-Fi 技术

Wi-Fi（Wireless Fidelity）是一种无线局域网（WLAN）组网通信技术，已广泛应用于信息社会的诸多领域，智能手机、笔记本电脑等不同类型的终端能够十分方便地互联组网并接入互联网。

5.2.1 Wi-Fi 技术简介

Wi-Fi 技术的标准由美国电气和电子工程师协会（IEEE）制定。该技术发展最早始于 1997 年提出的 IEEE802.11 标准（定义了 WLAN 的基本物理层和 MAC 层协议标准），此后，众多版本相继推出，具有代表性的有 IEEE802.11a、IEEE802.11b、IEEE802.11g、IEEE802.11n 等，其中，IEEE802.11b 就是最初的 Wi-Fi 标准，一般将 IEEE802.11 系列统称为 Wi-Fi 标准。目前最新的 Wi-Fi 标准是自 2013 年提出并逐步完善的 IEEE802.11ax 标准，即 Wi-Fi 6 标准。几种典型的 IEEE802.11 标准的简要描述如表 5-1 所示，从表中可以看出，Wi-Fi 技术的传输速率随着标准的演进而快速提高。

表 5-1　几种典型的 IEEE802.11 标准

标准名称	主要描述
IEEE802.11	原始标准，工作在 2.4GHz 的 ISM 频段，使用 DSSS 和 FHSS 数据传输方式，速率为 2Mbit/s
IEEE802.11a	高速 WLAN 标准，工作在 5GHz 的 ISM 频段，使用 OFDM 调制方式，速率可达 54Mbit/s
IEEE802.11b	最初的 Wi-Fi 标准，工作在 2.4GHz 的 ISM 频段，使用 DSSS 和 CCK 调制方式，速率可达 11Mbit/s
IEEE802.11g	工作在 2.4GHz 的 ISM 频段，使用 OFDM 调制方式，兼容 IEEE802.11b 标准，速率可达 54Mbit/s
IEEE802.11n	工作在 2.4GHz 或 5GHz 的 ISM 频段，融合了 MIMO 无线通信技术和 OFDM 调制技术，兼容 IEEE802.11a/b/g，速率可达 150Mbit/s，甚至 600Mbit/s
IEEE802.11ax	工作在 2.4GHz 或 5GHz 的 ISM 频段，引入 MU-MIMO、1024-QAM 等技术，兼容 IEEE802.11a/b/g/n/ac，速率可达 9.6Gbit/s

Wi-Fi 技术的应用优势主要体现在以下几个方面。

① 无线电波的覆盖范围大。Wi-Fi 技术的覆盖范围可达 100m 左右，多用于家居、办公场景的无线接入，并已经推广到车站、机场及酒店等商业和工业应用场景，在智慧小区甚至智慧城市建设中起到积极的促进作用。

② 传输速率快。从 Wi-Fi 标准可以看出，IEEE802.11b 的传输速率可达 11Mbit/s，在信号较弱或受到干扰时，传输速率可根据应用环境自动调整到 5.5Mbit/s、2Mbit/s 或 1Mbit/s，从而保证 Wi-Fi 网络的稳定运行。但需要注意的是，Wi-Fi 网络的传输安全性相对较差。

③ 技术进入门槛低。Wi-Fi 技术的使用非常方便，只需在应用场所放置热点并与互联网连通，用户终端在此 Wi-Fi 热点的无线覆盖范围内就可接入互联网。

④ 无线环境健康安全。Wi-Fi 标准所定义的无线发射功率不超过 100mW，所构建的无线网络环境对应用环境和人员是健康安全的。

5.2.2 Wi-Fi 基本原理

Wi-Fi 无线网络拓扑结构主要包含 6 部分，即站点（Station，STA）、基本服务集（Basic Service Set，BSS）、分配系统（Distribution System，DS）、接入点（Access Point，AP）、扩展服务集（Extended Service Set，ESS）、关口（Portal）。

① 站点，是网络中最基本的组成部分，指任何采用 IEEE802.11 物理层和 MAC 层协议的设备，比如智能手机、平板电脑等。

② 基本服务集，即网络中最基本的服务单元，两个站点就可构成最简单的基本服务集，站点也可动态地连接到基本服务集中。

③ 分配系统，用于连接不同的基本服务集。

④ 接入点，是一组为站点与分配系统之间提供接口的站点，既有普通站点的身份，又具备分配系统的功能。

⑤ 扩展服务集，由分配系统和基本服务集构成，由于不同的基本服务集在地理位置上可能不相近，因此是一种逻辑上的组合。

⑥ 关口，用于将无线局域网和有限局域网或其他网络联系起来，也是一个逻辑成分。

如图 5-6 所示，若干个站点（STA）和一个接入点（AP）组成基本服务集（BSS），STA 需要和 AP 建立关联后才能进行正常通信，若干个 BSS 通过分配系统（DS）构成扩展服务集（ESS）。如果一个 BSS 中只有若干个 STA 而没有连接其他互联网，就可构成独立基本服务集（Independent BSS，IBSS）。由于 IBSS 没有中继功能，如果 STA 之间的距离在允许的通信覆盖范围内，则 STA 相互之间可以自由通信。

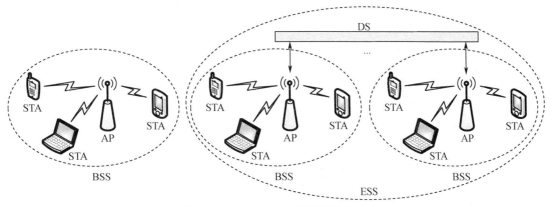

图 5-6　IEEE802.11 无线网络拓扑结构

在上述结构中有 3 种网络媒体，即站点使用的无线媒体、分配系统使用的媒体、与无线局域网集成在一起的其他局域网使用的媒体。这 3 种媒体在物理上可能相互重叠，但 IEEE802.11 只负责在站点使用的无线媒体上的寻址，分配系统和其他局域网的寻址不属于无线局域网的范围。

IEEE802.11 标准规范了 Wi-Fi 的基本逻辑结构，在无线局域网物理层的基础上定义了一个通用的媒体访问控制层（MAC），并通过逻辑链路控制层（Logical Link Control，LLC）为网络层和上层协议提供链路，如图 5-7 所示。其中的 LLC 协议由 IEEE802.2 标准定义，也应用于以太网 IEEE802.3 标准中。

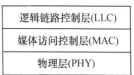

图 5-7　Wi-Fi 的基本逻辑结构

由于 Wi-Fi 网络存在对无线共享媒体的接入使用，难免会涉及多个站点发射时的无线冲突问题。IEEE802.11 标准为解决多个站点的媒体接入问题，在 MAC 层融合了相应的协调访问控制模式（见 2.3.5 节）。一种是使用点协调模式（PCF），该模式在时间要求严格的情况下为站点提供无竞争的媒体接入；另一种是分布式协调模式（DCF），该模式针对 CSMA/CA 技术，通过检测无线信道是否空闲，信道空闲时再等待一个随机时间后才发出数据包，接收端如果正确接收到数据包，经过一段时间后向发送端发回一个 ACK 应答信号，发送端收到此应答信号后，确认数据包正确传输。在应用过程中，这两种模式也可交替使用，在一个点协调模式的无竞争周期后紧跟一个分布式协调的竞争周期。

Wi-Fi 网络的设置至少需要一个接入点（AP）和一个或一个以上的用户。AP 每 100ms 将无线服务集标识符（Service Set IDentifier，SSID）经由信号台（Beacons）封包广播一次，确保所有的 Wi-Fi 客户端都能够接收到这个 SSID 广播封包，客户端就可以根据这个广播封包判断是否需要和发送该 SSID 的 AP 连通。

5.2.3　Wi-Fi 6 技术优势

随着无线局域网用户数及各种无线接入终端设备的爆炸式增长，传统的无线局域网标准难以满足站点数量密集、接入频繁、大业务数据量等场景下的快速传输需求，为此，IEEE 于 2013 年成立了一个研究小组，旨在开发新一代的高效无线局域网（High Efficient WLAN，HEW）标准，即 IEEE802.11ax 标准。经过不断完善，最终被确认为第 6 代 Wi-Fi 技术标准（命名为 Wi-Fi 6），并于 2019 年正式发布并启动该标准的商业认证计划。

1. Wi-Fi 6 关键技术

Wi-Fi 6 技术基于 IEEE802.11ax 标准，引入了多项关键技术来提升网络性能。

（1）正交频分多址技术

正交频分多址（Orthogonal Frequency Division Multiple Access，OFDMA）技术是正交频分复用（OFDM）技术的改进。OFDMA 技术将无线信道划分为正交、互不重叠的多个子信道，通过将不同的子信道分配给不同的用户来实现多址接入，在子信道数量充足的情况下，可使不同用户占用互不重叠的子信道，如此，多个接入用户之间就不存在信道的排队等待和相互竞争问题，从而实现多用户间的同时并行传输，优化了网络资源利用效率，提升了网络运行效率。

（2）多用户多输入多输出技术

多用户多输入多输出（Multi-User Multiple-Input Multiple-Output，MU-MIMO）技术使接入点能够同时与多个用户站点相互传输数据，提升了网络容量，适合语音、视频等大数据量的快速传输。上行 MU-MIMO 是 IEEE802.11ax 标准新引入的技术，借助用户之间不同位置的相互正交性来实现多用户的空间分离，无须波束成形的交互过程，由于具有 8 根天线，故可向 8 个用户站点同时传输数据。为兼容传统的 IEEE802.11ac 标准，IEEE802.11ax 标准的下行 MU-MIMO 保持与 IEEE802.11ac 标准的一致，利用波束成形技术来避免用户之间的干扰，下行 MU-MIMO 支持的是接入点能够与 4 个用户站点同时传输数据。

（3）目标唤醒时间调度机制

目标唤醒时间（Target Wake Time，TWT）调度机制是一种节能管理技术，该技术通过接入点统一调度站点在不同的接入时间段内传输数据，让接入点和各个站点协商传输时间表，最小化站点之间的传输竞争，达到降低能耗的目的。TWT 调度机制允许通过协商确定站点什么时候和经过多久唤醒来发送或接收数据；IEEE802.11ax 标准还将 TWT 调度机制和 OFDMA 技术融合，把站点分组到不同的 TWT 周期，以减少唤醒后竞争无线信道的站点数量。此外，TWT 调度机制还可通过站点睡眠时间设置的方式来减少能耗。通过这些节能处理，从而延长电池的使用寿命。

（4）高阶调制技术

相对于 IEEE802.11ac 标准所采用的 256-QAM，IEEE802.11ax 标准引入了更高阶的正交幅度调制（Quadrature Amplitude Modulation，QAM）技术，达到 1024-QAM。更高阶的调制方式能够进一步提高数据传输速率，同时对噪声更加敏感，也就需要在接收端提升无线网络的信噪改善比（Signal to Interference plus Noise Ratio，SINR）。

2. Wi-Fi 6 技术特点

Wi-Fi 6 技术所具有的典型特点如下。

① 吞吐量更高，传输速率更快。在高密度部署场景下，站点的平均吞吐量比前一代标准提高了 4 倍；链路的传输速率得到很大提升，最高传输速率可达 9.6Gbit/s，网络时延得到明显改善。

② 网络设备的功率利用效率得以提升。IEEE802.11ax 标准所引入的节能管理技术进一步提升了网络设备的功率利用效率，在电池供电情况下，使得站点能够具有更长的续航能力和寿命。

③ 兼容性好。IEEE802.11ax 标准能够兼容常用的 IEEE802.11 无线局域网标准，能够与现有绝大多数设备共存。

④ 网络服务质量得以提升。IEEE802.11ax 标准的高性能技术保证了网络能够提供高质量的用户服务。

Wi-Fi 6 采用的 IEEE802.11ax 标准能够适应业务需求日益呈爆炸式增长的多应用场景，如车站、机场、体育馆、购物中心等人员密集、用户站点频繁移动的公共场所，办公大楼、智能制造车间等无线接入密集且对无线网络质量要求高的场所，以及智慧楼宇、智慧城市等无线网络设备众多、无线信道环境不稳定的场所等。另外，新一代移动通信技术的广域覆盖能力和 Wi-Fi 6 技术的高速无线局域组网能力的结合，能够进一步促进新场景应用的加速落地，从而推动电子信息、智能制造等众多行业的快速发展。

5.3 ZigBee 技术

ZigBee 技术是一种典型的短距离无线通信技术。相对而言，蓝牙技术主要用于少量设备的近距离数据交换，且抗干扰能力不强；Wi-Fi 技术的数据传输速率较高，可随时接入无线信号，能够适应移动性强的应用，但功耗较高；ZigBee 技术主要面向低功耗、低速率、低成本的应用需求场景，通过分布式组网具备接入大量节点设备的能力，使得 ZigBee 技术在工业、农业、商业、医疗、军事等多个行业得以推广应用。

5.3.1 ZigBee 技术简介

ZigBee 技术由 ZigBee 联盟研发、维护并提供产品认证。该联盟成立于 2001 年，是一个由半导体生产商、集成商等众多企业和单位组成的非营利性组织，于 2004 年推出了第一代 ZigBee 规范，并在后期的发展中相继推出了多个更新版本。

ZigBee 技术在 IEEE802.15.4 标准的物理层和 MAC 层基础上，重新定义了网络层和应用层协议，形成新的通信规范，所具有的特点主要体现在以下方面。

① 功耗低。ZigBee 节点的无线发射功率低，仅为 1mW；通过采用自动睡眠机制，可以进一步控制能耗，因此，ZigBee 节点的省电效果良好。一般来说，采用两节 5 号电池供电的 ZigBee 节点，工作时间可达 6 个月到 2 年，甚至更长时间。

② 时延短。ZigBee 组网中，节点因激活工作及通信传输而形成的时延都很短，典型的参考参数为搜索设备时延 30ms、睡眠激活时延 15ms、工作节点接入信道时延 15ms，适合对时间响应要求严格的应用场景，如实时参数监测、工业自动控制等。

③ 传输速率低。ZigBee 技术的数据传输速率为 20～250kbit/s，适合低速率需求的应用场景。另外，较低的传输速率在控制网络能耗方面也起到一定作用。

④ 网络容量大。理论上，一个 ZigBee 网络可以容纳 255 个 ZigBee 节点，一个大范围区域可由多个 ZigBee 网络覆盖，且组网灵活，适合大规模、分布式的组网通信应用场景。

⑤ 工作频段灵活。ZigBee 网络可以在 ISM 频段上灵活选用工作频段，分别是全球通用的 2.4GHz 频段、美国的 915MHz 频段和欧洲的 868MHz 频段。

⑥ 安全性高。ZigBee 技术采用 AES-128 加密算法，并具有数据包完整性检查和鉴权能力，

应用中可灵活确定相应的安全属性。

⑦ 成本低。ZigBee 技术对网络和节点的资源要求低，不需要高配置的硬件系统，协议简单且协议代码对存储空间的需求不高，工作频段免费且没有专利壁垒，故能够很好地控制应用成本。

5.3.2 ZigBee 节点设备类型

ZigBee 网络含有 3 种类型的节点设备，包括协调器（Coordinator）、路由器（Router）和终端设备（End-Device）。一个基本的 ZigBee 网络就是由多个终端设备、一个或多个路由器和一个协调器组成的。其中，协调器主要负责网络建立和初始化，配置网络成员地址和维护网络等一系列工作，所需要的存储空间和计算能力要比路由器和终端设备的高。路由器主要负责相隔距离较远的节点设备之间的中继通信，实现网络传输路径的搜寻，可拓展网络的运行范围。终端设备作为网络的终端节点，处于网络的末端，负责感知信息和采集信息，并与相应的路由器或协调器建立通信连接。

根据节点设备的通信能力，ZigBee 网络还针对节点设备定义了两种功能，以此来判断节点设备相互组网连通的能力，即全功能设备（Full Function Device，FFD）和精简功能设备（Reduced Function Device，RFD）。全功能设备是指拥有完整的协议功能，可用作协调器、路由器或普通节点设备，精简功能设备只能实现相对简单的协议功能，只能作为终端设备使用。全功能设备可以和网络中的任何设备进行通信，精简功能设备只能与全功能设备通信而不能与精简功能设备相互通信。

一个 ZigBee 网络在建立过程中，利用协调器进行网络初始化，其他节点设备逐步加入网络中。节点设备加入网络的方式有两种，根据具体的应用环境由网络协议自主决定，一种方式是通过路由器或协调器加入网络，另一种方式是通过当前节点的父节点加入网络。节点设备加入网络后，网络就会给该节点设备分配网络地址，网络地址的分配需要依据网络拓扑特征、子节点数量、最大网络深度等相关信息，如基于树状拓扑的分布式地址分配方案、随机地址分配方案等。相邻节点之间建立通信链路，需要维护它们的邻居列表，该列表包含通信范围内所有节点的相关信息。如果某个节点设备因某种原因要退出网络，需要先请求其所有子节点设备离开网络，待所有子节点设备全部离开后，再通过取消关联操作向其父节点设备申请退出网络。

5.3.3 ZigBee 体系结构

ZigBee 网络拓扑结构在 IEEE802.15.4 标准所定义的点到点拓扑和星形拓扑的基础上，进一步支持星形网络、树状网络和网状（Mesh）网络，如图 5-8 所示，这些拓扑结构离不开 ZigBee 网络协议体系结构的支持。

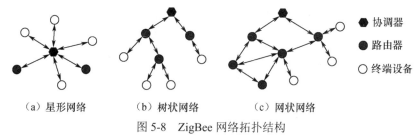

（a）星形网络　　　　（b）树状网络　　　　（c）网状网络

图 5-8　ZigBee 网络拓扑结构

ZigBee 网络协议体系结构参考了 OSI 模型，与无线传感器网络的基本协议体系结构类似，并经过一定简化，包含物理层、MAC 层、网络层和应用层。也有文献将网络的安全服务从四层体系结构中剥离出来，构成单独的安全服务提供层（Security Service Provider，SSP）。如图 5-9 所示，物理层和 MAC 层由 IEEE802.15.4 标准定义规范，上层的网络层、应用层及安全服务提供层由 ZigBee 定义规范。

ZigBee 网络层在 MAC 层基础上构建网络，并为应用层提供合适的服务接口。网络层提供关于节点请求加入或离开网络的服务，为新加入的节点分配网络地址，执行路由发现和路由维护等。

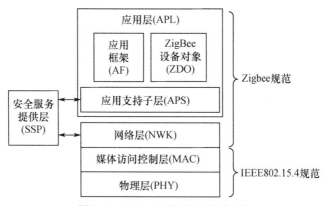

图 5-9　ZigBee 网络协议体系结构

ZigBee 应用层包括应用支持子层（Application Support Sub-Layer，APS）、ZigBee 设备对象（ZigBee Device Object，ZDO）和应用框架（Application Framework，AF）3 部分，应用框架包含厂商定义的应用对象。应用支持子层提供网络层与应用层之间的接口，涉及数据服务接口和管理服务接口，其中的管理服务接口提供设备发现与绑定功能，并在所绑定的设备之间传送消息。ZigBee 设备对象定义网络设备的功能，处理绑定请求，为网络设备建立安全机制，并为所发现的网络设备提供应用服务。应用框架定义了一系列的标准数据类型，为建立应用规范提供描述方法，通过为用户提供模板来创建相应的应用对象。

ZigBee 安全服务提供层为 ZigBee 网络协议提供加密服务，对 IEEE802.15.4 标准的安全规范进行补充和加强，定义了节点设备入网认证、数据传输、密钥建立与传递等安全服务，以确保网络通信的安全。

5.4　LoRa 技术

基于非授权频谱的低功耗广域网（LPWAN）技术以 LoRa（Long Range）和 Sigfox 技术为典型代表。Sigfox 是一家法国公司，所设计的 LPWAN 技术在公共频段的不大于 200kHz 带宽上进行无线信息交换，采用 FDMA 技术和超窄带（Ultra Narrow Band，UNB）调制方式，每条信息的子信号宽度可低至 100Hz（在美国为 600Hz），每秒传输 100 位或 600 位的数据信息，能在满足低功耗传输的基础上实现远距离通信，但通信容量有限。LoRa 技术及其产业生态主要由美国 Semtech 公司和在全球范围内发起成立的 LoRa 联盟来推动发展。LoRa 技术是基于 1GHz 以下的低功耗数据传输技术，可提供一种方便实现大范围覆盖、远距离传输、长时间运行的无线传感器网络系统。这里介绍 LoRa 技术的基本思想。

5.4.1　LoRa 技术简介

LoRa 技术是一种远距离传输、低功耗、低成本的无线通信技术。与蓝牙、Wi-Fi 和 ZigBee

这些短距离无线通信技术不同，LoRa 技术具有更远的传输距离和更大的通信覆盖范围，该技术在满足远距离传输需求的同时实现了低功耗控制，在物联网相关的多个领域得到广泛关注和应用。

LoRa 技术的特点主要体现在以下几个方面。

① 工作在非授权的 ISM 频段上，主要包括 433MHz、868MHz、915MHz 等。

② 传输距离远。在城镇环境下的传输距离为 2～5km，在空旷环境下的传输距离可达 15km。

③ 传输速率低。LoRa 技术的数据传输速率为 0.3～50kbit/s，并通过自适应数据速率（Adaptive Data Rate，ADR）策略来控制节点的数据传输速率。

④ 网络结构简单。LoRa 组网采用简单的星形网络拓扑结构，可在很大程度上降低节点开销及相应的维护成本。

⑤ 网络容量大。一个 LoRa 网络能够连接上千甚至上万个节点，网络容量能够适应大规模的组网应用需求。

⑥ 功耗低。基于星形结构的组网模式，LoRa 节点与网关直接通信，不传输数据的节点会进入睡眠状态，从而很大程度上节约了网络功耗。

⑦ 可靠性高。LoRa 组网采用扩频调制技术，将数据传输频谱分散到更宽的带宽上，能够提高无线通信的抗噪声、抗多径等干扰的能力，从而保障具有可靠的无线通信效果。

5.4.2 LoRa 协议结构

LoRa 网络规范除了位于底层的 LoRa 物理技术，还涉及 LoRaWAN 开放标准协议。LoRa 网络的整体协议结构包含物理层、数据链路层和应用层 3 层。其中，物理层是由 Semtech 公司提供的非开放物理协议层，即由 LoRa 技术定义；数据链路层是由 LoRaWAN 提供的开放 LoRaMAC 协议。因此，从严格意义上讲，LoRa 概念针对的是物理层，而 LoRaWAN 概念针对的是数据链路层。LoRaWAN 定义基于 LoRa 底层硬件的低功耗广域网技术的通信协议，其网络协议结构如图 5-10 所示。LoRa 和 LoRaWAN 很容易混淆，一般所描述的 LoRa 组网是指融合了两种概念的通俗表达。

图 5-10　LoRaWAN 网络协议结构

1．LoRa 物理层

频段应用方面，LoRa 技术采用的非授权 ISM 频段在 1GHz 以下，相对 2.4GHz 和 5GHz 频段来说，较低的频段能够获得较低的传输路径损耗和更大的传输覆盖范围。不同国家和地区针对 LoRa 技术建议使用的频段也有所不同，欧洲建议使用的频段是 863～868MHz 或 433～434MHz，北美建议使用的频段是 902～928MHz，中国 LoRa 应用联盟建议使用的频段是 470～510MHz，且国内也常使用 433MHz 频段。

调制技术方面，LoRa 采用扩频（Chirp Spread Spectrum，CSS）调制技术，并结合前向纠错编码技术来实现无线传输。CCS 调制对传输数据进行高速采样并调制到脉冲信号上，形成的

LoRa 调制传输数据比特率可表示为

$$R_\mathrm{b} = \mathrm{SF} \times \frac{1}{2^{\mathrm{SF}}/\mathrm{BW}} \times \mathrm{CR} \qquad (5\text{-}1)$$

其中，调制参数包括扩频因子（Spreading Factor，SF）、调制带宽（BandWidth，BW）和编码率（Coding Rate，CR），分别直接影响 LoRa 无线通信的抗干扰能力、有效比特率和解码困难度，有以下关系

$$\begin{cases} T_\mathrm{s} = 2^{\mathrm{SF}}/\mathrm{BW} \\ R_\mathrm{s} = 1/T_\mathrm{s} \\ R_\mathrm{c} = 2^{\mathrm{SF}}/T_\mathrm{s} = \mathrm{BW} \end{cases} \qquad (5\text{-}2)$$

其中，T_s 表示符号的传输时间，R_s 表示对应的符号速率，R_c 表示码片速率。

LoRa 调制利用线性扩频技术将负载信息的数据比特转换成若干个信息码片来进行扩频传输。扩频因子定义为码片速率与符号速率间的比值，表征每个数据比特发送的符号数量。利用扩频因子形成的码片信号是相互正交的，故可在同一频段内同时传输多个数据比特。LoRa 扩频因子的配置见表 5-2，可通过寄存器进行设置。SF 等级越大，所能表征的符号位数就越多，接收机的灵敏度也就越高。随着扩频因子的增加，可有效提高无线信号传输的信噪比，提升系统的抗干扰能力。但需要注意的是，扩频因子与符号速率成反比，较大的扩频因子将降低符号速率，因此，扩频因子的设置需要在 LoRa 无

表 5-2 LoRa 扩频因子的配置

SF 等级 （寄存器配置）	扩频因子 （码片/符号）
6	64
7	128
8	256
9	512
10	1024
11	2048
12	4096

线通信的可靠性和传输速率之间达到平衡，既要保障传输的可靠性，又要提高传输速率。

调制带宽是指允许无线信号传输的最高频率和最低频率间的差值，表征为一个通频带。调制带宽越大，符号的传输时间越短，其传输速率也得以提高，接收机的灵敏度也会相应增加。LoRa 射频芯片的物理层配置了 10 种调制带宽参数，分别是 7.8kHz、10.4kHz、15.6kHz、20.8kHz、31.2kHz、41.7kHz、62.5kHz、125kHz、250kHz 和 500kHz，可根据实际应用环境来选取合适的调制带宽，以保障无线通信的性能。

编码率表示数据流中有用信息所占的比例。比如，将编码率设置为 k/n，表示要获得 k 位的有用信息，就需要产生 n 位数据及 $n-k$ 位多余的数据。LoRa 无线通信采用了前向纠错编码技术，通过使用循环纠错编码方式来实现对传输数据信息的编码。由于要产生多余的编码开销，因而加大了数据信息的无线传输开销，降低了数据传输速率。但该编码方式能够有效提高传输信号的信噪比，增强了无线通信的鲁棒性，在噪声环境下降低了传输误包率并提高了抗干扰能力，特别是在一定程度上能够保障无线通信的远距离传输。LoRa 射频芯片的物理层可以配置 4 种不同的编码率（见表 5-3），可通过寄存器配置方式实现编码率的选择。

表 5-3 LoRa 编码率配置及其开销比

寄存器配置	编码率	开销比
1	4/5	1.25
2	4/6	1.50
3	4/7	1.75
4	4/8	2.00

2. LoRaWAN 协议层

LoRaWAN 协议根据应用的不同，分别定义了终端设备的 3 种工作模式，即 Class A、Class B 和 Class C，其中，Class A 模式是其他两种模式的基础。

Class A 是协议默认的终端工作模式，采用完全异步传输的双向通信方式，在每个终端节点上行传输之后，紧接着是两个短暂的下行传输链路接收窗口，用于接收网关返回的命令或数据，

如图 5-11 所示。终端节点的传输时间基于自身通信需求决定,其上行传输链路的发起时间依赖于终端设备的自身参数,下行传输链路的接收窗口基于一个随机的时间基准并微调一定的随机时延。第一个接收窗口 RX1 采用与第一个上行链路相同的无线信道,第二个接收窗口 RX2 可以预先设置在不同的信道。如果终端节点在第一个接收窗口成功实现接收,那么,第二个接收窗口将不再使用。从 Class A 模式的双向传输过程可以看出,该模式只有在终端节点上传信息之后才执行下行传输,网关不能对终端节点进行主动呼叫;且在一个完整的双向通信周期内,除 1 个上行传输和 2 个下行接收窗口外,终端节点处于睡眠状态。因此,Class A 模式的能耗在3 种工作模式中是最低的,主要用于传感器监测的场景。

图 5-11　Class A 模式通信时序图

Class B 模式除了具有 Class A 模式一样的通信功能,还允许网关主动发起通信,终端节点可在特定时间打开接收窗口,该模式又称为拥有预定接收时间槽的 Class A 模式。为了确保该类型终端节点能够在特定时间完成数据传输,网关需要发送时间同步信标(Beacon),在监听过程中,终端节点收到同步信标后完成与网关的时间同步,进而终端节点打开接收窗口 Ping 时隙,网关向终端节点下发数据信息,如图 5-12 所示。在 Class B 模式中,同步信标周期和 Ping 周期可自行设定,一般情况下,网关每隔 128s 广播一次同步信标,用于校准终端节点的时钟。两个同步信标之间,终端节点可开启多个接收窗口。终端节点依据自身电量和具体的应用需求来选择开启接收窗口的数量,以达到能耗控制和数据吞吐量间的平衡。相对 Class A 模式来说,Class B 模式的能耗要高一些,下行传输时延也较高,主要用于阀控水表、电表等领域。

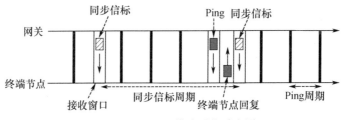

图 5-12　Class B 模式通信时序图

Class C 模式称为大接收窗口时间槽机制,面向持续监听类应用。该模式下,终端节点除了在发送时短暂关闭,其他时间均处于打开接收窗口状态,以实时监听网关下发的数据信息,如图 5-13 所示。从图中可以看出,终端节点在发送过程结束后,会有一个短暂的接收窗口 RX1打开来完成下行数据的链路传输,但不会关闭接收窗口 RX2,一直延续到需要再次进行上行数据传输。从通信过程来看,Class C 模式的能耗较大,通过增加能耗作为代价,换取网关能够在任意时刻对终端节点发起通信,主要用于远程电气控制开关等需要及时响应的场景。

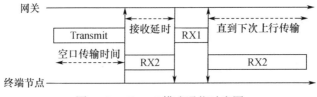

图 5-13　Class C 模式通信时序图

LoRaWAN 协议要求每个终端节点必须支持 Class A 模式,而 Class B 和 Class C 为可选模式,支持 Class C 模式的终端节点无须再支持 Class B 模式。Class A 和 Class B 两种模式用于能量有限的终端节点应用场景,Class C 模式用于具备稳定能量供给(不存在能量约束问题)的应用场景。

5.4.3 LoRa 网络结构

LoRa 网络主要由终端节点、网关(或称基站)、网络服务器和应用服务器组成,其网络结构如图 5-14 所示。

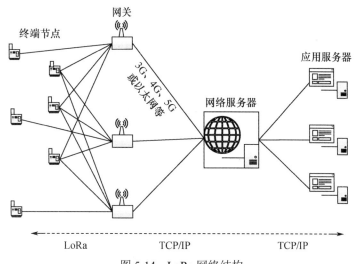

图 5-14　LoRa 网络结构

终端节点配置 LoRa 模块,与网关之间通过 LoRa 技术与 LoRaWAN 协议进行数据传输,实现节点的远距离通信。

网关负责接收终端节点上传的数据包,然后将数据包进行相应的解码、校验和转发。利用 LoRa 技术,终端节点可以与一个或多个网关进行数据传输。网关与网络服务器之间以核心网或广域互联网等方式通过 TCP/IP 协议进行信息交互,包括基于 3G、4G 或 5G 的移动通信网络以及 Wi-Fi、以太网等。

网络服务器可实现 LoRa 数据的存储与处理等操作,并对 LoRa 网络参数进行配置,设置网关路由选择,负责网络安全管理等。

应用服务器主要负责处理网络服务器发送来的数据,达到实现人机交互服务的目的,涉及数据的存储与处理、入网请求等。

在 LoRa 网络中,终端节点与网关之间以星形网络连接在一起,网关处于星形网络的核心位置。根据无线传输形式,LoRa 网络可分解为 3 种组网通信方式,分别为点对点通信、星形网轮询组网和星形网并发组网。

(1)点对点通信

单个终端节点与单个终端节点之间的连接是最简单的无线通信方式,两者之间可构成终端节点间的单向或双向通信模式,各对终端节点之间采用不同的频段进行传输,多见于早期的 LoRa 网络。该方式连接简单,主要针对特定应用或用于测试,但不能组网。

(2)星形网轮询组网

在星形网轮询组网方式中,若干个终端节点与网关轮流通信。当前终端节点上传数据,待网关接收并返回确认后,下一个终端节点再开始上传数据。所有终端节点全部执行完成后,表示一个轮询周期结束，如图 5-15 所示。

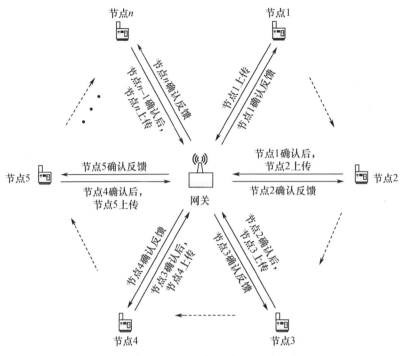

图 5-15　LoRa 星形轮询组网

（3）星形网并发组网

在星形网并发组网方式中，若干个终端节点同时与网关通信，如图 5-16 所示。各个终端节点可根据无线通信环境和信道使用情况，通过自动跳频、速率自适应等技术实现数据的随机上传，以降低大量终端节点在上行传输时的链路冲突概率。从逻辑和物理实现上说，网关可接收来自不同终端节点的不同频点、不同速率的数据。

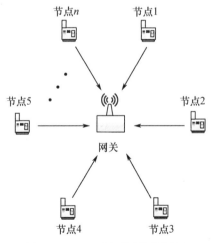

图 5-16　LoRa 星形网并发组网

5.5　NB-IoT 技术

低功耗广域网（LPWAN）除了 LoRa、Sigfox 等非授权频谱技术，还有利用授权频谱的实现方案。基于授权频谱的 LPWAN 技术以窄带物联网（Narrow Band Internet of Things，NB-IoT）

和增强机器类通信（enhanced Machine Type Communication，eMTC）技术为典型代表，这两种技术都是 3GPP 组织针对低功耗、广覆盖应用定义的新一代蜂窝物联网接入技术。3GPP（3rd Generation Partnership Project，第三代合作伙伴计划）是一个于 1998 年成立的标准化组织，从 3G 移动通信系统开始，持续为通信技术发展提供全球适用的技术标准和规范。

NB-IoT 和 eMTC 在覆盖增强和低功耗等方面存在一定的共性，但在具体实现方式上具有差异性。eMTC 是直接在移动通信 LTE（Long Term Evolution，长期演进）标准基础上的发展演进，可认为是 LTE 的一种增强功能，支持频分双工（Frequency Division Duplex，FDD）和时分双工（Time Division Duplex，TDD）两种模式。eMTC 技术的射频带宽为 1.4MHz，峰值传输速率为 1Mbit/s，适合物联网应用中对传输速率有一定要求的业务，特别是中速率组网业务，比如语音业务。NB-IoT 基于对 LTE 的简化并根据 LPWAN 应用需求的深度优化来设计，在逻辑上可构建独立网络或与 LTE 融合使用，支持 FDD 模式，可部署在现有的移动通信网络上，降低了部署成本。NB-IoT 采用 200kHz 窄带带宽，对信道、调制方式及帧结构进行了简化设计，支持大连接和广覆盖，但传输速率低，适合物联网应用中低速率业务的场景。

NB-IoT 和 eMTC 都是 3GPP 标准内的 LPWAN 技术，两者在标准化进程、产业发展等方面存在很多相似之处，但又各有特点，需要结合具体的应用需求来选择合适的组网技术。这里介绍 NB-IoT 技术的基本思想。

5.5.1 NB-IoT 技术简介

从 2013 年开始，华为公司与相关行业厂商开始推动窄带蜂窝物联网技术的研究工作。在研究发展过程中，华为公司和高通公司达成共识，融合采用了上行的 FDMA 方式和下行的 OFDM 方式，并于 2015 年 5 月提出了 NB-CIoT（Narrow Band Cellular IoT）方案。爱立信、诺基亚等公司于 2015 年 8 月提出了更倾向于与现有 LTE 标准兼容的 NB-LTE（Narrow Band LTE）方案。3GPP 在取得行业共识的基础上，将两种方案进行融合，于 2015 年 9 月最终形成了统一的窄带蜂窝物联网 NB-IoT 技术。NB-IoT 的核心标准于 2016 年 6 月在 3GPP R13 正式"冻结"。我国工业和信息化部于 2017 年 6 月正式发布了《全面推进移动物联网（NB-IoT）建设发展的通知》，支持建设 NB-IoT 基础设施，拓展基于 NB-IoT 技术的行业应用。

NB-IoT 可直接部署在 LTE、通用移动通信系统（Universal Mobile Telecommunications System，UMTS）、全球移动通信系统（Global System for Mobile communications，GSM）上，实现与现有网络的共存和复用，在应用中无须重新构建网络，降低了部署成本。NB-IoT 技术的特点主要体现在以下几个方面。

① 覆盖范围广。NB-IoT 增益比 LTE 可提升 20dB，大大提升了网络的覆盖能力，不仅能够实现室外的广覆盖需求，也能覆盖到室内、厂房甚至地下室、地下管道等无线信号难以到达的地方。

② 网络接入量大。NB-IoT 的上行容量比现有的 2G/3G/4G 大，在同一基站情况下，NB-IoT 能够提供比它们高 50～100 倍的接入数量，从而满足应用中的大连接需求。

③ 功耗低。NB-IoT 的传输速率小数据吞吐量低，相应地，NB-IoT 设备的功耗非常小，并融入省电技术，能够大幅延长设备的生命期，可达到 5 年甚至更长的使用寿命。

④ 稳定可靠。NB-IoT 直接使用运营商授权频谱来部署网络，相对非授权频谱技术来说，在无线信道使用、网络安全等方面具有明显优势，从而确保了 NB-IoT 网络的稳定和可靠。

⑤ 成本低。NB-IoT 使用的是窄带宽；低速率传输不需要大缓存，降低了对硬件存储器的需求；低功耗运行不需要复杂的协议算法。这些因素使得 NB-IoT 设备的设计复杂度不高，从而降低了设备成本。另外，NB-IoT 网络基于现有移动通信网络进行部署，不需要额外的网络建设投入，从而降低了部署成本。

5.5.2 NB-IoT 协议结构

NB-IoT 协议与 LTE 标准兼容，在物理层协议上进行了协调简化，以适应轻量级数据传输、长使用寿命的组网要求。在 NB-IoT 协议算法中，通过省电控制等策略实现低功耗运行，并通过提高功率谱密度、重复发送等方式实现远距离覆盖。

1．NB-IoT 网络接口协议

NB-IoT 网络需要建立终端节点与基站间的传输链路，NB-IoT 将终端节点描述为用户终端（User Equipment，UE），将基站描述为 eNB（eNodeB）。NB-IoT 将 UE 与 eNB（接入网）之间的无线接口定义为空中接口（简称空口）。

NB-IoT 针对窄带通信需求提出一种新的空口技术，其无线接口协议包含物理层、数据链路层和网络层 3 部分，并规划了两种数据传输模式，即控制面（Control Plane，CP）模式和用户面（User Plane，UP）模式。

CP 模式主要负责无线接口的管理和控制，包括无线资源控制（Radio Resource Control，RRC）协议层、分组数据汇聚（Packet Data Convergence Protocol，PDCP）协议层、无线链路控制（Radio Link Control，RLC）协议层、媒体访问控制（Media Access Control，MAC）协议层、物理层（PHY）和非接入（Non-Access Stratum，NAS）协议层。其中，RRC 协议层记录 MAC 和 PHY 实体建立、修改、释放所需要的参数信息，用于配置网络相关信令和分配无线资源。当 UE 进入空闲状态时，UE 和 eNB 不保留接入层（Access Stratum，AS）的上下文信息。当 UE 再次进入连接状态时，需要重新发起建立 RRC 协议层的连接请求。NAS 协议层负责处理 UE 和移动管理实体（Mobility Management Entity，MME）之间的信息传输与控制，涉及连接性管理、移动性管理和会话管理等。该模式中，不管是 IP 数据还是非 IP 数据，都需要封装在 NAS 数据包中，并利用 NAS 安全协议进行报头压缩。

UP 模式用于报头的加密、压缩、调度、自动重传请求和混合自动重传请求，包括 PDCP 协议层、RLC 协议层、MAC 协议层和 PHY 协议层。

两种模式的协议结构如图 5-17 所示，PHY 协议层为 MAC 协议层提供传输信道的服务，MAC 协议层为 RLC 协议层提供逻辑信道的服务，RLC 协议层实现数据的无线传输。在 CP 模式中，PDCP 协议层为 RRC 协议层传递信令并完成信令的加密与一致性保护，相应也包括 RRC 信令的解密与一致性检查。在 UP 模式中，PDCP 协议层负责处理 IP 数据包，接收上层的 IP 数据包，完成处理后，再传送至 RLC 协议层。在 NB-IoT 协议结构中，物理层以上的高层协议基于 LTE 标准修订，对多连接、低功耗及低数据量传输的通信特性进行了部分修改。

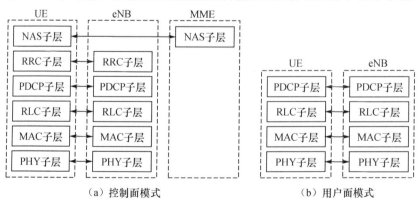

图 5-17　NB-IoT 数据传输模式

CP 模式和 UP 模式共存于 NB-IoT 网络协议结构中，其中，CP 模式适合小数据包的传输任务，UP 模式适合大数据包的传输任务。如果在使用 CP 模式进行数据传输的过程中面临大数据包的传输需求，则可由 UE 发起请求，将 CP 模式转换到 UP 模式，进而实现传输大数据包。

2. NB-IoT 物理层

NB-IoT 的物理层在多址接入方式、工作频段、调制与解调方式、帧结构、信令流程、同步过程、功率控制等方面进行了大量的修改和简化。为与现有移动通信系统兼容，NB-IoT 充分考虑了频率部署方式。物理信道方面，NB-IoT 针对下行传输链路和上行传输链路进行设计与控 制，支持半双工的 FDD 工作模式，以简化用户终端接收机的设计。

（1）NB-IoT 部署方式

NB-IoT 技术的频谱资源有限，工作在 200kHz 的窄带带宽上，其中的运行带宽为 180kHz，两侧分别有 10kHz 的保护频带，因此，需要充分利用该有限的带宽资源。根据设计需要，NB-IoT 技术提供了 3 种部署方式，即独立部署（Stand Alone）、带内部署（In-Band）和保护带部署（Guard Band），如图 5-18 所示，其中，带内部署和保护带部署可通过 LTE 网络进行软硬件升级，但不能对现有的 LTE 信道造成影响。

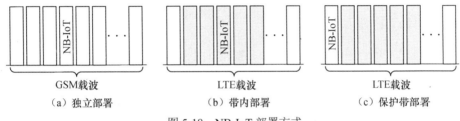

图 5-18　NB-IoT 部署方式

① 独立部署。部署在空闲的载波频段上，不占用 LTE 资源。GSM 的信道带宽为 200kHz，且与 NB-IoT 的带宽相匹配，故该部署方式适用于 GSM 载波，用 NB-IoT 载波取代 1 个 GSM 载波，实现 GSM 频率重耕。

② 带内部署。适用于 LTE 载波，通过直接占用 LTE 载波内的物理资源块（Physical Resource Block，PRB）来实现 NB-IoT 的部署。如果 NB-IoT 需要扩容，则将占用更多的 LTE 资源。

③ 保护带部署。适用于 LTE 载波，利用 LTE 频段边缘的保护频带来实现 NB-IoT 的部署，可用频点有限。

（2）NB-IoT 下行传输链路

NB-IoT 下行传输链路的带宽为 180kHz，子载波间隔采用与 LTE 相同的 15kHz，下行方式采用正交频分多址接入（Orthogonal Frequency Division Multiple Access，OFDMA）技术。帧结构方面，一个长度为 10ms 的无线数据帧由 10 个长度为 1ms 的子帧构成，每个子帧在频域上包含 12 个连续的子载波。

NB-IoT 对部分下行物理信道进行了重新设计，采用 QPSK 调制方式，窄带物理广播信道用于传输网络所必需的操作模式、天线数量等信息，窄带物理下行共享信道用于传输数据包，窄带物理下行控制信道用于配置相关的传输格式、资源分配等信息。在下行物理信道上引入了重复传输机制，以支持下行传输链路的增强覆盖。

NB-IoT 对窄带同步信号进行了重新设计，以避免与 LTE 同步序列的资源冲突，定义了窄带主同步信号（Narrowband Primary Synchronization Signal，NPSS）和窄带辅同步信号（Narrowband Secondary Synchronization Signal，NSSS）。为了适应低成本的用户终端设计，NB-IoT 对 NPSS 和 NSSS 进行了限定，其中，NPSS 在每个无线数据帧的第 5 个子帧发送，周期为 10ms；NSSS 在无线数据帧偶数帧的第 9 个子帧发送，周期为 20ms，如图 5-19 所示。

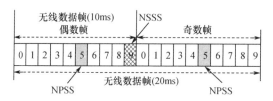

图 5-19　NB-IoT 窄带同步数据帧位置

（3）NB-IoT 上行传输链路

NB-IoT 上行传输链路的带宽为 180kHz，子载波间隔分别支持 3.75kHz 和 15kHz 两种形式。相对来说，3.75kHz 间隔比 15kHz 间隔可提供更大的系统容量，能在一定程度上增强网络覆盖效果；而在带内部署时，15kHz 间隔是 LTE 标准子载波模式，能够获得更好的系统兼容性。上行方式采用单载波频分多址接入（Single-Carrier Frequency Division Multiple Access，SC-FDMA）技术，NB-IoT 支持两类上行传输模式，一类是单子载波 Single-tone 方式，配置 3.75kHz 和 15kHz 两种子载波间隔；另一类是多子载波 Multi-tone 方式，配置 15kHz 子载波间隔。采用 3.75kHz 子载波间隔，其对应的数据子帧长度和时隙也将有所变化。NB-IoT 对部分上行物理信道也进行了重新设计，采用 QPSK 或 BPSK 调制方式，这里不再赘述。

5.5.3　NB-IoT 网络架构

NB-IoT 网络架构和 LTE 网络架构基本一致，在 LTE 的演进分组核心（Evolved Packet Core，EPC）网络架构的基础上，针对 NB-IoT 自身流程进行了优化协调，如图 5-20 所示。从图中可以看出，NB-IoT 网络架构包含用户终端（UE）、基站（eNB）、归属签约用户服务器（Home Subscriber Server，HSS）、移动管理实体（Mobility Management Entity，MME）、服务网关（Serving GateWay，S-GW）、分组数据网关（PDN GateWay，P-GW）、业务能力开放单元（Service Capability Exposure Function，SCEF）、第三方服务能力服务器（Service Capabilities Server，SCS）和第三方应用服务器（Application Server，AS）。

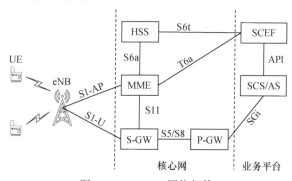

图 5-20　NB-IoT 网络架构

EPC 负责核心网部分，提供全 IP 连接的承载网络，以及所有基于 IP 业务的能力集，主要包括 MME、HSS、S-GW 和 P-GW。用户终端与基站之间通过空口连接，从基站到核心网和业务平台，定义了 S1、S6a、S11、S5/S8、T6a、S6t、API、SGi 接口。

MME 是接入网络的关键控制节点，负责 EPC 的信令处理，实现移动性控制；通过与 HSS 的信息交互，实现用户验证功能。S-GW 负责 EPC 的数据处理及数据包的路由转发。P-GW 是 EPC 的边界网关，提供转发数据、管理会话等功能。SCEF 是 NB-IoT 在 LTE 网络架构基础上的新增网络单元，用于支持非 IP 数据的控制面（CP）传输，可将核心网单元能力开放给各类业务应用，使网络具备多样化的运营服务能力。在实际的 NB-IoT 网络部署中，也可将 SCEF 并入核心网中。

5.5.4 NB-IoT 关键技术

NB-IoT 使用授权频段，聚焦于低功耗广域网应用领域，具有广覆盖、低功耗、大连接、低成本等优势。这些优势得益于 NB-IoT 在兼容现有移动通信技术的基础上进行了深入的优化协调。NB-IoT 设计了全新的空口技术，采用窄带传输、重复发送等技术来提升无线覆盖范围。通过低功耗硬件集成优化并引入省电控制等策略，降低网络的运行功耗。通过网络容量规划，结合覆盖因素及无线空口资源等实现网络的大连接。通过灵活的频率部署方式，充分利用现有移动通信网络，降低了组网成本。利用轻量级核心网，简化网络协议栈，优化信令流程，提高了网络数据传输的效率。这里主要围绕 NB-IoT 网络的广覆盖和低功耗需求，分别简要介绍对应的关键技术。

1. NB-IoT 覆盖增强技术

为强化 NB-IoT 无线信号的覆盖范围，针对下行的无线传输链路，网络主要通过加大各信道向用户终端的最大重传次数，即设计重传机制，再在用户终端对重复接收的数据进行合并，来实现数据通信质量的提高，进而获得无线信号的覆盖增强。这种处理方式可在一定程度上增加覆盖范围，但重传机制必然会引起传输时延的增加，进而影响到信息传输的实时性。特别是在无线信号覆盖较弱的区域，虽然可建立网络与用户终端的连通，但难以保障实时性要求较高的业务。

针对上行传输链路，其覆盖增强主要基于两个方面的内容。一方面，可采用单子载波进行传输，NB-IoT 无线信号可在更窄的带宽中发送，如采用 3.75kHz 的子载波间隔，无线信号的功率谱密度得以提高，也就更有利于无线信号的调节，提升了上行传输的无线覆盖能力。另一方面，上行信道的无线传输同样支持数据重传机制，通过加大重传次数来实现上行传输的覆盖增强。

2. NB-IoT 低功耗技术

网络系统功耗与设备的软硬件设计、网络配置和业务模型有很大的关系。系统硬件方面，可以从器件功耗优化与选型、电路集成度提升与架构优化等方面降低硬件的使用功耗。系统软件方面，结合网络配置对网络通信协议进行优化设计，降低协议实现复杂度，并融入省电控制策略，实现网络能耗的节能控制。不同应用的业务模型需要适配相应的能耗需求，需要结合具体应用设计合适的省电业务模型，比如减少信令或信息的交互数量、降低数据的吞吐量等。NB-IoT 设计了两种低功耗技术，分别是省电模式（Power Saving Mode，PSM）和扩展非连续接收（extended Discontinuous Reception，eDRX）技术。

（1）省电模式

在 PSM 模式中，用户终端完成数据传输后向网络申请进入深度睡眠，经历一段时间的空闲状态后，关闭无线信号的收发及接入层的相关功能，可认为用户终端处于局部关机状态，从而减少天线、射频通信器件等的能耗。同时，传输链路的关闭也使得整个网络的信令处理等流程的能耗受到控制，如图 5-21 所示。在收到附着（Attach）请求、跟踪区更新（Tracking Area Update，TAU）请求或路由区更新（Route Area Update，RAU）请求后，用户终端会在一小段时间内激活并进入网络连接状态，与 NB-IoT 网络交互信令和数据信息。待完成通信任务后，用户终端向网络申请进入 PSM 状态，得到网络的同意后，就从连接状态转到空闲（Idle）状态并开启激活定时器。在空闲状态过程中，用户终端仍然可以进行周期性寻呼，并响应一定的操作。进入 PSM 状态后，就不再监听寻呼，用户终端进入深度睡眠状态。待需要连接进行上行传输数据，或周期性的 TAU/RAU 响应时，从 PSM 状态唤醒。

用户终端在 PSM 状态下处于深度睡眠状态，但并不是完全关机，仅有时钟等少量电路还在运行，此时的用户终端耗电量极低。该用户终端仍然在网络中注册，这样，当用户终端被唤醒后，就不再需要重新去建立网络连接，而可在网络中直接传输数据。在网络运行过程中，用户终端在连接状态、空闲状态和 PSM 状态之间轮流转换。

需要注意的是，PSM 自身是没有周期性控制的，为了配合数据传输业务的需要，可以与周期性的 TAU 结合起来。通过配置合理的 TAU 定时器周期，可使用户终端在没有上行数据传输业务响应的情况下也能根据 TAU 周期进行唤醒操作，以接收下行数据。

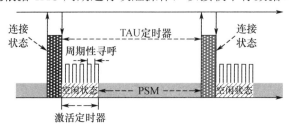

图 5-21　NB-IoT 中 PSM 基本原理

（2）扩展非连续接收技术

从 PSM 工作过程可以看出，NB-IoT 网络只能在每个 TAU 周期最开始的时间段内寻呼到用户终端，即在连接状态后的空闲状态进行寻呼。与 PSM 技术不同的是，eDRX 技术引入不连续接收的工作机制，以提升下行传输响应的可到达性，如图 5-22 所示。在 eDRX 下，一个 TAU 周期包含一个连接状态过程和空闲状态过程，这个空闲状态过程包含多个 eDRX 周期，而每个 eDRX 周期又包含一个寻呼时间窗口（Paging Time Window，PTW）周期和一个 PSM 状态周期。用户终端在 PTW 周期内按照 DRX 周期进行监听寻呼，以便接收下行数据。

从 eDRX 工作过程可以看出，用户终端在空闲状态过程中能够间歇性地进行监听寻呼，即处于待机状态时能够间歇性地等待 NB-IoT 网络的下行呼叫。利用 eDRX 技术，用户终端可主动连接网络以上传数据信息，也可在每个 eDRX 周期内的 PTW 活动段中接收网络呼叫。相对 PSM 技术来说，eDRX 技术中监听寻呼过程的分布密度要高一些，所得到的响应也更好、更及时，能够满足更多的下行数据传输业务需求，相应地，其能耗也要高一些。

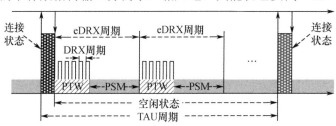

图 5-22　NB-IoT 中 eDRX 基本原理

5.6　5G 技术

第五代移动通信系统（5th Generation Mobile Communication System，简称 5G）作为新一代的蜂窝移动通信技术受到全球范围的广泛关注，能够满足移动互联网、物联网等新型业务发展和应用场景的需求。

5.6.1　5G 技术简介

第一代移动通信系统（1G）采用的是模拟技术，只能用于话音业务。第二代移动通信系统（2G）基于数字通信技术，解决了模拟系统频谱效率低下、网络容量有限、易受干扰等缺陷，主要有 GSM 和 CDMA 两种标准系统，通信容量和服务质量得到改善，除话音业务外，还可提供低比特率数据业务和一些其他补充业务。第三代移动通信系统（3G）以 CDMA 多址接入技术为基础，在系统容量、传输速率等方面得到进一步提升，涉及美国主导提出的 CDMA2000 技术、欧洲主导提出的宽带 CDMA（Wideband CDMA，WCDMA）技术、我国主导提出的时分同步 CDMA（Time Division-Synchronous CDMA，TD-SCDMA）技术。第四代移动通信系统（4G）以 LTE 为核心内容，引入正交频分复用（Orthogonal Frequency Division Multiplexing，OFDM）和多输入多输出（Multiple Input Multiple Output，MIMO）等关键技术，具有更高的频谱效率、数据传输速率和传输质量，能够满足用户对语音、视频、网络访问等无线业务的需求。相对于以往的移动通信系统，5G 除了满足传统的人与人之间的通信需求，还能与社会、工业、商业等各个领域充分融合，高性能地满足人与人、人与物、物与物之间的信息交互需求，为高性能计算、人工智能、虚拟现实等需求提供高质量的通信接入支持，进一步拓展了无线传感器网络及物联网的应用范围。

5G 以构建面向用户为中心的全方位信息生态系统为目标，期望实现人与物在任意时间、任意地点的信息共享。国际电信联盟（International Telecommunication Union，ITU）定义了 5G 的三大应用场景，对通信性能提出了更高的要求，用以全面支撑新模式、新业态的创新发展。这三大应用场景分别是：

① 增强移动带宽（enhanced Mobile BroadBand，eMBB）。面向数据流量的爆发式增长，强大的网络吞吐量和实时处理能力能够为移动互联网用户提供更加极致的应用体验。相对于传统的蜂窝移动通信网络，5G 的数据传输速率高很多，最高可达 10Gbit/s；一般情况下，用户体验速率可达 100Mbit/s～1Gbit/s。eMBB 主要体现在超高清视频传输、可感知互联网、虚拟现实等领域。

② 海量机器类通信（massive Machine-Type Communication，mMTC）。面向百亿台数量级网络设备的无线接入需求，特别是为高速推进的大规模物联网业务提供可扩展的无线连接解决方案，实现大范围部署、广泛地理分布、海量的终端设备的有效网络连接，并能满足终端低成本和低复杂度的要求，连接密度可达每平方公里 100 万个连接。mMTC 主要体现在智慧家庭、智慧环保、智慧城市等领域。

③ 高可靠低时延通信（ultra Reliable & Low Latency Communication，uRLLC）。面向具有严格要求的应用场景，提供高可靠和低时延的通信保障。这些严格场景对传输差错的容忍度极小，需要确保网络的高稳定性；同时，对网络中端到端时延提出了毫秒级的要求，理想情况下的时延低至 1ms。uRLLC 主要体现在无人驾驶、远程医疗、工业自动化控制等领域。

5.6.2　5G 关键技术概述

作为新一代的移动通信系统，5G 在 4G 基础上提出了更高的要求，不仅在传输速率，而且在功耗、时延等多个技术指标和功能特性上进行了全新的提升。因此，5G 能够满足高性能、广覆盖等业务的创新发展和应用需求，在某种意义上可以认为，现有的移动互联网社会将随着 5G 的应用普及进入智能互联网社会。

5G 在无线设计、网络构建等方面进行的改进和创新，涉及多项核心关键技术，这里对其中的典型关键技术做概要描述。除此之外，5G 还存在多项支撑技术，包括移动云技术、终端直通（Device to Device，D2D）技术、网络切片技术和边缘计算技术等，此处不再赘述。

1．5G 无线技术

由于 5G 需要适应多种多样的业务需求，因此，其无线技术需具备相应的灵活性和应变调节能力，能够灵活配置不同移动业务的无线信道，既能适应虚拟现实中的高速数据传输，又能适应无人设备中的低时延可靠控制，或者物联网业务中的海量终端连接。

多址接入技术是移动通信系统的基本传输方式，用于解决多用户的信道复用问题，决定了网络的容量和接入性能，影响网络的系统复杂度和部署成本。先前的移动通信系统中，不管是 TDMA 方式、FDMA 方式、CDMA 方式，还是 OFDM 方式，采用的均是正交多址接入技术，但该接入技术受到可分割正交资源有限的影响，网络的通信容量受到限制。传统的正交多址接入技术已经无法满足 5G 的需求，为促进网络发展，5G 引入非正交多址接入（Non-Orthogonal Multiple Access，NOMA）技术。NOMA 技术允许多个用户在相同的时域、频域和空域等资源上承载信息，以实现海量终端的连接和更高的资源使用效率。

双工技术方面，FDD 方式在高速移动应用、广域连续组网及上下行抗干扰传输等方面具有优势，TDD 方式在非对称数据应用、突发数据传输等方面具有优势，5G 则针对多种业务应用场景支持灵活双工（Flexible Duplex）技术，可智能选择使用 FDD、TDD 这两种双工方式，发挥各自优势，全面提升无线网络性能。另外，5G 支持全双工（Full Duplex）技术，新兴的同频同时全双工（Co-time Co-frequency Full Duplex，CCFD）技术允许用户终端与网络之间的上下行链路在相同的时间、相同的频率同时发射与接收无线信号，从而极大地提高传输性能。

MIMO 天线技术分别使用多个发射天线和多个接收天线来实现发送端与接收端的无线信号收发，而大规模 MIMO 技术（Massive MIMO）是在发送端和接收端配置更大规模的天线阵列，以充分利用天线空间资源，在不增加频谱资源和天线发射功率的情况下，成倍提高网络容量，提升传输吞吐率，进一步改善通信质量。需要注意的是，虽然天线数量在理论上越多，网络容量越大，但也需考虑网络实现的代价等方面的因素。

除了多址接入技术、双工技术、大规模 MIMO 技术，5G 无线技术还涉及多载波技术、新型调制编码技术及毫米波通信技术等。

2. 5G 网络技术

5G 以 5G 核心网设计为基础，驱动网络架构的进步与创新，支持多样化的无线接入场景，实现灵活高效的网络部署和运营，满足网络业务应用需求。区别于现有的扁平化、IP 化体系结构，5G 网络架构使用更加灵活、智能的网络架构及其组网技术。

5G 因涉及多业务、多接入等问题表现出拓扑结构复杂的网络特征，既有广泛的宏基站，也有为了改善区域覆盖质量的小基站，形成超密集网络（Ultra-Dense Network，UDN）状态，这给 5G 的运行管理和资源分配带来极大的挑战。

5G 核心网关键技术主要包括网络功能虚拟化（Network Function Virtualization，NFV）和软件定义网络（Software Defined Network，SDN）。NFV 利用虚拟化技术将网络功能软件化，并统一运行在虚拟化平台之上，按需部署或卸载虚拟化的网络资源，可即插即用，实现了网络配置的灵活性和可扩展性。另外，通过工业标准化的虚拟设备来代替传统的专用网络硬件设备，也降低了组网维护的成本。SDN 架构按从下往上排列，主要包括转发层、控制层和应用层。转发层包含所有的网络基础设施，但这些设施的网络控制功能由上一层管理。转发层与控制层之间通过 OpenFlow 接口协议连接，该接口协议为控制层操作转发层的路由器、交换机等基础设施提供相应的链路通道。应用层通过可编程接口实现接入控制、路由管理、带宽分配等业务需求。因此，SDN 实现将网络基础设施与控制层分离，通过软件化集中控制网络资源，能够提高不同网络之间的相互操作性，如图 5-23 所示。

针对网络架构的复杂性，为了提高访问网络的响应速度和用户体验质量，设计了内容分发网络（Content Delivery Network，

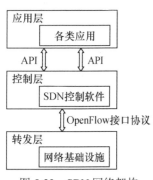

图 5-23　SDN 网络架构

CDN）来降低内容服务器到客户端的时延。其基本思想是将内容服务器部署在多个 Internet 服务提供商（Internet Service Provider，ISP）内，以减少跨域网络传输的时延。

5.7 本 章 小 结

本章介绍了蓝牙、Wi-Fi、ZigBee 这 3 种短距离无线通信技术。结合蓝牙技术分类，在介绍蓝牙协议体系结构的基础上，描述了低功耗蓝牙协议体系结构及其技术优势；在分析 Wi-Fi 基本原理的基础上，描述了最新的 Wi-Fi 6 关键技术及其技术优势；进一步介绍了 ZigBee 的节点类型及其体系结构。接着介绍了 LoRa 和 NB-IoT 两种长距离无线通信技术的协议结构和网络架构，着重描述了 NB-IoT 的覆盖增强技术和低功耗时延。最后简要介绍了 5G 新一代移动通信技术。

习 题 5

1．蓝牙选用的载波频段是_____频段，采用_____和_____来消除无线环境干扰，以确保蓝牙通信链路的稳定。

2．蓝牙技术采用_____来拓展频带带宽，以提高传输稳定性和抗干扰能力。

3．蓝牙设备功率分为 3 个等级，即 100mW、_____和_____，相应的通信距离分别为 100m、_____和_____。

4．蓝牙计算采用_____调制，使蓝牙无线通信的抗衰减性能好。

5．蓝牙协议支持实时的同步定向连接，用于对_____的传输；也支持_____，用于数据包的传输。

6．蓝牙技术支持_____通信和点对多点通信，可以组成微微网和_____两种网络形式；微微网基于_____形式，从设备最多为_____台。

7．经典蓝牙模式针对的是蓝牙协议_____版本以下的无线通信技术，以_____和设备连接为重点，该模式可再细分为传统蓝牙模式和_____模式。

8．蓝牙协议栈层次体系结构包括底层协议、_____和_____。

9．IEEE_____系列统称为 Wi-Fi 标准。

10．Wi-Fi 拓扑结构主要包含 6 部分，分别是站点、_____、分配系统、_____、扩展服务集、_____。

11．Wi-Fi 拓扑中若干个站点和一个_____组成基本服务集。

12．在 Wi-Fi 基本逻辑结构中，在物理层的基础上_____，并通过_____为网络层和上层协议提供链路服务。

13．ZigBee 技术是一种典型的_____距离无线通信技术。

14．ZigBee 网络包含 3 种类型的节点设备，分别是协调器、_____和_____；节点设备包含两种功能，分别是全功能设备和_____。

15．ZigBee 网络拓扑结构支持星形网络、_____和_____。

16．LoRa 技术是一种_____功耗数据传输技术，提供_____范围覆盖、_____距离传输、_____生命运行。

17．LoRa 技术采用_____调制技术，结合_____技术来实现无线传输。

18．LoRa 网络包括 3 种组网通信方式，分别是_____通信、星形网轮询组网和_____组网。

19．NB-IoT 规划了两种数据传输模式，分别是_____模式和_____模式。

20．NB-IoT 设计了两种低功耗技术，分别是_____和_____。

21．5G 的网络功能虚拟化将网络功能_____，并统一运行在_____平台之上，按需部署或卸载虚拟化的网络资源，实现网络配置的灵活性和可扩展性。

22．SDN 技术将网络基础设施与_____分离，通过软件化_____控制网络资源，提高不同网络之间的相互操作性。

23．简述跳频技术的基本原理。

24．简述蓝牙技术的发展特点。

25．简述蓝牙技术的应用范围。

26．简述蓝牙协议的特点。

27．为什么需要低功耗蓝牙技术？低功耗蓝牙技术有哪些应用范围？

28．简述 Wi-Fi 技术的优势。

29．Wi-Fi 技术在 MAC 层如何解决多个站点的媒体接入问题？

30．Wi-Fi 6 技术有哪些优势？

31．ZigBee 技术特点有哪些？主要应用于哪些场景？

32．如何保证 ZigBee 技术的安全服务？

33．简述 LoRa 技术的特点。

34．NB-IoT 和 eMTC 技术的区别是什么？

35．简述 NB-IoT 技术的应用范围。

36．简述 NB-IoT 覆盖增强技术的基本原理。

37．简述 5G 的特点。

第6章 物联网接入与互联技术

随着信息技术的不断发展和普及，各种智能设备和传感器已经逐渐融入人们的日常生活中。这些设备通过互联网连接，可以形成一个庞大的网络——物联网。而要实现物联网的连接，关键在于物联网接入与互联技术。本章将探讨物联网的接入技术，以及网络互联中涉及的路由技术和交换技术。

6.1 物联网接入技术

物联网的组网形式多样，应用中可利用多种类型的通信技术手段来提供传输服务，形成异构的物联网通信网络。由于不同类型通信组网技术的覆盖范围、频谱资源、传输机制、传输速率等都有所差异，这些技术提供的网络服务效果和质量也不一样，从而使得物联网的异构组网应用存在一定的复杂性。下面以无线传感器网络的接入应用为对象，分析物联网组网接入过程中的典型技术。

6.1.1 接入技术简介

无线传感器网络在获取监测区域中的感知信息后，以多跳方式传输至汇聚节点，在一些应用场景下还需借助网关接入技术实现与以太网、无线局域网、移动通信网、卫星通信网等外部通信网络之间的传输，用户通过外部通信网络访问、配置和管理无线传感器网络，从而实现网络化监测、控制等功能。从网络运行过程可以看出，网关接入技术在无线传感器网络与外部通信网络之间起到桥梁的作用，是以无线传感器网络为基础构建多网融合体系结构的关键纽带。

无线传感器网络以数据为中心，一般情况下不会给每个节点分配固定且唯一的地址标识，通过数据报文交互来实现组网传输功能，其网络协议与外部通信网络之间存在很大的差异。基于无线传感器网络的多网融合体系结构如图 6-1 所示，无线传感器网络通过汇聚节点与网关建立连接，网关通过协议转换与外部通信网络建立连接，最终与服务器或用户终端交互。从图中可以看出，网关接入技术利用网络间的协议转换，实现无线传感器网络与外部通信网络之间的连通，并根据不同的业务场景接入不同的外部通信网络环境。通常情况下，汇聚节点和网关可集成在一起，在汇聚数据信息的同时完成网络协议转换，因此，在一些表述中，网关也常被看作无线传感器网络中最大的汇聚节点。

根据不同的业务场景，无线传感器网络可与多种类型的外部通信网络建立连接，相应的网关接入技术也将随之不同，需要通过衡量满足传输需求的网关特性来选择使用相应的接入技术。影响网关选择的因素主要包括传输速率、应用环境、网络部署方式等，分别描述如下。

① 由于无线传感器网络的主要任务是获取监测区域的信息并将监测信息向外传输，从无线传感器网络上行至外部通信网络的传输速率需要高于从外部通信网络下行至无线传感器网络的传输速率，因此通信速率是选择网关接入技术的一个关键指标。

② 应用环境与异构组网需求及能够采用的组网方式密切相关，因而需要结合应用环境所能提供的条件来选择合适的网络接入方式。

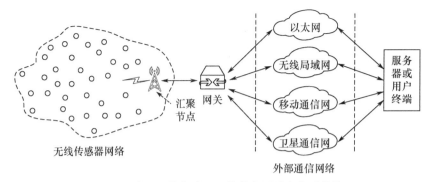

图 6-1 基于无线传感器网络的多网融合体系结构

③ 网络部署方式决定了网关的成本和集成度。采用有线方式接入其他网络，可获得高速、稳定的网络环境，但需要考虑硬件设备的布置，影响网络连接的灵活性。采用无线局域网接入方式，能获得较快的传输速率、灵活的网络连接特性。采用移动通信方式，能够获得广阔的网络覆盖，但需要考虑通信运营商的计费问题。

6.1.2 面向无线传感器网络的接入技术

根据应用领域中接入方式的不同，这里主要以以太网、无线局域网和移动通信网的异构组网方式介绍这 3 种不同类型的网关接入技术。

1. 以太网接入技术

以太网（Ethernet）是当前应用最为广泛的局域网，其标准拓扑结构采用总线型拓扑结构。以太网最早由美国施乐（Xerox）公司于 1975 年创建，IEEE 在前期技术改进的基础上规范了 IEEE802.3 以太网技术标准，采用载波监听多路访问/冲突检测（Carrier Sense Multiple Access/Collision Detection，CSMA/CD）的总线技术，提供了低成本的高速传输性能，数据传输速率能达到 10Mbit/s。在标准以太网的基础上，快速以太网（Fast Ethernet）为了提高网络传输速率和使用效率，通过交换机（Switch）来实现网络连接，形成星形以太网拓扑结构，能够将数据传输速率提高十倍至 100Mbit/s。千兆以太网是 IEEE802.3 标准的继续扩展，保持与以太网和快速以太网设备的兼容，可提供 1000Mbit/s 的数据传输速率。万兆以太网采用光纤传输介质并工作在全双工模式，其数据传输速率能够达到 10Gbit/s，能够为广域网和城域网的应用提供相应支持。

无线传感器网络接入以太网，在硬件上需要利用以太网控制芯片设计通信电路，在软件上需要设计相应的网关驱动程序，一般可利用通信协议栈或嵌入式操作系统通信协议实现数据传输。

① 针对无线传感器网络的低功耗应用,可构建基于低功耗微处理器的嵌入式以太网服务器,利用集成的协议栈实现将无线传感器网络数据转换为以太网数据,典型的有 ZigBee 中的 Z-Stack 协议栈和适于微处理器的μIP 协议栈。其中，μIP 协议栈是一种精简版的 TCP/IP 协议栈，仅仅具备了实现网络传输的必要通信组件，可运行在 8/16/32 位微处理器上，能够让无线传感器网络中处理能力强的节点具备 IP 通信能力。

② 嵌入式操作系统及其平台的处理能力较强，能够通过应用程序接口支持完整的 TCP/IP 协议和其他网络协议，典型的有μC Linux 操作系统。Linux 环境提供了一种套接字（Socket）关键机制来解决以太网通信问题。在需要建立网络连接时，创建一个 Socket，形成一种类似数据文件的函数调用，网络连接的建立和数据的传输都通过该 Socket 实现。

以太网以其优异的性能在工业自动化和过程控制领域得到越来越多的应用，形成基于TCP/IP协议的工业以太网技术。相对传统的基于RS-485、CAN等总线的集散控制系统，工业以太网具有带宽大、数据通信容量大的优点，可与互联网建立无缝对接，便于工业现场数据的远程传输，并能与工业信息管理层直接通信。不同的工业以太网所采用的网络协议也有差异，常用的工业以太网协议有施耐德公司推出的Modbus TCP/IP协议、西门子公司推出的Profinet协议、贝加莱（B&R）公司的PowerLink协议等。

2. 无线局域网接入技术

该接入方式是网关设备利用无线网卡通过无线方式接入无线局域网（WLAN）。Wi-Fi技术作为无线局域网的典型代表已广泛普及，具有比无线传感器网络更快的传输速率，Wi-Fi技术较好的无线覆盖能力使得无线传感器网络能够方便、灵活地接入WLAN，基于TCP/IP协议的联网机制也使无线传感器网络能够进一步与互联网进行无缝连接。

无线局域网连接通过无线网卡实现，按照接口的不同，无线网卡主要包括台式机使用的PCI无线网卡、MINI-PCI无线网卡、笔记本电脑专用的PCMCIA无线网卡和USB无线网卡等，其中，USB无线网卡最为灵活，只要安装相应的驱动程序就可以使用。此外，工业领域还常采用串口Wi-Fi模块将串口或TTL电平转换为符合Wi-Fi无线网络标准的电平，以实现无线数据的传输与控制。结合无线传感器网络的实际应用需求，其网关设计一般可采用USB无线网卡或串口Wi-Fi模块来达到与无线局域网连接的目的。

3. 移动通信网接入技术

当无线传感器网络处于野外或广分布式的复杂环境等应用场景时，难以通过一般的联网措施进行通信覆盖。移动通信网具有覆盖范围广且接入方便的特点，将无线传感器网络和移动通信网进行异构融合组网，可借助移动通信基站，在无须再增加网络建设的基础上将无线传感器网络监测区域获取的信息传输出去。

通用分组无线服务（General Packet Radio Service，GPRS）是移动通信系统从2G向3G发展的过渡技术，早期常采用该技术来进行远程数据传输。GPRS技术基于GSM的移动数据业务，以封包（Packet）和分组的方式提供无线传输，支持TCP/IP协议，可直接与互联网建立连接。理论上的数据传输速率最高可达171.2kbit/s，但实际应用中的传输速率并不高，能达到56kbit/s。

随着移动通信系统的持续发展和进步，3G/4G/5G能够提供更快的传输速率，可获得更好的异构组网性能。另外，能够与移动通信系统兼容的NB-IoT技术也能提供广域的物联网组网能力。当前，已推出成熟的移动通信网接入模组，典型的有以SIM800/900系列为代表的GPRS DTU（Data Transfer Unit）模组、向下兼容的4G透传模组、NB-IoT数传模块等。

6.1.3 面向互联网的接入技术

无线传感器网络可以独立运行，也可以融入其他网络中。由于无线传感器网络的资源和通信受限等特性，所采用的组网协议与互联网所使用的TCP/IP协议存在很大的差异，从而使TCP/IP协议不能直接应用于无线传感器网络。要将无线传感器网络接入互联网，面临诸多的问题，包括无线传感器网络与互联网之间的接口协议转换问题、两种网络不同的节点寻址问题、无线传感器网络能耗因素与互联网服务质量需求之间的平衡问题等，其实现方式主要有两种。

① 网关协议转换接入或网络IP接入。互联网可直接访问该网关或IP节点，无线传感器网络中的其他节点只能通过网关或IP节点将信息传送至互联网，从而实现无线传感器网络与互联网用户间的信息交互。

② 移动代理（Mobile Agent）技术，通过移动代理完成无线传感器网络协议栈与 TCP/IP 协议栈间的数据包转换，实现无线传感器网络接入互联网。所谓的移动代理技术，是一种能在通信网络中自主迁移、自主计算的平台系统。当前代理所在的节点因能量将被用完而不能继续与互联网连接时，移动代理就会搜寻附近的合适节点作为下一个代理节点，并携带有用信息转移至这个新的代理节点，继续接入互联网。在一些应用中，移动代理也可以是一个由软、硬件组成的智能移动实体，通过移动，可在一定程度上降低无线传感器网络的多跳传输开销，在合适的区域实现无线传感器网络接入互联网。

在实际应用中，面向互联网的接入方式大多采用的是网关协议转换接入或网络 IP 接入。

1. 网关协议转换接入方式

网关协议转换接入方式如图 6-2 所示，从图中可以看出，无线传感器网络与互联网之间相互分离，互不影响，无线传感器网络可以按自身需求设计网络协议，不需要针对互联网协议进行改动，仅通过网关实现两种网络协议栈的转换。位于互联网的用户通过网关以广播方式将服务请求发送至无线传感器网络，无线传感器网络针对用户请求提供服务响应。从用户角度来说，无线传感器网络相对于用户处于屏蔽状态，用户只能通过网关对无线传感器网络进行配置，而难以直接访问特定的节点。需要注意的是，这种方式对网关能力的要求较高，一旦网关出现问题，两个网络间的通信连接将被断开。针对这个问题，可通过增加备用网关的方式来解决，当前网关出现问题失效后，就启用备用网关，继续维持两个网络的通信连接。

图 6-2　网关协议转换接入方式

另一种网络协议转换接入方式是采用延迟容忍网络（Delay Tolerant Network，DTN）。与网关协议转换接入方式不同的是，DTN 方式需要分别在无线传感器网络协议栈和互联网协议栈中部署额外的绑定（Bundle）层，如图 6-3 所示。从图中可以看出，DTN 网络协议通过 Bundle 层在不同协议栈上进行操作，达到将无线传感器网络接入互联网的目的。但由于这种方式需要在现有协议栈上增加新的层次，增加了网络协议的复杂性且代价较大，特别是对于成熟且广泛使用的互联网协议，修改其协议结构不现实。

图 6-3　DTN 接入方式

2. 网络 IP 接入方式

由于无线传感器网络节点的能力有限，难以将传统的 IP 协议栈直接配置在节点上，但是，如果能在无线传感器网络中配置适当的 IP 节点，将能够较好地提升网络融合的效果。无线传感器网络 IP 节点的实现方式有两种，分别是节点 IP 化和互联网主机节点化。

（1）节点 IP 化

这种方式利用适于微处理器开发的精简 IP 协议栈（如 μIP 协议栈），在无线传感器网络中选出部分能力强的节点，并为这些节点分配 IP 地址。这样，互联网用户就可以将请求信息或配置指令直接发送至这些具有 IP 地址的节点（IP 节点）上，无线传感器网络也可将获取的监测信息通过 IP 节点直接接入互联网并传送至服务器或用户终端，如图 6-4 所示。该方式也称为 TCP/IP 覆盖无线传感器网络，或互联网覆盖无线传感器网络。

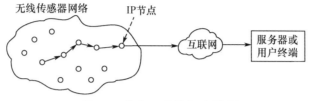

图 6-4　节点 IP 化接入互联网

（2）互联网主机节点化

这种方式将无线传感器网络协议栈部署于 TCP/IP 协议栈，这样，互联网主机就可在连通互联网的同时直接访问无线传感器网络。其中，部署了无线传感器网络协议栈的互联网主机可被认为是无线传感器网络中的一个虚拟节点。这种方式的缺点是需要修改互联网的网络协议栈，难以在实际中应用。该方式也称为无线传感器网络覆盖 TCP/IP，或无线传感器网络覆盖互联网。

随着物联网技术的发展和网络接入设备需求的增加，传统的基于 32 位地址解析的 IPv4 协议存在地址资源趋于枯竭的问题，无法承担智慧城市等发展所需的设备接入地址分配任务。而 IPv6 协议采用的是 128 位地址解析，几乎可以不受限制地提供 IP 地址，理论上可以满足地球上万物互联的需求，解决了 IPv4 地址资源不足的问题。IPv6 除了能够提供广阔的地址资源空间，还具有更好的网络服务质量、可靠的安全功能保障、即插即用的 IP 地址自动生成（在大规模 IPv4 网络中可能需要手工配置 IP 地址）等优势，因此，有研究将 IPv6 应用于无线传感器网络中，可将无线传感器网络中的部分节点配置成 IPv6 节点，以提升无线传感器网络接入互联网的能力。

甚至有研究将无线传感器网络的所有节点都配置成 IPv6 节点，使得其中的节点均可通过 IP 地址寻址，这样，无线传感器网络和互联网就具有统一的网络协议，进而实现两个网络间的无缝互联。然而，针对采用全 IP 方式的无线传感器网络设计问题还存在一定的争议。有研究者认为这样可以容易实现网络的互联互通；但也有研究者认为无线传感器网络是以数据为中心的，而 IP 网络是以地址为中心的，全 IP 方式会引起较低的网络工作效率问题，且 IPv6 协议栈的嵌入式实现也会带来节点成本增加的问题。

6LoWPAN 是一种基于 IPv6 的低速无线个域网标准，该标准在 IEEE802.15.4 标准的基础上，引入 IPv6 机制进行改进和提升，以推动短距离、低速率、低功耗的无线个人区域网的发展。目前，基于 IPv6 的物联网技术还在不断发展中。

6.2　网络互联技术

6.2.1　网络互联技术简介

网络互联是指将两个以上的通信网络通过一定的技术与方法，用一种或多种网络通信设备相互连接起来，以构成更大的网络系统。网络互联的目的是实现不同网络中的用户互相通信、共享软件和数据等。

从硬件角度看，网络互联需要使用各种网络设备来实现互联，常见的设备如物理层的中继器与集线器、数据链路层的网桥与交换机、网络层的路由器等。网络连接形式包括 LAN to LAN（Local Area Network，局域网）、LAN to WAN（Wide Area Network，广域网）和 WAN to WAN 等。

从软件角度看，网络互联是使用各类网络协议实现同构和/或异构网络之间的互联互通与互操作。互联是指实现各个子网络之间物理与逻辑上的相互连接；互通是指保证各个子网之间可以交换数据；互操作是指网络中不同系统之间具有透明访问对方资源的能力。

网络技术的发展经历了以下几个阶段。

① ARPANET 时期（1969—1983）：ARPANET（Advanced Research Projects Agency NETwork）是美国国防部高级研究计划局（ARPA）于 1969 年建立的第一个互联网，它使用分组交换技术，允许在不同计算机之间传输信息。

② TCP/IP 时期（1983—1992）：TCP/IP 是一种协议，用于在互联网上传输数据。它由 ARPA 开发，并在 1983 年正式发布。TCP/IP 协议的使用促进了互联网的发展，使得不同计算机之间的通信更加可靠和高效。

③ 万维网时期（1992 年至今）：万维网使用 HTML 和 HTTP 等协议，允许用户通过网页浏览器访问和共享信息。

④ 移动互联网时期（2000 年至今）：随着移动设备的普及，移动互联网成为互联网发展的新阶段。移动互联网技术包括无线通信技术、移动应用程序和移动互联网协议等。

⑤ 物联网时期（2010 年至今）：物联网是指通过互联网连接各种物理设备，实现数据传输和控制的技术，包括传感器、嵌入式系统、云计算等，有望改变人们的生活和工作方式。

当今，网络互联技术正朝着智能化、移动化、高可扩展性、高可靠性、更安全的方向发展。

6.2.2　网络核心与网络边缘

按照网络设备在网络中的不同位置来划分，网络设备可分为网络边缘和网络核心。网络边缘是指网络的外围，包括与互联网相连的计算机和其他设备，由于它们位于网络的边缘，故而被称为端系统。端系统包括桌面 PC、服务器（如 Web 和电子邮件服务器）、移动计算机（如笔记本电脑、智能手机和平板电脑）及各类物联网传感器终端等。

位于网络边缘的终端通过接入网连接到互联网，再通过位于网络核心的路由器、交换机等设备进行数据处理和转发，最终和远端的终端设备实现远程通信与交互控制。网络核心与网络边缘如图 6-5 所示。

各类物联网传感器终端若要相互连接构成网络，并接入互联网形成更大的网络以便于远程控制，则需要接入网技术来实现。从整个互联网来看，端系统也称为主机，因为它们运行应用程序，如 Web 浏览器程序、Web 服务器程序、电子邮件服务器程序等。主机有时又被进一步划分为两类：客户机和服务器。客户机通常是桌面 PC、笔记本电脑和智能手机等，而服务器通常是更为强大的计算机，用于存储和发布 Web 页面、流视频等。

网络核心是指网络的内部，包括路由器、交换机、防火墙和其他网络设备。网络边缘和网络核心之间的关系是相互依赖的，网络边缘的设备需要网络核心的设备来实现网络连接，而网络核心负责接收来自网络边缘的数据，并将其转发到目的地。网络核心的设备可以使用各种协议，如 OSPF 协议、BGP 协议等，以实现网络的路由和转发。

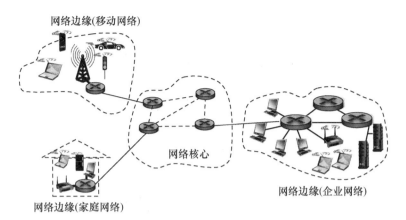

图 6-5　网络核心与网络边缘

网络核心的主要功能包括路由和转发。为了从源端系统向目的端系统发送数据，源端系统将数据划分为较小的数据块，称为分组或包。在源和目的地之间，每个分组都通过通信链路和分组交换设备传送。交换设备主要包括路由器和交换机。通过通信链路和交换机传输数据有两种基本方法：电路交换和分组交换。虽然分组交换和电路交换在电信网络中都是普遍采用的方式，但趋势无疑是朝着分组交换方向发展。早期的固定电话网和移动通信系统大多采用电路交换方式，从 3G 开始，在数据传输中分组交换就取代了电路交换。通过互联网可以进行包括语音、视频和其他多媒体内容在内的数据包传输。4G 已经是全 IP 网，电路交换完全消失，所有语音通话通过数字转换，以 VoIP 形式进行。

1．网络时延

在分组交换网络中，网络时延等参数对网络的性能具有重要影响。分组从源端系统出发，通过一系列路由器传输，到达目的端系统的过程中，在沿途的每个节点经受了不同类型的时延，其中最为重要的时延包括处理时延、排队时延、传输时延和传播时延，这些时延累加起来就是节点总时延，如图 6-6 所示。许多网络应用，如搜索、Web 浏览、电子邮件、即时讯息和 IP 语音等性能受网络时延的影响较大。

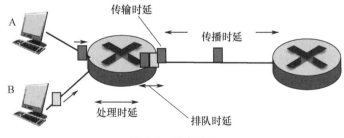

图 6-6　网络时延

（1）处理时延

处理时延是指从路由交换设备的输入端口收到分组开始，到路由交换设备将该分组交换到输出端口之间所经历的时延。处理时延包括检查分组首部、为该分组选择输出端口、检查比特差错等。高速路由器的处理时延通常是微秒级或更低的数量级。

（2）排队时延

排队时延可以出现在输入端口上，也可以出现在输出端口上。当链路速率大于路由交换设备的交换速率时，分组到达输入端口，而路由交换设备的处理器来不及将分组从输入端口取走，分组在输入端口排队。而如果某个输出端口的链路速率小于处理器将分组交换输出到该端口的速率，则分组在该输出端口排队。以输出端口排队为例，一个特定分组的排队时延长度取决于先期到达的正在排队等待向链路传输的分组数量。如果该队列是空的，并且当前没有其他分组正在传输，则该分组的排队时延为零。另外，如果流量很大，并且许多其他分组也在等待传输，该排队时延将很长。实际的排队时延可以是毫秒甚至微秒量级。

（3）传输时延

传输时延是指从分组排队开始，到分组被全部推向输出链路所经历的时间，该时延取决于链路的传输速率和分组的大小。实际的传输时延通常在毫秒甚至微秒量级。

（4）传播时延

传播时延是指分组从链路的一端传输到另一端所需要的时间，该时延取决于该链路的距离和电磁波在该链路中的传播速率。传播时延等于链路距离除以传播速率。在通信工程实践中，电磁波速率通常用 3×10^8m/s 来计算。在广域网中，传播时延一般为毫秒量级。

2．网络分层体系结构

互联网是一个极为复杂的系统，构建这样一个复杂系统，往往需要通过分层来实现。网络设计者以分层的方式组织协议并开发实现这些协议的网络硬件和软件，每层执行某些动作或使用下层的服务给上层提供服务。

OSI 参考模型采用七层结构，每一层都为其上一层提供服务并为其上一层提供一个访问接口或界面。OSI 参考模型过于庞大、复杂，与此对照，TCP/IP 协议栈则获得了更为广泛的应用，如图 6-7 所示。

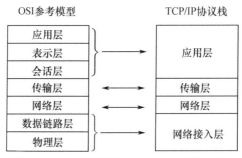

图 6-7　OSI 参考模型与 TCP/IP 协议栈对比

TCP/IP 协议栈分为 4 个层次：应用层、传输层、网络层和网络接入层。在 TCP/IP 协议栈中，去掉了 OSI 参考模型中的会话层和表示层（这两层的功能被合并到应用层实现），同时将 OSI 参考模型中的数据链路层和物理层合并为网络接入层。在不引起混淆的情况下，通常也把应用层、传输层、网络层、数据链路层与物理层合起来称为五层互联网协议栈。

应用层和传输层协议一般在端系统中用软件实现。物理层和数据链路层负责处理跨越特定链路的通信，通常在与给定链路相关联的网络接口卡（如以太网或 Wi-Fi 接口卡）中实现。网络层经常是硬件和软件实现的混合体。协议分层具有概念化和结构化的优点。分层提供了一种结构化方式来讨论系统组件，模块化使更新系统组件更为容易。

6.3　互联网络路由技术

物联网终端设备经过接入网连接到网络中后，需要路由和交换技术对终端设备所产生和发送的数据进行处理与转发，以便正确地传输到服务器和控制终端上，实现数据存储和远程操控。与无线传感器网络中的路由技术相比，互联网络路由技术具有如下几个方面的特点。

① 大规模性：互联网络通常是大规模的，连接着数以亿计的设备和主机。因此，互联网络的路由技术需要能够处理庞大的路由表和转发表，并能够适应复杂的网络拓扑结构。

② 复杂性：互联网络中的路由技术往往较为复杂，采用了多种高级算法和策略来实现最佳的路由选择。这些算法涵盖了多个因素，如时延、带宽、网络负载、路径可靠性等，以提供高效的数据传输和网络性能优化。

③ 可扩展性：由于互联网络的规模庞大，并且随着时间的不断增长，其路由技术需要具备良好的可扩展性。这意味着在新增设备和网络节点时，要能够快速适应并调整路由配置，同时保持网络的稳定性和可靠性。

④ 安全性：互联网络中的路由技术需要考虑安全性问题，如网络攻击、数据泄露等。因此，路由协议必须具备防御措施，包括认证、加密、访问控制等，以保护网络的安全和隐私。

⑤ 多协议支持：互联网络中存在多种不同类型的数据传输协议，如 TCP/IP、UDP、ICMP 等。路由技术需要能够支持这些不同的协议，并根据各自的特点进行适配和路由选择。

6.3.1 路由技术简介

路由技术位于网络层。所谓路由，是指通过互相连接的网络，把数据从源节点转发到目标节点的过程。一般来说，在路由传输的过程中，数据至少会经过一个或多个中间节点。这一过程包含两个基本的动作：确定最佳路径和通过网络传输信息。

在路径选择中，需要确定源到达目的地的最佳路径的计量标准。计量标准可以是路径长度、带宽、速率等。为了帮助数据选路，路由算法维护一张包含路径信息的路由表，路径信息根据路由算法不同而不同。路由算法根据许多信息来填充路由表，路由器之间彼此通信，通过交换路由信息维护其路由表。在路由表中，其"目的/下一跳地址"告知路由器到达该目的地的最佳方式，把分组发送给代表"下一跳"的路由器。当路由器收到一个分组，它就检查其目的地址，尝试将此地址与其"下一跳"相联系。

6.3.2 路由器基础

路由器是将多个计算机或网络设备连接在一起，形成一个局域网并与互联网相连的网络设备。路由器是一种用来完成数据包存储、选路、转发的专用计算机，它的组成结构与普通计算机大同小异，都包括输入、输出、运算、存储等部件。不同型号的路由器，它们的硬件组成是基本相同的。路由器主要的硬件组成示意如图 6-8 所示。

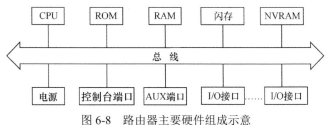

图 6-8　路由器主要硬件组成示意

（1）中央处理器

中央处理器（Central Processor Unit，CPU）是路由器的中枢。CPU 主要负责执行路由器操作系统的指令，以及解释、执行用户输入的命令。同时，CPU 还完成与计算有关的工作。例如，在网络拓扑发生改变时，重新计算网络拓扑数据库。通常，在中低端路由器中，CPU 负责交换路由信息、查找路由表及转发数据包。在高端路由器中，数据包转发和查找路由表由 ASIC 芯片完成，CPU 只实现路由协议、计算路由及分发路由表。路由器中的许多工作都可以由硬件实现（专用芯片）。路由器的性能由路由器吞吐量、时延和路由计算能力等指标体现。

（2）只读存储器

只读存储器（Read Only Memory，ROM）的特点是，在出厂时一次性写入数据，此后无法进行修改或删除。ROM 中包括开机自检程序（Power On Self Test，POST）、系统引导程序及路由器操作系统的精简版本。

（3）随机存储器

随机存储器（Random Access Memory，RAM）即内存，用来存储用户的数据包队列及路由器在运行过程中产生的中间数据，如路由表、ARP 缓存区等。此外，RAM 还用来存储路由器的运行配置文件。RAM 必须带电存储，一旦掉电（路由器关机或重启时），RAM 中的数据也随之清除。

（4）闪存

闪存（Flash Memory）是一种寿命长的非易失性存储器，即在断电情况下仍能保持所存储的数据信息。由于闪存在断电时仍能保存数据，故通常用来保存设置信息。

（5）非易失性内存

非易失性内存（NonVolatile RAM，NVRAM）是可读可写的掉电后依然能保存数据的高速存储器。NVRAM 的存取速度快，但成本高，通常容量较小，只有几十到几百 KB，故只用于保存启动配置文件。

（6）控制台端口

控制台端口（Console Port）提供了一个 EIA/TIA RS-232 异步串行接口，供用户对路由器进行配置使用。不同的路由器可能有不同形式的控制台端口。早期部分路由器采用 DB25 母连接器（DB25F），目前大部分路由器均采用 RJ-45 形式的控制台端口。

（7）辅助端口

辅助端口（AUXiliary Port，AUX 端口）与控制台端口类似，也提供一个 EIA/TIA RS-232 异步串行接口。不同的是，辅助端口常用来连接调制解调器以实现对路由器的远程管理。

（8）I/O 接口

I/O 接口（Interface）是数据包进出路由器的通道。不同路由器可能有不同种类、不同数量的 I/O 接口。常见的两种基本 I/O 接口类型为局域网接口和广域网接口。目前，主流的局域网技术是以太网技术，大部分路由器都提供 100Mbit/s 的快速以太网接口、千兆以太网接口和万兆以太网接口等。此外，路由器还可以提供同步串行接口、异步串行接口和高速同步串行接口、光纤接口等。

6.3.3 路由协议

路由协议是用于路由器之间交换路由信息的协议，通过动态路由协议，路由器可以动态共享有关远程网络的路由信息。路由协议的发展历史可以追溯到 20 世纪 70 年代，随着计算机网络的发展，路由协议也在不断地演进和发展。在规模较小的网络中，对路由器配置静态路由是一种简单可行的方法，管理员手动在路由器上配置路由表，指定每个目的网络的下一跳路由。这种协议简单易用，但是无法适应网络规模的快速增长。随着网络规模的不断扩大，管理员手工配置静态路由逐渐被动态路由所取代。动态路由协议可以自动发现网络拓扑，并根据网络的变化动态地更新路由表。常见的动态路由协议有 RIP、OSPF 和 BGP 等。

1. RIP 协议

RIP（Routing Information Protocol）协议是 Internet 中常用的路由协议。RIP 协议采用距离向量算法，即路由器根据距离选择路由，所以也称为距离向量协议。路由器收集所有可到达目的地的不同路径，并且保存有关到达每个目的地的最少站点数的路径信息，除到达目的地的最佳路径外，任何其他信息均予以丢弃。同时，路由器也把所收集的路由信息用 RIP 协议通知相邻的其他路由器。这样，正确的路由信息逐渐扩散到了全网。RIP 算法的度量是基于跳数的，每经过一个路由器，路径的跳数加 1。这样，跳数越多，路径就越长。RIP 算法总是优先选择跳数最少的路径，它允许的最大跳数为 15，任何超过 15 跳（如 16）的目的地均被标记为不可达。另外，RIP 算法每隔 30s 向 UDP 端口 520 发送一次路由信息广播，广播自己的全部路由表，每个 RIP 数据包包含一个指令、版本号和一个路由域及最多 25 条路由信息。RIP 算法的收敛速度很慢，所以只适用于小型的同构网络。

RIP 协议目前有两个版本：RIPv1 和 RIPv2，两个版本的特性如下。

① RIPv1 不支持 CIDR（Classless Inter-Domain Routing，无类域间路由选择）地址解析，是有类路由协议，无法应用于不连续的子网设计。

② RIPv2（RFC 1723）是 RIPv1 的扩展版本，在路由更新包中包含子网掩码信息，支持 CIDR 地址解析，属于无类路由协议，可用于不连续的子网设计。

③ RIPv1 使用广播发送路由信息，广播地址为 255.255.255.255；RIPv2 使用多播技术，更新信息发送到多播地址 224.0.0.9。

④ RIPv2 可以关闭自动总结的特性。

RIP 协议刚运行时，路由器之间还没有开始互发路由更新包。每个路由器的路由表中只有自己所直接连接的网络（直连路由），其距离为 0，是绝对的最佳路由，如图 6-9 所示为由 3 个路由器 R1、R2 和 R3 构成的网络中各个路由器的路由表配置情况。

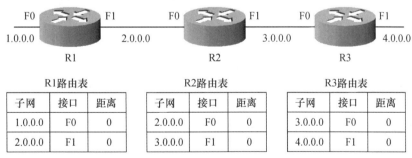

图 6-9　路由表初始状态

路由器知道了自己直接连接的子网后，开始向相邻的路由器发送路由更新包，这样相邻的路由器就会相互学习，得到对方的路由信息，并保存在自己的路由表中，如图 6-10 所示，路由器 R1 从路由器 R2 处学到 R2 所直接连接的子网 3.0.0.0，因要经过 R2 到 R1，所以距离值为 1。

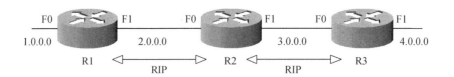

R1路由表				R2路由表				R3路由表		
子网	接口	距离		子网	接口	距离		子网	接口	距离
1.0.0.0	F0	0		2.0.0.0	F0	0		3.0.0.0	F0	0
2.0.0.0	F1	0		3.0.0.0	F1	0		4.0.0.0	F1	0
3.0.0.0	F1	1		1.0.0.0	F0	1		2.0.0.0	F0	1
				4.0.0.0	F1	1				

图 6-10　邻居间第 1 次交换信息后的路由表状态

　　路由器把从邻近的路由器那里学来的路由信息不仅放入路由表，而且放进路由更新包，再向邻近的路由器发送，一次一次这样做，路由器就可以学习到远程子网的路由了。如图 6-11 所示，路由器 R1 从路由器 R2 处学到路由器 R3 所直接连接的子网 4.0.0.0，其距离值为 2；同时，路由器 R3 从路由器 R2 处学到路由器 R1 所直接连接的子网 1.0.0.0，其距离值也为 2。

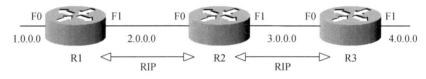

R1路由表				R2路由表				R3路由表		
子网	接口	距离		子网	接口	距离		子网	接口	距离
1.0.0.0	F0	0		2.0.0.0	F0	0		3.0.0.0	F0	0
2.0.0.0	F1	0		3.0.0.0	F1	0		4.0.0.0	F1	0
3.0.0.0	F1	1		1.0.0.0	F0	1		2.0.0.0	F0	1
4.0.0.0	F1	2		4.0.0.0	F1	1		1.0.0.0	F0	2

图 6-11　邻居间第 2 次交换信息后的路由表状态

　　由于 RIP 协议属于距离向量类的路由协议，这类路由协议通过定期广播路由表来跟踪网络变化，收敛较慢，每个路由器不能同时或接近同时完成路由表的更新，因而有可能产生错误和矛盾的路由选择条目，导致出现路由环路问题。

　　下面以图 6-11 中的例子来解释路由环路问题。在某一时刻，若 R3 与右侧 4.0.0.0 网络的通信断开了，那么 R3 就会把自己路由表中通过接口 F1 到达 4.0.0.0、距离为 0 跳的那一条路由删除。而如果恰好在此时，R3 刚好删除了 4.0.0.0 的路由，立即又收到 R2 定时发来的广播路由，在 R2 发送的广播路由表中，发现了通过 R2 有一条达到 4.0.0.0 的路由，那么 R3 就会在自己的路由表中重新添加一条到达 4.0.0.0 的路由，接口为 F0，距离为 1+1=2（跳）。等到下一个周期，R3 再把自己的路由表发送给邻近路由器，那么 R2 就会更新自己的路由表，把自己到 4.0.0.0 网络的距离修改为 3 跳，再下一个周期，R2 再把自己的路由表广播发送给邻近路由器，R3 又会修改自己到 4.0.0.0 网络的距离为 4 跳……这就是路由环路问题，会导致用户的数据包不停地在网络上循环发送，造成网络资源的严重浪费。

　　解决路由环路问题有 6 种方法：定义最大跳数、水平分割、路由中毒、毒性逆转、抑制更新、触发更新。

（1）定义最大跳数

距离向量算法可以通过 IP 头部中的生存时间（Time To Live，TTL）来纠错。RIP 算法定义了一个最大的跳数值 16，路由更新信息向网络中的路由器最多发送 15 次，16 视为网络不可到达。这样就避免了在形成路由环路时会一直计数到无穷大的问题。

（2）水平分割

路由器从某个接口接收到的更新信息不允许再从这个接口发回去。它能够阻止路由环路的产生，减少路由器更新信息占用的链路带宽资源。例如，图 6-11 中的 3 个路由器 R1、R2 和 R3，R2 向 R3 学习到访问网络 4.0.0.0 的路径信息后，不再向 R3 声明自己可以通过 R3 访问 4.0.0.0 网络的路径信息；R1 向 R2 学习到访问网络 4.0.0.0 的路径信息后，也不再向 R2 声明；而一旦网络 4.0.0.0 发生故障无法访问，R3 会向 R1 和 R2 发送该网络不可达的路由更新信息，但不会再学习 R1 和 R2 发送的能够到达网络 4.0.0.0 的错误信息。

（3）路由中毒

将不可达网络度量值置为无穷大（如 RIP 算法中置跳数值为 16），而不是从路由表中删除这条路由表项，并向所有的邻近路由器发送此路由不可达的信息。这种为了删除路由信息而泛洪的行为，称为路由中毒。假设有 3 个路由器 R1、R2 和 R3，当网络 4.0.0.0 出现故障无法访问时，路由器 R3 便向邻近路由器发送相关路由更新信息，并将其度量值置为无穷大，告诉它们网络 4.0.0.0 不可达，路由器 R2 收到毒化消息后将该路径的路由表项标记为无穷大，表示该路径已经失效，并向路由器 R1 通告，依次毒化各个路由器，告诉邻近路由器 4.0.0.0 这个网络已经失效，不再接收更新信息，从而避免了路由环路。

（4）毒性逆转

当路由器 R2 看到到达网络 4.0.0.0 的度量值为无穷大时，就发送一个称为毒性逆转的更新信息给路由器 R3，说明 4.0.0.0 这个网络不可达，这是超越水平分割的一个特例，这保证了所有的路由器都接收到毒化的路由信息。

（5）抑制更新

当路由器收到一个网络不可达信息后，标记此路由不可访问，并启动一个抑制计时器，如果再次收到从邻近路由器发送来的此路由可达的更新信息，则标记为可以访问，并取消抑制计时器。反之，在抑制计时器内仍没有收到任何更好的更新，就向其他路由传播此路由不可访问的信息。

（6）触发更新

在正常情况下，路由器每隔 30s 将路由表发送给邻近路由器。触发更新指当检测到网络故障时，路由器会在 1～5s 内立即发送一个更新信息给邻近路由器，并依次传播到整个网络。

以上 6 种解决方案可以同时工作，以防止在更复杂的网络设计中出现路由环路问题。在 RIP 协议中，除了上面提到的 1～5s 触发更新定时器和 30s 更新定时器，还有以下几种定时器。

失效定时器（Invalid Timer）：用于检测路由条目的失效。当收到一个更新的路由信息时，失效定时器会重新启动，并设置失效时间。如果在失效时间内没有再次收到关于该路由的更新信息，则认为该路由失效。默认情况下，失效定时器的失效时间为 180s。

删除定时器（Flush Timer）：用于删除失效的路由条目。当失效定时器超时后，如果没有收到关于该路由的更新信息，则会触发删除定时器。删除定时器的超时时间通常设置为失效定时器的 2 倍，即默认为 360s。

抑制定时器（Hold-down Timer）：用于防止路由环路的发生。当一条路由变为无效状态后，一个路由器会将其标记为无效，并启动抑制定时器。在抑制定时器运行期间，路由器将不会接收任何关于该路由的更新信息。默认情况下，抑制定时器的抑制时间为 180s。

这些定时器在 RIP 协议中起着重要的作用，它们通过控制路由器之间的信息交换和路由表的更新，来确保网络拓扑的正确性和稳定性。RIP 协议中的各种定时器见表 6-1。

表 6-1　RIP 协议中的各种定时器

名称	时间	作用
更新定时器	30s	每隔 30s 发送路由更新
失效定时器	180s	180s 没有收到邻近路由器的路由更新，将邻近路由器标记为无效
删除定时器	360s	标记无效后 60s 删除
抑制计时器	180s	本来可达，收到不可达路由时启动定时器，忽略更大度量的可达路由
触发更新定时器	1~5s 内的随机值	收到不可达路由，迅速触发更新

2. OSPF 协议

OSPF（Open Shortest Path First）协议是由 Internet 网络工程任务组 IETF（Internet Engineering Task Force）开发的一种内部网关协议（Interior Gateway Protocol，IGP），即网关和路由器都在一个自治系统（Autonomous System，AS）内部。OSPF 协议是一个链路状态协议或最短路径优先协议。该协议根据 IP 数据报中的目的 IP 地址来进行路由选择，一旦决定了如何为一个 IP 数据报选择路径，就将数据报发往所选择的路径中，不需要额外的报头，即不存在额外的封装。该方法使用某种类型的内部网络报头对 UDP 进行封装以控制子网中的路由选择协议。

OSPF 协议可以在很短的时间内使路由表收敛，且能够防止出现路由环路，这种能力对网状网络或使用多个网桥连接的不同局域网是非常重要的。在运行 OSPF 协议的每个路由器中，都维护一个描述自治系统拓扑结构的统一的数据库，该数据库由每个路由器的局部状态信息（该路由器可用的接口信息、邻居信息）、路由器相连的网络状态信息（该网络所连接的路由器）、外部状态信息（该自治系统的外部路由信息）等组成。每个路由器在自治系统范围内扩散相应的状态信息。

（1）OSPF 协议中的一些术语

① 路由器 ID。路由器 ID 是一个长度为 32 位的无符号二进制数，用于标识 OSPF 区域内的每一个路由器。这个编号在整个自治系统内部是唯一的。

路由器 ID 是否稳定对 OSPF 协议的运行是很重要的。通常会采用路由器上处于激活（UP）状态的物理接口中 IP 地址最大的那个接口的 IP 地址作为路由器 ID。如果配置了逻辑环回接口（Loopback Interface），则采用具有最大 IP 地址的环回接口的 IP 地址作为路由器 ID。采用环回接口的好处是，它不像物理接口那样随时可能失效。因此，用环回接口的 IP 地址作为路由器 ID 更稳定，也更可靠。

当一个路由器的路由器 ID 选定以后，除非该 IP 所在接口被关闭，该接口 IP 地址被删除、更改和 OSPF 进程或路由器重新启动，否则路由器 ID 将一直保持不变。

② 邻居（Neighbors）。运行 OSPF 协议的路由器每隔一定时间发送一次 Hello 包，可以互相收到对方 Hello 包的路由器构成邻居关系。两个互为邻居的路由器之间可以一直维持这样的邻居关系，也可以进一步形成邻接关系。

③ 邻接关系（Adjacency）。邻接关系是一种比邻居关系更为密切的关系。互为邻接关系的两个路由器之间不仅交流 Hello 包，还发送 LSA（Link State Advertisement）泛洪消息。

④ 指定路由器。指定路由器（Designated Router，DR）用来在广播网络中减少 LSA 泛洪数据量。在广播网络中，所有的路由器将自己的链路状态数据库向 DR 广播，DR 又将这些链路

状态数据库信息发送到网络中的其他路由器。优先级高的路由器将成为 DR。网络中的所有路由器的优先级默认为1，最大为255。如果路由器优先级为0，则表示此路由器不参加 DR/BDR（Backup Designated Router，备份指定路由器）选举过程，也不会成为 DR/BDR。在路由器优先级相同的情况下，具有最大路由器 ID 的路由器将成为 DR。DR 一旦选定，除非路由器故障，否则 DR 不会更换，这样可以免去经常重算链路状态数据库的开销。

⑤ 备份指定路由器（BDR）。在选举出 DR 后，还要选择 BDR。当 DR 失效后，BDR 自动成为 DR。

⑥ 非指定路由器。在广播型网络中，除了 DR、BDR，所有的其他路由器被称为非指定路由器（DROTHER）。注意，DR、BDR 或 DROTHER 是针对接口而言的。路由器的一个接口在一个区域可能是 DR，在另一个区域可能是 BDR 或 DROTHER。

⑦ OSPF 链路状态数据库。在一个 OSPF 区域内，所有的路由器将自己的活动接口（运行 OSPF 协议的接口）的状态及所连接的链路情况通告给所有的 OSPF 路由器。同时，每个路由器也收集本区域内所有其他 OSPF 路由器的链路状态信息，并将其汇总成 OSPF 链路状态数据库。

经过一段时间的同步后，同一个 OSPF 区域内所有的 OSPF 路由器将拥有完全相同的链路状态数据库。这些路由器定时传送 Hello 包及 LSA 更新数据，以反映网络拓扑结构的变化。

OSPF 数据包有 5 种不同的类型，它们有不同用途，用于不同的场合，如表 6-2 所示。

表 6-2　OSPF 数据包类型

编号	数据包类别	用途
1	Hello 包	发现邻居、维护邻居关系、选举 DR 和 BDR
2	数据库描述包（DBD）	交换链路状态数据库 LSA 头
3	链路状态请求包（LSR）	请求一个指定的 LSA 数据细节
4	链路状态更新包（LSU）	发送被请求的 LSA 数据
5	链路状态确认包（Ack）	对链路状态更新包的确认

（2）OSPF 协议运行过程

① 邻居发现。Hello 包的作用是发现邻居、维护邻居关系、选举 DR/BDR。在广播网络中，每个路由器周期性地广播 Hello 包，使它能够被邻居发现。路由器的每个接口都有一个相关的接口数据结构，当与 Hello 包里的特定参数相匹配时，Hello 包才能被接收。Hello 包中包含本路由器所希望选举的 DR 和该 DR 的优先级、BDR 和 BDR 的优先级、本路由器通过交换 Hello 包所知道的其他路由器。从 Hello 包里得到的邻居被放在路由器的邻居列表中。当从接收到的 Hello 包中看到自己时，就建立了双向通信。建立了双向通信的路由器才有可能建立邻接关系。通过 Hello 包的交换，得知了希望成为 DR/BDR 的路由器及它们的优先级，下一步的工作是选举 DR/BDR。

② 选举 DR/BDR。在初始状态下，一个路由器的活动接口设置 DR/BDR 为 0.0.0.0，这意味着没有 DR/BDR 被选举出来。同时设置等待定时器，其值为路由器失效间隔（Router Dead Interval），其作用是如果在这段时间里还没有收到有关 DR/BDR 的通告，那么它就宣告自己为 DR/BDR。经过 Hello 包交换过程后，每个路由器获得了希望成为 DR/BDR 的那些路由器的信息，按照下列步骤选举 DR/BDR。

第 1 步，在路由器与一个或多个路由器建立双向通信后，检查每个邻居 Hello 包里的优先级、DR/BDR 域，列出所有符合 DR/BDR 选举的路由器（它们的优先级要大于 0）。

第 2 步，从这些合格的路由器中建立一个没有宣称自己为 DR 的子集（因为宣称为 DR 的路由器不能被选举成为 BDR）。

第 3 步，如果在这个子集里有一个或多个邻居（包括它自己的接口）在 BDR 域宣称自己为 BDR，则选举具有最高优先级的路由器；如果优先级相同，则选择具有最高路由器 ID 的那个路由器为 BDR。

第 4 步，如果在这个子集里没有路由器宣称自己为 BDR，则在它的邻居里选择具有最高优先级的路由器为 BDR；如果优先级相同，则选择具有最大路由器 ID 的路由器为 BDR。

第 5 步，在宣称自己为 DR 的路由器列表中，如果有一个或多个路由器宣称自己为 DR，则选择具有最高优先级的路由器为 DR；如果优先级相同，则选择具有最大路由器 ID 的路由器为 DR。

第 6 步，如果没有路由器宣称为 DR，则将最新选举的 BDR 作为 DR。

第 7 步，如果第 1 步选举某个路由器为 DR/BDR 或没有 DR/BDR 被选举，则重复第 2～6 步，然后执行第 8 步。

第 8 步，将选举出来的路由器的端口状态做相应的改变，DR 的端口状态为 DR，BDR 的端口状态为 BDR，否则为 DROTHER。

③ 链路状态数据库的同步。在 OSPF 中，保持区域范围内的所有路由器的链路状态数据库同步极为重要。通过建立并保持邻接关系，OSPF 使具有邻接关系的路由器的链路状态数据库同步，进而保证了区域范围内所有路由器的链路状态数据库同步。

链路状态数据库同步过程从建立邻接关系开始，在完全邻接关系已建立时完成。当路由器的端口为启动（ExStart）状态时，路由器通过发送一个空的数据库描述包来协商主从关系及数据库描述包的序号，路由器 ID 大的为主，反之为从。序号也以主路由器产生的初始序号为基准，以后的每一次数据库描述包的发送，序号都要加 1。

主路由器发送链路状态描述包（数据库描述包），路由器接收数据库描述包后检查自己的链路状态数据库，如果发现链路状态数据库里没有该项，则添加该项，并将该项加入链路状态请求列表，准备向主路由器请求新的链路状态，并向主路由器发送链路状态确认包。

主路由器收到链路状态确认包时，发出链路状态更新包，进行链路状态的更新。从路由器收到链路状态更新包后，发出链路状态确认包进行确认，表示收到该更新包，否则主路由器就在重传定时器的启动下进行重复发送。

每个路由器向它的邻居发送数据库描述包来描述自己的数据库，每个数据库描述包由一组链路状态广播组成，邻居路由器接收该数据库描述包，并返回确认消息。这两个路由器形成了一种主从关系，只有主路由器能够向从路由器发送数据库描述包，反之则不行。当所有的数据库请求包都被主路由器处理后，主从路由器也就进入了邻接完成状态。当 DR 与整个区域内所有的路由器都完成邻接关系时，整个区域中所有路由器的数据库也就同步了。

OSPF 邻接建立过程可以用 OSPF 邻居状态机来表示，如图 6-12 所示，其中的阶段或状态包括：关闭（Down）状态，没有发送 Hello 包也没有收到 Hello 包；尝试（Attempt）状态，不停地向对方发送 Hello 包[只适用于 NBMA（Non-Broadcast Multiple Access，非广播多路访问）网络]；初始（Init）状态，收到了

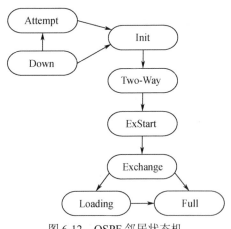

图 6-12　OSPF 邻居状态机

对方的 Hello 包但对方没有收到自己的 Hello 包；双向（Two-Way）状态，双方均收到了对方的 Hello 包；启动（ExStart）状态，发送 DBD 报文，选举主从设备、设定初始序列号；交换（Exchange）状态，互相交换 LSA 报头信息；装入（Loading）状态，向对方请求自己没有的或过时的 LSA 信息，并在收到对方的更新 LSA 信息后添加到自己的链路状态数据库中；完成（Full）状态，双方的链路状态数据库完全相同。

④ 路由表生成。当链路状态数据库达到同步以后，各个路由器利用同步的数据库以自己为根节点并行地计算最优树，从而形成本地的路由表。

OSPF 使用了多个计时器来管理路由协议的各个方面，常见的计时器如下。

Hello 刷新间隔：用于维护邻居关系。它的作用是定期发送 Hello 报文，以便路由器能够发现相邻的路由器并建立或维护邻居关系。默认情况下，Hello 的时间间隔为 10s（在广播网络中）或 30s（在非广播网络中）。

Dead 失效间隔：用于检测邻居路由器的失效。它的时间间隔是 Hello 的时间间隔的 4 倍。如果在 Dead 的时间间隔内没有收到邻居路由器的 Hello 报文，就会判定该邻居路由器已经失效，并将其从路由表中移除。

LSA 刷新间隔：用于控制 LSA 的刷新和泛洪。其目的是周期性地刷新和泛洪 LSA，以确保网络中的每个路由器都具有最新的拓扑信息。默认情况下，LSA 刷新的时间间隔为 1800s，而 LSA 泛洪的时间间隔为 300s。

SPF（Shortest Path First）刷新间隔：用于计算最短路径树。它会定期触发最短路径树的计算，以确保路由表中的路由信息基于最新的拓扑信息。SPF 默认重新计算的时间间隔为 5s。

MaxAge 最大老化时间：每条 LSA 都有一个年龄字段，LSA 驻留在 OSPF 的数据库中。如果 LSA 的年龄超过该值，那么这条 LSA 会从数据库中删除，并将该老化的 LSA 扩散出去，导致从所有的路由器数据库中清除。MaxAge 默认值为 3600s。

Retrans 重传定时器：重传 LSA 的时间。在相邻路由器之间交换 LSA 报文时，若发送完 LSA 后直到此定时器超时都没有收到确认包，路由器将重传 LSA。默认值为 5s。

以上计时器如表 6-3 所示，在 OSPF 路由协议中起着重要的作用，通过合理调整这些参数，可以提高网络的稳定性和收敛速度。

表 6-3　OSPF 路由协议中的各类计时器

名称	默认时间	作用
Hello 刷新间隔	广播网络 10s 非广播网络 30s	定时发送邻居更新信息
Dead 失效间隔	Hello 刷新间隔的 4 倍	此时间内没有收到更新，将该邻居及其路由删除
LSA 刷新间隔	刷新间隔 1800s 泛洪间隔 300s	定时刷新和泛洪 LSA，确保具有最新的拓扑信息
SPF 刷新间隔	5s	定时计算最短路径树
MaxAge 最大老化时间	3600s	定时检查路由条目是否过期
Retrans 重传定时器	5s	重传 LSA 的时间

3．其他路由协议

（1）BGP 协议

BGP（Border Gateway Protocol，边界网关协议）是一种较为复杂的路由协议，它由 IETF 和 IDR（Inter-Domain Routing）工作组共同开发。BGP 协议主要用于连接不同的自治系统，具有高度的可扩展性和灵活性。BGP 协议的主要特点是路径选择，它可以根据不同的策略选择最优的路径，并支持多路径路由。

BGP 协议处理各 ISP 之间的路由传递，是一种外部网关协议（EGP），与 OSPF、RIP 等内部网关协议（IGP）不同，其着眼点不在于发现和计算路由，而在于控制路由的传播和选择最佳路由。BGP 协议具有如下特点。

① BGP 使用 TCP 作为其传输层协议（监听端口号为 179），提高了协议的可靠性。

② BGP 进行域间的路由选择，对协议的稳定性要求非常高，因此采用 TCP 协议的高可靠性来保证 BGP 协议的稳定性。

③ BGP 的对等体之间必须在逻辑上连通，并进行 TCP 连接，目的端口号为 179，本地端口号任意。

④ BGP 支持无类别域间路由（CIDR）。

⑤ 路由更新时，BGP 只发送更新的路由，大大减少了 BGP 传播路由所占用的带宽，适用于在 Internet 上传播大量的路由信息。

⑥ BGP 是一种距离向量路由协议，从设计上避免了环路路由的发生。

⑦ AS 之间：BGP 通过携带 AS 路径信息以标记途经的 AS，带有本地 AS 号的路由将被丢弃，从而避免了域间产生环路路由。

⑧ AS 内部：BGP 在 AS 内学到的路由不会在 AS 中转发，避免了 AS 内产生环路路由。

⑨ BGP 提供了丰富的路由策略，能够对路由实现灵活的过滤和选择。

⑩ BGP 提供了防止路由振荡的机制，有效提高了 Internet 的稳定性。

⑪ BGP 易于扩展，能够适应网络新的发展。

（2）IGRP 协议

IGRP（Interior Gateway Routing Protocol，内部网关路由协议）协议由 Cisco 公司于 20 世纪 80 年代独立开发，属于 Cisco 公司的私有协议。IGRP 协议和 RIP 协议一样，同属距离向量路由协议，因此在诸多方面有着相似点，如 IGRP 也是周期性地广播路由表，也存在最大跳数（默认为 100 跳，达到或超过 100 跳则认为目标网络不可达）。IGRP 协议最大的特点是使用了混合度量值，同时从链路的带宽、时延、负载、MTU、可靠性 5 个方面来计算路由的度量值。

（3）EIGRP 协议

由于 IGRP 协议的种种缺陷及不足，Cisco 公司开发了 EIGRP（Enhanced Interior Gateway Routing Protocol，增强型内部网关路由协议）来取代 IGRP 协议。EIGRP 是一种混合型路由协议，结合了距离向量算法和链路状态算法的优点，引入了非等价负载均衡技术，并具有极快的收敛速度和低网络开销的特点，主要用于企业网络和数据中心网络。

（4）IS-IS 协议

IS-IS（Intermediate System to Intermediate System）是一种基于链路状态的路由协议，它是由 ISO 为无连接网络协议（ConnectionLess Network Protocol，CLNP）设计的一种动态路由协议。IS-IS 协议使用 Dijkstra 算法计算最短路径，并通过多播方式将路由信息传递给其他路由器。IS-IS 协议主要用于中型和大型企业网络，具有高度的可扩展性和灵活性。

为了提供对 IP 的路由支持，IETF 在 RFC1195 中对 IS-IS 协议进行了扩充和修改，使它能够同时应用在 TCP/IP 和 OSI 环境中，并称之为集成化 IS-IS（Integrated IS-IS 或 Dual IS-IS）协议。IS-IS 协议属于内部网关协议（Interior Gateway Protocol，IGP），用于自治系统内部。

（5）ISIS-TE 协议

ISIS-TE（IS-IS with Traffic Engineering）是一种基于链路状态的路由协议，它是 IS-IS 协议的扩展版本。ISIS-TE 协议主要用于支持网络流量工程，可以优化网络的传输性能并提高资源利用率。

6.4 互联网络交换技术

网络核心设备中除了路由器和相关的路由选路、转发技术，还需要交换机及相应的交换技术来对数据链路层的数据帧进行传输和转发。

6.4.1 交换技术简介

交换技术是计算机网络中的一种基本技术，用于实现数据在网络中的传输和转发。交换技术可以分为以下几种类型。

（1）电路交换

电路交换要求通信开始之前建立一条物理连接，直到通信结束时才释放连接。在这种方式下，通信双方占用着整个物理链路，因此电路交换适用于需要长时间占用传输资源的应用，比如传统的固定电话通信。

（2）分组交换

分组交换是先将数据分成一个个小数据包（Packet），每个数据包都包含目的地址和源地址等信息。这种方式下，从源到目的地通信前不需要先建立专用连接，每个节点只需要存储当前传输的数据包，然后根据目的地址进行转发。因为每个数据包都是独立的，所以分组交换可以更加灵活地利用传输资源，适用于大规模的数据传输，比如网络上的文件传输和网页浏览等。

（3）报文交换

在分组交换之前，还存在一种过渡方案，即报文交换。报文交换与分组交换的区别是，分组交换把要传输的数据划分成多个小数据包进行分散发送，而报文交换将要传输的数据作为一个整体报文进行传输。这种方式下，每个节点都需要存储整个报文，因此存储空间的需求非常大，而且传输时延也比较大，不适用于大规模的数据传输。

传统的电信网络一般采用电路交换技术，如今大部分网络都采用分组交换技术。

6.4.2 交换机基础

交换机是计算机网络中的核心设备之一，它可以将数据包从一个端口转发到另一个端口，实现网络中的数据通信。在交换机的发展过程中先后出现过以下几类设备。

1. 集线器（Hub）

在计算机网络发展初期，集线器被大量使用。它是一种作用在物理层的互联网设备，能够将多个网络设备集中连接在一起，形成一个星形结构的局域网。集线器被广泛用于传输数据、音频、视频等场合。

集线器有两种类型：被动型集线器和主动型集线器。被动型集线器不需要外部电源，只是一个单纯的信号转发设备，因此它不能够放大信号或延长传输距离。主动型集线器则需要外部电源，并具备信号放大、延长传输距离、提高传输速率的功能。主动型集线器还可以检测冲突、分离冲突等，以便更好地管理和维护局域网。

集线器通常有多个端口，其中一个端口为 Uplink 端口（又称为 Link 端口），用于与其他集线器或交换机连接，以形成更大规模的网络。其他端口则用于连接各个终端设备，如计算机、打印机、路由器、交换机等。当一个终端设备发送数据时，数据被发送到集线器的一个端口上，在集线器内部，数据会被复制并发送到所有其他端口上，使得所有终端设备都能收到这个数据。

集线器的优点是简单易用、价格便宜，可以将多个设备连接起来，形成一个简单的局域网；

缺点则是容易发生网络拥堵和冲突，只能以半双工或共享传输介质的方式进行通信，且无法识别不同的终端设备，容易受到网络攻击。

2. 网桥（Bridge）

网桥是一种工作在数据链路层的网络设备，它可以连接多个局域网，用于协调和控制不同网段之间的通信流量。网桥主要将两个或多个以太网段连接在一起，使得数据包可以从一个网段传输到另一个网段。

在以太网中，数据链路层地址即 MAC 地址，网桥通过过滤 MAC 地址，只有与目的 MAC 地址匹配的数据才会被转发到输出端口。如果目的 MAC 地址未知，网桥则会将数据包广播到所有的输出端口。网桥使用 MAC 地址表来记录已知的 MAC 地址及其所在的端口，以实现快速转发。

除了基本的转发功能，网桥还具有以下几个优点。

① 隔离广播风暴：当一个网段上的主机发送广播帧时，其他网段的主机并不需要接收该广播帧。此时，网桥可以识别出广播帧，并将其只转发到同一网段中的其他主机。

② 减少冲突域：通过将多个以太网段拆分成更小的网段，网桥可以减少冲突域（共享冲突域），从而提高网络性能和可靠性。

③ 改善网络安全性：通过限制不同网段之间的通信流量，网桥可以提高网络的安全性，防止攻击者通过一个网段入侵整个网络。

3. 交换机（Switch）

通常工作在数据链路层的交换机被直接简称为交换机。交换机相当于一个多端口的网桥，网桥相当于一个二端口的交换机。交换机可以将整个数据包存储在缓存中进行差错校验和目的地址的判断，再进行转发。为了进一步提高交换机的转发速度，出现了快速存储转发交换机，它采用了更快的存储器和更快的转发算法，可以达到更高的转发速度。

交换机的组成结构与路由器大同小异，都相当于特殊的计算机，同样有 CPU、存储介质和操作系统。交换机由硬件和软件两部分组成。软件主要是操作系统，硬件主要包含 CPU、端口和存储介质。交换机的端口主要有以太网端口、快速以太网端口、吉比特以太网端口和控制台端口。存储介质主要有 ROM、闪存、NVRAM 和 DRAM（Dynamic RAM，动态随机存储器）等。

4. 三层交换机（Layer 3 Switch）

随着网络规模的不断扩大，出现了三层交换机，它可以在网络层进行路由选择，实现更加高效的数据转发。三层交换机是一种功能强大的网络设备，它在数据链路层和网络层之间进行通信，具有部分路由器功能。它还可以识别数据包中的源和目的 MAC 地址，并将这些地址与对应的 IP 地址记录在内部的地址表中，实现数据包的快速转发。

三层交换机能够加快大型局域网内部的数据交换，具备路由功能，可以做到一次路由、多次转发。它支持基于 IP 地址的路由协议，如 RIP、OSPF 和 BGP 等协议，能够将数据包传输到不同的子网中。此外，三层交换机还支持多个 VLAN（Virtual Local Area Network，虚拟局域网）的划分，能够实现不同子网间的隔离，提高网络的安全性。三层交换机相比二层交换机有以下优点。

① 更好的性能和速度：由于三层交换机能够进行路由和转发功能，因此其速度和性能远比二层交换机好。

② 更好的扩展性：三层交换机支持 VLAN 划分和路由功能，可以更灵活地构建复杂的网络拓扑结构。

③ 更好的安全性：三层交换机可以实现多个 VLAN 划分，可以有效隔离不同的用户群，并提供 IP 地址过滤等功能，从而增强网络的安全性。

6.4.3 二层交换原理

交换机具有自学习功能。如图 6-13 所示，交换机连接了左、右两个网段，因为交换机的端口 F1 和端口 F2 分别位于两个网段，所以也会收到各自网段的数据包。当交换机启动后，将收到的数据包的源主机 MAC 地址和其对应的端口保存到缓存表（也称为交换表）中，如表 6-4 所示。

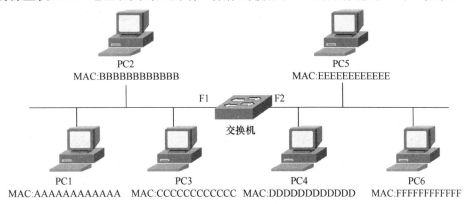

图 6-13　通过交换机连接两个网段示意

表 6-4　交换表

MAC 地址	类型	端口
AAAAAAAAAAAA	dynamic	F1
BBBBBBBBBBBB	dynamic	F1
CCCCCCCCCCCC	dynamic	F1
DDDDDDDDDDDD	dynamic	F2
EEEEEEEEEEEE	dynamic	F2
FFFFFFFFFFFF	dynamic	F2

交换表给出了关于交换机不同端口所连主机的 MAC 地址信息。交换机的交换表通常包括 MAC 地址、类型和端口 3 个字段，其中类型字段表示交换机获取 MAC 地址与对应端口的方式，若 MAC 地址条目是交换机动态学习到的，其类型为"dynamic"；若 MAC 地址是管理员手动静态指定的，其类型为"static"。交换机动态学习的 MAC 地址条目默认老化时间（Aging Time）是 300s，如果某 MAC 地址条目在老化时间到期之前一直没有刷新，则该 MAC 地址条目将被从 MAC 地址表中删除。管理员静态配置的 MAC 地址条目不受地址老化时间的影响。

交换机通过学习数据帧中的源 MAC 地址建立 MAC 地址表，并根据数据帧中的目的 MAC 地址做出转发决定。当交换机刚启动时，交换机的 MAC 地址表是空的。当交换机从某一端口收到数据帧时，交换机检查数据帧的源 MAC 地址，如果源 MAC 地址在 MAC 地址表中不存在，交换机将其添加到 MAC 地址表中，对应的端口为收到该数据帧的交换机端口；如果源 MAC 地址在 MAC 地址表中存在，则刷新其老化时间，然后根据所接收数据帧中的目的 MAC 地址，查找 MAC 地址表，并根据以下规则做出转发决定。

① 如果目的 MAC 地址为组播或广播地址，则泛洪该数据帧，即向除接收到该数据帧的源端口外的其他所有端口转发该帧。

② 如果目的 MAC 地址为单播地址，但目的 MAC 地址在 MAC 地址表中不存在，也泛洪该数据帧。

③ 如果目的 MAC 地址为单播地址，且目的 MAC 地址与源 MAC 地址对应于相同的端口，则不转发该帧。

④ 如果目的 MAC 地址为单播地址，且目的 MAC 地址与源 MAC 地址对应于不同的端口，则向目的 MAC 地址所对应的端口转发该帧。

经过一段时间后，交换机将学习到两个网段上所有主机的 MAC 地址及所在端口。这时交换机开始进行转发或过滤工作，此时，如果交换机收到一个 PC1 发送给 PC2 的单播数据包，交换机检查自己的交换表，发现 PC1 和 PC2 处于同一个端口 F1，交换机将执行过滤功能，丢弃此数据包；相反，如果交换机收到一个 PC3 发送给 PC4 的单播数据包，交换机检查自己的交换表，发现 PC3 和 PC4 处于不同的端口，交换机将执行转发功能，将此数据包转发到端口 F2 所在的网段。

交换机有 3 种方式转发数据，即直通传送、改进型直通传送和存储转发，如图 6-14 所示。

① 直通传送（Cut-Through），是指只要交换机收到数据帧的目的 MAC 地址字段，就立即将数据转发到相应的端口。因此，对数据帧的延迟很小，提高了数据包的吞吐率。缺点是无法有效地检查出坏帧。但是，随着局域网硬件线路质量的不断提高，出现数据错误的概率很小。因此，目前大部分交换机都提供了直通传送功能。

② 存储转发（Store-and-Forward），是指交换机先将整个数据帧完全接收并存储下来，再根据数据帧的最后一个字段——帧校验序列（Frame Check Sequence，FCS）进行数据校验，如果校验正确再转发，否则丢弃收到的数据帧。因为数据帧要被完全接收并校验后才传送，需要延迟一段时间，因此转发速度较慢。采用这种方法的优点是可以有效地检查出坏的数据帧，在一定程度上节省了输出接口的带宽。

③ 改进型直通传送（Modified Cut-Through），即介于直通传送和存储转发之间，它并不完全接收数据帧进行校验，也不在收到目的 MAC 地址字段后立即传送，而是等到正确收到数据帧的前 64 字节后才开始进行转发。这样做的主要目的是过滤收到的一些长度小于 64 字节的碎片帧（正常的以太网数据帧总大于 64 字节）。因此，这种方式也被称为无碎片帧（Fragment-Free）转发模式。

图 6-14   3 种交换机数据转发方式

6.4.4   虚拟局域网

在网络通信中，广播消息是普遍存在的，这些广播消息将占用大量的网络带宽，导致网络速度和通信效率的下降，并额外增加了网络主机为处理广播消息所产生的负荷。路由器能实现对广播域的分割和隔离。但路由器所带的以太网端口数量很少，一般为 1～4 个，远远不能满足对网络分段的需要。交换机配备有较多的以太网端口，为在交换机中实现不同网段的广播隔离产生了虚拟局域网（VLAN）交换技术。

VLAN 是一种将一个物理局域网划分成多个逻辑上的子网的技术。它可以在同一个物理交换机上通过软件配置将不同的设备划分到不同的 VLAN 中，实现不同 VLAN 之间的隔离和安全性的提高。VLAN 的主要作用有以下几个方面。

① 隔离广播域：VLAN 可以将不同的设备分割到不同的广播域内，从而减少广播带来的网络拥塞和冲突。

② 提高网络安全性：VLAN 可以控制不同设备之间的访问权限，避免潜在的安全威胁。

③ 优化网络性能：VLAN 可以将不同的设备划分到不同的 VLAN 中，从而优化网络性能，提高网络带宽的利用率。

④ 简化网络管理：VLAN 可以将不同的设备分组管理，便于网络管理员进行管理和维护。

VLAN 的实现方式有两种：端口 VLAN 和标签 VLAN。端口 VLAN 是指将不同的端口划分到不同的 VLAN 中，而标签 VLAN 是在交换机的物理端口上标记 VLAN ID，将数据包通过 VLAN ID 进行区分。常见的 VLAN 标准有 IEEE 802.1Q 和 ISL（Inter-Switch Link）协议。IEEE 802.1Q 协议是一种标准的 VLAN 协议，它可以将 VLAN ID 加入以太网数据帧的头信息中，从而实现 VLAN 的划分和管理。而 ISL 协议是 Cisco 公司开发的 VLAN 协议，其原理与 IEEE 802.1Q 类似，但是只适用于 Cisco 设备之间的通信。

一个 VLAN 就是一个网段，通过在交换机上划分 VLAN（同一交换机上可划分不同的 VLAN，不同的交换机也可属于同一个 VLAN），可将一个大的局域网划分成若干个网段，每个网段内所有主机间的通信和广播仅限于该 VLAN 内，广播消息不会被转发到其他网段。即一个 VLAN 就是一个广播域，VLAN 间不能直接通信，从而实现了对广播域的分割和隔离，如图 6-15 所示。

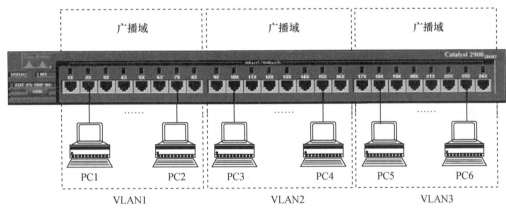

图 6-15　虚拟局域网（VLAN）划分示意

6.4.5　生成树协议

为了实现设备之间的冗余配置，往往需要对网络中的关键设备和关键链路进行备份，采用冗余拓扑结构保证了当设备或链路发生故障时提供备份设备或链路，从而不影响正常的通信。但是，如果网络设计不合理，这些冗余设备或链路构成的环路将引发很多问题，导致网络设计失败。

生成树协议（Spanning Tree Protocol，STP）是一种基于数据链路层的网络协议，用于避免网络中的环路问题。在一个网络中，如果存在环路，数据包就会在环路中不断循环，导致网络拥塞和性能下降，甚至造成网络瘫痪。STP 协议通过动态地计算出一棵生成树，从而保证网络中不存在环路，同时也保证了网络的冗余和可靠性。

STP 协议的目标是在物理环路上建立一个无环的逻辑链路拓扑结构。如图 6-16 所示，在一个原本存在环路的网络中，通过技术手段将网络中的某个端口进行逻辑上的阻塞（如交换机 B 的 F1 端口）以断开环路，从而使任何两台主机之间只有唯一的通路，达到既冗余又无环的目的。

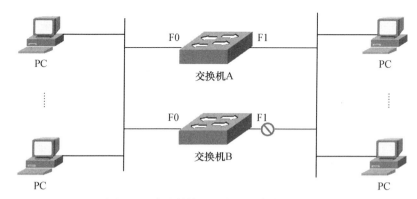

图 6-16　生成树协议运行后阻塞特定端口

STP 协议的工作原理如下。

① 每个交换机都选举一个根交换机，作为整个网络的根节点。

② 每个交换机将自己到根交换机的距离（也称为开销）发送给相邻的交换机。

③ 每个交换机计算出到根交换机的最短路径，并将其他路径阻塞，从而保证整个网络中不存在环路。

④ 如果某个交换机发现到根交换机的路径发生故障，它会重新计算路径并更新整个网络的拓扑结构。

当运行 STP 协议的交换机启动时，其所有端口都要经过一定的端口状态变化过程。在这个过程中，STP 协议要通过交换机间交换的 BPDU（Bridge Protocol Data Unit，网桥协议数据单元）消息决定网桥角色、端口角色及端口状态。

交换机上的端口通常有阻塞、侦听、学习和转发 4 种状态。

（1）阻塞状态：当交换机启动时，其每个端口都处于阻塞状态以防止出现环路。处于阻塞状态下的端口可以发送和接收 BPDU 消息，但是不能发送任何用户数据。在这个状态下，交换机间将通过收发 BPDU 消息来确定谁是根网桥。此状态会持续 20s，接下来将转入侦听状态。

（2）侦听状态：在侦听状态下，交换机间将继续收发 BPDU 消息。这时，仍不能发送任何用户数据。在这个状态下，交换机将确定根端口和指定端口。此状态会持续 15s。在这个阶段结束时，那些既不是根端口也不是指定端口的端口将成为非指定端口并退回到阻塞状态。根端口和指定端口将转入学习状态。

（3）学习状态：在学习状态下，交换机开始接收用户数据，并根据用户数据内容建立桥接表，但仍然不能转发用户数据。此状态会持续 15s。接下来处于学习状态的端口将进入转发状态。

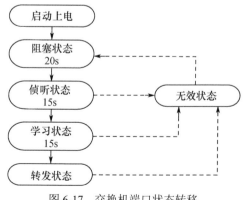

图 6-17　交换机端口状态转移

（4）转发状态：在转发状态下，端口开始转发用户数据。

另外，无效状态不是正常 STP 协议的状态。当一个端口处于无外接链路、被管理性关闭的情况下，它将处于无效状态，处于无效状态的端口不接收 BPDU 消息。

交换机端口状态转移如图 6-17 所示。

STP 协议有多种不同的实现方式，其中最常见的是符合 IEEE 802.1d 标准的 STP 协议。除此之外，还有一些其他的 STP 协议，如 RSTP（Rapid Spanning Tree Protocol）和 MSTP（Multiple

Spanning Tree Protocol）协议。这些协议在性能和功能方面有所不同，可以根据不同的网络需求进行选择。

6.5 本 章 小 结

本章介绍了物联网接入技术，以及网络互联技术的体系结构、协议层次，位于网络边缘的终端设备通过接入网技术与网络核心交换设备相连，形成网络的互联互通；接着介绍了互联网络的路由技术和交换技术，对其中的重要协议和原理进行了分析。

习 题 6

1. DTN 方式与普通的网络协议转换方式相比，需要分别在无线传感器网络协议栈和互联网协议栈中部署额外的_____层。

2. 6LoWPAN 是在_____标准协议的基础上引入 IPv6 机制进行改进和提升的低速无线个域网标准。

3. 分组交换网络中网络时延类型包括_____、_____、_____和_____。

4. 五层互联网协议栈包括应用层、_____、_____、_____和_____。

5. TCP/IP 协议栈的应用层对应 OSI 参考模型的_____、_____和_____。

6. RIP 协议中解决路由环路的方法有_____、_____、_____、_____、_____和_____。

7. RIP 协议中表示网络不可达的跳数是_____。

8. OSPF 协议中 5 种类型的数据包分别是_____、_____、_____、_____和_____。

9. OSPF 协议中 Dead 失效间隔是 Hello 刷新间隔的_____倍。

10. 交换技术可以分为以下几种类型：_____、_____和报文交换。

11. 交换机有 3 种方式转发数据，即_____、_____和_____。

12. 交换机上的端口状态包括_____、_____、_____、_____和无效状态。

13. 在物联网网关接入技术中，网关选择需要考虑哪些因素？

14. 面向无线传感器网络的接入技术主要有哪些？

15. 如何区分网络核心与网络边缘？

16. 简述互联网五层协议栈和 OSI 参考模型的区别。

17. 什么是路由？路径选择中计量标准包括哪些因素？

18. 简述路由器的主要硬件组成。

19. 列举常见的动态路由协议及其特点。

20. 简述 RIP 协议的主要工作过程。

21. 简述 RIP 协议中避免产生路由环路的 6 种方法及具体内容。

22. 简述 OSPF 协议的主要运行过程。

23. 画出 OSPF 邻居状态转移图。

24. 简述 BGP 协议的特点。

25. 简述集线器、网桥、交换机、三层交换机、路由器之间的关系和区别。

26. 简述二层交换机学习 MAC 地址的过程。

27. 简述交换机 3 种数据转发方式的区别。

28. 简述虚拟局域网（VLAN）的概念。

29. 画出交换机运行 STP 协议时的端口状态转移图。

第7章 车联网通信技术

随着无线传感器网络与车辆交通领域的融合，以智能化、网络化为重要特点的车联网，逐渐成为未来道路交通发展的重要方向。车联网通过无线传感器网络，将采集到的车辆、道路交通等信息传输至云端进行分析与处理，实现安全的、可控的、智能的交通信息系统。本章将阐述车联网的基本概念和结构，分析并讨论车联网内容分发、车联网协助下载、车联网信任计算与模型以及车联网隐私保护等技术。

7.1　车联网技术简介

7.1.1　车联网概念

随着科技的发展，人们对车辆的要求已经不再局限于车辆本身的机械性能，舒适、环保甚至休闲娱乐成为新的需求。由于通信技术与汽车行业的深度融合，汽车不再仅仅是一个由动力驱动的交通运输工具，而是一个有着强大计算和通信能力的移动终端。车联网（Internet of Vehicle，IoV）这一概念也应运而生。

传统的车联网概念侧重于车与车之间的联系。然而，随着车联网技术的发展，车与路、车与人、车与云之间的通信已成为车联网的重要组成部分。因此，传统的车联网定义已经不能涵盖车联网的全部内容。

对于车联网的定义，目前还没有形成一个确切、统一的定义，不同的机构和个人有不同的看法，目前主要有以下几种代表性描述。

① 欧盟委员会将车联网定义为物联网与交通系统的集成，以创建一个分布式和无处不在的移动系统，即智能交通系统。该系统可以改善道路安全，减少拥堵和二氧化碳排放，提高欧洲工业的生产力。

② 美国汽车工程师学会定义车联网是车辆自组织网络，即车辆、基础设施和通信网络系统，它通过车辆与车辆、车辆与基础设施、车辆与行人、车辆与云等多种通信方式，实现信息的交换和共享，以支持服务和应用。

③ 中国信息通信研究院认为，车联网是通过新一代计算机、互联网和移动通信技术，实现车内、车与车、车与路、车与人、车与服务平台的全方面网络连接，提高汽车智能化水平和自动驾驶能力，构建汽车和交通服务新业态，从而提高交通效率，改善汽车驾乘感受，为用户提供智能、舒适、安全、节能、高效的综合服务。

综合考虑车联网的结构、网络及功能，一个普遍接受的车联网定义为：车联网是采用物联网、无线传感器网络、无线通信、人工智能、GPS 等技术，将智能车辆与一切事物（Vehicle to Everything，V2X）相互连通而组成的一个全面覆盖人、车、路、云的快速通信网络，实现信息交通系统的智能化。车联网本质上是一个通信系统，以人、车、路、云之间的实时通信为基础，实现智能交通控制、安全驾驶、车辆智能服务等功能。

7.1.2 车联网体系结构

车联网属于无线传感器网络与物联网技术领域，无论其属性还是结构，都与物联网的特性极为相似。针对车联网，目前有以下几种体系结构。

1. 三层体系结构

基于车联网中不同技术的关系，有学者提出了如图 7-1 所示的三层体系结构。三层体系结构是车联网最基本的体系结构，包含感知层、通信层、应用层。

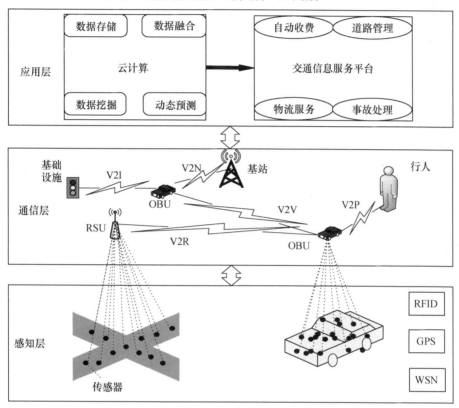

图 7-1　车联网三层体系结构

感知层位于最底层，由车辆内部、道路上的各种传感器所构成，主要作用是利用传感器通过 GPS、RFID、无线传感器网络（WSN）等渠道，对车辆实时状态、道路异常事件、交通流量等信息进行收集，以感知和获取车辆自身及道路交通等信息，从而为整个系统提供全面、可靠的信息采集功能。

通信层作为车联网的中枢神经系统，主要作用是提供信息传输服务。通信层支持多种不同的无线通信模式，如车辆与车辆（Vehicle to Vehicle，V2V）、车辆与路边单元（Vehicle to RSU，V2R）、车辆与行人（Vehicle to Pedestrian，V2P）、车辆与网络（Vehicle to Network，V2N）、车辆与基础设施（Vehicle to Infrastructure，V2I）等。通信层可以确保与 Wi-Fi、LTE、蓝牙等现有或新兴网络的无缝连接。

在通信层中，主要基于车载单元（On Board Unit，OBU）和路边单元（Road Side Unit，RSU）进行服务。车载单元是一种安装在嵌入式车载通信单元内的微波装置；路边单元是安装在道路两侧指定地点的通信设备。作为汇聚节点的 OBU 和 RSU，接收感知层中传感器采集的数据，并与其他节点通信，以无线或有线的方式接入互联网。

应用层位于体系结构的最上层，是最接近用户的层次，也是车联网提供智能服务的核心。

应用层包括统计工具、存储支持和处理等基础设施，这些基础设施为车联网中的移动车辆提供数据处理和决策。应用层的目的是能够对不同系统和技术（大数据、无线传感器网络、云计算等）获得的信息进行融合，做出统一决策，实现车联网智能服务功能。

2．四层体系结构

与三层体系结构相比，四层体系结构将应用层分为平台层和服务层。

平台层是车联网的中间层，包括各种云计算平台、大数据平台、人工智能平台等，可以通过对采集到的数据进行挖掘和分析，提取有价值的信息，如交通拥堵、车辆故障等情况，为上层应用提供数据支持。

服务层包括各种车联网应用软件，根据平台层的数据和分析结果，为用户提供各种实用的服务，如自动收费、事故处理、智能驾驶及实时导航等。

3．七层体系结构

除了上述常用的三层和四层体系结构，也有学者基于安全性、通信智能、人车交互、信息预处理等方面，提出了一种七层体系结构，该结构允许所有网络组件透明互联，并将数据传播到车联网中。七层体系结构从下至上分别为：

人车交互层——通过管理界面提供与驾驶员的直接交互，为当前情况或事件选择最佳的显示元素，以提高车辆驾驶的安全性。

数据采集层——负责从位于道路上的各种来源（车载传感器、导航系统、车间通信、交通信号灯等）收集数据。

数据过滤和预处理层——分析收集的信息，以避免传输无关信息并减少网络流量，提高网络通信效率。

通信层——基于多个参数（如网络中的拥塞情况和服务质量级别、信息相关性、隐私和安全性等）选择所要发送信息的最佳通信网络。

控制和管理层——负责管理物联网环境中的不同网络服务提供商。在该层中，应用不同策略和功能来管理接收的信息，以实现如流量管理、数据包检查等功能。

处理层——使用各种类型的云计算基础设施，在本地和远程处理大量信息。海量数据服务提供商可以使用处理信息的结果来进一步改进服务或开发新的应用程序。

安全层——负责体系结构内的所有安全功能（如数据认证、完整性、不可否认性、保密性、访问控制、可用性等），旨在提供针对车联网中各种类型的安全攻击的解决方案。

7.1.3 车联网构成

车联网由 3 种类型网络构成：车辆内部组成的网络，车与车、路、人等组成的网络，车与云端组成的网络，即车内网、车际网、车云网，如图 7-2 所示。

（1）车内网

车内网位于智能汽车内部，由车载显示器、车载传感器、电子控制单元（Electronic Control Unit，ECU）等组成，以车内总线为基础，通过应用成熟的总线技术建立一个标准化的整车网络。其中，控制器局域网（Controller Area Network，CAN）是目前最主要的车内通信网络，它是一种基于总线、串行通信的广播式网络，已在车内网通信系统中得到广泛应用。

（2）车际网

车际网是指以短距离无线通信为基础，在车与车、车与路之间通过无线设备，基于 DSRC（Dedicated Short Range Communication，专用短程通信）技术和 IEEE802.11 系列无线局域网协议实时生成的动态网络。车际网是一种自组织网络，包含车与万物之间的网络，如 V2V、V2P、V2R 等。

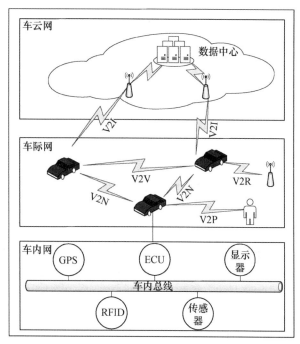

图 7-2　车联网网络构成

（3）车云网

车云网也叫车载移动互联网，是移动互联网在车联网领域的一种全新应用。通过远距离通信技术，车载终端可以接入互联网，形成车云网，实现车辆、交通、服务等信息的传递，从而整合计算、存储、通信等资源，为车辆用户提供相应的服务。

7.1.4　车联网特点

车联网融合了无线通信、大数据等技术，是无线传感器网络在交通领域智能化的典型应用，因此，车联网与无线传感器网络在性质上有类似的地方。然而，不同于无线传感器网络，车联网的设计目标并未将节能视为重心，因此也有许多无线传感器网络所没有的特点。

（1）大规模节点分布

车联网中有众多的参与者，包括行驶或停靠的车辆、路边单元、行人、基站等，网络的范围多达几十甚至上百公里，这是绝大多数无线传感器网络不能比拟的。

（2）拓扑结构的高度动态性

车联网主要以车辆作为节点，在大多数时刻，车辆的移动导致其在网络中的位置不断变化，且不同车辆之间的相对速度很大，在高速公路情境下可达 300km/h 以上。在这种情境下，网络拓扑动态变化频繁，节点间的通信链路难以保障。

（3）节点移动的可预测性

车联网中的车辆虽然有强大的移动性，但并不是无规则的移动，车辆的移动并不是随心所欲的，会受到道路网络的制约，在大多数情况下，车辆只会在道路网络之内移动。除此之外，道路与车辆实时状态信息的采集是车联网的基础，可以基于道路网络信息以及车辆的实时信息和历史轨迹等，预测车辆的运动轨迹和出现位置。

（4）节点分布的不均匀性

在交通场景中，受实时交通状况、地区繁华程度等因素影响，车辆节点分布并不均匀。在旅游旺季、经济繁华地区等情境下，道路上车流量大，节点分布密集；而在旅游淡季、偏远山区等情境下，道路上车流量小，节点分布稀疏。

（5）节点能量限制少

与大多数无线传感器网络中节点能量受限相比，车联网的节点能耗并不是一个重要的限制条件。车辆节点的通信和计算的开销由车辆本身持续供能，而且在通信与计算方面的开销，远不及维持车辆移动所需的开销。因此，对车联网的限制主要体现在低时延与高可靠性方面，而不是低功耗方面。

（6）更强的性能

无线传感器网络中节点能量受限，其性能受到了制约。与之不同的是，由于低时延、高可靠性的设计目标，车辆节点的感知、计算、通信等能力更强，可以满足车联网的需求。

（7）连通性

在车联网中，由于车辆的高速移动及不同车辆运动状态的差异，车辆之间的连接通常不持久。尤其在节点稀疏的交通场景下，车辆间会产生较大间隙，而车辆有限的通信半径无法维持车辆之间的连接，从而形成多个孤立的节点簇。在车联网中，节点连通程度主要与无线链路的通信半径和加入车联网的车辆比例有关。

7.1.5　车联网无线通信技术

车联网的本质是车辆与车辆（V2V）、车辆与路边单元（V2R）、车辆与网络（V2N）、车辆与行人（V2P）、车辆与基础设施（V2I）等的通信，即车辆与万物之间的通信（V2X）。如图 7-3 所示，在车联网场景中，专用短程通信和蜂窝车联网（Cellular Vehicle to Everything，C-V2X）通信是最主要的两种无线通信技术。

图 7-3　车联网场景

1. 专用短程通信

专用短程通信（DSRC）是专门用于车辆与车辆之间、车辆与基础设施之间的通信技术，分别基于 IEEE802.11p 标准和 IEEE1609.x 标准。DSRC 在 5.9GHz 附近的频段上，具有低时延、快速网络连接、高度安全和高速通信的特点。

DSRC 技术可以在 OBU 与 RSU 之间构建双向的专用通信链路。从 OBU 到 RSU 的链路的主要作用是读取 OBU 信息、识别车辆状态，称为上行链路；从 RSU 到 OBU 的链路的主要作用是向 OBU 写入信息，称为下行链路。

DSRC 技术经过十多年的研究、发展，具有标准化、可靠稳定的特点，但 DSRC 技术的应用基于大量 RSU 的部署，成本高，且在主要性能指标上相较于 C-V2X 存在劣势。

2．蜂窝车联网通信

蜂窝车联网（C-V2X）通信是融合了蜂窝移动通信与短距离通信的车联网技术，可以借助现有的蜂窝网络设施，以不同的通信方式为基站覆盖范围内外的对象提供通信服务。

C-V2X 主要通过基站进行部署，不仅利用终端与基站之间的 Uu 接口和终端与终端之间的 PC5 接口提供大带宽、大覆盖、低时延、高可靠的车联网通信服务，而且还可利用移动蜂窝网络的巨大产业规模来降低车联网应用的经济成本。

相较于 DSRC 技术，C-V2X 技术可以提供低时延、高可靠、大带宽的通信，确保通信安全，实现蜂窝网络覆盖区域外的直通，更符合车联网对通信技术的需求。虽然 DSRC 技术有先发优势，但 C-V2X 技术可以利用现有的设备进行升级扩展，无须大量投资建成新的 RSU，在经济成本上有巨大优势。

如图 7-4 所示，基于 4G 分组核心网络（Evolved Packet Core，EPC）的 C-V2X，包含基于 4G 的 LTE-V2X（Long Term Evolution-V2X）系统及基于 5G 的 NR-V2X（New Radio-V2X）系统。演进型 E Node B（Evolved Node B）是 LTE 网络中的无线基站，也是 LTE 网络的网元；而 G Node B 则是 5G 基站，负责支撑 NR-V2X 系统。

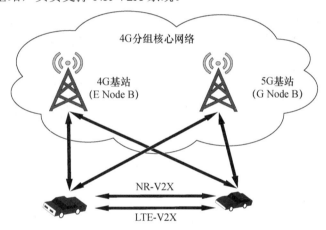

图 7-4　蜂窝车联网结构

LTE-V2X 系统提供了两种通信方式：广域集中式蜂窝通信（LTE-V-Cell）、短程分布式直通通信（LTE-V-Direct）。LTE-V-Cell 技术以基站为控制中心，实现车联网远程信息处理业务，提供长距离、大宽带通信；LTE-V-Direct 技术无须基站作为支撑，在蜂窝覆盖范围内外均可工作，通过引入 LTE D2D（Device-to-Device，端到端），可以绕过 RSU 实现车辆与周边节点之间的直接通信，支持道路安全实时应用。

虽然 LTE-V2X 系统在覆盖范围、感知距离、承接数量上有优势，但端到端时延大，且该系统设计之初并未充分考虑车联网的应用需求。随着对车联网服务需求的快速增长，我国基于 LTE-V2X 系统分配的 20MHz 车联网专用频段可能难以满足业务的增长需求。

由于 5G 具有高速率、低功耗、低时延、泛在网等特点，与 LTE-V2X 系统相比，NR-V2X 系统可以更好地满足车联网对无线通信的需求。基于 5G 的 C-V2X 可以提供高吞吐量、超低时延、高可靠性的通信，更适用于车队等复杂情景，对协同驾驶、远程控制等自动驾驶关键技术有巨大的推进作用。NR-V2X 系统充分利用频谱资源，大幅提高频谱效率、能源效率和成本效率，对车联网的可持续发展有积极意义。虽然 NR-V2X 系统还不成熟，但由于 C-V2X 具有清晰的 5G 演进路径、支持前向与后向兼容，LET 网络将平滑演进到 5G 网络。

7.2　车联网内容分发技术

传统的内容分发是指根据一定的策略，将上层节点指定的内容推送至下层节点，下层节点控制系统通知下层内容管理系统登记接收，以内容注入的方式接收分发的内容。该技术可以解决网络带宽小、用户访问量大、网点分布不均等对用户访问效果的影响，大大提高了网络的响应速度。

与内容转发不同，在内容分发中，内容的生成者和消费者可能完全不知道彼此。内容的消费者通常根据自己的兴趣或需求"订阅"某内容，内容的生成者向内容的消费者批量进行内容的推送。通常，内容的生成者期望所生成的内容被更多人获取。因此，内容分发中内容的交付数量和交付效率是关键问题。

内容分发属于机会传输的一种，即数据仅在节点相互"接触"时，通过单跳或多跳的方式实现源节点和目标节点间的传输。

在车联网的内容分发中，由于车辆节点的高度动态性，除了基站，路边单元、车辆也可以作为内容供应商（Content Provider，CP），且为了保障内容传输的可靠性，内容分发多以单跳的机会传输为主。

内容分发能在高动态性的车联网中向大量车辆同时批量推送所需的内容，使车辆获取超出本身传感器感知能力的信息，从而为车联网中的车辆应用提供数据支持。

车联网的内容分发方式分为拉式（Pull）和推式（Push）。

① 拉式内容分发，是由车辆向内容提供商（CP）发送请求，并从所选 CP 中接收请求的内容，其主要挑战是寻找哪个 CP 最适合响应特定请求。

② 推式内容分发，是假定具有特定特征的车辆对特定内容感兴趣，CP 将内容交付给所有此类车辆，其主要挑战是实现高覆盖率。

车联网中分发的内容分为两种：安全类内容和非安全类内容。安全类内容属于非弹性内容，一般这部分内容请求的体验质量（Quality of Experience，QoE）属于"在最后期限前交付完毕"，这些内容通常会在某一时限后过期，失去时效性；非安全类内容属于弹性内容，这部分内容请求的 QoE 属于"尽快交付"的类型，即交付时延尽可能短。

虽然大文件的内容传输在 DSRC 和 C-V2X 技术背景下已成为可能，但是由于车联网独特的特性，依然面临如下问题。

① 车联网中车辆节点一般是高速移动的，这导致高动态性的拓扑结构，加上户外无线信道的不稳定性，都导致基于机会传输的内容分发可靠性不足。

② 尽管无线通信技术已经在通信速率、带宽方面得到了很大改善，但面对非安全相关应用，特别是未来车联网中有望大面积推广的涉及高清内容分发的应用，其带宽依然面临巨大挑战。

在实现车联网内容分发时，需要考虑优化弹性请求的平均等待时延和非弹性请求的平均失败率等指标。各国研究人员对这方面进行了研究，现已提出多种优化方案。

7.2.1　基于缓存的车联网内容分发技术

车联网的内容分发，最初设计目标是提高道路安全和驾驶效率，但随着车联网应用的发展，娱乐服务也成了内容分发中的重要内容。娱乐服务内容来源广泛，可以由互联网上的内容供应商（CP）提供，也可以由车联网中其他车辆的车载单元生成，本节主要讨论来源于互联网中的流行内容，由其他车辆生成的内容暂不考虑。

由于网络拓扑结构快速变化、带宽受限、信道不稳定，若仅依靠基站下载流行内容，这些内容不仅难以安全、准确、及时地到达目标，还会给基站带来很大的负载。针对这一问题，利用缓存是一个很好的解决方案，合理利用路边单元（RSU）或车载单元（OBU）的缓存，可以在网络拓扑快速变化的情况下提高数据传播的效率。

1. 基于 RSU 缓存的车联网内容分发技术

由于 RSU 的缓存容量一般远大于 OBU 的缓存容量，而且大多数用户检索的数据来源于 V2R 通信而不是 V2V 通信，因此，对于互联网上 CP 提供的内容，主要依靠 RSU 缓存进行传播。

在互联网中，往往存在多个 CP，每个 CP 同时供应多个内容，而 RSU 的缓存容量有限，不可能缓存所有的内容。如图 7-5 所示，存在着 3 个 CP，每个 CP 提供了 3 个内容，而路段上有 4 个 RSU，每个 RSU 只有两个缓存位置，导致最少有一个内容没办法得到缓存。如果 RSU 缓存内容选择不当，车辆难以从 RSU 直接获得所需内容，则会产生相对较长的通信时延，无法满足时延敏感应用的需求，白白浪费 RSU 的缓存空间。因此，RSU 选择哪些内容作为缓存是 RSU 缓存的关键问题。

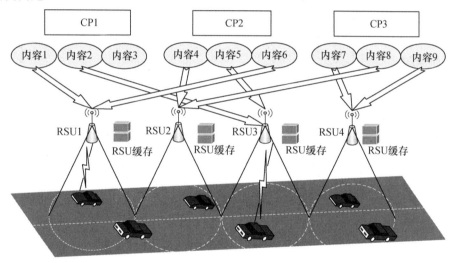

图 7-5　多 CP 的 RSU 缓存模型

对于 CP 来说，为了获得最大的收益，必须想办法提高用户的体验，让用户能在道路上尽快获得所需内容。因此，每个 CP 都希望自己的内容更多地被缓存，希望 RSU 选择自己的内容而非其他 CP 的内容。

在有限的 RSU 缓存容量的前提下，CP 之间构成了竞争关系。为了让自己的内容能更好地传播，每个 CP 必须代表自己的内容去竞争缓存位置。

CP 之间对缓存的竞争，一些学者提出利用拍卖理论来合理分配资源的方法。各个 CP 预测对自己内容感兴趣的用户比例，根据 RSU 数量、RSU 容量、车流量、缓存切换时延等信息进行"不完全信息博弈"，综合考虑利润、下载时延、下载数据量、通信成本等，以达到纳什均衡。根据拍卖结果，在深夜等 RSU 负载较轻的情况下，将 RSU 中的旧缓存内容更换为竞争后分配的新内容。

CP 之间基于拍卖的缓存分配算法如下。

（1）初始化

假设有 L 个 CP，第 l 个 CP 表示为 P_l，P_l 的第 k 个内容块为 $C_{l,k}$。给定 X 个内容和 Y 个存储位置（$X>Y$），添加 $X-Y$ 个虚拟存储。将所有存储初始价格设为 0，即 $P_i=0$，$i\in[1,X]$。第 y 个存储位置存储第 x 个内容的效益估值 $v_{x,y}$ 计算如下

$$v_{x,y} = \lambda\left[f_1^t\left(D_{1,x,y}^t - D_{1,x,y}^{t'}\right) + f_2^t\left(D_{2,x,y}^t - D_{2,x,y}^{t'}\right)\right] \tag{7-1}$$

其中，假设在第 t 个时隙用新内容替换原有内容，f_1^t 和 f_2^t 分别表示该时隙两个方向的车流量；$D_{1,x,y}^t$ 和 $D_{2,x,y}^t$ 分别表示该时隙未替换时两个方向车辆下载该内容的数量，初始化时，取值都为 0；$D_{1,x,y}^{t'}$ 和 $D_{2,x,y}^{t'}$ 分别表示第 y 个存储位置存储第 x 个内容后，该时隙两个方向车辆下载该内容的数量；λ 为系数。

引入虚拟存储是为了均衡内容和存储位置数量。由于虚拟存储实际上并不存在，因此它们的效益估值被限制为零，分配结果中与虚拟存储匹配的内容将不会分配给任何 RSU。由于内容和存储位置数量是相等的，因此算法描述中假设 $X=Y'$（Y' 为加入了虚拟存储之后的存储位置数量）。

构建一个二分图 $G=(C, S, E)$，即由两组节点 C、S 和一组边 E 组成的图，使 E 中的任何连边将来自 C 的一个节点与来自 S 的一个节点连接起来（换句话说，E 是 C 中节点与 S 中节点的连接线的集合）。C 代表内容节点，S 代表存储节点，给定一个固定的内容 x，C_x 和 S_y 之间的连边存在，表示一个内容不一定有机会被所有的存储节点存储。当且仅当 $(v_{x,y}-p_y)$ 对任何 y 都是最大的，这种二分图被称为首选存储图，其中 p_y 为存储价格。

（2）迭代

① 根据效益估值和价格，可以构建一个首选存储图，首选存储图显示了每个内容的首选存储位置，每个内容可能有多个首选存储位置。

② 在给定的首选存储图中，算法查找扩充路径，并进行扩展匹配，直到不再存在扩充路径。

给定 $G=(C, S, E)$，M 是 E 的连边子集，使得 G 中的每个节点由 M 中不多于一条线连接。扩充路径是一种特殊的交替路径，其中 C 与 S 中两个节点不由 M 中的连边连接。

使用广度优先搜索，从任何一个不匹配的内容节点开始寻找。扩充路径的集合为 E'，由两个子集 E_1' 和 E_2' 组成，分别表示在 M 中的和不在 M 中的扩充路径。通过向 M 添加 E_2' 并从 M 中删除 E_1'，从而形成更大的匹配内容节点集合。当无法找到更多的扩充路径时，匹配达到最大值。

③ 基于上一步中的最大匹配，算法决定是否跳到终止过程。如果所有节点都匹配，即最大匹配是完美匹配，则跳到终止过程，算法结束；否则，算法开始找到一个压缩集。

在首选存储图中，给定 C' 作为 C 的一个子集，所有来自 C' 的节点可直接连接的存储节点记为集合 S'。如果 $|C'|>|S'|$，则 S' 是一个压缩集。

④ 一旦找到一个压缩集 S'，算法将 S' 中存储的价格统一提高一定的 δp 值。这里，δp 为使至少一个内容改变其首选存储位置的最小值，以便可以构建新的首选存储图。

之后，如果算法发现 $\min\{p_y\}=\delta p>0$，那么让所有存储位置 y 的 $p_y=p_y-\delta p$。此后，算法返回到步骤①，进行下一轮迭代。

（3）终止

算法在此结束，二分图中的匹配显示了存储内容的分配，最后一轮迭代的存储价格即最终的交易价格。

与 CP 不同，对于 RSU 来说，减少内容分发的时延和通信成本才是目的。为了达到这一目的，RSU 必须尽可能缓存一些多数用户倾向于下载的内容，即流行内容。然而，大部分流行内

容是具有时效性的，如前方路况、天气信息等，在超过一定的时间限制后会成为无用信息；而用户的兴趣也会随着时间而变化，以往的流行内容也可能不再流行。若继续缓存以前的流行内容，会对 RSU 负载、请求时延造成不利影响。

为了最大限度利用 RSU 缓存，需要更新缓存的内容，替换失去时效性的内容。为了知道所需要缓存的流行内容，RSU 一般根据车辆节点的历史请求数据，通过神经网络等方法预测下一时刻的内容流行度，然后主动从基站缓存一些具有高流行度的内容，以期进一步减少内容请求时延、提高命中率。

2．基于 OBU 缓存的车联网内容分发技术

在实际道路上，由于 RSU 部署成本较高，限制了 RSU 使用的数量，导致两个相邻 RSU 之间距离较远，无法做到道路上车辆的全覆盖。若仅依靠 RSU 缓存来提高内容分发效率，则效果是有限的。在相邻 RSU 之间的区域，即盲区（Dark Area，DA），车辆无法从 RSU 中下载内容。若仅依靠基站下载，则会给基站带来很大的负载。

在盲区内，利用车辆 OBU 缓存来分发内容是一个很好的解决方案。

在 RSU 范围内，车辆向 RSU 发起请求，若 RSU 中没有车辆所需的内容，会通知拥有该请求内容的 RSU，被通知的 RSU 则会在自身传输范围内选择合适的转发车辆交付缓存内容，再由转发车辆传递给负责交付内容的 RSU，或者直接通过 V2V 通信交付给请求车辆。这样可以省略部分从远程服务器获取内容的行为，从而减少了内容交付的开销。

（1）中继车辆选择

如图 7-6 所示，道路互相交错，车辆的行驶方向不一，选择合适的中继车辆尤为重要。如果选择的车辆节点不合适，则无法将缓存交付给目标车辆，只会白白浪费 OBU 的缓存空间。

假设车辆 A 向 RSU3 请求一个流行内容，而 RSU3 中并没有该内容，于是 RSU3 通知其他 3 个 RSU。即使其他 3 个 RSU 都有该内容，若让 RSU1 选择车辆 E 或者 RSU2 选择车辆 D 来缓存该内容，充当内容的中继车辆，由于行驶方向的因素，也无法将内容交付给车辆 A；若让 RSU4 选择车辆 C，由于时间因素，也可能无法及时下载缓存内容并完成交付。

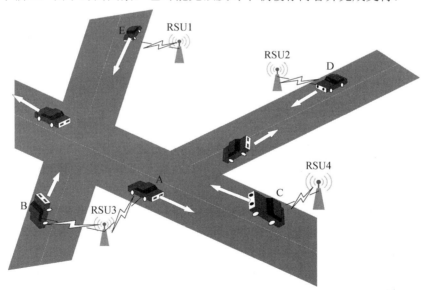

图 7-6　车联网交通模型

为了选择合适的中继车辆，一些研究提出从 3 个方面进行约束：方向、范围和时间。

以两个车辆节点 V_1 和 V_2 状态为例，如图 7-7 所示，对节点 V_2 是否适合成为节点 V_1 的中

继车辆节点进行判断。假设 V_1、V_2 的位置分别为（x_1，y_1）、（x_2，y_2），行驶方向分别为 d_1、d_2，两个车辆节点之间的连线 V_1V_2 与 d_1、d_2 的夹角分别为 θ_1、θ_2。

① 对方向的约束：选择 V_2 作为 V_1 的中继车辆节点，两车会碰面是必要条件，因此对两车行驶方向做出一定要求。

理论上，只要当 $\theta_1+\theta_2 \leqslant 180°$ 时，两车就有可能相遇。然而，考虑实际情况，若 $\theta_1+\theta_2$ 过大，两车相遇所需时间会很长，反而会降低服务质量，且车辆的行驶方向并不是一成不变的，理论上所需时间越长，两车就越有可能因为改变行驶方向而无法相遇；反之，若 $\theta_1+\theta_2$ 过小，则会导致在车流量较小的情况下，无法选择适合的车辆作为中继车辆节点。因此，需要根据交通流量和服务质量要求选择一个合适的阈值 ζ，从而选择满足 $\theta_1+\theta_2 \leqslant \zeta$ 的车辆。

② 对范围的约束：RSU 计算车辆的历史平均速度，根据请求的剩余时间来计算车辆的有效驾驶距离，车辆有效驾驶距离=车辆平均速度×请求剩余时间。分别以两个车辆节点位置为中心，以车辆有效驾驶距离为半径画圆，圆内即车辆的有效驾驶区域。若候选中继车辆节点 V_2 的有效驾驶区域与 V_1 的重叠，则 V_2 有机会被选为中继车辆节点。

③ 对时间的约束：中继车辆节点向请求发送节点传递内容，必须遵循一些规则。车辆首先向其附近的 RSU 发送请求，然后选定车辆从 RSU 获取数据缓存，最后通过 V2V 通信将数据传递给请求发送者。所有数据块都需要在请求的剩余生命周期内交付，每个车辆节点或 RSU 只能同时发送或接收一个数据块。

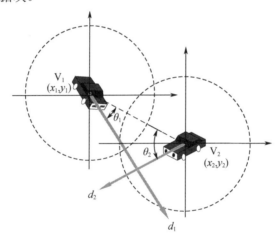

图 7-7　车联网内容分发中继车辆节点判断

（2）分布式缓存策略

在车联网内容分发中，并非每次内容都能在一跳内直接完成分发，也并非同时只有一个车辆请求相同内容。为了将请求的内容交付给目标车辆，大多数情况下，仅利用一个车辆的 OBU 缓存是不够的。

为了实现内容及时分发，除发起请求的车辆与拥有所请求内容的车辆外，需要有更多的车辆参与进来。通常，参与者是两者相遇路径上的部分车辆。对于小型内容，通过这些车辆，拥有所请求内容的车辆可以将内容以多跳的方式分发给请求车辆。

如图 7-8 所示，假设车辆 E、F 先后请求内容，最初只有车辆 A 拥有该内容的缓存。对这一内容交付可以有多种缓存策略。

① LCE（Leave Copy Everywhere），即传统的始终缓存（Always Cache）策略。如图 7-9 所示，在内容交付中，沿途的每个车辆（B、C、D）都将其缓存下来。这种策略的优势是当后

续有其他车辆需要这些内容时，可以很快获得，但会不可避免地造成内容的大量冗余，浪费缓存空间。

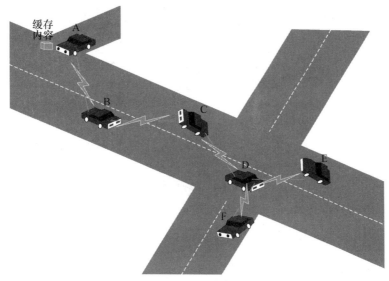

图 7-8　内容分发多跳场景

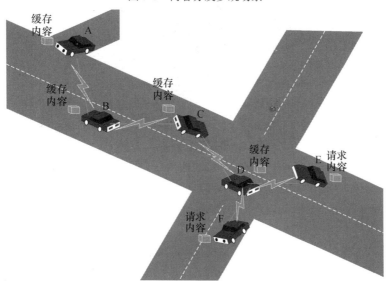

图 7-9　LCE 缓存策略

② LCD（Leave Copy Down），即向下复制策略，是 LCE 的改进缓存方案。LCD 缓存策略中，在同一节点路径上，离请求节点最近的拥有内容的节点，若收到请求，则会让路径上的该节点的下一个节点也缓存该内容，因此称为向下复制策略。随着请求次数变多，缓存越来越靠近发起请求的车辆。如图 7-10(a)所示，当车辆 E 请求内容，完成内容分发后，车辆 B 拥有了缓存；如图 7-10(b)所示，当车辆 F 请求内容完成交付后，车辆 C 也缓存了该内容。该方案的优势在于，后续若有同一方向的车辆请求同一内容，则更容易获得内容，但仍然容易造成缓存空间的浪费。

③ MCD（Move Copy Down），即向下移动策略，是将发送内容节点处的内容移动至该节点的下一跳，即在下游节点进行缓存的同时删除本地内容。如图 7-11 所示，车辆 E 请求前，只有车辆 A 有缓存内容，车辆 E 获得内容时，只有车辆 B 有缓存内容；当车辆 F 获得内容后，只有车辆 C 有缓存内容。该策略让缓存更接近容易请求该内容的位置，极大减小了缓存空间的压力。

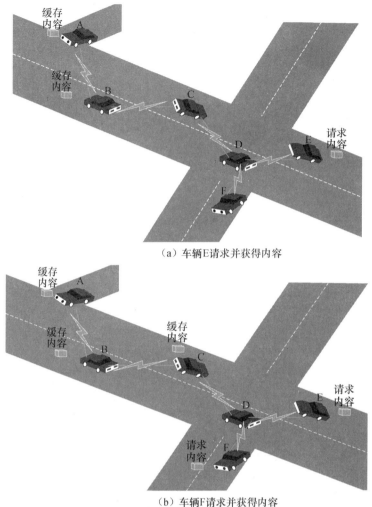

（a）车辆E请求并获得内容

（b）车辆F请求并获得内容

图 7-10　LCD 缓存策略

④ Prob（Copy With Probability）缓存策略，是一种基于概率的节点缓存策略。该策略在每个沿途节点都以概率 p 缓存内容，以概率 $1-p$ 不缓存内容。概率 p 的选择需要根据车流量等因素综合考虑，以免造成缓存空间的浪费或内容无法交付。当概率 $p=1$ 时，即 LCE 缓存策略。

⑤ Betw（Copy With Betweenness）缓存策略，是一种基于节点重要性的缓存策略，它将返回的内容缓存在返回路径上最重要的中心节点处，其他重要性偏低的节点则不缓存。如图 7-12 所示，只在车辆 D 缓存该内容。在某些情况下，可能会导致中心节点缓存更替频繁、缓存性能下降。

7.2.2　基于车间共享的车联网内容分发技术

随着通信技术的发展，视频、实时地图等大型文件已经在车联网内容分发中占据着重要地位。对于这些大文件，由于车辆不断高速移动，RSU 很难做到一次性将内容交付给车辆，未下载的部分内容若由下一个 RSU 继续分发，则会加大下载时延、降低服务质量。为此，可以利用车间共享来协助下载。下面介绍一种基于高效合作下载机制的车联网内容分发技术。

高效合作下载机制是一种引入车间合作的、适用流行内容分发的下载机制。该机制中，一个内容被分为多个大小相同的切片以便共享。该机制分为拓扑预创建、簇内切片分配和簇间切片交换 3 个阶段。

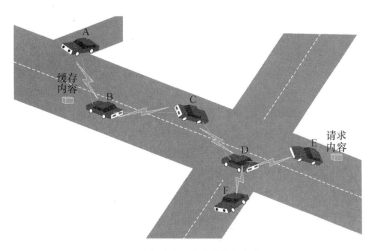

（a）车辆E请求并获得内容

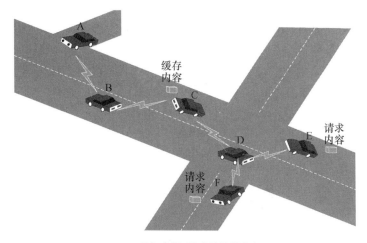

（b）车辆F请求并获得内容

图 7-11 MCD 缓存策略

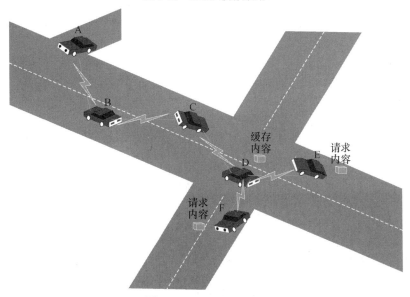

图 7-12 Betw 缓存策略

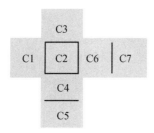

图 7-13　车道单元划分

1. 拓扑预创建阶段

在拓扑预创建阶段中，每条车道被划分为长度相同的连续均匀单元，交叉路口被视为独立单元，如图 7-13 所示，C2 为独立单元。将这些单元视为节点，可以消除节点位置的变化。车辆的移动转换为离开旧集群并加入新集群，但集群的位置保持不变。

同一单元中的多个 OBU 形成一个簇。每个簇选出一个簇头，例如选择速度最低或在单元内停留时间最长的车辆。簇头负责计算单元内 OBU 密度，组织簇内切片分配，协调簇间切片交换。此外，由于在城市场景下单元密度不能突然改变，可以利用簇间中继选择策略提前构建拓扑，并定期更新。这样可以消除冗余的无线链路，从而降低通信开销。

2. 簇内切片分配阶段

簇内切片分配过程较为简单，主要目的是决定选择哪一个切片使收益最大化。

① 对于一个流行内容 F，将其划分为 N 个大小相同的切片 G_1，G_2，$\cdots$，G_N。

② 假设簇 C_i 拥有的切片集合为 O_i，对于切片 G_j，簇 C_i 的效益值为 $U(C_i, G_j)$，表示簇 C_i 内没有切片 G_j 的 OBU 数量。$U(C_i, G_j)$ 越大，表示簇内没有切片 G_j 的车载单元越多，广播切片 G_j 能让更多车辆获得收益。

定义 C_i 的效益值 $U(C_i)$ 为 $U(C_i, G_j)$ 的最大值，即

$$U\left(C_i\right) = \max_j U\left(C_i, G_j\right), \quad 1 \leqslant j \leqslant N \tag{7-2}$$

让簇 C_i 效益值最大的切片为 g_i，计算如下：

$$g_i = \mathrm{argmax}\, U\left(C_i, G_j\right), \quad 1 \leqslant j \leqslant N \tag{7-3}$$

③ 新加入的 OBU 进行广播操作，通知簇它拥有哪些切片。在每个时间步，同一集群中的每个 OBU 计算其效益值，并通过控制通道广播其效益值。集群内的中继选择和切片选择都基于效益值。当数据通道未被占用时，效益值最大的 OBU（拥有切片 g_i 的 OBU）访问数据通道并广播自己的切片内容。

3. 簇间切片交换阶段

在这一阶段，拓扑预创建阶段中划分的单元被视为节点，而非 OBU。该阶段遵守两个原则：高下载速率优先和高单元密度优先。

（1）高下载速率优先原则

高下载速率优先原则是指高下载速率的簇（或拥有更多切片的簇）获得缺失切片的概率较大。

（2）高单元密度优先原则

高单元密度优先原则是指簇内节点更多的簇获得缺失切片的概率更大。

簇间切片交换过程类似于簇内切片分配过程。在每个时间步，每个簇的簇头通过控制信道广播它的优先级及其所拥有的切片向量。当其中一个簇间数据通道未被占用时，优先级最高的节点将进入该通道并广播其生成的数据，在簇中与它相邻的节点通过相同的通道接收缺失的切片。

7.2.3　基于激励的车联网内容分发技术

在车联网内容分发技术中，激励机制是非常重要的环节。只有当车辆自发地参与内容分发，协助其他车辆下载所需内容，才能更好地提高内容分发效率。然而，车辆作为一个个体，它是

自私的，在没有任何收益、反而需要支付通信成本的情况下，不会自发地去帮助分发内容。因此，需要制定合适的激励机制来使车辆自发地参与进来。

激励机制有多种分类方法。根据收益的确定性，可分为短期激励和长期激励；根据激励机制的奖励形式，可分为基于信誉的激励机制、基于资源的激励机制和基于货币的激励机制；根据是否部署在中心化架构上，又可分为中心化激励机制和去中心化激励机制。

良好的激励机制的设计目标是既保证低分发能力车辆的参与积极性，又保证能力越强回报越高的规则。现已提出多种针对车联网内容分发中的激励机制，其中，一些学者提出了基于区块链的交通事件验证和信息存储激励配置方案，针对来源于其他车辆的内容，鼓励更多车辆将真实的、实时的非弹性内容分发给 RSU。该方案中有 5 种主要实体。

① 证书颁发机构（Certificate Authority，CA）：车联网中的一个重要实体，负责向车辆分配证书。证书由公钥、私钥对和数字签名组成。CA 为网络中的每辆车生成唯一的假名，以保护隐私。CA 也会记录车辆之间的关联及其真实身份。当发生纠纷时，CA 会披露车辆的真实身份。

② 路边单元（RSU）：可以从启动器收集和聚合数据包，其中包含每个目击车辆的签名。接收到报文后，每个发起车辆的声誉值由 RSU 根据目击车辆（目击车辆确认发起车辆提供的事件信息）生成，信誉值存储在区块链中。因为车辆计算能力和存储方面有一定限制，区块链是在 RSU 而不是车辆上实现的，RSU 具有较高的计算能力和较大的存储容量。车辆的计算操作也由 RSU 执行。

③ 区块链：一个点对点网络，所有交易都记录在分布式账本中。区块链中的所有区块都通过加密散列链接，每个区块都有自己的哈希值和前一个区块的哈希值，具有不可变性、透明性、去中心化、不可抵免性等特点。

④ 星际文件系统（InterPlanetary File System，IPFS）：即分布式 P2P（Peer to Peer）存储系统，其中每个文件都提供唯一的指纹，即加密散列，每个文件都通过其内容的地址来识别。IPFS 自动清除重复文件，并自动维护文件版本历史记录。此外，数据存储在分布式哈希表中。

⑤ 车辆：车联网中的所有车辆都配备了车载单元(OBU)，以建立无线通信，并与其他网络节点共享信息。OBU 是一个存储车辆敏感信息的设备，如车辆的私钥等。

在该方案中，每辆想要加入网络的车辆都使用其原始标识向 CA 注册。CA 验证后，为每辆车生成证书。CA 的所有操作都通过智能合约记录在区块链中，由于区块链的透明性，没有车辆可以在不被监控的情况下加入网络。

此外，车辆还可以向请求管理器（Request Manager，RM）申请证书。引入 RM，减少了 RSU 和 CA 的开销。RSU 接收来自车辆的请求，并对信息进行处理。

为了鼓励车辆积极地分发生成的内容、目击车辆积极地去验证发起车辆生成的事件，对发起车辆的生成内容和目击车辆的行为验证设置了基于信誉值的激励机制。

对每个注册的车辆，初始信誉值为一个固定的值。当一辆车生成并发起了某个内容，若这个内容是真实的，则会增加 5 分的信誉值；若内容为假，则减少 20 分的信誉值。

当某辆车充当目击车辆验证了发起车辆的某个内容时，若这个内容是真实的，则会从发起车辆处获得一定量的信誉值；反之，若车辆未经调查就验证了该事件，且事件为假，则扣除 20 分的信誉值。

每辆车的信誉值上限为 60 分，最低为 20 分。当车辆的信誉值低于 20 分时，则该车的证书被注销，无法参与后续的发起与认证。

7.3 车联网协助下载技术

随着车联网的兴起，人们希望能够随时随地通过下载相关数据文件实现信息交互，车辆作为具有较强存储能力和计算能力的节点，可利用 RSU 接入互联网进行文件下载。然而，由于 RSU 覆盖范围的局限性和数量的有限性、车辆移动的高动态性及通信环境的复杂性等，车辆处于 RSU 之间的通信盲区（DA）时会与网络断开连接，只能间歇性接入网络，导致无法获得下载数据。

协助下载是解决车联网中网络接入导致数据下载存在一系列问题的有效措施之一。节点在下载过程中离开了 RSU 覆盖范围导致没能完成内容下载，这时系统将利用经过自身车辆的同向或对向车辆协助传输数据来提高下载量。然而，目前车联网协助下载技术的主要问题依旧是盲区资源利用率低、下载服务不均衡。

协助下载以应用场景为分类依据，大致分为两种，即城市道路场景和高速公路场景。

城市道路场景的构成复杂多变，车辆速度不具有统一性且差异性大，车辆轨迹具有多样性，同时车流量较大，因此在城市道路场景下的研究侧重于车辆行驶轨迹和 RSU 的部署。

在高速公路场景中，具有车辆移动快、拓扑变化频繁、连接可靠性差、传输时延大、带宽有限和网络分割灵活等特点。然而，实际应用中需要非常多的信息转发，特别是在涉及道路交通安全信息时，转发通常需要实时进行。由于 RSU 部署的密度小，车辆行驶轨迹单一且速度比较稳定，这会导致许多盲区，车辆无法实现自己下载文件，需要邻居车辆帮助下载文件。

因此，车联网协助下载中协助车辆的选择和协助车辆合作意向显得尤为重要，提升相邻 RSU 之间的盲区资源利用率是其主要的研究目标。

7.3.1 基于协同的车联网协助下载技术

车联网满足了人们的各种需求，并提供多种服务。根据对信息迫切性程度进行分类，服务主要分为安全类服务和用户服务。在安全类服务中，信息时效性至关重要，因此对信息传达的及时性要求较高，主要包括安全和危险预警类相关信息，如道路交通事故信息、路段危险预警信息、汽车碰撞警告等；用户服务主要包括多媒体娱乐及实时信息的获取，如地图导航信息、生活资讯信息、社交网络信息、天气状况及在线音频服务等。

无论是哪一种服务，都是在高效快速的数据下载与分发的基础上进行的。目前，针对车辆和基础设施，车辆到基础设施（V2R）与车辆到车辆（V2V）协同通信技术是车联网中常见的协助下载技术。

1. 基于 V2R 协同的车联网协助下载技术

V2R 通信是一种使车辆能够通过 RSU 实时访问互联网以下载内容的技术。当配备了车载单元（OBU）的车辆进入覆盖了 RSU 的道路范围内时，车辆就能够通过连接互联网得到所需要的各种信息。

RSU 部署在道路上，每个节点（RSU 和车辆）只有在进入其范围时才能彼此通信。RSU 周期性地广播信标，从而使车辆知道 RSU 可用的下载服务。车辆在接收到信标后，当车辆有从 RSU 下载数据的需求时，车辆向 RSU 发送请求。如果 RSU 可以满足车辆的内容请求，那么 RSU 将通过数据预取方法提前联网以获得车辆所需的下载内容。

基于 V2R 协同的车联网协助下载技术有许多优点，与一直在移动的车辆相比，由于 RSU 位置固定，具有稳定且开阔的通信范围和带宽，能够保证其覆盖范围内的节点成功接入网络。

因此，通过 V2R 进行数据传输的可靠性和高效性远远超过 V2V 通信。但是，出于对地理环境和有限成本的考虑，RSU 数量通常有限，随着请求和下载内容的车辆的快速增长，RSU 通常处于重载状态。因此，RSU 无法为所有车辆提供数据服务，这导致信息下载失败。

基于 V2R 协同的车联网协助下载系统模型如图 7-14 所示，其中 RSU 部署在路边，N 辆车位于单向道路上。RSU 的有效传输半径为 R_1，车辆的有效传输半径为 R_2，通常情况下 $R_1>R_2$。若车辆 V_1、V_2、$\cdots$、V_N 与 RSU 之间的距离分别为 d_1、d_2、$\cdots$、d_N，当所有车辆以相同的恒定速度通过 RSU 的覆盖范围时，分 3 种情况：$d_2<R_2$，RSU 在车辆 V_2 的通信范围内，车辆 V_2 可与 RSU 直接通信；$R_2{\leqslant}d_1{\leqslant}R_1$，车辆 V_1 仍然在 RSU 的通信范围内，但 RSU 不在车辆 V_1 的通信范围内，车辆 V_1 可通过多跳与 RSU 通信；$d_N>R_1$，车辆 V_N 不在 RSU 的通信范围内，两者无法通信。

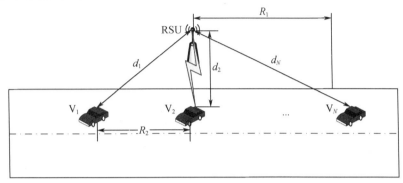

图 7-14　基于 V2R 协同的车联网协助下载系统模型

2. 基于 V2V 协同的车联网协助下载技术

基于 V2V 协同的车联网协助下载技术，是将车辆作为中继节点而相互传输数据的通信方式，车辆之间的信息共享主要依靠 DSRC 技术来实现。首先，从安全角度来说，在即将可能发生危险时，可以通过 V2V 通信发布紧急情况信息给车辆，降低通信时延，保证车辆及时准确接收到预警信息，从而有足够的时间应对可能到来的危险，进而防止交通事故发生。除此之外，当车辆不在 RSU 覆盖范围内时，车辆利用 V2V 通信获得一定时间的网络接入，从而获取下载服务，打造智能、安全的驾驶氛围。从便捷性来说，V2V 通信不依赖于固定的基础设施，只需要和附近车辆合作便能实现信息共享，具有灵活便捷、成本较低等优点。但是，信道干扰及车辆移动的高动态性和分布不均匀性使得网络拓扑的稳定性差，造成车辆之间的连接断断续续，无法保证通信的可靠性。

与 V2I 相比，V2V 通信更加灵活，可以通过车辆间单跳传输来保证文件传输的完整性。通过 V2V 通信中的中继车辆形成集群，集群线性扩展，直到请求车辆接收到所有的文件片段。一些研究认为，只有找到最好的中继车辆才能形成集群。然而，由于车辆间链路的间歇性和有损性，V2V 通信在车辆移动动态性高、车辆行驶方向不同、车辆分布稀疏等情况下往往不可靠。

基于 V2V 协同的车联网协助下载系统模型如图 7-15 所示。V2V 通信利用车辆的移动性和车辆之间的多跳中继来扩大通信范围，V_1 可与 V_2 直接通信进行协助下载，也可通过多跳与 V_3、V_4、V_5 通信进行协助下载。V2V 网络的高速移动性会导致信道环境的快速变化，因此，V2V 通信的传输时延具有不可预测性。在 V2V 网络中，大规模的车辆同时且连续地发送/接收数据分组，数据传输不可避免地受到有限的链路带宽、密集的时延变化和严重的分组丢失的影响。由于通过 V2V 通信交换的数据包可能包括车辆用户的个人信息，用户的隐私安全也是一个重大问题。此外，车辆的位置信息等可能会被任何恶意用户不恰当地披露和使用，因此满足车联网协助下载的可靠性和及时性要求也是一项挑战。

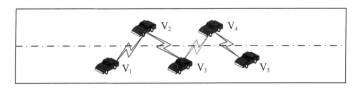

图 7-15　基于 V2V 协同的车联网协助下载系统模型

3. 基于 V2R 与 V2V 混合协同的车联网协助下载技术

由于独立的 V2R 和 V2V 网络都存在不少缺点，如 V2R 通信的间歇性连接和 V2V 通信的不可靠性。通常，仅依赖于上述一种通信方法的车联网协助下载只能为用户提供轻量级服务，如下载视频剪辑和浏览网页等，它不允许在受限的时间内下载大型文件。因此，一些学者提出了基于 V2R 和 V2V 联合调度的内容分发方案，以减轻 RSU 的负担。基于 V2R 与 V2V 混合协同的车联网协助下载系统模型如图 7-16 所示。

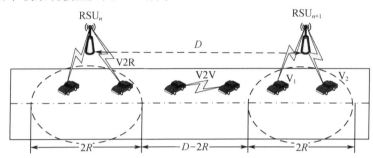

图 7-16　基于 V2R 与 V2V 混合协同的车联网协助下载系统模型

相邻的两个 RSU 之间的距离为 D，每个 RSU 的覆盖范围为 $2R$。在 RSU 覆盖范围内进行 V2R 通信，即当车辆 V_1、V_2 在 RSU_n 或 RSU_{n+1} 的覆盖范围内，向 RSU_n 或 RSU_{n+1} 发送内容下载请求时，可直接通过 RSU 进行信息下载。RSU_n 和 RSU_{n+1} 中间存在一个长度为 $D-2R$ 的区域，即 RSU 覆盖范围之外的区域，在此区域内的车辆进行 V2V 通信，即车辆之间的数据包传输基于车辆集群内的中继车辆，通过单跳或多跳实现下载。车辆下载大型文件时，大多需要联合使用 V2R 和 V2V。

在高速公路场景下，下载大型文件时有许多协助下载方案，如 ChainCluster 方案。ChainCluster 方案沿着同一方向将移动的车辆组成一个线性协作链集群，对头部车辆进行标记，标记车辆和其他协作车辆联合起来进行协助下载与分发。集群成员按照顺序连续行驶通过 RSU，同时集群成员从 RSU 接收标记车辆请求下载文件中的非重叠部分，并在离开 RSU 的覆盖范围时将它们转发到标记车辆。随着车辆连续通过 RSU 行驶，标记车辆的有效下载时间延长为整个集群的有效下载时间。集群可以为每个标记车辆进行数据下载，通过对集群成员数量的调整，下载的数据量也是可控的。

ChainCluster 方案如图 7-17 所示，包括 3 个阶段：集群形成阶段、内容下载阶段和内容转发阶段。

（1）集群形成阶段

如果标记车辆 V_1 希望下载大型文件，当其进入 RSU 的覆盖范围后，标记车辆 V_1 对当前饱和下载吞吐量等指标进行评估，选择需要下载的目标文件，随后邀请跟随其后的其他车辆 V_2、V_3 形成线性协作链集群。

（2）内容下载阶段

进入 RSU 的覆盖范围内，V_1、V_2、V_3 分别从 RSU 按照相应顺序下载文件的非重叠部分。

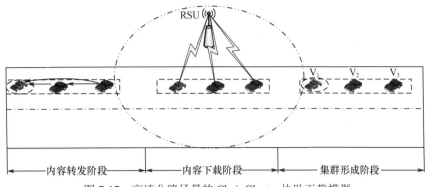

图 7-17 高速公路场景的 ChainCluster 协助下载模型

（3）内容转发阶段

当车辆 V_1、V_2、V_3 行驶到 RSU 的覆盖范围之外时，标记车辆 V_1 从集群成员 V_2、V_3 收集信息，V_2、V_3 可通过单跳方式直接将下载的部分文件传送给 V_1。此外，V_3 还可通过以 V_2 为中继车辆将数据传送给 V_1，将 V_1、V_2、V_3 下载的部分文件合并以恢复形成一个完整的文件，最终实现内容下载。

总之，ChainCluster 方案虚拟地将一辆车的连接时间延长到一组车的集体连接时间，从而提高了在短暂连接时间内文件完整下载的可能性。此外，当整个集群离开 RSU 的覆盖范围时，ChainCluster 方案明确地将 RSU 的下载阶段与文件合并和恢复阶段分开，这可以充分利用车辆与 RSU 之间宝贵的连接时间。

7.3.2 基于分簇的车联网协助下载技术

基于分簇的车联网协助下载，主要是通过分簇解决车辆的高移动性和不均匀分发问题。分簇的主要依据是参考车辆的速度、方向、位置、密度等信息，再通过相关算法把车辆分成不同的簇，每个簇都有一个控制信息传输的簇头。

基于运动一致性分簇的车联网协助下载系统模型如图 7-18 所示。RSU_{n+1} 覆盖范围内的车辆数量为 N，根据当前车辆密度及车辆间距进行分簇，V_1、V_2、V_3 是由同向车辆构成的协助车辆簇，由于 V_7 与前方 V_4、V_5、V_6 的间距过大，V_7 不参与成簇，由 V_4、V_5、V_6 形成对向的协助车辆簇，如果其中车辆的速度与当前车辆簇速度相差太大，则将被删除。当目标车辆 V_1 行驶到盲区时，无法通过 RSU 进行数据下载，此时可选择同向或对向协助车辆簇进行内容下载。在车辆簇行驶过程中，可以基于当前簇结构的变化特性，对车辆簇进行调整与维护。

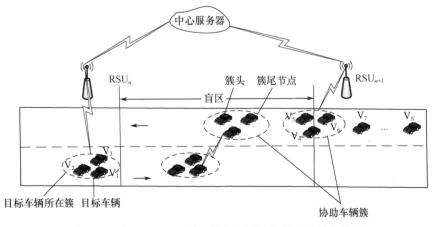

图 7-18 基于运动一致性分簇的车联网协助下载系统模型

RSU_{n+1} 的覆盖范围内有 N 辆车，车辆间安全距离用 D_S 表示，R 表示车辆通信范围，车辆周期性地广播自身信息。分簇算法具体如下。

① 确定车辆簇的长度 D。建立初始车辆簇，初始车辆簇的长度 D 满足

$$D_S < D < R \tag{7-4}$$

由于车辆的高移动性，车辆簇长度与车辆密度息息相关，当前车辆簇长度用 D_i 表示，初始化 $D_i = (D_S + R)/2$。车辆密度用 α 表示，划分为 3 个区间：$[0,0.2)$、$[0.2,0.8]$、$(0.8,1]$。根据不同的车辆密度，计算车辆簇长度 D 的方法为

$$D = D_i \left| (1 - \frac{D_S}{D_i})\alpha - 1 \right|, \alpha \in [0,0.2) \tag{7-5}$$

$$D = R\mathrm{e}^{\alpha x}, \alpha \in [0.2,0.8] \tag{7-6}$$

$$D = D_i + \alpha(D_S - D_i), \alpha \in (0.8,1] \tag{7-7}$$

其中，x 为一变量，由 $\alpha = 0.8$ 时 D 保持连续性计算获得。

② 基于速度一致性对车辆簇进行更新，当前车辆簇平均速度 V_n 表示为

$$V_n = \frac{1}{n_m} \sum_{j=1}^{n_m} V_{nj} \tag{7-8}$$

N 辆车分为 n 个簇，n_m 表示第 n 个簇所包含的车辆数，V_n 表示第 n 个簇的平均速度，V_{nj} 表示第 n 个簇内第 j 个簇成员的速度。如果簇成员速度与当前簇的平均速度相差过大，则进行一定的筛选。

③ 簇头选择。根据车辆离簇头的距离和当前簇平均速度的速度差进行簇头选择，权值计算方法如下

$$W_{nj} = p\frac{|V_{nj} - V_n|}{V_N} + q\frac{|L_{nj} - L_V|}{D_i} \tag{7-9}$$

$$p + q = 1, p, q \in [0,1] \tag{7-10}$$

其中，W_{nj} 是第 n 个簇内第 j 个簇成员成为簇头的权值，簇头位置表示为 L_V，L_{nj} 表示第 n 个簇内第 j 个簇成员所在位置，p、q 为加权系数。

④ 车辆簇的维护。通过对簇成员的定期检查进行车辆簇的维护和调整，当簇头离开当前簇时，将根据簇头算法重新选择簇头。

在基于分簇的协助下载中，簇的形成和簇头的选择是一个关键问题。簇头选择基于车辆动力学和驾驶员意图，而不是传统聚类方法中的 ID 或相对移动性。在智能交通系统中，由于车辆的高移动性，动态集群形成是一个重要的过程，车辆的稳定集群是创建这种基础设施的关键。

基于集群的文件传输方法是一个依靠集群成员合作的完全分布式方案，不需要路边单元或接入点的任何协助就可以实现车辆间完整性的文件传输。在车辆请求文件时，评估资源车辆和目标车辆之间的传输容量。如果请求的文件可以通过直接 V2V 连接成功传输，则将由自己完成文件传输；否则，将形成一个集群通过多跳协作完成文件传输。

在这一过程中，找到与集群成员具有相似特征的车辆尤为关键，通过请求车辆广播用于协作文件传输的请求包，然后通信范围内愿意协助的相邻车辆发送响应信息。当请求车辆接收到响应信息时，它根据相邻车辆的基本信息，如速度、位置、通信容量等，选择合适的车辆作为下载源。在这个集群中，相邻车辆是集群成员，而请求车辆是集群头部。加入集群的相邻车辆继续广播用于协作文件传输的请求包，并邀请其邻居车辆加入集群。然后，新添加的集群成员的基本信息被转发到集群头部。重复以上步骤，直到有足够的集群成员加入集群。

7.3.3 基于车间合作的车联网协助下载技术

利用车联网协助下载技术虽然可以为用户带来便捷舒适的驾驶体验,但也需要考虑最大限度地利用资源、减少浪费并确保公平竞争。为了解决这些问题,研究人员提出了基于车间合作的协助下载技术,包括基于自私的协助下载、基于公平的协助下载和基于博弈的协助下载。

这些技术适用于协作或竞争环境中。首先,在激励机制中,当车辆想要下载文件时,它会提供一些奖励或其他有利条件,以确保车辆可以一起下载。其次,当车辆处于公平约束环境中时,它们可以合作或充当传输中继车辆。在此情况下,分配的公平性是很重要的,当资源被用于提高共享服务的绩效时,应关注做出贡献的资源的公平性。在公平约束中,什么样的指标可以定义公平是主要考虑的因素。最后,当一辆车由于资源限制而竞争资源时,多辆车希望通过博弈获得更多的资源。因此,有必要设计合适的算法来找出最佳平衡,以确保所有车辆都能获得更公平的资源。

1. 基于自私的协助下载

一些学者定义了严格自私和适度自私,设计了基于自私的协助下载方法。严格自私,即节点在获得移动网络运营商宣布的所有项目后,立即关闭其无线接口;而适度自私则是指在获得节点所有感兴趣的项目之后,在关闭其无线接口之前,节点仍愿意在有限时间内为内容传播过程做出贡献。协助下载时采用一种综合激励机制,结合移动网络运营商、下载用户、等待用户这3个合理利益相关者在流量卸载中的效用。激励机制包括两部分,首先,激励机制通过减少用户数量来减轻蜂窝网的负担。移动网络运营商将普通用户分为下载用户和等待用户,并提供相应的奖励,让一些用户衡量他们的下载需求和时间。等待时间越长,回报越多。其次,等待用户不直接下载,可以通过 D2D(Device to Device)方式从下载用户获得数据,并用从移动网络运营商获得的部分奖励支付给下载用户和路径上的每个中间节点。

自私行为程度的不同,会导致对应用程序不同的吞吐量和能耗。在节点占空比较高的情况下,引入严格自私行为可以大大降低能耗,且不会造成吞吐量的显著损失。此外,当选择适度的自私间隔的持续时间时,适度自私可以进一步降低能耗,同时增加吞吐量。

2. 基于公平的协助下载

公平是车联网协助下载数据的重要指标。在利用用户资源来提高共享服务性能时,应考虑到单个用户提供的资源的公平性,如能耗或电池寿命。Jains 公平指数是一个被广泛采用的公平指标,可用于任何资源分配或资源共享系统。Jains 公平指数的范围为从 0 到 1,以衡量公平性。然而,它有一个缺点,即没有考虑到负面影响。由于相邻车辆之间的信道资源竞争,双向道路两侧的数据流存在严重的不公平问题,这导致网络性能非常低。信道竞争的公平性对每个数据流的吞吐量的影响尤为重要。

一些学者在接入点部署时,分两个阶段保证车联网协助下载的公平性。在第一阶段,使用贪婪方法,在每次迭代中寻找单中心解,并迭代更新生成的目标函数;在第二阶段,尝试通过逐个交换接入点来改善服务较少的路由的性能,直到单个接入点的移动无法改善目标性能。两个阶段通过启发式提供了局部最优解,使用基于不同穷举 p-中心启发式算法构建的全局最优解实现接入点部署的最大覆盖。

3. 基于博弈的协助下载

博弈是生活中比较常用的一种方法,博弈论是研究多方参与竞争与合作的数学方法。博弈由博弈参与者集合、博弈策略集合及博弈效用函数组成。

博弈参与者集合包含参与博弈的所有参与者，在车联网中博弈参与者为车辆和 RSU。博弈策略集合是指博弈参与者在博弈过程中使用的决策集合，每个博弈参与者分别对应各自的策略集合。博弈效用函数是指博弈参与者在做决策时，决策所映射的效用函数，同样每个博弈参与者都有其对应的效用函数。

如今，在车联网方面，许多研究人员将博弈论与车辆下载和资源分配相结合，旨在用经济高效的方式下载内容。

（1）拍卖理论

拍卖理论是博弈论的一个分支，适用于商品和服务价格不确定的情况。如果把车联网建模成拍卖博弈，那么在每个 RSU 中，RSU 负责拍卖活动，RSU 连接到拍卖中出价最高的车辆。在每个时隙，RSU 确定连接车辆的保留价格，并向所有车辆广播保留价格。车辆根据自己的状态决定是否参加拍卖。

① RSU 覆盖范围内的车辆数量：当拍卖车辆数量较少时，竞争力较小，车辆更有可能参与拍卖，因为在这种情况下，该车辆赢得拍卖的概率会更高。

② 车辆对所请求内容的紧急程度：如果对请求内容的迫切度高，车辆可以直接加入拍卖。

③ 车辆停留的区域：当车辆靠近 RSU 的区域时，车辆可以选择加入拍卖，越靠近 RSU 中间区域，传输速率越高。因此，在不同地理位置分布的 RSU，基于其特定的网络环境可以引导分布式拍卖，车辆在其行程中穿过不同的 RSU，并选择性地参与拍卖。

在直通式网络中，每个 RSU 首先确定时隙的价格并出售时隙以获得收入。考虑到 V2R 通信的特点，时隙 t 的价值由两部分组成，即 RSU 要求的保留价格和车辆的私人价值，为

$$C_{k,t} = \beta C_{k,t}^r + \mu C_{k,t}^p \qquad (7\text{-}11)$$

其中，β 和 μ 是权值；$C_{k,t}$ 是车辆 k 在时隙 t 的价值；$C_{k,t}^p$ 是车辆 k 在时隙 t 的私人价值；$C_{k,t}^r$ 是 RSU 收取的保留价格。

由于 RSU 的资源消耗，发送博弈请求的车辆需要向 RSU 支付 ψ。对于每个时隙，RSU 提前广播保留价格，然后车辆对该时隙进行竞价。根据二级价格密封拍卖，车辆 i 在一段时间内的效用函数可以定义为

$$u_i = \sum_{t=1}^{\overline{T_i}} u_{i,t}(b_{i,t}, b_{-i,t}, \psi) \qquad (7\text{-}12)$$

其中，$u_{i,t}(b_{i,t}, b_{-i,t}, \psi)$ 是车辆 i 在时隙 t 中的效用；$b_{i,t}$ 和 $b_{-i,t}$ 分别表示车辆 i 和其他车辆在时隙 t 的出价；$\overline{T_i}$ 表示时隙长度。

当车辆与 RSU 建立联系以获取内容时，应考虑 3 个因素，即 RSU、车辆和内容。竞价由上述 3 个因素的 3 部分共同决定。第一部分考虑了 RSU 的特点，例如，由于信道条件的不同，位于 RSU 中间区域的价格最高。第二部分考虑了 RSU 覆盖范围内车辆的特征，覆盖范围内的车辆越多，车辆之间的竞争越激烈，且用于收集和处理信息的时间与精力消耗越多，保留价格就越高。第三部分考虑内容方面，获取内容的成本越高，保留价格也就越高。

在每个时间段，即使对同一辆车，竞价和保留价格也可能不同，因为车辆对内容的紧迫性不是一成不变的，会随着时间而变化。

（2）基于拍卖博弈的卸载机制

在基于拍卖博弈的卸载（Auction Game-based Offloading，AGO）机制中，移动网络运营商（Mobile Network Operator，MNO）采用定期拍卖的方式来出售 Wi-Fi 接入机会。用户计算其公

用设施，如果公用设施为正，则提交标书，如果中标，就可以使用 Wi-Fi。

AGO 机制的基本思想是：MNO 通过对每个 Wi-Fi 覆盖路段进行定期拍卖，以向车辆出售 Wi-Fi 接入机会，在每次拍卖中只有一辆车获胜从而获得 Wi-Fi 的使用权；车辆会根据满意度函数和 Wi-Fi 卸载潜力预测计算公用设施，决定是否参与投标。每次重复拍卖的时间间隔 T 称为拍卖间隔，可以通过调整拍卖间隔以适应动态车辆环境。

MNO 效用函数 U_o 定义为其在一次拍卖中从 Wi-Fi 服务中获得的收入，表示为

$$U_o = T x_{win} \tag{7-13}$$

其中，x_{win} 是拍卖结束时的 Wi-Fi 接入价格。

对于车辆，考虑拍卖开始于 t_a，时延为 t_d，车辆 i 当前下载内容支付的总成本表示为

$$Z_{t_d}^i = J_i(0) - x_c O_i(t_d) + P_w^i(t_d) \tag{7-14}$$

$$J_i(0) = x_c S_i \tag{7-15}$$

其中，$O_i(t_d)$ 是已经通过 Wi-Fi 卸载的数据流量，$P_w^i(t_d)$ 是车辆 i 使用 Wi-Fi 已经支付的成本。满意度函数 $J(t)$ 反映了用户愿意为具有时延 t 的下载内容支付的价格，它是 t 的单调递减函数，$J_i(0)$ 是对车辆 i，在拍卖初始时刻请求下载内容通过蜂窝网完全传输时的支付价格，x_c 是使用蜂窝网传输单位大小数据的代价，S_i 是下载内容的大小。

如果给定价格 x_w，每辆车的可用策略集为 $G = \{g_0, g_1\}$，g_1 表示车辆决定以 x_w 的价格参与竞标，g_0 表示不参与竞标。因此，车辆 i 的预期效用在 T 时可表示为

$$U_i = \delta_i(x_c \min(Y_{t_a,T}^i, S_l^i) - x_w T - \dot{J}_i(t_d, T) - k_i) \tag{7-16}$$

$$\dot{J}_i(t_d, T) = \max\left[Z_{t_d}^i - J_i(t_d + T), J_i(t_d) - J_i(t_d + T)\right] \tag{7-17}$$

其中，δ_i 是车辆 i 策略的指标，如果 $\delta_i = 1$，则表示采用策略 g_1；$Y_{t_a,T}^i$ 是预测的 Wi-Fi 卸载潜力；S_l^i 表示当前下载内容的剩余数据量；$\min(Y_{t_a,T}^i, S_l^i)$ 表示 t_d 延迟到 t_d+T 可通过 Wi-Fi 传输的预期数据量；$\dot{J}_i(t_d, T)$ 表示如果下载内容从 t_d 延迟到 t_d+T，车辆 i 需要节省的最小成本；k_i 是补偿预测误差的正值。

如果 Wi-Fi 的效用为正，则车辆 i 使用 Wi-Fi。因此，可以计算出最大 Wi-Fi 价格，表示为

$$x_{w,m}^i = \frac{x_c \min(Y_{t_a,T}^i, S_l^i) - \dot{J}_i(t_d, T) - k_i}{T} \tag{7-18}$$

（3）基于联盟博弈论的协助下载

在合作博弈中，参与者能够就自身利益达成一致，以实现最大化联盟为共同目标，并通过协调策略来商量参与者之间的总收益分配比例。联盟博弈是合作博弈的主要类型之一。

在联盟博弈中，一组用户打算形成合作组，即联盟。联盟代表了参与者之间达成的一种协议，即作为由参与者组成的单一实体，以获得更高的回报，这种联盟的价值被称为联盟价值。

联盟博弈的两种常见形式是战略形式和分割形式。在战略形式中，联盟价值仅仅由联盟成员决定。在分割形式中，联盟价值还由联盟之外的其他参与者决定。联合博弈模型可以用可转移收益或不可转移收益来开发。在可转移收益的联盟博弈中，效用就像金钱一样，可以分配给不同的参与者；在不可转移收益的联盟博弈中，不同的参与者对效用有不同的解释，效用不能在参与者之间任意分配。

针对战略形式的联盟博弈，比较典型的算法是合并和分裂算法。只要联盟之间存在互惠，若干个联盟就会合并为一个联盟；如果联盟间的分裂能够获得更好的回报，联盟就会分裂。

基于合作博弈的资源分配以实现高效可靠的内容分发为主要目的，在 HetVNETs（Heterogeneous Vehicular NETworks）方法中，一些车辆可能会对价格比较敏感，而其他车辆可能更关注它们获取内容的时延。因此，对于下载内容 q 的车辆 i，成本分别由下载内容的时间和为内容支付的价格这两部分构成，可以定义为

$$F(i)^\lambda = \alpha_{i,q} T(q)^\lambda + (1 - \alpha_{i,q}) C(q)^\lambda \tag{7-19}$$

不同的 λ 值表示不同的接入网络，其中 $\lambda=1$、$\lambda=2$、$\lambda=3$ 分别代表从 RSU、蜂窝网和其他车辆获得的内容；$\alpha_{i,q}$ 是车辆 i 对内容 q 的兴趣程度；$T(q)^\lambda$ 和 $C(q)^\lambda$ 分别用于平衡车辆 i 下载内容 q 的时间敏感性和价格敏感性。

在不同的接入网络中，车辆 i 用于获取内容 q 的时间可以表示为

$$T(q)^\lambda = \begin{cases} \dfrac{d_i}{v} + \dfrac{s_q}{E(r_{v2r})}, & \lambda = 1 \\[2mm] \dfrac{s_q}{E(r_{v2c})}, & \lambda = 2 \\[2mm] \dfrac{s_q}{r_{v2v}}, & \lambda = 3 \end{cases} \tag{7-20}$$

其中，d_i 表示车辆 i 和 RSU 之间的距离；s_q 表示车辆 i 缓存内容 q 的大小；r_{v2v}、r_{v2r} 和 r_{v2c} 分别表示车辆从其他车辆、车辆连接的 RSU、蜂窝网下载内容时的传输速率；$E(r_{v2r})$ 和 $E(r_{v2c})$ 分别表示车辆从 RSU 和蜂窝网下载的预期传输速率。

$$v = \max \left\{ v_{\min}, v_{\max} (1 - \frac{\rho}{\rho_{\max}}) \right\} \tag{7-21}$$

其中，ρ 和 $\rho_{\max}$ 分别表示该路段车辆的密度和最大密度；$v_{\min}$ 和 $v_{\max}$ 分别表示车辆的最小速度和最大速度。

$$E(r_{v2r}) = \sum_{m=1}^{M} \frac{r_{Z_m}}{M} \tag{7-22}$$

由于使用区域模型来制定车辆与其连接的 RSU 之间的传输速率，因而把 RSU 覆盖范围划分为 M 个区域，r_{Z_m} 是区域 Z_m 的传输速率。

$$E(r_{v2c}) = \frac{\overline{r_{v2c}} + \underline{r_{v2c}}}{2} \tag{7-23}$$

其中，r_{v2c} 取决于同时连接到蜂窝网的车辆数量，随着接入蜂窝网的车辆数量变化而变化，遵循均匀分布并位于 $[\underline{r_{v2c}}, \overline{r_{v2c}}]$ 中；$\overline{r_{v2c}}$ 与 $\underline{r_{v2c}}$ 分别表示车辆从蜂窝网下载的最大传输速率和最小传输速率。

$C(q)^\lambda$ 是为获得内容 q 而支付的价格，可以表示为

$$C(q)^\lambda = \begin{cases} p_{RSU} s_q, & \lambda = 1 \\ p_{CEL} s_q, & \lambda = 2 \\ p_{VEH} s_q, & \lambda = 3 \end{cases} \tag{7-24}$$

其中，p_{RSU}、p_{CEL}、p_{VEH} 分别是从 RSU、蜂窝网和其他车辆中下载每单位内容的价格。

如果将路段中车辆之间的相互作用建模为具有可转移成本的联盟博弈，其中每辆车可以通过联盟来选择最佳接入网络，以最小化成本。车辆都更关注自身的成本，而不是群体理性地寻

找联盟的最低成本。车辆根据兴趣和请求以分布式方式组建联盟，反复进行这一过程，直到任何一步都不能提供比当前联盟更低的成本。通过比较车辆独自下载的成本与联盟博弈中的成本，选择合并或分裂，如果联盟成立，下载内容的价格将平均分摊。

7.4 车联网信任计算与模型

由于车联网具有开放的无线边界和高动态性，容易受到恶意节点的攻击。恶意节点进入网络，可能造成严重的 MAC 层损害，如拒绝服务（DoS）攻击、数据篡改攻击、模拟攻击、Sybil攻击和重放攻击等，这对车联网的网络安全和用户隐私构成了严重威胁，对真实节点在网络内的信息交换造成损害，并对交通可能产生致命的影响。因此，为了提高车联网的网络安全和用户隐私性，人们采取了一系列措施，信任管理正是在这样的背景下提出的。

信任管理是一个普遍的方案，是在车联网中实现可靠、安全、稳定通信的基本方法。在车联网中，节点间建立信任是节点间正常通信的必要条件。因为车联网节点的运行、管理和生存竞争都依赖于节点间的协作和相互信任。信任管理的基本思想是通过将信任量化成具体数值，描述单个节点的可信度、可靠性或可靠能力，其核心内容是信任计算。

在深入探索"信任（Trust）"的概念之前，我们需要先了解它的重要性。信任在不同的研究领域，往往被赋予不同的含义。很多时候，人们倾向于使用信心（Confidence）、信誉（Reputation）等概念去解释信任。在无线传感器网络中，信任通常定义为一个节点对另一个节点可靠性的主观评价，包括节点的服务能力、数据处理能力、交互数据的安全性、真实性、准确性等，这种主观评价通常会受到网络动态变化的影响。

但信誉与信任也有所不同。信任基于节点未来的行为，而信誉主要基于节点过去的表现，它是计算信任的参数之一。信誉对建立信任有重要的参考价值，但往往只能作为一个依据，而没有决定性的作用，这是因为信任并不是完全依据信誉而产生的。

车辆与车辆之间的信任关系，因其不确定性、不对称性和独立性而成为车联网中最复杂的概念。良性的信任关系使节点能够在交互实际发生之前预测和评估交互的安全性，从而防止自身受到攻击。如果一个节点总是愿意转发收到的数据包，它被认为是值得信任的，并拥有良好的信誉，因此，它的请求将更有可能得到满足。

7.4.1 基于主观逻辑的信任计算

主观逻辑在自组织网络和点对点网络及无线传感器网络中，是一种广泛的信任管理工具。人们使用较多的是 JØSANG 主观信任模型，其定义了事件空间和观念空间来描述与度量信任关系。事件空间表示为一组节点观测到事件的序列组合，其中包括数个确定事件和不确定事件。观念空间由三元组 $\{b, d, u\}$ 构成，表示带有主观因素的信任，其中，b、d 和 u 分别代表通信节点间的信任度、怀疑度和不确定度。

无线传感器网络中的传感器行为，涉及相当大的不确定性，传感器之间的通信信道不稳定且有噪声。为了应对这种不确定性，可以采用主观逻辑（Subjective Logic，SL）框架，并使用 SL 意见来评估可信度。SL 有两个优点：重量轻；同时考虑了不确定性和信任主导权。SL 意见的定义如下。

定义 1：一条意见对应一个三维向量，采用 T 表示一条意见，$T = \{B, D, U\}$，其中 B、D、U 取值区间为[0,1]，且 $B+D+U=1$。B、D 和 U 分别代表信任度、怀疑度和不确定度。根据 SL

框架，意见取值可以定义信任级别，例如，低信任值为 $T_1 = \{0.0, 0.93, 0.07\}$，高信任值为 $T_2 = \{0.88, 0.0, 0.12\}$。

设无线传感器网络由 N 个传感器节点组成，用 $s_j (j \in [1, N])$ 表示无线传感器网络中的第 j 个传感器节点。处在 s_j 通信范围内的节点称为 s_j 的邻居节点，用 $b_i (i \in [1, n_j])$ 表示，其中 n_j 表示 s_j 的邻居节点个数。将 s_j 的可信度表示为 γ^j，采用变量 T_i^j 表示节点 b_i 通过监视 s_j 的行为对可信度 γ^j 产生的意见。

定义 2：设 s_X, s_Y, s_Z 为 3 个传感器节点，$T_Y^X = \{B_Y^X, D_Y^X, U_Y^X\}$，$T_Z^X = \{B_Z^X, D_Z^X, U_Z^X\}$ 分别表示 s_Y 和 s_Z 对 s_X 可信度的看法，将 s_Y 和 s_Z 对 s_X 信任意见的共识定义为 $T_{Y,Z}^X = T_Y^X \oplus T_Z^X = \{B_{Y,Z}^X, D_{Y,Z}^X, U_{Y,Z}^X\}$，其中

$$
\begin{cases}
B_{Y,Z}^X = \dfrac{B_Y^X U_Z^X + B_Z^X U_Y^X}{U_Y^X + U_Z^X - U_Y^X U_Z^X} \\[3mm]
D_{Y,Z}^X = \dfrac{D_Y^X U_Z^X + D_Z^X U_Y^X}{U_Y^X + U_Z^X - U_Y^X U_Z^X} \\[3mm]
U_{Y,Z}^X = \dfrac{U_Y^X U_Z^X}{U_Y^X + U_Z^X - U_Y^X U_Z^X}
\end{cases}
\tag{7-25}
$$

将信任值表达为主观意见，而不是简单的信任级别，提供了一个更灵活、更贴近现实的信任模型。因此，根据定义 2，传感器节点 $\{b_i\}_{i=1}^{n_j}$ 在时间 t 内对传感器节点 s_j 产生的意见共识为

$$
T_1^{j,t} \oplus \ldots \oplus T_i^{j,t} \oplus \ldots \oplus T_{n_j}^{j,t} = T_{1,\ldots,i,\ldots,n_j}^{j,t}
\tag{7-26}
$$

其中，$T_i^{j,t}$ 表示在时间 t 内传感器节点 b_i 对信任度 γ^j 的意见。

定义 3：设 s_X 和 s_Y 为两个传感器节点，$\{T_Y^{X,t_1}, \ldots, T_Y^{X,t_n}\}$ 分别表示 s_Y 对 s_X 在时间 $\{t_1, \ldots, t_n\}$ 的可信度意见，其中 $T_Y^{X,t_n} = \{B_Y^{X,t_n}, D_Y^{X,t_n}, U_Y^{X,t_n}\}$，定义 s_Y 在 $t_1 \cup \ldots \cup t_n$ 上对 γ^X 的意见为

$$
T_Y^{X, t_1 \cup \ldots \cup t_n} = \{B_Y^{X, t_1 \cup \ldots \cup t_n}, D_Y^{X, t_1 \cup \ldots \cup t_n}, U_Y^{X, t_1 \cup \ldots \cup t_n}\}
\tag{7-27}
$$

其中

$$
\begin{cases}
B_Y^{X, t_1 \cup \ldots \cup t_n} = \dfrac{1}{n} \left(B_Y^{X,t_1} + \ldots + B_Y^{X,t_n} \right) \\[3mm]
D_Y^{X, t_1 \cup \ldots \cup t_n} = \dfrac{1}{n} \left(D_Y^{X,t_1} + \ldots + D_Y^{X,t_n} \right) \\[3mm]
U_Y^{X, t_1 \cup \ldots \cup t_n} = \dfrac{1}{n} \left(U_Y^{X,t_1} + \ldots + U_Y^{X,t_n} \right)
\end{cases}
\tag{7-28}
$$

根据定义 2 和定义 3，我们依照传感器节点共识来确定可信度 γ^j，将传感器节点 $\{s_i\}_{i=1}^{n_j}$ 在时间 $\{t_1, \ldots, t_n\}$ 中对 s_j 产生的信任意见合并为

$$
\gamma^j = T_{1,\ldots,i,\ldots,n_j}^{j, t_1 \cup \ldots \cup t_n}
\tag{7-29}
$$

γ^j 可按传感器节点共识方式或时间方式计算如下。

（1）按传感器节点共识方式计算

$$
\gamma^j = T_{1,\ldots,i,\ldots,n_j}^{j, t_1 \cup \ldots \cup t_n} = T_1^{j, t_1 \cup \ldots \cup t_n} \oplus \ldots \oplus T_i^{j, t_1 \cup \ldots \cup t_n} \oplus \ldots \oplus T_{n_j}^{j, t_1 \cup \ldots \cup t_n}
\tag{7-30}
$$

（2）按时间方式计算

$$\gamma^j = T_{1,\cdots,i,\cdots,n_j}^{j,t_1\cup\cdots\cup t_n} = \left\{ B_{1,\cdots,i,\cdots,n_j}^{j,t_1\cup\cdots\cup t_n}, D_{1,\cdots,i,\cdots,n_j}^{j,t_1\cup\cdots\cup t_n}, U_{1,\cdots,i,\cdots,n_j}^{j,t_1\cup\cdots\cup t_n} \right\} \tag{7-31}$$

其中

$$\begin{cases} B_{1,\cdots,i,\cdots,n_j}^{j,t_1\cup\cdots\cup t_n} = \dfrac{1}{n}\left(B_{1,\cdots,i,\cdots,n_j}^{j,t_1} + \cdots + B_{1,\cdots,i,\cdots,n_j}^{j,t_n} \right) \\[2mm] D_{1,\cdots,i,\cdots,n_j}^{j,t_1\cup\cdots\cup t_n} = \dfrac{1}{n}\left(D_{1,\cdots,i,\cdots,n_j}^{j,t_1} + \cdots + D_{1,\cdots,i,\cdots,n_j}^{j,t_n} \right) \\[2mm] U_{1,\cdots,i,\cdots,n_j}^{j,t_1\cup\cdots\cup t_n} = \dfrac{1}{n}\left(U_{1,\cdots,i,\cdots,n_j}^{j,t_1} + \cdots + U_{1,\cdots,i,\cdots,n_j}^{j,t_n} \right) \end{cases} \tag{7-32}$$

注意到根据定义 3，每项信任意见随时间的推移都具有相同的影响。而在设计方案时，应考虑时间因素，让新的信任意见对最终结果有更大的影响力，这样才更接近现实情况。同时，也应该考虑先前的信任意见。一个简单的解决方案是引入时间因子，将时间影响添加到先前的信任意见中。例如，引入一个参数 $f \in [0,1]$，f 取值越大，代表意见越新。具体来说，可以把时间感知的信任意见表示为

$$T_i^{j,t_1\cup\cdots\cup t_n} = \left\{ B_i^{j,t_1\cup\cdots\cup t_n}, D_i^{j,t_1\cup\cdots\cup t_n}, U_i^{j,t_1\cup\cdots\cup t_n} \right\} \tag{7-33}$$

其中

$$\begin{cases} B_i^{j,t_1\cup\cdots\cup t_n} = \dfrac{1}{n}\left(f^{n-1}B_i^{j,t_1} + \cdots + fB_i^{j,t_{n-1}} + B_i^{j,t_n} \right) \\[2mm] D_i^{j,t_1\cup\cdots\cup t_n} = \dfrac{1}{n}\left(f^{n-1}D_i^{j,t_1} + \cdots + fD_i^{j,t_{n-1}} + D_i^{j,t_n} \right) \\[2mm] U_i^{j,t_1\cup\cdots\cup t_n} = 1 - B_i^{j,t_1\cup\cdots\cup t_n} - D_i^{j,t_1\cup\cdots\cup t_n} \end{cases} \tag{7-34}$$

7.4.2 基于模糊逻辑的信任计算

模糊理论是 1965 年由美国学者 Zadeh 提出的，其目的是有效解决现实世界中大量不确定信息的问题。该理论逐渐发展为模糊数学的一个分支。鉴于实际中信任判断存在的主观性与模糊性，无法用精确语言来描述，人们需要一种能直观表现数量关系的机制，用于表达实体信任中的模糊性，而模糊理论能较好地解决这一问题。

与经典理论不同，在模糊理论中，每个元素都有一定的隶属度。模糊理论通过已定义的隶属度来反映模糊和不充分的信息。此外，模糊理论依赖于近似的概念，而不是精确的测定。因其具有处理近似推理的能力，模糊理论被越来越多的行业所采用。此外，模糊理论在概念上易于理解，能够容忍数据的不精确性，具有灵活性，更接近于自然语言。由于车辆发送的网络信息具有不准确、不完整和不精确的特点，我们可以在车联网中使用模糊理论。

本节将介绍一个拥有 4 个层次的模糊模型，如图 7-19 所示，其 4 个层次分别为模糊化、模糊规则库的创建、模糊推断过程及去模糊化。模糊化将给定的清晰的多属性信任值转换为模糊集；模糊规则库的创建是指映射规则的创建，这些规则在模糊推理过程中使用，将模糊化的多属性信任值映射到模糊信任输出；最后，通过去模糊化将模糊信任值转换为最终信任值。

由于信任关系具有极大的主观性和不确定性，因此在节点间建立信任需要采取准确且适用的信任度量，而采用多个指标能更有效地计算信任分级。图 7-19 所示模型采用了 4 种信任值，分别为发信成功率 T^{MSR}、节点上的运行时间 T^{ETN}、公平性 T^{FS} 和正确性 T^{CS}，每一种信任值都

用于检测一种特定的攻击。

节点可信度的判断采用了 4 种信任值，将节点信任分为两类：一类是沟通行为信任，第二类是社会行为信任。沟通行为信任可用来解决车联网中的数据路由问题，而社会行为信任则可以用来解决针对信任的几种攻击问题。信任模型在多属性信任值的基础上计算信任值，能有效检测恶意节点。

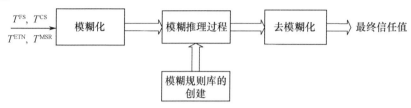

图 7-19　基于模糊逻辑的信任模型

1. 模糊化

多属性信任值 T^{MSR}、T^{ETN}、T^{FS} 和 T^{CS} 为明确值，需要通过与应用相关的隶属度函数将其转换为模糊集。隶属度函数实际上是一条曲线，它指定了多属性信任值分配隶属度的方式。隶属度函数有不同的形状，梯形函数由于具有较低的计算复杂度和足够的精度，因此应用较为广泛，其隶属度函数公式如下

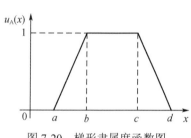

图 7-20　梯形隶属度函数图

$$u_{\mathrm{A}}(x)=\begin{cases}1-\dfrac{b-x}{b-a}, & a\leqslant x\leqslant b\\[2mm]1, & b<x\leqslant c\\[2mm]1-\dfrac{x-c}{d-c}, & c<x\leqslant d\\[2mm]0, & 其他\end{cases}\quad（7-35）$$

隶属度函数对应的图形如图 7-20 所示。其中 $u_{\mathrm{A}}(x)$ 是输入值 $x=(T^{\mathrm{MSR}},T^{\mathrm{ETN}},T^{\mathrm{FS}},T^{\mathrm{CS}})$ 的隶属度，a、b、c 和 d 为参数。模糊区域为 (a,b) 和 (c,d)，每个模糊区域的长度由 $b-a$ 和 $d-c$ 决定。将模糊输入 x 对应的模糊集名称分别记为：非常高(vh)、高(h)、中(m)、低(l)和非常低(vl)。表 7-1 给出了一种模糊输入变量的取值区间和对应的隶属度分配方法。

从模糊逻辑的角度，这 5 个集合之间是没有明确界限的，即某一输入值的大小并不完全归属于某信任等级，而是以隶属度来衡量的。如图 7-21 所示，当 $x=0.625$ 时，可以计算得到，其隶属于 vl 的隶属度为 0，隶属于 l 的隶属度为 0.5，隶属于 m 的隶属度为 1，隶属于 h 的隶属度为 0.5，隶属于 vh 的隶属度为 0。

表 7-1　多属性信任值取值范围和模糊集名称

多属性信任值区间(a,b,c,d)	模糊集名称
(0, 0, 0.25, 0.5)	非常低(vl)
(0, 0.25, 0.5, 0.75)	低(l)
(0.25, 0.5, 0.75, 1)	中(m)
(0.5, 0.75, 1, 1)	高(h)
(0.75, 1, 1, 1)	非常高(vh)

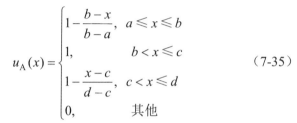

图 7-21　模糊集合对应的梯形隶属度函数

2. 模糊规则库的创建

模糊规则是描述模糊组合的语句。将明确的输入都模糊化后，需要构建一组规则，以某种

逻辑方式结合输入数据，生成某些输出结果。在图 7-19 所示模型中，同时使用了"与"和"或"的模糊组合。在规则形成方面，4 个信任指标分为两类，分别为包含 T^{MSR} 和 T^{ETN} 的沟通行为信任，以及包含 T^{FS} 和 T^{CS} 的社会行为信任。模糊化之后，通过分别对沟通行为信任和社会行为信任的隶属度进行模糊"与"运算，然后对两个结果进行模糊"或"运算，该规则的表示形式为

$$\max\left(\min\left(u_{\mathrm{A}}\left(T^{\mathrm{MSR}}\right), u_{\mathrm{A}}\left(T^{\mathrm{ETN}}\right)\right), \min\left(u_{\mathrm{A}}\left(T^{\mathrm{FS}}\right), u_{\mathrm{A}}\left(T^{\mathrm{CS}}\right)\right)\right) \tag{7-36}$$

3. 模糊推理过程

基于上述模糊规则，可以计算出该规则在给定模糊输入下对应的规则强度，将规则强度与其输出的隶属度集合相结合，就能得到合成的隶属度函数。

4. 去模糊化

为了得到单个明确的输出值，需要用到去模糊化的过程。一种常用的方法是质心法，其计算结果为一个点，表示输出隶属度函数的重心。最终信任值 T^* 由下式计算得到

$$T^* = \frac{\int u_{\mathrm{C}}(x)x\mathrm{d}x}{\int u_{\mathrm{C}}(x)\mathrm{d}x} \tag{7-37}$$

其中，$u_{\mathrm{C}}(x)$ 表示输出隶属度函数。

7.4.3 基于 D–S 证据理论的信任计算

D-S 证据理论又称为信任函数理论，是由 Dempster 于 1967 年首次提出并由其学生 Shafer 于 1976 年进一步研究的、可在任意抽象层次上进行非精确性推理的一种理论体系，可有效解决信任评估中的随机性和主观不确定性问题。

车联网中有许多不同层次的多源异构信息，而 D-S 证据理论能够综合处理这些因素，并对车辆行为进行评估。一些研究基于节点行为策略和 D-S 证据理论来设计信任管理机制，通过计算加权平均值，得到直接信任值和间接信任值，并用模糊集方法形成证据的基本输入，最后与修正后的 D-S 证据组合规则联系起来，形成节点的综合信任值。

下面给出一种基于 D-S 证据理论的车联网节点信任计算方案。

定义 4：识别框架表示为 Ω，$\Omega = \{T, -T\}$，其中的元素分别表示车联网节点受信任或不受信任。Ω 的幂集记为 2^{Ω}，$2^{\Omega} = \{\{T\}, \{-T\}, \{T, -T\}, f\}$，其中的元素分别表示可信任节点、不可信任节点、不确定节点和不可能状态。

定义 5：采用基本置信函数定义节点 i 到节点 j 的信任度 T_{ij} 为

$$T_{ij} = \frac{m_{ij}\left(\{T\}\right) - m_{ij}\left(\{-T\}\right)}{m_{ij}\left(\{T, -T\}\right)} \tag{7-38}$$

其中，$m_{ij}\left(\{T\}\right)$、$m_{ij}\left(\{-T\}\right)$ 和 $m_{ij}\left(\{T, -T\}\right)$ 分别表示节点 i 对节点 j 的信任评价、不信任评价和不确定评价，它们都由节点 j 的通信行为所决定。

在车联网中，如果节点收到了来自其他节点的数据包，通常会采取的行为包括：①根据路由协议发送数据包；②丢弃数据包；③发送更改后的数据包或将数据包发送到错误的节点。同时，发送数据包的节点会记录此节点的行为。

定义 6：在车联网中，节点 i 将记录节点 j 的行为：若在一段时间内，节点 j 执行第①种行为 a_{ij} 次，执行第②种行为 b_{ij} 次，执行第③种行为 c_{ij} 次，则定义 5 中的基本置信函数可以按如

下方式计算

$$\begin{cases} m_{ij}(\{T\}) = \dfrac{a_{ij}}{a_{ij} + b_{ij} + c_{ij}} \\[2mm] m_{ij}(\{-T\}) = \dfrac{b_{ij}}{a_{ij} + b_{ij} + c_{ij}} \\[2mm] m_{ij}(\{T, -T\}) = \dfrac{c_{ij}}{a_{ij} + b_{ij} + c_{ij}} \\[2mm] m_{ij}(f) = 0 \end{cases} \tag{7-39}$$

在基于信任的路由算法中，信任度每隔 Δt 时间更新一次。为了避免恶意节点快速提高其信任度，设计更新权重因子 μ 和 ν。假设在 Δt 时间内，通信记录为 Δa_{ij}、Δb_{ij}、Δc_{ij}，则更新后的通信记录为

$$\begin{cases} a_{ij}' = a_{ij} + \mu \cdot \Delta a_{ij} \\ b_{ij}' = b_{ij} + \nu \cdot \Delta b_{ij} \\ c_{ij}' = c_{ij} + \Delta c_{ij} \end{cases} \tag{7-40}$$

通过行为记录来建立节点的信任度。为了防止恶意节点提供虚假证据，采用证据支持度来计算节点的信任度。当节点 i 选择节点 j 作为下一个路由节点时，节点 i 将从它们共同的 n 个邻居节点收集一定的信任度 $T_{ij}(1), T_{ij}(2), T_{ij}(3), \cdots, T_{ij}(n)$，节点 i 自身给出的信任度记为 $T_{ij}(0)$。此时，这些节点的剩余能量分别记为 $E_0, E_1, E_2, \cdots, E_n$。该区域的平均剩余能量为

$$\overline{E} = \frac{1}{n+1} \sum_{k=0}^{n} E_k \tag{7-41}$$

令节点剩余能量与平均剩余能量之差为 ΔE_k，$\Delta E_k = \left| E_k - \overline{E} \right|$，则节点 k，$k \in [0, n]$ 的证据支持度 SUP_k 为

$$\mathrm{SUP}_k = \begin{cases} 1, & \Delta E_k = 0 \\[2mm] \dfrac{1}{\Delta E_k}, & \Delta E_k \neq 0 \end{cases} \tag{7-42}$$

证据支持度是对证据的评价，SUP_k 越高，证据就越可信。将证据支持度表示为信任权重形式，即

$$\lambda_k = \frac{\mathrm{SUP}_k}{\displaystyle\sum_{k=0}^{n} \mathrm{SUP}_k} \tag{7-43}$$

最终，节点 i 到节点 j 的综合信任度可以计算为

$$T_{ij}' = \sum_{k=0}^{n} \lambda_k T_{ij}(k) \tag{7-44}$$

7.5　车联网隐私保护技术

尽管车联网为人们带来了全新的驾驶体验，拥有诸多优点，但其本身也面临着一系列挑战，尤其在安全和隐私方面。例如，一旦车辆携带的定位或轨迹信息被泄露，则车主的个人兴趣和

日常生活等隐私信息很可能将随之曝光；而某些存在不良行为的车主，可能会为了逃避责任，对车联网中的数据主动发起篡改操作；攻击者也有可能利用假冒身份进入车联网，通过海量信息占用信道或用虚假信息干扰用户判断，以扰乱车联网的正常运行。可以说，车联网中的信息安全和用户的隐私保护直接影响到驾驶员、乘客、车主等参与者的人身和财产安全，是需要解决的关键问题。

此外，与拥有防火墙和网关等多条防线的传统有线网络不同，对无线传感器网络的攻击可能来自多个攻击源，并针对网络中的所有节点。车联网是移动自组织网络的一种应用，这意味着它不仅继承了与移动自组织网络相关的所有已知和未知安全弱点，而且由于其节点的高移动性和网络规模巨大等特点，车联网面临的威胁具有更大的挑战性。因此，在车联网的实际应用中，需要通过更加完善的机制来保证隐私和安全需求。

在车联网中，隐私包括数据隐私、身份隐私、位置隐私等多个方面。其中，数据隐私是指防止他人获取通信数据；身份隐私是指防止他人识别通信主体；位置隐私是指防止他人知道用户当前或过去的位置，往往是隐私保护的主要对象。

如今，对车联网中隐私安全的实现已经有了许多研究，而研究者对不同的安全问题也提出了不同的解决方案，这些方案各有特点，也存在一些不足。本节将介绍车联网常用的隐私保护方法，分别是基于加密的隐私保护技术、基于匿名的隐私保护技术和基于去中心化的隐私保护技术。

7.5.1 基于加密的隐私保护技术

基于加密的隐私保护技术是指对数据进行加密处理，使其从可读格式转换为不可读格式，以确保交互信息不被未经授权者获取的一种隐私保护技术。经过处理得到的密文即使在传输过程中被截获或监听，攻击者也无法通过密文获取真实有用的交互信息，进而达到隐私保护的目的。

数据加密有许多方法，每种方法的应用都考虑到不同的安全需求。其中，基于密码学的两种主要类型是对称加密方法和非对称加密方法，而差分隐私是一种较为新型的隐私保护加密方法。

1. 基于对称加密的隐私保护技术

对称加密，也称为私钥加密，是一类较为传统的密码学技术。对称加密通常使用一对相同的密钥来加密明文和解密密文。然而，信息安全中不可抵赖性的问题在对称加密中无法得到解决。因此，尽管对称加密拥有计算开销较小的优点，但研究者很少单独采用对称加密。

HMAC（Hash-based Message Authentication Code，基于哈希的消息认证码）是一种常见的对称加密方法，它是通过对需要认证的数据和秘密共享密钥并执行哈希函数而获得的一种消息认证码（MAC）。与其他 MAC 一样，HMAC 也用于检查数据完整性和身份认证。常见的哈希函数如 SHA-1 和 MD5，都可以用来生成 HMAC。下面介绍一种基于 HMAC 的验证方案。

在此方案中，使用 HMAC 代替匹配操作来验证消息。由于 HMAC 操作时间比匹配操作时间短得多，因此拥有较高的效率。例如，当车辆想要向附近的 RSU 发送并签署消息 M 时，其主要流程如下。

① 由车辆使用双方拥有的共享密钥 t 计算 $\text{ENC}_t(M)$ 和 $\text{HMAC}_t(M)$，并将它们发送给 RSU，$\text{ENC}_t(M)$ 和 $\text{HMAC}_t(M)$ 分别表示使用密钥 t 对消息 M 进行加密得到的对称加密值和 HMAC 值。

② RSU 解密 $\text{ENC}_t(M)$ 得到消息 M，并计算消息 M 的 HMAC 值；如果计算出的 HMAC 值与收到的 HMAC 值相同，则 RSU 接收该消息。

在上述方法中，主要使用对称加密和共享密钥的 HMAC 方法来保护消息。对称加密的操作可以保护消息的机密性，使得消息不被泄露，且只有知道共享密钥的人才能获取消息。由于 HMAC 的不可逆性，只有知道该消息和共享密钥的人才能计算出该消息的 HMAC 值，这样既保护了消息的完整性，又满足了身份认证的要求。

由于可以进行快速计算和身份认证，HMAC 十分适合高速运动中的车联网。并且由于哈希函数的单向性，HMAC 拥有很高的安全性。但因为基于对称加密，不可抵赖性问题无法得到解决，且如果共享密钥被泄露，攻击者将很容易创建未经授权的消息。

2．基于非对称加密的隐私保护技术

非对称加密，也称为公钥加密，是使用两个独立的密钥对数据进行加密和解密。这两个密钥分别被称为公钥和私钥。RSA 是一种常见的非对称加密算法，使用公钥加密数据，通过私钥解密，以实现安全的数据传输。

在 RSU 被损坏或其他特殊情况下，可能需要车辆在没有 RSU 帮助的前提下进行车间通信。这种通信需要实时地保证其安全，以识别网络中的攻击者，防止虚假信息在整个网络中传播。RSA 算法可以在安全的情况下建立车辆间的应急通信，使车辆在没有 RSU 的情况下，以较为安全有效的方式进行通信。

RSA 算法的安全性依赖于大数因子分解难题，换言之，其难度与大数分解难度等价。但随着分布式计算和量子计算机的逐渐发展，RSA 算法加密的安全性正不断受到挑战和质疑。

3．基于差分隐私的隐私保护技术

差分隐私能防止拥有一定背景信息的攻击者，从数据源的微小改动中推断出隐私信息，其主要思想是通过添加噪声而不改变数据本身的统计学意义，以此来保护隐私数据。

例如，在不使用差分隐私的情况下，我们向某购物网站的评价数据集发起查询，知道了今日 100 个顾客的评价中，其中 10 个顾客给出了差评；同时查询昨天的 99 个顾客的评价，得知有 9 个顾客给出差评。通过数据集比较，发现小李今天才开始评价。那么我们可以由此推断出，小李给出了差评，这样小李的个人隐私就相当于泄露了。

如果对任何输出 z 和任何相邻数据集 x_1、x_2（其中，x_2 可以从 x_1 中通过添加或删除一条记录获得），都有下式成立，则称该算法 A 满足 ϵ-差分隐私：

$$\frac{P\left(A(x_1)=z\right)}{P\left(A(x_2)=z\right)} \leqslant \mathrm{e}^{\epsilon} \tag{7-45}$$

其中，ϵ 为隐私预算，即算法 A 作用于数据集 x_1 和 x_2，得到一个特定的输出 z 时两者的概率差不多，无法从输出结果观察或推测数据集的微小变动，从而实现了差分隐私的保护效果。

拉普拉斯机制常用来实现差分隐私，它建立在 ℓ_1-范数灵敏度上，其定义如下：

对于任意查询 $f(x):x \to \mathbf{R}^d$，ℓ_1-范数灵敏度是 $f(x_1)-f(x_2)$ 中最大的 ℓ_1-范数，其中 x_1 和 x_2 是相邻数据集中的任意两个实例，即

$$S_f = \max_{x_1,x_2} \left\| f(x_1) - f(x_2) \right\|_1 \tag{7-46}$$

其中，$\|\cdot\|_1$ 表示 ℓ_1-范数。

该查询可由 $f(x) + \mathrm{Lap}(S_f / \epsilon)$ 回答并满足 ϵ-差分隐私，其中 $\mathrm{Lap}(\bullet) \in \mathbf{R}^d$ 是由拉普拉斯分布得出的独立同分布的随机噪声。

7.5.2　基于匿名的隐私保护技术

为了保证车联网的通信安全，必须对数据进行身份认证。通过身份认证，网络可以知道特

定用户在特定时间的精确位置，这确保了网络运营商在出现问题时可以对车辆进行干预。例如，当某辆车肇事逃逸时，网络运营商可以揭示车辆的真实身份并跟踪它，直到警方追赶上肇事车辆。然而，也有一些驾驶员不愿意让网络运营商访问他们的私密信息。因此，如何在启用身份认证的同时保护隐私也已成为车联网的主要挑战之一。

匿名认证成为车联网隐私保护技术中一个非常活跃的话题，在车联网中常用的匿名机制有群签名、混合区和静默期等技术。

1. 基于群签名的隐私保护技术

基于群签名的隐私保护技术通过允许有效的群成员代表所在群，匿名签署任意数量的消息来实现隐藏车辆真实身份的目标。这样一来，除群管理员外的任何人都很难识别消息的实际发送者。

群签名方案允许群成员代表群匿名签署消息，这样签署的消息可以用该群的公钥验证。而只有群管理员可以确定消息的签名者的身份，使群成员的匿名性得到了维护。群签名的形成由启动、加入、签署、认证和揭露5个阶段组成。

启动阶段：由被选定的群管理员通过概率算法计算出群公钥 y、群成员的个人密钥 x 和群管理员的管理密钥。

加入阶段：群管理员验证群公钥 y，输出与其对应的证书。

签署阶段：通过签署算法，基于输入消息 m 和某个群成员的个人密钥 x，返回一个对应于 m 的签名 s。

认证阶段：通过验证算法，基于消息 m、签名 s 和群公钥 y，根据签名是否正确，返回相应的值。

揭露阶段：基于签名 s 和管理密钥，依照算法返回发布签名的群成员身份及相关证据。

群签名方案应当满足3个安全属性：不可伪造性、匿名性和可追溯性。不可伪造性确保只有群成员才能代表该群生成签名；匿名性确保除管理员外，签名者的身份不会被任何人揭露；可追溯性确保签名不能被群成员和群管理员规避，且所有的有效签名都可以被追溯。

2. 基于混合区的隐私保护技术

在车联网中创建混合区，目的是使攻击者无法访问包括车辆签名在内的安全信息，进而使其无法将同一辆车先后使用的两个假名关联起来。匿名区域在提供位置隐私方面的有效性上取决于车辆的密度及其位置的不可预测性。该方案建议在预定的地点设立混合区，并强制在这些区域内进行假名更改。由于十字路口的车速和方向变化最大，是交通情况中最复杂的地点，因此十字路口是最适合设置混合区的环境。

由于混合区的位置是固定的，因此攻击者也可以识别它们，并尝试窃听源自混合区的通信。为了解决这个问题，引入 CMIX 协议来创建混合区（Cryptographic MIX-zones，CMIX）。这里假设所有车辆在每个路口都参与了匿名化的过程。混合区内的所有合法车辆从该区域内的 RSU 获得对称密钥，并使用该密钥对其所在区域内的所有消息进行加密。为了确保安全消息的功能性，接近混合区的节点可以借助密钥转发机制来获得该混合区密钥。RSU 可以通过密钥更新机制来更换新的密钥。

（1）CMIX 密钥建立

车辆依靠道路交叉口 RSU 来启动密钥建立机制、建立对称密钥，RSU 通过定期广播信标来告知它们的存在。一旦车辆 V_i 进入 RSU 的传输范围，就启动如下的密钥建立机制。

① $V_i \rightarrow$ RSU：T_s，Sign_i（请求，T_s），$\text{Cert}_{i,k}$。

② RSU $\rightarrow V_i$： $E_{K_{i,k}}\left(V_i, \mathrm{SK}, T_s, \mathrm{Sign}_{\mathrm{RSU}}\left(V_i, \mathrm{SK}, T_s\right)\right)$， $\mathrm{Cert}_{\mathrm{RSU}}$。

③ $V_i \rightarrow \mathrm{RSU}$： T_s， Sign_i （确认，T_s），$\mathrm{Cert}_{i,k}$。

其中，T_s 表示时间戳，$\mathrm{Sign}(x)$ 表示消息 x 的签名，Cert 表示消息发送者的证书，$K_{i,k}$ 表示车辆 V_i 的公钥，其中 $k=1,2,\cdots,F$，F 是假名集的大小，E_K 表示采用密钥 K 进行加密操作。

由于车辆知道自己的位置和 RSU 在信标中公布的位置，因此可以估计它是否在由传输范围 $R_{\mathrm{CMIX}} < R_{\mathrm{Beacon}}$ 定义的混合区内，其中 R_{Beacon} 表示 RSU 的传输半径，R_{CMIX} 表示混合区半径。如果在传输范围内，则车辆 V_i 广播一个或几个关键请求消息。RSU 用车辆 V_i 的公钥加密的密钥 SK 和签名进行回复，V_i 接收并解密该消息。如果消息被验证，则 V_i 确认该消息，并且使用 SK 来加密所有后续的安全消息，直到 V_i 离开混合区。如果多个 RSU 的混合区重叠，车辆应当知道所有的 CMIX 密钥，以便解密所有消息。

（2）密钥转发

处于扩展混合区（与 RSU 相距较远）的车辆，可能超出了用于双向通信的收发范围，即当其与 RSU 的距离 d 处于 $R_{\mathrm{CMIX}} < d < R_{\mathrm{Beacon}}$ 时，可能无法直接从 RSU 获取密钥。因此，车辆无法解密来自 CMIX 的安全消息。但由于车辆知道它们在 RSU 传输范围内，当接收到加密的安全消息时，它们可以发出一个或几个密钥请求，通过已经在混合区的车辆的帮助下获得 SK 密钥，从而识别到安全信息。

如图 7-22 所示，车辆 V_1 已经收到 CMIX 密钥，并且可以将其转发给 V_2。因此，RSU 在混合区的车辆上发挥了杠杆作用。当 V_2 进入扩展混合区时，一旦接收到加密的消息，就开始广播一个或几个密钥请求。V_1 最终收到来自 V_2 的密钥请求，并向其转发对称密钥，转发消息的格式为

$$E_{K_{2,k}}\left(V_2, V_1, \mathrm{SK}, T_s, \mathrm{Sign}_{\mathrm{RSU}}\left(V_1, \mathrm{SK}, T_s\right)\right) \tag{7-47}$$

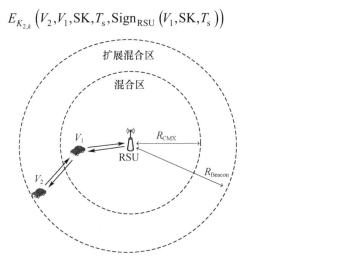

图 7-22　混合区与扩展混合区

（3）密钥更新

RSU 负责密钥更新，并确定何时启动该过程。只有当混合区为空且车辆通过密钥传输和转发协议获得新密钥时，才会进行密钥更新。认证中心（CA）通过安全通道从 RSU 获得新的对称密钥，以满足责任要求（例如，可能要在将来解密安全消息）。如果不同基站之间的密钥是异步更新的，则需要增强系统的健壮性。但考虑到安全和成本之间的均衡，频繁的更新可能会产生额外的开销。

3．基于静默期的隐私保护技术

为了防止攻击者从同一设备（在空间移动时）分别发送的两个假名进行关联，一些学者提出了静默期的概念。静默期被定义为使用新假名和旧假名间的过渡期。在该过渡期内，RSU 不被允许披露旧假名或新假名。因此，静默期在确定发生匿名地址改变的场合引入了模糊性。这能让两个单独接收的假名与同一站点相关联变得更加困难，因为静默期扰乱了两个单独接收的假名之间在时空上的相关性，并且模糊了假名改变的时间和地点。

当同一区域内的多个节点在更新物理地址后，遵循静默期规则停止传输。其效果就像这些节点进入了一个混合区，系统无法监测到节点的移动。因此，静默期可以被视为混合区概念的延伸，它通过控制帧的传输来创建虚拟混合区。

图 7-23 给出了静默期的示例，其中，节点 V_1 沿着从右上角到左下角的路径移动；同时，节点 V_2 沿着从右下角到左上角的路径移动。两个节点都更新它们的地址，然后进入静默期。该方案的效果表现在两个节点的路径的交叉点附近。

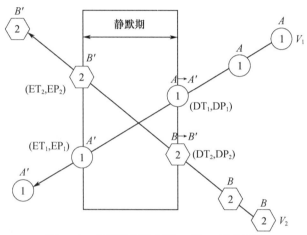

图 7-23　利用静默期实现 V_1 和 V_2 假名混淆

静默期在图 7-22 中表示为一个矩形。V_1 在时间 DT_1 和位置 DP_1 到达静默期的边界，V_2 在时间 DT_2 和位置 DP_2 到达。这里我们假设两个节点同时到达边界，即 $DT_1 = DT_2$。V_1 和 V_2 都在静默期禁用帧传输。在静默期之后，V_1 和 V_2 重新开始帧传输。跟踪系统将观测到一个地址为 A' 的新轨迹在时间 DT_1 出现在位置 DP_1，以及另一个地址为 B' 的新轨迹在时间 DT_2 出现在位置 DP_2。跟踪系统知道 V_1 在静默期内改变了它的地址，然而，当跟踪系统检测到两个新地址 A' 和 B' 在静默期之后出现时，它不能确定 V_1 是否将其地址改变为 A' 或 B'，这是由于在静默期中，V_1 既可以从 DP_1 到达 EP_1，也可以到达 EP_2。这种方法通过"混合"节点的假名来模糊新、旧假名之间在时间和空间上的关联性。

为了简单起见，上面的讨论假设 V_1 和 V_2 同时交换它们的地址，并假定静默期的长度对所有节点都默认为恒定、相同的。然而，当节点之间的地址更新时间不同步时，恒定长度的静默期可能无法有效混合节点的假名。这是因为当静默期的长度恒定时，只要比较两个节点新假名的出现时间顺序和旧假名消失的时间顺序，跟踪系统就仍可以将旧假名和新假名关联到同一节点。

为了解决这个问题，可以使用长度可变的静默期。如果使一个节点的出现时间范围与另一个节点的出现时间范围重叠，跟踪系统则不能将检测到的假名链接到正确的节点。即引入随机变量，使得静默期在一定范围内变动，以此让两个节点的出现时间范围重叠，模糊两个节点的出现时间和消失时间之间的关系，跟踪系统将不能正确地将节点的新假名链接到其旧假名。

因此，合理的静默期设置应包含恒定期和可变期。恒定期的作用是混淆节点消失位置与出现位置之间的空间关系，而可变期的作用是混淆节点消失时刻与出现时刻之间的时间关系。

7.5.3 基于去中心化的隐私保护技术

提供服务的可靠第三方是车联网中的重要组成部分。然而，可能存在带有恶意的服务提供商会将用户存放的数据进行分析或交易，从而危害到用户的隐私安全。即使假定服务提供商是诚信的，攻击者也可能会对第三方平台发起攻击，这使得车联网隐私安全与服务提供商对抗攻击的能力紧密相关。

为此，一些研究提出了基于去中心化的隐私保护技术。与传统的中心化方式不同，基于区块链等分布式结构的车联网应用，能够减少对服务提供商的可靠性依赖。通过联合车联网中的节点，共同维护一个共识的、可信的分布式机制，数据之间的传输可以从客户-服务器模式变为点对点的传输。在提升传输速率的同时，还可以更好地利用公共资源。

在基于区块链实现车辆的身份认证方案中，存储在区块链中的所有车辆都由认证中心（CA）分配证书或伪身份，为每个接收者提供有关输入信息以进行验证。基于区块链的方案的最大优点是透明和去中心化。此外，添加到区块链中的信息是不可变的。也就是说，一旦信息被保存到区块链中，没有人可以修改它，而 CA 也不需要管理和发布证书撤销清单。

基于区块链的条件隐私保护认证协议，将区块链技术与密钥派生算法相结合，实现了有效的证书管理，可以实现车联网中的安全通信。该方案包括 3 个阶段，即系统初始化阶段、消息签名阶段和消息认证阶段。

1. 系统初始化阶段

该阶段由车辆和 CA 执行，初始化密钥派生并颁发密钥证书。在处理密钥证书之前，所有车辆都执行私钥派生。也就是说，每辆车都需要随机选择一个隐私种子来生成私钥（sk_{CA}）；然后计算出相应的公钥（pk_{ij}），并传输给 CA。其中的私钥将被预加载到 OBU 中，用于给车辆派生后续的私钥，公钥用于给 CA 派生相应的公钥。

为了方便证书的检索，CA 将部署智能合约来建立公钥与其相关交易身份之间的关系。随后，CA 将取得的智能合约身份（SCID）回复给所有车辆，用于触发该智能合约。CA 通过以下步骤在区块链中为车辆颁发密钥证书。

① 假设车辆 V_i 的当前序列号为 j，CA 执行公钥派生，得到车辆 V_i 的公钥 pk_{ij}。

② CA 使用其私钥 sk_{CA} 计算 $S_{ij} = Sign(sk_{CA}, pk_{ij})$ 生成 pk_{ij} 的证书。

③ 为了将证书记录到区块链中，CA 将 S_{ij} 嵌入一次交易中，该交易将由矿工进行广播并链接到区块链中；CA 将获得交易身份 $TxID_{ij}$，可用于检索证书 S_{ij}。

④ CA 调用更新算法将 pk_{ij} 和 $TxID_{ij}$ 更新到智能合约中。

此外，CA 可以调用删除算法来撤销受损和过期的车辆。一旦映射被删除，证书的索引将不复存在，这意味着该证书已被撤销或无效。

2. 消息签名阶段

此阶段由车辆执行，以生成用于验证其身份的消息与签名对。消息通过无线通信方式广播给附近的 RSU 和车辆，这样所有车辆都可以彼此分享当前的交通状态。假设车辆 V_i 想要向附近的车辆广播一个消息 M，它将执行以下步骤。

① 由于车辆配备的 OBU 并没有预加载全部的私钥，V_i 首先需要执行私钥派生，获得当前

私钥sk_{ij}，并计算其公钥$pk_{ij}=sk_{ij}G$，其中G为曲线算法中使用的基点。

② V_i通过算法触发智能合约身份（SCID），获得与pk_{ij}及其公钥证书相对应的交易身份。如果证书没有被吊销，V_i将获得$TxID_{ij}$，否则获得一个空值。

③ V_i调用签名算法，使用sk_{ij}生成M和$TxID_{ij}$的签名$S=Sign(sk_{ij},M,T,TxID_{ij})$，并发送给下一辆车$V_l$。

3. 消息认证阶段

在此阶段，验证者（车辆或 RSU）将对接收到的消息与签名对是否有效进行验证。若接收到的消息有效，则意味着验证者可以相信接收到的交通状态，并按需要执行相应操作（如变道等）。车辆V_l从V_i接收签名$Sign(sk_{ij},M,T,TxID_{ij})$，然后使用 CA 的公钥证书和区块链数据来检查其有效性，验证过程如下：

① V_l从区块链获取V_i以身份$TxID_{ij}$进行的交易数据。

② V_l从这份交易数据中获得V_i的公钥pk_{ij}的证书S_{ij}。

③ V_l使用 CA 的公钥证书来检验S_{ij}的有效性，若验证成功，则证明消息M是有效的。

7.6　本　章　小　结

本章从车联网的基本概念入手，介绍了车联网的体系结构、网络构成，以及车联网的特点，分析了车联网中常用的无线通信技术。之后，对车联网中的主要研究领域，包括内容分发、协助下载、信任计算及隐私保护，涉及的相关基础理论、技术和协议进行了详细的阐述。车联网属于多学科交叉领域，不仅包括无线传感器网络技术，还与云计算、物联网、服务计算、人工智能等技术密切相关。现有的技术并不能很好地解决车联网面临的问题和挑战，未来需要更多深入的研究。

习　题　7

1. 车联网通信层作为整个车联网体系的中枢神经系统，提供多种通信模式，包括 V2V、_____、_____、_____和_____。

2. 车联网通信层中主要基于_____和路边单元进行服务。

3. 车联网的七层网络体系结构包括人车交互层、数据采集层、_____、_____、控制和管理层、_____和_____。

4. 车联网系统由三大网络构成，分别是车内网、_____和_____。

5. 在车联网场景中，主要包含两种无线通信技术，分别是_____和_____。

6. 内容分发是指通过_____或_____的方式实现源节点和目标节点间的内容传输；车联网的内容分发方式分为_____和_____。

7. 车联网分布式缓存策略包括 LCE、_____、_____、_____和_____。

8. 由于 RSU 覆盖范围的局限性、车辆移动的高动态性及通信环境的复杂性等，车辆处于 RSU 之间的_____内时会与网络断开连接，只能间歇性接入网络，导致无法获得下载数据。

9. 车联网协助下载以应用场景为分类依据，大致分为两种，分别是_____和高速公路场景。

10. 车联网恶意节点进入网络，可能造成严重的_____损害，造成 DoS 攻击、数据修改攻击、_____、

_____和_____。

11. HMAC 是一种常见的_____加密方法，通过对需要认证的数据和秘密共享密钥并执行_____函数而获得的一种消息认证码。

12. 车联网中创建混合区，是为了使攻击者无法访问车辆的安全信息，进而使其无法将同一车辆先后使用的_____关联起来。

13. 基于区块链的条件隐私保护认证方法，将_____技术与_____算法相结合，可以实现车联网中的安全通信。

14. 简述车联网的体系结构。

15. 车联网与无线传感器网络有哪些区别？

16. 简述无线传感器网络在车联网中的作用。

17. 根据车联网内容的分类，判断下列消息内容哪些属于弹性内容（尽快交付）、哪些属于非弹性内容（规定时间内交付）：

（1）前方道路出现大规模车祸；　　（2）阿根廷队夺得世界杯冠军；

（3）预计半小时内开始降雨；　　（4）前方 50m 处有闯红灯拍照。

18. 可以从哪些方面优化弹性请求的平均等待时延和非弹性请求的平均失败率？

19. 车联网的内容分发中，安全性是必须考虑的问题，车联网内容分发中有哪些需要考虑的安全问题？一个恶意攻击者可能会发起哪些攻击？

20. 简述基于 RSU 缓存的车联网内容分发技术的特点。

21. 构建一个合理的激励机制，以让车辆自发参与车联网的内容分发。

22. 为什么要进行协助下载？简述协助下载的分类。

23. 简述基于 V2V 协同的车联网协助下载技术的特点。

24. 基于分簇的协助下载有很多种，可以以哪几个方面为依据进行分簇？

25. 在协助下载中，常常使用博弈论进行分析，请从协助下载入手，设计实现纳什均衡的方法。

26. 信任和信誉的关系是什么？

27. 主观逻辑模型中的 b、d、u 分别代表什么？

28. 简述车联网中基于主观逻辑的信任计算方法的特点。

29. 依靠不确定性来度量可信度，使用什么计算方式较为合适？

30. 为什么模糊逻辑可用于车联网的信任计算？

31. 简述车联网中基于 D-S 证据理论信任计算方法的特点。

32. 车联网中隐私包括哪些？为什么需要隐私保护技术？

33. 对称加密和非对称加密的区别是什么？

34. 设生成 RSA 密钥的两个质数 $p=7$，$q=3$，公钥 $e=5$，利用 RSA 算法计算信息 $x=2$ 对应的密文。

35. 如何设计基于 HMAC 的车联网隐私保护方法？

36. 差分隐私可以防范什么类型的攻击？

37. 在车联网身份认证机制中，可追溯性有什么用处？

38. 为什么隐私保护要用到去中心化？

主要参考文献

[1] 高泽华，孙文生. 物联网：体系结构、协议标准与无线通信[M]. 北京：清华大学出版社，2020.

[2] 许毅，陈立家，甘浪雄，等. 无线传感器网络技术原理及应用[M]. 2 版. 北京：清华大学出版社，2019.

[3] 廖建尚，巴音查汗，苏红富. 物联网长距离无线通信技术应用与开发[M]. 北京：电子工业出版社，2019.

[4] 郭宝，张阳，顾安，等. 万物互联 NB-IoT 关键技术与应用实践[M]. 北京：机械工业出版社，2017.

[5] 青岛英谷教育科技股份有限公司. ZigBee 开发技术及实践[M]. 西安：西安电子科技大学出版社，2014.

[6] 柴远波，赵春雨，林成，等. 短距离无线通信技术及应用[M]. 北京：电子工业出版社，2015.

[7] 邓昀，李小龙，张澎，等. 射频识别（RFID）协议原理及实践开发[M]. 北京：电子工业出版社，2016.

[8] 周颖. 无线传感器网络的网络管理体系结构及相关技术的研究[D]. 武汉理工大学，2008.

[9] 沈琳. 无线传感器网络结构与数据传输技术的研究[D]. 南京理工大学，2011.

[10] 王珺. 无线传感器网络能量有效性的研究[D]. 南京大学，2012.

[11] 刘洪涛. 高性能传感器网络体系结构及可用带宽估计研究[D]. 广东工业大学，2012.

[12] 尚兴宏. 无线传感器网络若干关键技术的研究[D]. 南京理工大学，2013.

[13] 孙新江. 无线传感器网络中可靠安全数据传输问题研究[D]. 南京理工大学，2016.

[14] 欧阳旻，郭玉超，王桓，等. 工业物联网环境下设备数据采集研究与实现[J]. 软件工程，2020，23(12)：15-18.

[15] 颜晓莲，章刚，邱晓红，等. 工业物联网的工业边缘云部署算法[J]. 计算机集成制造系统，2020，28(2)：574-583.

[16] 郝张红. 直接序列扩频通信系统中的时变干扰抑制关键技术研究[D]. 电子科技大学，2013.

[17] 贺鹏飞. 超宽带无线通信关键技术研究[D]. 北京邮电大学，2007.

[18] 陈国东. 超宽带无线通信系统及若干关键技术研究[D]. 北京邮电大学，2007.

[19] CHIEOCHAN S, HOSSAIN E, DIAMOND J. Channel assignment schemes for infrastructure-based 802.11 WLANs: A survey[J]. IEEE Communications Surveys & Tutorials, 2010, 12(1): 124-136.

[20] 蹇强. 无线传感器网络 MAC 协议关键技术研究[D]. 国防科学技术大学，2008.

[21] 董松. 无线传感器网络 MAC 协议研究[D]. 兰州交通大学，2014.

[22] 秦绍华. 无线传感器网络多信道通信技术的研究[D]. 山东大学，2014.

[23] 王宇涵. 无线传感器网络 MAC 协议优化研究[D]. 北京邮电大学，2015.

[24] 类春阳. 无线传感网 MAC 层关键技术研究[D]. 北京邮电大学，2016.

[25] 周占颖. 无线传感器网络跨层 MAC 协议研究[D]. 吉林大学，2016.

[26] 张琳. 无线传感器网络中信道分配方法的研究[D]. 吉林大学，2016.

[27] 赵芳. 无线传感器网络 MAC 协议研究[D]. 沈阳工业大学，2017.

[28] 董楚楚. 无线传感器网络面向低功耗的 MAC 协议及跨层优化研究[D]. 中国科学院大学，2017.

[29] 孙鹏，李光明，汪付强，等. 无线传感网混合类 MAC 协议研究综述[J]. 电讯技术，2016，56(12)：1417-1424.

[30] CHAN A，LIEW S C. Merit of PHY-MAC cross-layer carrier sensing：A MAC-address-based physical carrier sensing scheme for solving hidden-node and exposed-node problems in large-scale Wi-Fi networks[C]. The 31st Annual IEEE Conference on Local Computer Networks，Tampa，Florida，USA，2006：871-878.

[31] RHEE I，WARRIER A，Aia M，et al. Z-MAC：A hybrid MAC for wireless sensor networks[J]. IEEE/ACM Transactions on Networking，2008，16(3)：511-524.

[32] RHEE I，WARRIER A，Min J，et al. DRAND：Distributed randomized TDMA scheduling for wireless Ad Hoc networks[J]. IEEE Transactions on Mobile Computing，2009，8(10)：1384-1396.

[33] 陈存香，何遵文，贾建光，等.TC²-MAC：一种无线传感器网络自适应混合 MAC 协议[J]. 通信学报，2014，35(4)：91-102.

[34] 董颖，周占颖，苏真真，等. 基于路由信息的无线传感器网络跨层 MAC 协议[J]. 吉林大学学报（工学版），2017，47(2)：647-654.

[35] 董颖，崔梦瑶，周占颖，等. 基于事件驱动型的 WSN 跨层 MAC 协议[J]，重庆邮电大学学报（自然科学版），2017，29(3)：293-300.

[36] 杨逊豪，何加铭. 基于最小跳数的跨层 MAC(MHC-MAC)协议[J]. 移动通信，2013，14：51-56.

[37] 陈国铭. 无线传感器网络 MAC 协议及跨层优化的研究[D]. 上海交通大学，2007.

[38] 冯会伟. 无线传感器网络混合网络拓扑 MAC 协议研究与实现[D]. 重庆大学，2009.

[39] 浦雪晨. 无线协作通信中的跨层 MAC 协议研究[D]. 南京邮电大学，2014.

[40] M BAKER A，NG C K，NOORDIN N K，et al. PHY and MAC，cross-layer optimization and design[J].Proceedings of IEEE 6th National Conference on Telecommunication Technologies and IEEE 2nd Malaysia Conference on Photonics，Putrajaya，Malaysia，2008：192-197.

[41] 徐其飞. 无线传感器网络差错控制技术研究[D]. 南京理工大学，2008.

[42] 张阳. 无线传感器网络差错控制方案分析[D]. 湖北工业大学，2013.

[43] 刘光进. 无线传感器网络层次型路由协议的研究[D]. 南京航空航天大学，2009.

[44] 赵大为，徐明顺，杜瑞颖. 无线传感器网络能量多路径路由协议[J]. 武汉大学学报（理学版），2006，52(S1)：185-188.

[45] 彭伟，叶嘉. 无线传感器网络平面路由协议综述[J]. 计算机技术与发展，2006，16：249-251.

[46] 周贤伟，刘宾，覃伯平. 无线传感器网络的路由算法研究[J]. 传感技术学报，2006，19(2)：463-467.

[47] 唐勇，周明天，张欣. 无线传感器网络路由协议研究进展[J]. 软件学报，2006，17(3)：410-421.

[48] 毕俊蕾，任新会，郭拯危. 无线传感器网络路由协议分类研究[J]. 计算机技术与发展，2008，18(5)：131-134.

[49] 赵彤，郭田德，杨文国. 无线传感器网络能耗均衡路由模型及算法[J]. 软件学报，2009，20(11)：3023-3033.

[50] 张兴国. 无线传感器网络能量高效的分簇算法研究[D]. 武汉理工大学，2009.

[51] 赵强利，蒋艳凰，徐明. 无线传感器网络路由协议的分析与比较[J]. 计算机科学，2009，36(2)：35-41.

[52] 曹建玲，任智. 无线传感器网络路由协议综述[J]. 微计算机信息，2010，26(19)：3-5.

[53] 赵倩. 无线传感器网络路由算法设计及优化[D]. 清华大学，2012.

[54] 潘雪峰，李腊元，何延杰. 低能耗无线传感器网络路由协议研究[J]. 计算机工程与设计，2012，33(4)：1347-1351.

[55] 金鑫. 基于能耗均衡的无线传感器网络路由协议的研究与改进[D]. 浙江农林大学，2018.

[56] 程园. 基于能量感知的无线传感器网络路由算法研究[D]. 华东交通大学，2018.

[57] 赵悦，孟博，陈雷，等. 基于能量感知的无线传感器网络路由协议[J]. 计算机工程与设计，2016，37(1)：16-20.

[58] 马礼，朱大文，马东超，等. 一种无线传感器网络能量感知路由协议[J]. 计算机工程，2017，43(12)：124-129.

[59] 宋宁博. 基于能量优化的无线传感器网络分簇路由协议研究[D]. 重庆大学，2014.

[60] 杨柳. 基于分簇结构的无线传感器网络节能路由协议研究[D]. 重庆大学，2016.

[61] 冯珂. 能量感知的无线传感器网络路由算法研究[D]. 兰州交通大学，2017.

[62] 唐清明. 无线传感器网络路由算法及安全性的研究[D]. 太原理工大学，2016.

[63] MANJESHWAR A，AGRAWAL D P. TEEN：A routing protocol for enhanced efficiency in wireless sensor networks[C]. Proceeding of the 15th International Parallel and Distributed Processing Symposium，San Francisco，USA，2001：2009-2015.

[64] HEINZELMAN W B，CHANDRAKASAN A P，BALAKRISHNAN H. An application-specific protocol architecture for wireless microsensor networks[J]. IEEE Transactions on Wireless Communications，2002，1(4)：660-670.

[65] LINDSEY S，RAGHAVENDRA C S. PEGASIS：Power-efficient gathering in sensor information systems[C]. Proceedings of the IEEE Aerospace Conference，Montana，USA，2002：1125-1130.

[66] WAN C Y，EISENMAN S B，CAMPBELL A T. CODA：Congestion detection and avoidance in sensor networks[C]. Proceedings of the 1st International Conference on Embedded Networked Sensor Systems，Los Angeles，California，USA，2003：266-279.

[67] YOUNIS O，FAHMY S. HEED：a hybrid，energy-efficient，distributed clustering approach for Ad Hoc sensor networks[J]. IEEE Transactions on Mobile Computing，2004，3(4)：366-379.

[68] CHENG T E，RUZENA B. Congestion control and fairness for many-to-one routing in sensor networks[C]. Proceedings of the 2nd International Conference on Embedded Networked Sensor Systems，Baltimore，Maryland，USA，2004：148-161.

[69] AKAN O B，AKYILDIZ I F. Event-to-sink reliable transport in wireless sensor networks[J]. IEEE/ACM Transactions on Networking，2005，13(5)：1003-1016.

[70] WAN C Y，CAMPBELL A T，KRISHNAMURTHY L. Pump-slowly，fetch-quickly(PSFQ)：A reliable transport protocol for sensor networks[J]. IEEE Journal on Selected Areas in Communications，2005，23(4)：862-872.

[71] 李姗姗，廖湘科，朱培栋，等. 传感器网络中一种拥塞避免、检测与缓解策略[J]. 计算机研究与发展，2007，44(8)：1348-1356.

[72] 赵彤，杨文国，郭田德. 无线传感器网络中节点传输能效跨层分析模型[J]. 计算机工程与应用，2007，43(32)：12-14.

[73] 方维维，钱德沛，刘轶. 无线传感器网络传输控制协议[J]. 软件学报，2008，19(6)：1439-1451.

[74] 孙利民，李波，周新运. 无线传感器网络的拥塞控制技术[J]. 计算机研究与发展，2008，45(1)：63-72.

[75] 刘辉宇，王建新，周志. 无线传感器网络拥塞控制技术研究进展[J]. 计算机科学，2009，36(5)：7-11.

[76] 卜长清. 无线传感器网络实时传输协议的研究和实现[D]. 重庆大学，2009.

[77] 姚国良. 无线传感器网络 MAC 层和传输层协议关键技术研究[D]. 东南大学，2009.

[78] 罗媛媛，郑更生，高强. WSN 拥塞控制协议的研究[J]. 软件导刊，2010，9(8)：118-120.

[79] 焦芳芳，胡正伟，王喆. 无线传感器网络可靠的传输层协议安全性研究[J]. 数据通信，2010，(6)：29-32.

[80] 陈朋. 一种基于数据传输的 WSN 跨层协议[D]. 西安电子科技大学，2010.

[81] 王晓伟. 基于跨层设计的认知无线网络传输层协议的研究[D]. 北京邮电大学，2011.

[82] 杨婧. 无线传感器网络中基于定向扩散协议的跨层拥塞控制方法的研究[D]. 桂林电子科技大学，2011.

[83] 张玉鹏，刘凯，王广学. 基于无线传感器网络的跨层拥塞控制协议[J]. 电子学报，2011，39(10)：2258-2262.

[84] 蒋禧，齐建东，曹永洁，等. 能量优先的无线传感器网络拥塞缓解机制[J]. 计算机工程与设计，2011，32(2)：416-419.

[85] 余小华，陈瑛. 一种改进的 WSN 拥塞检测和控制机制[J]. 华中师范大学学报（自然科学版），2011，45(2)：199-203.

[86] 龙昭华，李昊，蒋贵全. 无线传感器网络中一种优化的隐式跨层传输控制算法[J]. 传感器与微系统，2013，

32(7)：116-119.

[87] BAGCI H，YAZICI A. An energy aware fuzzy approach to unequal clustering in wireless sensor networks[J]. Applied Soft Computing，2013，13(4)：1741-1749.

[88] 席望. 无线传感器网络测量与拥塞控制技术研究[D]. 湖南大学，2015.

[89] 余淼. 基于 IEEE 802.15.4 的无线传感器网络拥塞控制技术研究[D]. 北京邮电大学，2016.

[90] 王大喜. 无线传感器网络的网络管理协议及关键技术研究[D]. 杭州电子科技大学，2010.

[91] 郑誉煌，李迪，叶峰. 无线传感器网络的应用层数据传送研究[J]. 计算机工程与应用，2010，46(1)：4-6.

[92] 曾玮妮. 无线传感器网络应用层安全关键技术研究[D]. 湖南大学，2011.

[93] 王李媛. 无线传感器网络应用层软件的设计与实现[D]. 电子科技大学，2012.

[94] 刘丽萍. 无线传感器网络节能覆盖[D]. 浙江大学，2006.

[95] 陈剑. 无线传感器网络中拓扑控制与节能覆盖的研究[D]. 东北大学，2007.

[96] 任彦. 无线传感器网络覆盖和拓扑控制理论与技术研究[D]. 北京交通大学，2008.

[97] 荆琦，唐礼勇，陈洲峰，等. 无线传感器网络应用支撑技术研究[J]. 计算机科学，2008，35(3)：22-27.

[98] 靳立忠. 无线传感器网络有效覆盖与拓扑控制关键技术研究[D]. 东北大学，2011.

[99] 张路桥. 无线传感器网络拓扑控制研究[D]. 电子科技大学，2013.

[100] 刘洲洲，彭寒. 基于节点可靠度的无线传感器网络拓扑控制算法[J]. 吉林大学学报（工学版），2018，48(2)：571-577.

[101] 张作锋. 基于计算几何图的拓扑控制算法[D]. 西安电子科技大学，2009.

[102] 刘潇. 面向节能的无线传感器网络覆盖算法研究[D]. 湖南大学，2010.

[103] 孙继忠. 无线传感器网络栅栏覆盖的研究[D]. 西南交通大学，2010.

[104] 王成. 无线传感器网络多重覆盖研究[D]. 苏州大学，2012.

[105] 王出航，胡黄水. 无线传感器网络的拓扑维护[J]. 计算机应用研究，2013，30(2)：330-333.

[106] 韩丽. 无线传感器网络能耗均衡拓扑控制研究[D]. 燕山大学，2016.

[107] 蒋文贤，缪海星，王田，等. 无线传感器网络中移动式覆盖控制研究综述[J]. 小型微型计算机系统，2017，38(3)：417-424.

[108] 马威风. 无线传感器网络拓扑控制算法研究[D]. 长春理工大学，2018.

[109] 韩睿松. 无线多媒体传感器网络覆盖增强与拓扑控制技术研究[D]. 北京交通大学，2018.

[110] 姬晓辉，孙泽宇，阎奔，等. 基于联合节点行为策略的 WSN 覆盖控制算法[J]. 计算机工程与应用，2019，55(16)：99-107.

[111] 江德平. 无线传感器网络中能量管理策略研究[D]. 华中科技大学，2007.

[112] 林金朝，李国军，周晓娜，等. 基于动态能量管理的无线传感网络动目标定位跟踪方法[J]. 通信学报，2010，31(12)：90-96.

[113] 陈高杰，陈章位，姚雪庭. 一种基于改进的动态能量管理的无线传感器节点节能技术研究[J]. 计算机科学，2014，41(10)：139-143.

[114] 王尊召. 无线传感器网络节点能耗管理策略研究[D]. 重庆大学，2017.

[115] 李方敏，徐文君，刘新华. 无线传感器网络功率控制技术[J]. 软件学报，2008，19(3)：716-732.

[116] 李德英，陈文萍，霍瑞龙，等. 无线传感器网络能量高效综述[J]. 计算机科学，2008，35(11)：8-12.

[117] 谢和平，周海鹰，左德承，等. 无线传感器网络能量优化与建模技术综述[J]. 计算机科学，2012，39(10)：15-20.

[118] 杨光友，黄森茂，马志艳，等. 无线传感器网络能量优化策略综述[J]. 湖北工业大学学报，2013，28(2)：53-57.

[119] 杨春明. 无线传感器网络时间同步算法的研究[D]. 中国科学技术大学，2008.

[120] 李立. 无线传感器网络时间同步算法研究[D]. 清华大学，2010.

[121] 王义君. 面向物联网的无线传感器网络时间同步与寻址策略研究[D]. 吉林大学，2012.

[122] 丁冉冉. 无线传感器网络的平均时钟同步技术研究[D]. 西安电子科技大学，2012.

[123] 何建平. 基于一致性的无线传感器网络时钟同步算法研究[D]. 浙江大学，2013.

[124] 师超，仇红冰，孙昌霞. 一种无线传感网络的非线性平均时间同步方案[J]. 西北大学学报，2014，44(5)：724-728.

[125] 师超. 无线传感器网络分布式时间同步算法研究[D]. 西安电子科技大学，2014.

[126] 吴杰. 无线传感器网络时间同步算法研究[D]. 天津大学，2015.

[127] 赵鹏. 面向泛在协同环境的时间同步算法研究[D]. 南京邮电大学，2016.

[128] 胡冰. 无线传感器网络时间同步技术研究[D]. 南京邮电大学，2017.

[129] 张安然. 无线传感网络的 FTSP 时间同步算法优化与实现[D]. 内蒙古大学，2017.

[130] 张芳园. 基于改进 ATS 协议的时钟同步技术研究[D]. 哈尔滨工程大学，2017.

[131] SHEN X F，WANG Z，JIANG P，et al. Connectivity and RSSI based localization scheme for wireless sensor networks[C]. Proceedings of the International Conference on Intelligent Computing，Hefei，China，2005：578-587.

[132] 李善亮. 基于连通性的无线传感网络节点定位问题研究[D]. 中国科学技术大学，2008.

[133] 皮兴宇. 无线传感器网络定位技术研究[D]. 解放军信息工程大学，2009.

[134] 陈伟龙. 无线传感器网络无须测距定位算法的比较与改进[D]. 华南理工大学，2009.

[135] 袁凤鹏. 无须测距的无线传感器网络定位算法研究[D]. 上海交通大学，2010.

[136] 严筱永. 无线传感器网络节点定位技术研究[D]. 南京理工大学，2013.

[137] 孟颖辉. 无线传感器网络节点定位方法研究[D]. 东北大学，2014.

[138] 陈仙云. WSNs 中无须测距定位算法的研究[D]. 杭州电子科技大学，2015.

[139] 吴盼. 传感器网络覆盖与定位中的优化问题研究[D]. 南京大学，2015.

[140] 谢烨. 基于 RSSI 的无线传感器网络加权质心定位算法[D]. 江西理工大学，2017.

[141] 龙佳. 无线传感器网络加权质心定位算法研究[D]. 中国矿业大学，2017.

[142] 张新荣. 无线传感器网络分布式协同定位研究[D]. 江南大学，2018.

[143] 王恩策. 无线传感器网络定位算法研究[D]. 杭州电子科技大学，2019.

[144] 陈颖文，徐明，虞万荣. 无线传感器网络的容错问题与研究进展[J]. 计算机工程与科学，2008，30(2)：87-91.

[145] 雷霖. 无线传感器网络故障智能诊断技术研究[D]. 电子科技大学，2009.

[146] 谢迎新，陈祥光，余向明，等. 基于 VPRS 和 RBF 神经网络的 WSN 节点故障诊断[J]. 北京理工大学学报，2010，30(7)：807-811.

[147] 叶松涛. 无线传感器网络容错关键技术和算法研究[D]. 湖南大学，2011.

[148] 李洪兵. 无线传感器网络故障容错机制与算法研究[D]. 重庆大学，2014.

[149] 黄旭. 无线传感器网络性能测试与智能故障诊断技术研究[D]. 山东大学，2014.

[150] 罗小勇. 基于联合神经网络的 WSN 节点和网络故障诊断研究[D]. 电子科技大学，2014.

[151] 周奥. 基于神经网络和模糊逻辑的 WSN 智能故障诊断研究[D]. 南京航空航天大学，2017.

[152] 杨健. 无线传感器网络容错关键技术研究[D]. 南京邮电大学，2017.

[153] 刘晓舟. 无线传感器网络故障检测算法的研究[D]. 安徽理工大学，2019.

[154] 柴继超. 无线传感器网络节点故障诊断方法研究[D]. 哈尔滨理工大学，2019.

[155] 党宏社,韩崇昭,王立琦,等. 基于模糊推理原理的多传感器数据融合方法[J]. 仪器仪表学报,2004,25(4): 527-530.

[156] 张品,董为浩,高大冬. 一种优化的贝叶斯估计多传感器数据融合方法[J]. 传感技术学报,2014,27(5): 643-648.

[157] 翁兴锐. 无线传感器网络的数据融合技术[D]. 电子科技大学,2014.

[158] 刘凯强. 高效实时的无线传感器网络数据融合算法研究[D]. 济南大学,2016.

[159] 李超然. 无线传感器网络数据融合安全问题的研究[D]. 北京交通大学,2016.

[160] 许建. 无线传感器网络数据融合关键技术研究[D]. 南京邮电大学,2016.

[161] 邹平辉. 无线传感器网络安全及数据融合技术研究[D]. 北京交通大学,2017.

[162] 韦黔,陈迪,林树靖,等. 基于迭代卡尔曼滤波的传感器数据融合仿真[J]. 计算机技术与发展,2017,27(9): 137-140.

[163] 关停停. 降低网络时延的无线传感器网络数据融合技术[D]. 长春理工大学,2018.

[164] 林挺. 蓝牙核心协议栈的研究[D]. 北京交通大学,2006.

[165] 张志飞. 蓝牙核心协议栈的分析与实现[D]. 河北工业大学,2007.

[166] HEYDON R.低功耗蓝牙开发权威指南[M]. 陈灿峰,刘嘉译. 北京：机械工业出版社,2014.

[167] 金纯,李娅萍,曾伟,等.BLE 低功耗蓝牙技术开发指南[M]. 北京：国防工业出版社,2016.

[168] 贾磊. 低功耗蓝牙(BLE)4.2 协议栈 HCI 层的设计与实现[D]. 东南大学,2018.

[169] 王盼. 低功耗蓝牙 4.2 协议栈应用层设计与实现[D]. 东南大学,2018.

[170] 郦家骅. 低功耗蓝牙 4.2 协议栈中间层的设计与实现[D]. 东南大学,2018.

[171] 吴修治. 低功耗蓝牙 5.0 标准物理层编码和解码的设计与实现[D]. 西安电子科技大学,2018.

[172] 何超. 基于蓝牙 5.0 的多协议 Beacon 系统设计[D]. 电子科技大学,2018.

[173] 张凯楠. 低功耗蓝牙组网和定位技术研究[D]. 北京邮电大学,2018.

[174] 米张鹏. 低功耗蓝牙受限网络和互联网中设备之间互操作机制的研究与实现[D]. 北京邮电大学,2019.

[175] 张皓伦. 基于低功耗蓝牙 MESH 的组网系统的研究与设计[D]. 西安电子科技大学,2019.

[176] 谭凯,彭端. WLAN 新标准 IEEE802.11ax[J]. 广东通信技术,2015,10：50-53.

[177] 吴强. IEEE802.11ax MAC 层接入技术研究[D]. 西南交通大学,2016.

[178] 郭昊旻. 802.11ax 高密系统软件设计与实现[D]. 华中科技大学,2018.

[179] 邓莹莹. IEEE802.11ax MAC 协议优化设计[D]. 华中科技大学,2018.

[180] 王娟. 基于调度的 IEEE802.11ax 节能技术研究[D]. 华中科技大学,2018.

[181] 段建红. 下一代 Wi-Fi 网络 TCP 性能优化研究[D]. 华中科技大学,2018.

[182] 魏青,胡磊国,邓明保. Wi-Fi6 发展及关键技术分析[J]. 广东通信技术,2019,6：48-54.

[183] 赵文妍. LoRa 物理层和 MAC 层技术综述[J]. 移动通信,2017,41(17)：66-72.

[184] 刘树聊,孙继炫. LoRa 调制技术及解调算法[J]. 电讯技术,2018,58(12)：1447-1451.

[185] 李超. 低功耗广覆盖无线网络海量接入关键技术研究[D]. 北京交通大学,2018.

[186] 唐山. 基于 LoRaWAN 的广域物联网技术研究及实现[D]. 电子科技大学,2018.

[187] 张白艳. 基于 LoRaWAN 协议的无线传感器网络开发与数据采集算法研究[D]. 浙江农林大学,2018.

[188] 张凯. 基于 LoRaWAN 协议的组网系统设计与实现[D]. 成都理工大学,2018.

[189] 杨扬. 基于 LoRa 的城市物联网的网关设计与实现[D]. 东南大学,2018.

[190] 许斌. 基于 LoRa 的物联网通信协议研究与实现[D]. 西安电子科技大学,2018.

[191] 吴进,赵新亮,赵隽. LoRa 物联网技术的调制解调[J]. 计算机工程与设计,2019,40(3)：617-622.

[192] 檀蓉. LoRa 物联网无线通信技术性能预测研究[D]. 河北工程大学,2019.

[193] 汪平. 基于 LoRa 的低功耗通信网络性能优化技术研究[D]. 重庆理工大学，2019.

[194] 任庆鑫. 基于 LoRa 无线传感网络的研究与应用[D]. 浙江工业大学，2019.

[195] 陈孝松. 面向 LoRaWAN 的时分多址机制设计与系统实现[D]. 浙江理工大学，2019.

[196] 王超逸. 一种基于 LoRa 协议的物联网系统设计与实现[D]. 电子科技大学，2019.

[197] 刘文燕，张昌伟. NB-IoT 研究现状及展望[C]. 第二届全国物联网技术与应用学术会议和第十一届全国无线电应用与管理学术会议，重庆，中国，2016：37-40.

[198] 蒙文川. NB-IoT 物理层设计研究[J]. 通信技术，2017，50(12)：2745-2749.

[199] 方嘉斌. 基于 LTE 网络的 NB-IoT 网络性能研究[D]. 浙江工业大学，2017.

[200] 黄宇红，杨光，曹蕾，等. NB-IoT 物联网技术解析与案例详解[M]. 北京：机械工业出版社，2018.

[201] 刘克清，周俊，李世光，等. NB-IoT 低功耗技术及功率参数配置研究[J]. 移动通信，2018，42(12)：32-36.

[202] 徐业鹏. NB-IoT 节点的低功耗运行研究与设计[D]. 宁夏大学，2018.

[203] 李玉杰. 基于 LTE-V 协作的低功耗 NB-IoT 接入技术研究[D]. 北京交通大学，2018.

[204] 曾丽丽. 基于 NB-IoT 数据传输的研究与应用[D]. 安徽理工大学，2018.

[205] 崔新凯. 移动运营商 NB-IoT 网络建设分析研究[D]. 郑州大学，2019.

[206] OSSEIRAN A，MONSERRAT J F，MARSCH P. 5G 移动无线通信技术[M]. 陈明，缪庆育，刘愔，译. 北京：人民邮电出版社，2017.

[207] 张传福，赵立英，张宇. 5G 移动通信系统及关键技术[M]. 北京：电子工业出版社，2018.

[208] 周彦果. 5G 移动通信的若干关键技术研究[D]. 西安电子科技大学，2018.

[209] 程香梅. 非正交多址接入及关键技术研究[D]. 华南理工大学，2019.

[210] 郭培. 无线传感器网络以太网接入网关的研究与实现[D]. 北京交通大学，2006.

[211] 刘元安，叶靓，邵谦明，等. 无线传感器网络与 TCP/IP 网络的融合[J]. 北京邮电大学学报，2006，29(6)：1-4.

[212] 霍宏伟，张宏科，牛延超，等. 一种无线传感器网络与以太网间的接入系统研究[J]. 北京交通大学学报，2006，30(5)：45-50.

[213] 李堃. 基于 6LoWPAN 的 IPv6 无线传感器网络的研究与实现[D]. 南京航空航天大学，2008.

[214] 刘德翔. 基于 IPv6 的无线传感器网络接入互联网服务模型[D]. 湖南大学，2009.

[215] 张冬. 具有 WLAN 接入功能的无线传感器网络汇聚节点设计与实现[D]. 东南大学，2010.

[216] 何彰. 一种基于 IPv6 无线传感器网络接入因特网的服务模型研究[D]. 南昌航空大学，2012.

[217] 马海龙. WSN 节点接入互联网网关研究与实现[D]. 北方工业大学，2014.

[218] 廖龙. ZigBee 无线传感器网络与以太网接入网关的设计与实现[D]. 华中科技大学，2014.

[219] 孙博. 无线传感器网络与 Internet 融合关键技术研究与应用[D]. 电子科技大学，2015.

[220] 刘江涛. 基于 6LoWPAN 的无线传感器网络的研究[D]. 南京理工大学，2015.

[221] 贾志松. 无线传感器网络安全技术综述[J]. 网络安全技术与应用，2017，3：101+103.

[222] 孙婷婷，刘雅举. 无线传感器网络攻击与安全路由协议综述[J]. 通讯世界，2017，4：19-20.

[223] 付蔚，张继柱，李威，等. WSN 安全综述[J]. 科技创新与应用，2018，16：30-31.

[224] 苗卓，郝兴浩，矫乐. 无线传感器网络安全路由协议研究综述[J]. 科技创新与应用，2016，25：119.

[225] 陈渊，叶清. 无线传感器网络安全认证方案综述[J]. 计算机与数字工程，2014，42(2)：261-266.

[226] 任晓刚. 无线传感器网络安全路由协议技术研究综述[J]. 电脑编程技巧与维护，2013，24：111-112+114.

[227] 杜彦敏. 无线传感器网络(WSN)安全综述[J]. 软件，2015，3：127-131.

[228] 李挺，冯勇. 无线传感器网络安全路由研究综述[J]. 计算机应用研究，2012，29(12)：4412-4419.

[229] 梁本来，金志平，梁志标. 无线传感器网络安全认证方案研究综述[J]. 计算机安全，2011，1：35-38.

[230] 陈娟，张宏莉. 无线传感器网络安全研究综述[J].哈尔滨工业大学学报，2011，43(7)：90-95.

[231] 贾莹莹. 无线传感器网络的组播路由协议研究[D].南京邮电大学，2019.

[232] 张纯容. 网络互连技术[M]. 北京：电子工业出版社，2015.

[233] 张保通，安志远. 网络互连技术——路由、交换与远程访问[M]. 北京：中国水利水电出版社，2009.

[234] 詹姆斯·F.库罗斯，基思·W.罗斯. 计算机网络：自顶向下方法. 7 版[M]. 陈鸣译. 北京：机械工业出版社，2018.

[235] 孙良旭，李林林，吴建胜. 路由交换技术. 2 版[M]. 北京：清华大学出版社，2016.

[236] 斯桃枝. 路由与交换技术[M]. 北京：北京大学出版社，2008.

[237] 沈鑫剡. 路由和交换技术[M]. 北京：清华大学出版社，2013.

[238] WANG Y，NING W，ZHANG S，et al. Architecture and key terminal technologies of 5G-based Internet of vehicles[J]. Computers & Electrical Engineering，2021，95：107430.

[239] HU Z，ZHENG Z，WANG T，et al. Roadside unit caching: Auction-based storage allocation for multiple content providers[J]. IEEE Transactions on Wireless Communications，2017，16(10)：6321-6334.

[240] TANG X，CHEN X，GENG Z，et al. Cooperative content downloading in vehicular ad hoc networks[J]. Procedia Computer Science，2020，174：224-230.

[241] HUANG W，WANG L. ECDS: Efficient collaborative downloading scheme for popular content distribution in urban vehicular networks[J]. Computer Network，2016，101：90-103.

[242] ZHOU Z，YU H，XU C，et al. Dependable content distribution in D2D-Based cooperative vehicular networks: a big data-integrated coalition game approach[J]. IEEE Transactions on Intelligent Transportation Systems，2018，19(3)：953-964.

[243] KHALID A，IFTIKHAR M，ALMOGREN A，et al. A blockchain-based incentive provisioning scheme for traffic event validation and information storage in VANETs[J]. Information Processing & Management，2021，58(2)：102464.

[244] NGUYEN B，NGO D T，TRAN N H，et al. Dynamic V2I/V2V cooperative scheme for connectivity and throughput enhancement[J]. IEEE Transactions on Intelligent Transportation Systems，2020，23(2):1236-1246.

[245] 陈亮，王军，陈蓉，等. 车载自组织网视频流媒体协助下载研究[J].通信学报，2019，40(1)：51-63.

[246] LUAN T H，SHEN X S，BAI F. Integrity-oriented content transmission in highway vehicular ad hoc networks[C]. IEEE INFOCOM，Turin，Italy，2013：2562-2570.

[247] ZHOU H，LIU B，LUAN T H，et al. Chaincluster: Engineering a cooperative content distribution framework for highway vehicular communications[J]. IEEE Transactions on Intelligent Transportation Systems，2014，15(6)：2644-2657.

[248] 韩江洪，夏越，卫星，等. 基于运动一致性分簇的车联网协助下载研究[J]. 合肥工业大学学报（自然科学版），2019，42(9)：1186-1192.

[249] WANG T，WANG X，CUI Z，et al. Survey on cooperatively V2X downloading for intelligent transport systems[J]. IET Intelligent Transport Systems，2019，13(1)：13-21.

[250] KOUYOUMDJIEVA S T，KARLSSON G. The virtue of selfishness：device perspective on mobile data offloading[C]. IEEE Wireless Communications and Networking Conference，New Orleans，LA，USA，2015：2067-2072.

[251] KCHICHE A，KAMOUN F. Traffic-aware access-points deployment strategies for VANETs[C]. Ad Hoc Networks：6th International ICST Conference，Rhodes，Greece，2014：15-26.

[252] CHENG N，LU N，ZHANG N，et al. Opportunistic Wi-Fi offloading in vehicular environment：A game-theory

approach[J]. IEEE Transactions on Intelligent Transportation Systems，2016，17(7)：1944-1955.

[253] HUI Y，SU Z，LUAN T H，et al. A game theoretic scheme for optimal access control in heterogeneous vehicular networks[J]. IEEE Transactions on Intelligent Transportation Systems，2019，20(12)：4590-4603.

[254] SHAO H，SUN Y，ZHAO H，et al. Locally cooperative traffic offloading in multimode small cell networks via potential games[J]. Transactions on Emerging Telecommunications Technologies，2016，27(7)：968-981.

[255] YI R，VLADIMIR Z，VLADIMIR O，et al. A novel approach to trust management in unattended wireless sensor networks [J]. IEEE Transactions on Mobile Computing，2014，13(7)：1409-1423.

[256] 梁花，李洋，雷娟，等. 基于模糊证据理论的物联网节点评估方法研究[J]. 西南师范大学学报（自然科学版），2022，47(3)：111-124.

[257] AHMAD S S，ABDULLAH A H，ZAREEI M，et al. A secure trust model based on fuzzy logic in vehicular Ad Hoc networks with fog computing[J]. IEEE Access，2017，5：15619-15629.

[258] PRABHA V R，LATHA P. Fuzzy trust protocol for malicious node detection in wireless sensor networks[J]. Wireless Personal Communications，2017，94(4)：2549-2559.

[259] KENNETH W. IDs—Not that Easy:Questions About Nationwide Identity Systems[J]. Journal of Government Information，2002，29：436-438.

[260] HU C，CHIM T W，YIU S M，et al. Efficient HMAC-based secure communication for VANETs [J]. Computer Networks，2012，56(9)：2292-2303.

[261] XIAO Y H，XIONG L. Protecting locations with differential privacy under temporal correlations[C]. Proceedings of the 22nd ACM SIGSAC Conference on Computer and Communications Security，Denver，2015：1298-1309.

[262] CAMENISCH J，MARKUS S. Efficient group signature schemes for large groups[C]. Advances in Cryptology—CRYPTO，Berlin，Heidelberg，1997：410-424.

[263] FREUDIGER J，RAYA M，FELEGYHAZI M，et al. Mix-Zones for location privacy in vehicular networks [C]. ACM Workshop on Wireless Networking for Intelligent Transportation Systems，Vancouver，BC，Canada，2007：1-7.

[264] HUANG L P，MATSUURA K，YAMANE H，et al. Enhancing wireless location privacy using silent period [J]. Wireless Communications and Networking Conference，2005，2：1187-1192.

[265] LIN C，HE D，HUANG X，et al. BCPPA: A blockchain-based conditional privacy-preserving authentication protocol for vehicular Ad Hoc networks [J]. IEEE Transactions on Intelligent Transportation Systems，2021，22(12)：7408-7420.

[266] LIU W，YE Q，YANG N. A trust-based secure routing algorithm for wireless sensor networks[C]. Proceedings of the 34th Chinese Control Conference, Hangzhou, China, 2015: 7726-7729.

[267] SU Z, HUI Y, LUAN T H, et al. Engineering a game theoretic access for urban vehicular networks[J]. IEEE Transactions on Vehicular Technology, 2017, 66(6): 4602-4615.

反侵权盗版声明

电子工业出版社依法对本作品享有专有出版权。任何未经权利人书面许可，复制、销售或通过信息网络传播本作品的行为；歪曲、篡改、剽窃本作品的行为，均违反《中华人民共和国著作权法》，其行为人应承担相应的民事责任和行政责任，构成犯罪的，将被依法追究刑事责任。

为了维护市场秩序，保护权利人的合法权益，我社将依法查处和打击侵权盗版的单位和个人。欢迎社会各界人士积极举报侵权盗版行为，本社将奖励举报有功人员，并保证举报人的信息不被泄露。

举报电话：（010）88254396；（010）88258888

传　　真：（010）88254397

E-mail：　dbqq@phei.com.cn

通信地址：北京市万寿路 173 信箱

　　　　　电子工业出版社总编办公室

邮　　编：100036